뇌과학에 관한 최고의 책이다.   〈월 스트리트 저널〉

커넥토믹스는 1,000억 개 뇌 세포의 정확한 지도를 보여주는 고도의 과학
기술이다. 이 시대의 가장 혁신적인 과학자 승현준 박사는 이 책을 통해 신
경과학의 새로운 지평을 열고 있다. 뿐만 아니라 명쾌하면서도 우아한 글
로 독자들을 매료시키고 있다.

　　　　스스무 도네가와 _1987년 노벨 생리의학상 수상자, RIKEN 뇌과학 연구소장

세계 최대의 미스터리 중 하나가 바로 인간의 뇌이다. 뇌 안에 있는 수백만
개의 세포와 그들 사이의 연결에는 인간이라는 존재에 대한 엄청난 비밀이
담겨 있고, 우리는 이제 그 비밀을 이해하기 시작했다. 이 책은 이 흥미진
진한 이야기를 명쾌하게 설명해주는 매혹적인 여행이다.

　　　　댄 에리얼리 _듀크대학교 행동경제학 교수, 〈상식 밖의 경제학〉 저자

최고의 물리학자이자 천재적 컴퓨터공학자이며 선구적인 신경과학자인 승
현준 박사는 생동감 넘치는 설명과 독특한 유머로 탁월한 작가임을 증명해
보여주고 있다.

　　　　스티븐 스트로가츠 _코넬대학교 교수, 〈싱크, 동시성의 과학〉 저자

이 시대의 가장 깊이 있는 신경과학자 승현준 박사가 이론물리학의 첨단 분
야와 고도의 컴퓨터과학, 뇌과학과 생물학에 대한 완벽한 이해, 철학적 해
박함으로 완성해낸 역작이다!

　　　　빈프리트 덴크 _막스 플랑크 연구소 책임연구원

커넥토믹스는 안개 속을 헤매고 있는 수많은 뇌 과학자들에게 나침반이 되
어줄 수 있는 아주 매력적인 분야이다. 승현준 박사는 커넥토믹스에 의해
밝혀진 뇌의 놀라운 특징에 대해 완벽하게 설명하며, 손에서 책을 놓을 수
없게 만든다. 인간의 삶에 대해 탐구하려는 이들은 누구나 이 책을 선택할
수밖에 없다.

　　　　마이클 가자니가 _캘리포니아대학교 교수, 〈왜 인간인가〉〈뇌로부터의 자유〉 저자

커넥톰, 뇌의 지도

커넥톰, 뇌의 지도

승현준

신상규 옮김 | 정 경 감수

김영사

커넥톰, 뇌의 지도

지은이_ 승현준
옮긴이_ 신상규
감수_ 정경

1판 1쇄 발행_ 2014. 4. 14.
1판 9쇄 발행_ 2023. 11. 16.

발행처_ 김영사
발행인_ 고세규

등록번호_ 제406-2003-036호
등록일자_ 1979. 5. 17.

경기도 파주시 문발로 197(문발동) 우편번호 10881
마케팅부 031)955-3100, 편집부 031)955-3200, 팩스 031)955-3111

값은 뒤표지에 있습니다.
ISBN 978-89-349-6705-7 03400

홈페이지_ www.gimmyoung.com   블로그_ blog.naver.com/gybook
인스타그램_ instagram.com/gimmyoung   이메일_ bestbook@gimmyoung.com

좋은 독자가 좋은 책을 만듭니다.
김영사는 독자 여러분의 의견에 항상 귀 기울이고 있습니다.

나의 사랑하는 어머니와 아버지께,

나의 게놈을 만들어주시고

나의 커넥톰을 형성해주신 것에 대하여

한국 독자들에게

2012년 4월 어느 날 아침, 나는 백악관에 앉아 있었다. 보통 취재열에 들뜬 기자들이나 대통령 연회에 초대된 손님들로 붐비는 이스트룸The East Room이 그날은 갑작스레 호출된 신경과학자들로 가득 찼다. 침묵이 흐르고 피아노 연주와 함께 오바마 대통령이 들어왔다. 이 자리에서 이루어진 역사적 연설에서 그는 21세기의 "원대한 도전"에 미국인들을 초대했다. 뇌 연구를 위한 보다 진보된 기술을 개발하여 인간 정신human mind에 대한 이해를 근본적으로 변혁하자는 것이다.

뇌 연구 경쟁Brain Race은 이미 시작되었다. 유럽연합은 벌써 인간 뇌 프로젝트human brain project에 10억 유로 이상의 펀드를 투자하기로 했다. 이는 20세기 미국과 소련의 우주비행사들 사이에서 벌어졌던 우주 개발 경쟁Space Race을 연상시킨다. 최근에는 중국과 일본의 동료들로부터 그들 나라 또한 뇌 연구 경쟁에 참여할 계획이라고 들었다. 한국도 곧 이 경쟁에 참여할 수 있기를 바란다.

그렇다면 왜 이렇게 많은 국가들이 뇌 연구에 열을 올리고 있는 걸까? 한 가지 이유는 순수한 호기심이다. 누구나 인정하듯이 뇌는 과학이 풀어야 할 가장 큰 수수께끼이다. 뿐만 아니라 정치가나 대중들 역시 신경과학의 진보가 실생활에 영향을 끼칠 수 있다는 것을 알고 있다. 뇌에 대한 보다 나은 이해는 연구자들이 알츠하이머나 자폐증의 치료법을 발견하는 데 도움이 될 것이다. 이런 뇌 질환에는 엄청난 정서적 고통과 경제적 비용이 수반된다. 또 모든 사람들이 새로운 기술과 아이디어를 좀 더 효율적으로 배우고 싶어하는 오늘날의 지식경제사회에서, 신경과학 연구는 배움을 진작시키는 방법을 알려줄 수 있을지도 모른다.

경쟁은 시작되었다. 그리고 그 보상은 크다. 과연 누가 그리고 어떻게 승리를 차지할 것인가. 나는 이 책에서 뇌 연구 경쟁에서의 승리가 커넥톰, 즉 뉴런 간의 모든 연결에 대한 완전한 지도를 작성해내는 데 달려 있다고 주장한다. 커넥톰은 항공잡지 뒷페이지에서 볼 수 있는 항공노선도를 닮았다. 단지 각 도시를 뉴런으로 바꾸고, 비행노선을 뉴런 간의 연결로 바꾸면 된다. 다만 천억 개의 도시가 있고, 각 도시에 수천 개의 비행노선이 있다고 상상해보자. 그러면 크기나 복잡성에서 커넥톰과 견줄 만한 지도가 될 것이다.

뉴런 네트워크를 이해하기 위해서 그 네트워크의 연결 지도가 필요하다는 것은 대부분의 평범한 사람에게도 너무 당연한 것으로 보인다. 그럼에도 불구하고 이 책은 상당한 논란을 불러일으켰고, 이런 논란은 오바마 대통령의 뇌 이니셔티브Brain Initiative 프로젝트의 미래 방향을 결정하기 위해 모인 선두 과학자들 사이에서도 일어났다.

이제는 신경과학자라면 누구나 '커넥톰'이라는 용어를 알고 사용하기도 하지만, 커넥토믹스가 미래에 얼마나 중요한 역할을 하게 될지 예측할 수 있는 이들은 소수에 불과하다. 1980년대에 처음으로 인간 게놈 프로젝트Human Genome Project가 제안되었을 때, 많은 저명한 생물학자들이─노벨상 수상자들도 포함하여─격렬하게 반대했다. 이들은 유전 정보의 가치를 충분히 인식하지 못했던 것이다. 하지만 지금 와서 돌아보면 유전체학(게노믹스)이 생물학의 방식을 혁신했으며, 인간 질병과 싸우는 막강한 무기가 되었음을 모두가 인정하고있다.

커넥토믹스가 가져올 혁신은 이제 겨우 시작 단계일 뿐이지만 서서히 가속도를 얻고 있다. 〈월스트리트 저널Wallstreet Journal〉이 이 책을 2012년 비소설 부문 최고의 도서 10권 중 하나로 선정한 이후, 커넥톰은 모호한 단어에서 지식인이라면 모두 알아야 할 단어가 되었다. 2013년 〈네이처 Nature〉는 시신경계 커넥토믹스를 표지스토리 중 하나로 선택했으며, 인간 커넥톰 프로젝트Human Connectome Project는 그 첫 데이터를 과학계에 공표했다. 그리고 세계에서 가장 많은 수의 신경과학자들이 모이는 신경과학회Society for Neuroscience의 연차총회에서 커넥톰은 주제 강연에서 4개나 선택되었다.

2013년, 뇌의 지도를 그리는 최초의 게임인 '아이와이어EyeWire'에 130여 개국에서 10만 명이 넘는 사람들이 참여했다. 이 웹사이트 http://eyewire.org에 들어가면, 뇌의 이미지들을 칠하는 재미있고 간단한 게임을 함으로써 누구나 직접 커넥톰의 작성과정에 도움을 줄 수 있다. 이 게임 참가자들은 벌써 M.I.T.에 있는 내 실험실에서 진행되고 있던, 어떻게 망막이 움직임을 감지하는가에 관한 연구의 중요한 발견에 도움을 주었다. 이제는 장소에 관계없이 누구나 신경과학의 혁신에 참여할 수 있게 된 것이다.

텍사스에서 한국계 미국 소년으로 자란 나는 어린 시절 열렬한 독서광이었다. 축구 연습 후나 저녁식사 후든, 숙제를 마친 후든 간에 공상과학소설 읽는 걸 너무도 좋아했다. 그 속에 등장하는 로봇들과 우주여행선 그리고 외계인과 벌이는 우주전쟁 등은 나에게 무한한 즐거움이었다. 하지만 소설보다 더 나를 매혹시켰던 것은 나 같은 청소년들에게 자신들의 생각을 전하려는 과학자들이 쓴, 엄청나게 커다란 블랙홀이나 아주 작은 입자들 그리고 정교한 유전자 코드에 대한 실제 이야기들이었다.

나는 이 책이 많은 한국의 젊은이들에게 과학과 공학에 대한 열정을 심어줄 수 있기를 바란다. 한국어에 능숙치 못해 이 책을 내가 직접 번역하지 못한 것이 아쉬움으로 남는다.

정확한 번역을 위해 긴 시간 많은 노력을 아끼지 않은 정혜윤 박사와 김영사 직원들에게 고마움을 표한다. 또한 감탄할 만한 엄청난 에너지로 여러모로 도와주신 내 아버지 승계호 박사님께도 또다시 은혜를 입었다고 말씀드리고 싶다. 허동성 박사, 김진섭 박사, 이기석 군도 과학 용어를 도와주었다. 마지막으로 내 아내 혜빈의 한없는 지지에도 고마움을 표하고 싶다.

2014년
보스턴, 메사추세츠에서
승현준

어떤 길도, 심지어 작은 오솔길조차 이 숲을 관통할 수 없다. 길고 여린 나뭇가지들은 어디에나 뻗어 있으며, 무성하게 자란 가지들이 이 숲속 공간을 빼곡히 메우고 있다. 햇살조차도 이 얽혀 있는 가지들 사이의 구불구불한 좁은 공간을 뚫고 지나가기 어렵다. 이 어두운 숲의 나무들은 모두 동시에 뿌려진 1,000억 개의 씨앗에서 자라났다. 그리고 이 모든 나무들은 한날한시에 죽을 운명이다.

이 숲은 장엄하다. 그러나 또한 우스꽝스럽기도 하고 심지어는 비극적이기도 하다. 숲은 이 모두 다인 것이다. 나는 진정으로 이 숲이 세상의 모든 것이라고 생각될 때가 있다. 모든 소설, 모든 교향곡, 모든 잔인한 살인, 모든 자비로운 행위, 모든 연애, 모든 싸움, 모든 농담, 모든 슬픔. 이 모든 것들이 이 숲으로부터 나온다.

이 숲이 직경이 30센티미터도 되지 않는 용기에 들어가며 지구상에 70억 개나 존재한다는 말을 듣는다면, 당신은 아마도 깜짝 놀랄 것이다. 하지만 당신도 그중 하나, 그런 숲 중의 하나를 돌보고 있는 사람이다.

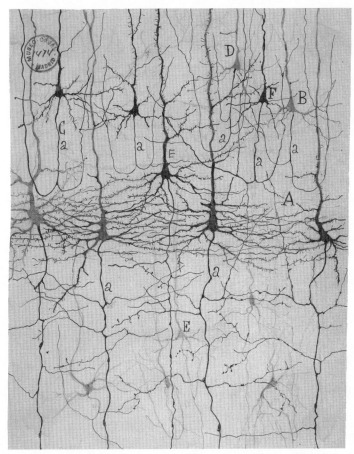

| 그림 1 | 정신의 정글. 카밀로 골지(Camillo Golgi, 1843-1926)의 방법을 따라 염색하고 산티아고 라몬 이 카할(Santiago Ramón y Cajal, 1852-1934)이 그림을 그린 대뇌피질의 뉴런.

그리고 그 숲은 바로 당신의 두개골 속에서 자리잡고 있다. 내가 말하는 나무들은 뉴런neuron이라 불리는 특별한 신경세포들이다. 신경과학의 임무는 이 황홀한 가지들을 탐구하는 것, 정신이라는 정글을 길들이는 것이다그림 1.

신경과학자들은 뉴런의 소리, 즉 뇌 속에 흐르는 전기신호를 엿들어왔다. 또한 세밀한 그림과 사진으로 뉴런의 환상적 모습을 보여주었다. 하지만 과연 흩어져 있는 나무 몇 개로 그 숲 전체를 이해할 수 있을까?

17세기 프랑스의 철학자이자 수학자인 블레이즈 파스칼Blaise Pascal은 우주의 광대함에 관하여 다음과 같이 썼다.

> 인간에게 웅대한 우주를, 그 높고 충만한 자연[1] 전체의 위엄을 명상케 하라. 자신을 둘러싼 하찮은 미물들에서 멀리 시선을 돌려, 세상을 밝히는 영원한 등불처럼 걸려 있는 저 찬란한 빛을 바라보도록 하자. 그래서 지구가 저 별들이 그리는 광대한 궤도에 비하면 한 개의 점처럼 보이게 하라. 그리고 이 거대한 궤도의 원주 자체도 창공을 떠도는 뭇 천체들의 관점에서는 극히 미세한 하나의 티끌에 불과하다는 사실에 대해 경탄하게 하자.

이러한 생각에 충격을 받아 겸허해진 파스칼은 '무한한 우주 공간의 끝없는 침묵'[2]에 두려움을 느꼈다고 고백했다. 파스칼이 명상의 대상으로 삼았던 것은 외부의 공간이었지만, 우리는 그와 같은 경외감을 느끼기 위해 우리의 생각을 안으로 향하게만 하면 된다. 우리 모두의 두개골 안에는 그 복잡성이 너무도 방대하여 어쩌면 무한할 수도 있는 기관이 자리잡고 있다.

신경과학자의 한 명으로서 나는 파스칼이 느꼈던 경외감을 직접 체험한 바 있다. 또한 당혹스러웠던 경험도 있다. 나는 종종 대중들에게 내가 연구하는 분야의 현황에 대해 강연을 할 때가 있다. 그런 강연 후에는 많은 질문 세례를 받게 된다. 우울증이나 정신분열증의 원인은 무엇인가? 아인슈타인이나 베토벤의 뇌에서 특별한 점은 무엇인가? 어떻게 하면 우리 아이가 더 잘 읽는 법을 배울 수 있는가? 내가 만족스러운 답변을 하지 못하면 그들의 얼굴에는 실망감이 드러난다. 결국 나는 부끄러워하며 청중들에게 사과한다. "미안합니다. 여러분들은 제가 그 대답을 알기 때문에 교수라고 생각하겠지만, 사실 제가 교수인 이유는 내가 얼마나 모르는지를 알고 있기 때문입니다."

뇌와 같이 복잡한 대상을 연구하는 것은 부질없는 일처럼 보일 수 있다. 수억 개에 이르는 뇌 속의 뉴런들은 여러 종의 나무들을 닮았고, 아주 다양한, 환상적인 형태를 하고 있다. 제아무리 결심이 확고한 연구자라도 그 숲의 내부를 잠시 엿볼 수 있기를 바랄 뿐이며, 본다고 해도 열악한 환경에서 극히 일부만을 볼 수 있을 뿐이다. 뇌가 수수께끼로 남아있다는 것은 결코 놀라운 일이 아니다. 청중들은 이상이 있는 뇌나 아주 뛰어난 뇌에 대해 궁금해하지만, 평범한 뇌에 대한 설명조차 아직은 많이 부족한 것이 현실이다. 우리는 매일 과거를 회상하고, 현재를 지각하며, 미래를 상상한다. 우리의 뇌는 어떻게 이 놀라운 일을 수행하는가? 어느 누구도 그 답을 알지 못한다는 것이 안전한 대답이다.

뇌의 복잡성에 압도된 나머지 많은 신경과학자들은 인간보다 훨씬 적은 수의 뉴런을 가진 동물들을 연구 대상으로 선택했다. 그림 2의 작은 선충은 뇌라고 부를 수 있는 기관을 가지고 있지 않다. 이 선충의 뉴런들은 하나의 기관에 모여서* 뇌가 되는 대신 몸 전체에 흩어져 신경계를 형성한다. 이 신경계는 고작 300개의 뉴런으로 이루어져 있는데, 이것은 감당할 수 있는 숫자처럼 보인다. 우울증 경향이 있던 파스칼도 예쁜

---

* 이 선충의 뉴런과 시냅스의 대부분은 신경환(nerve ring)이라 불리는 구조에서 발견된다. (실제로 자웅동체의 선충들의 경우 이것이 사실이다. 그러나 매우 드물게 발견되는 수놈에게서는 신경환이 덜 지배적이다.) 신경환은 선충의 '목구멍'을 둘러싸고 있으며, '뇌'에 가장 가까운 기관이다. 인간의 뇌는 인간 신경계에 있는 뉴런들의 거의 대부분을 포함하고 있다. 나머지는 척수나 신체의 다른 부위들에 흩어져 있다.

| 그림 2 | 예쁜꼬마선충(*C. elegans*)*

꼬마선충(C. elegans가 길이가 1밀리미터인 이 벌레의 학명이다)의 숲에 경외감
을 느끼지는 않았을 것이다.

　이 선충의 모든 뉴런에는 고유한 이름이 있으며, 각기 특정한 위치와
모양을 가지고 있다. 이 선충들은 공장에서 대량생산된 정교한 기계와
도 같다. 각각의 선충은 동일한 부분들로 이루어진 신경계를 가지고 있
으며, 각 부분들도 항상 동일한 방식으로 배열되어 있다.

　게다가 이 규격화된 신경계의 지도는 완전하게 작성되어 있다. 그 결
과물은 항공잡지의 뒤표지에서 볼 수 있는 노선도처럼 생겼다그림 3. 네
글자로 된 각 뉴런의 이름은 세계의 공항들에 붙여진 세 글자의 코드와
유사하다. 항공지도의 직선들이 도시들 사이의 경로를 나타내는 것처
럼, 신경지도의 직선들은 뉴런 사이의 **연결**connection을 나타낸다. 뉴런들
이 접촉하는 지점에 시냅스synapse라는 작은 연결지점이 있을 경우, 우리
는 두 개의 뉴런이 '연결'되었다고 말한다. 이 시냅스를 통해 하나의 뉴
런이 다른 뉴런에게 메시지를 보낸다.

　엔지니어들은 라디오가 저항기, 축전기(캐패시터), 트랜지스터와 같은

---

* 이 사진은 차등간섭대비(differential interference contrast, DIC) 현미경 기술을 이용하여 찍었다. 이 사진
은 선충에 관한 정보를 제공하는 훌륭한 데이터베이스인 wormatlas.org에서 찾을 수 있다. 측정단위는 0.1
밀리미터이다. 가운데의 두 타원체는 배아 상태의 선충이다.

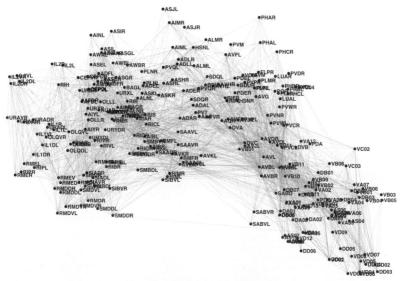

| 그림 3 | 예쁜꼬마선충의 신경계 지도 혹은 연결도*

전자부품들이 배선되어 만들어진다는 것을 알고 있다. 이와 마찬가지로 신경계도 전선처럼 가느다란 뉴런의 가지들로 뉴런들을 서로 '배선한' 뉴런들의 조립품이다. 그림 3의 지도를 처음에 배선도wiring diagram라고 불렀던 것은 바로 이 때문이다. 최근에는 커넥톰connectome(연결체)이라는 새로운 용어가 도입되었다. 이 용어는 전기공학이 아니라 유전체학 genomics을 떠올리게 한다. 당신은 아마도 DNA가 사슬 모양의 하나의 긴 분자라는 사실을 들어본 적이 있을 것이다. 이 사슬을 이루고 있는 개별적인 고리들은 뉴클레오티드nucleotide라는 작은 분자들이다. 그리고

---

* 예쁜꼬마선충의 전체 신경계에 대한 첫 번째 지도는 White et al.(1986)에 의해 처음 출간되었다. 일반적으로 이들의 지도가 최종적인 것으로 여겨지지만, 실제로는 완전하지 않다. Varshney et al.(2011)이 다른 출처에서 가져온 자료들로 이 지도를 갱신했으나, 이 선충의 커넥톰 중 10퍼센트 정도가 여전히 빠져 있다고 추산했다. 이들의 연구를 요약하고 있는 그림 3의 도표는 wormatlas.org에서도 찾을 수 있다.

```
>gi|224514737|ref|NT_009237.18| Homo sapiens chromosome
11 genomic contig, GRCh37.p5 Primary Assembly
GAATTCTACATTAGAAAAATAAACCATAGCCTCATCACAGGCACTTAAATACACTGAAGCTGCCAAAACA
ATCTATCGTTTTGCCTACGTACTTATCAACTTCCTCATAGCAAACTGGGAGAAAAAAGCAATGGAATGAA
TAAAATGATAGCCACAAAAATCAAGGTGGGAGAAATACTTATTATATGTCCATAAAAAATTTTAATTAAT
GCAAAGTATTAACACCAATGATTGCAGTAATACAGATCTTACAAATGATAGTTTTAGTCTGAACAGGACT
ATCCAAAAGTTAATTTTCTATAGTAACAGTTTTTAAATAAAATATCAATTCCTGAAACACATAAAATGGT
CCATGAGTATACAACGAGTGAAAAAAAACAAATTCAGAGCAAAGATAAATTAAGAAGTATCTAATATTCA
AACATAGTCAAAGAGAGGGAGATTTCTGGATAATCACTTAAGCCCATGGTTAAACATAAATGCAAATATG
TTAATGTTTACTGAATAACTTATCTGTGCCAAGTGGTGTATTAATGATTCATTTTTATTTTTCACTAAAT
CTTTTCTCTAAAGTTGGTGTAGCCTGCAACTAAATGCAAGAAATCTGACCTAGGACCTGCACTTCTTACC
ATTTTGCTCATATTTATTCCCTGTGCATTTTTGTAACATGTATATGTTATATATATAGAAAGAGAGAGAG
GCAGAGATGGAAAGTAATTTATGGAGTTTGATGTTATGTCAGGGTAATTACATGATTATATAATTAACAG
GTTTCTTTTTAAATCAGCTATATCAATAGAAAAATAAATGTAGGAATCAAGAGACTCATTCTGTCCATCT
GTGATAGTTCCATCATGATACTGCATTGTCAAGTCATTGCTCCAAAAATATGGTTTAGCTCAACACTGAG
TGACTATAGGAAACCAGAAACCAGGCTGGGCGCTAAAGATGCAAAGATGAATGAGACATCATCTCTGCCG
TCCAAAAGCTTACTGTCTAGTGGGAGAGTTACACACGTAAGGACAGTAATCTAATAAGAGCTAATAAGTG
AAAACTAAGATAAATTAATAATACAAGATTACAGGGAAGGTTTCCAAAGTCAATGAGGCCTCAAATGAAT
CTTGAAAGTGTGCAAGGATTAACCAAATGAAGAAATGTGTAAGTTTTTCAAACAAAAAGGAACAGCATGA
GCAAATGCAAGGAGGCCTAAAATAAAGAGATGTGTAAAGAGGTGTAAGCAGCTTTGTGCTACTGCCTGAT
AATTAGAAGAATATCGGGAGTAACAAGAGCTATAGAAGAGAGTCACAATTATGGAAAAATATTTATTAAA
TTATAAGAAATTTATAGCATAAGGAATAGTAGGACCATTAAATGTTTTAATAAAGATGATGCTTCTTTTT
TAATATTTATTTTTATTATACTTTAAGTTCTAGGGTACATGTGCACAACGTGCAGGTTACATATGTATAC
ATGTGCCGTGTTGGTGTGCTGCACCCATTAACTCATCATTTACATTAGGTATGTCTCCTAATGCTATCCC
TCCCCCCTCCCCCAACCCCACAACAGGCCGCGGTGTGTGATATTCCCCTTCCTGTGTCCAAGTGTTCTCA
TTGTTCAAGTCCCACCTATGAGTGAAAACATGCGGTGTTTGGTTTTTTGTTCTTGAGATAGATGATGCTT
TAAATTGACCACTCTAGCTGCATTGTGGGAGGAAAAAAAGATTTTAAAACAAGACTAGAAACAGAATAAT
TAGAAAAATGCAACTACAATGCAGATGAGTGATTATCAAGGTCTGAACTGAATAGTGGAAATAGAGATAA
```

| 그림 4 | 인간 게놈의 짧은 부분을 발췌한 것

이 분자들에는 네 가지 유형이 있어, 각각 A, C, G, T로 나타낸다. 당신의 게놈genome은 당신의 DNA 속에 있는 뉴클레오티드들의 전체 서열sequence(시퀀스)이다. 다시 말해, 게놈은 네 개의 알파벳 글자들A, C, G, T로 이루어진 하나의 긴 문자열로 나타낼 수 있다. 그림 4는 책으로 인쇄한다면 족히 백만 페이지는 될* 30억 개의 글자들로 이루어진 게놈에서 일부를 발췌한 것이다.

---

* 인간의 게놈을 검색하고 싶다면, NCBI Map Viewer(www.ncbi.nlm.nih.gov/projects/mapview)에 들어가보라. 거기에서 인간 게놈의 모든 염색체를 표시하고 있는 페이지를 찾아볼 수 있다. (우리 종의 공식 이름인 호모사피엔스를 찾아보라.) 염색체 중에서 아무것이나 클릭하면 유전자의 위치를 보여주는 훨씬 상세한 지도가 나타나며, 다시 또 클릭을 하면 실제 DNA 염기서열을 볼 수 있다. 그림 4는 염색체 11의 시작 부분을 보여준다. 특정 유전자의 서열을 찾기 위해 그 유전자가 인코딩(부호화)하고 있는 단백질의 이름들을 검색할 수도 있다.

게놈과 마찬가지로, 커넥톰은 신경계에 있는 뉴런들 사이의 연결 전체를 일컫는다. 이 용어는 **게놈**이라는 용어처럼 완전성을 함축하고 있다. 하나의 커넥톰이란 하나의 연결이나 여러 개의 연결이 아니라 연결들의 **총체**를 의미한다. 당신의 뇌는 선충의 뇌보다 훨씬 더 복잡하겠지만, 원칙적으로 당신의 뇌도 선충의 것과 유사한 도식으로 요약될 수 있다. 그렇다면 당신의 커넥톰은 당신에 관해 어떤 흥미로운 사실을 보여줄 수 있는가?

커넥톰이 가장 먼저 보여줄 수 있는 것은 당신이 유일무이unique하다는 것이다. 물론 이것은 당신도 알고 있는 사실이겠지만, 당신의 독특함이 정확히 어디에서 기인하는지를 밝히기는 의외로 어려운 일이다. 당신의 커넥톰과 나의 커넥톰은 매우 다르다. 우리의 커넥톰은 그림 3의 선충의 커넥톰처럼 규격화되어 있지 않다. 이 사실은 인간이 선충과는 달리 개개인이 독특하다는 생각과 일맥상통한다.* (선충을 모욕할 의도는 없다!)

서로 다르다는 것, 그것은 우리를 매료시킨다. 뇌가 어떻게 작동하는지를 물을 때, 가장 우리의 관심을 끄는 것은 사람들의 뇌는 왜 그렇게 다르게 작동하는가 하는 것이다. 나는 왜 외향적인 내 친구처럼 더 사교적일 수 없는 걸까? 내 아들은 왜 같은 반 친구보다 읽기를 더 어려워하는 걸까? 10대인 내 사촌에게 왜 상상의 소리가 들리기 시작한 걸까? 왜 우리 어머니의 기억력이 점점 떨어지고 있는 걸까? 내 배우자(혹은 나)는 왜 동정심과 이해심을 좀 더 가질 수 없는 걸까?

---

* 선충의 커넥톰은 인간의 커넥톰에 비해 서로 더 유사하지만 동일하지는 않다. 이 내용은 12장에서 더 깊게 다룰 것이다.

이 책에서는 간단한 이론을 제안한다. 우리의 정신이 서로 다른 것은 각자의 커넥톰이 다르기 때문이다. 이 이론은 '자폐성 뇌는 다르게 배선되어 있다'와 같은 신문기사 제목에 이미 암시되어 있다. 성격personality과 IQ의 차이도 커넥톰으로 설명될 수 있을지도 모른다. 당신의 정체성 중 가장 특유한 측면인 당신의 기억조차도 당신의 커넥톰에 인코딩encoding(부호화)되어 있을 수 있다.

이 이론이 나온 지 상당한 기간이 지났지만, 신경과학자들은 아직 이것이 사실인지 알지 못한다. 하지만 이 이론이 함축하는 바는 분명 엄청난 것이다. 만일 이 이론이 사실로 입증된다면, 정신질환을 치료하는 일은 궁극적으로 커넥톰을 바로잡는 것에 관한 문제가 된다. 사실상 교육을 받거나 술을 덜 마시거나 결혼생활을 파경에서 구하는 것과 같은 모든 종류의 개인적인 변화는 당신의 커넥톰을 변화시키는 것과 관련되어 있다.

하지만 다른 이론을 살펴보자. 그 이론은 '우리의 정신이 다른 이유는 게놈이 다르기 때문이다'라고 말한다. 결과적으로 우리가 지금의 우리인 이유는 바로 우리의 유전자 때문이라는 것이다. 개인적 게놈의 새로운 시대가 열리고 있다. 머지 않아 우리는 자신의 DNA 염기서열DNA sequence을 값싸고 빠르게 알 수 있을 것이다. 우리는 유전자가 정신질환에서 모종의 역할을 담당하며, 성격이나 IQ의 정상 범위 안에서 차이에 영향을 미친다는 점을 알고 있다. 이처럼 이미 유전체학이 그렇게 강력하다면, 커넥톰을 연구해야 하는 이유는 무엇일까?

그 이유는 간단하다. 유전자만으로는 당신의 뇌가 어떻게 현재에 이르게 되었는지를 설명할 수가 없다. 어머니의 자궁 속에 편하게 안겨 있는 동안 당신은 이미 당신의 게놈을 가지고 있었지만, 첫 키스의 기억을 가지고 있지는 않다. 당신의 기억은 당신이 살아가는 과정에서 얻어진 것이며, 태어나기 전부터 가지고 있었던 것이 아니다. 어떤 사람은 피아노를 칠 줄 알고, 또 어떤 사람은 자전거를 탈 수 있다. 이것들은 유전자로 프로그램된 본능이 아니라 학습된 능력이다.

임신이 되는 순간 결정되어버리는* 당신의 게놈과는 달리, 당신의 커넥톰은 평생에 걸쳐 변화한다. 신경과학자들은 이미 이 변화의 기본 종류들을 알아냈다. 뉴런들은 그들 간의 연결의 세기를 강화하거나 약화시키는 방식으로 그 연결을 조정, 즉 '가중치를 변경Reweight'한다. 또 뉴런들은 시냅스를 새로 만들거나 제거함으로써 재연결Reconnect되며, 가지가 자라거나 축소됨으로써 재배선Rewire된다. 심지어는 재생Regeneration을 통해 기존의 뉴런은 제거되고 완전히 새로운 뉴런들이 생겨나기도 한다.

우리는 부모의 이혼이나 외국에서 보낸 멋진 시간과 같은 인생의 순간들이 어떻게 당신의 커넥톰을 변화시키는지 정확히 알지는 못한다. 그러나 네 가지 R(재가중Reweighting, 재연결Reconnection, 재배선Rewiring, 재생성Regeneration)이 경험의 영향을 받는다는 것을 보여주는 훌륭한 증거들이 존재한다. 동시에 네 가지 R은 또한 유전자의 안내도 받는다. 실제로 정신은 유전자의 영향을 받는데, 뇌가 스스로를 배선하는 시기인 유아기와 유년기 동안에 특히 그렇다.

---

* 우리의 게놈이 고정되어 있다고 말하는 것은 지나친 단순화이다. 우리의 세포들 각각은 게놈의 복사본을 포함하고 있다. (성숙하면 DNA를 결여하게 되는 적혈구 세포와 같은 예외들도 있다.) 이 복사본들은 거의 동일하지만 약간의 차이가 있다. 일부는 세포가 분열할 때 복사 실수에 의해 일어나며, 암을 유발할 수 있다. 어떤 차이들은 면역계의 어떤 세포들에서처럼 기능을 위해 중요하다. DNA는 또한 염기서열을 변화시키지 않는 방식으로도 변형될 수 있는데, 이는 후생유전학(epigenetics)으로 알려진 보다 일반적인 현상의 하나이다.

유전자와 경험, 이 두 가지가 모두 당신의 커넥톰 형성에 영향을 미친다. 당신의 뇌가 어떻게 지금과 같은 모습을 갖게 되었는지를 설명하고자 한다면, 이 두 가지 요인의 개인사적인 영향을 모두 고려해야 한다. 정신적 차이에 대한 커넥톰 이론은 유전적 이론과 양립할 수 있다. 그러나 커넥톰 이론은 세상에서 살아가는 결과를 반영하기 때문에 훨씬 더 풍부하고 복잡하다. 커넥톰 이론은 또한 덜 결정론적이며, 우리가 하는 행위, 심지어 우리가 무엇을 생각하는지에 따라 우리 스스로가 자신의 커넥톰을 만들어간다고 믿을 만한 근거를 제공한다. 뇌의 배선이 우리가 누구인지를 만들지만, 그 배선 과정에서 중요한 역할을 담당하는 것은 바로 우리 자신이다.

이 이론은 다음과 같이 좀 더 간단하게 요약할 수 있다.

당신은 당신의 유전자 이상이다. 당신은 당신의 커넥톰이다.

만일 이 이론이 옳다면, 신경과학의 가장 중요한 목표는 네 가지 R의 힘을 활용하는 것이다. 우리는 우리가 원하는 행동의 변화를 가져오기 위해 커넥톰에 어떤 변화가 필요한지를 배워야 하며, 그다음에는 이런 변화를 일으킬 수 있는 수단을 개발해야 한다. 만일 우리가 성공한다면, 신경과학은 정신질환을 완치하고, 뇌 손상을 치료하며, 우리 자신을 향상시키는 데 상당한 역할을 하게 될 것이다.

하지만 커넥톰의 복잡성을 고려한다면, 이러한 도전은 실로 엄청난 것이다. 예쁜꼬마선충 신경계의 연결은 고작 7,000개에 불과했지만, 그 지도를 그리는 데 12년 이상이 걸렸다. 당신의 커넥톰은 1,000억 배 이상 크며, 당신 게놈의 염기 수(뉴클레오티드 수)보다* 100만 배 정도 많은 연결을 가지고 있다. 커넥톰에 비하면 게놈은 아이들 장난에 불과하다.

오늘날 우리의 기술은 마침내 그런 도전을 할 수 있을 정도로 충분히 발전했다. 현재의 컴퓨터는 정교한 현미경을 조작하여 뇌의 이미지에 대한 엄청난 양의 데이터베이스를 수집하고 저장할 수 있다. 컴퓨터는 또한 뉴런 간의 연결지도를 그리는 데 필요한 어마어마한 양의 데이터를 분석하는 데도 도움을 줄 수 있다. 이런 기계 지능의 도움으로 우리는 오랜 세월 동안 모습을 드러내지 않았던 커넥톰에 대해 알게 될 것이다.

나는 21세기 말 이전에 인간의 커넥톰을 발견할 수 있으리라 확신한다. 우선 우리는 선충에서 파리로 연구 대상을 바꿔나갈 것이다. 그다음에는 쥐, 그리고 원숭이에 도전할 것이다. 그리고 마지막으로는 궁극적 도전에 착수할 것이다. 바로 인간의 뇌 전체이다. 우리의 후손들은 분명 이러한 성취들을 과학적 혁명에 비견되는 것으로 되돌아볼 것이다.

커넥톰이 인간의 뇌에 관해 무언가를 알려주기까지 정말 몇십 년을 기다려야 할까? 다행스럽게도 그렇지 않다. 우리의 기술은 이미 뇌의 작은 부분들에서 연결을 볼 수 있을 정도로 크게 발전했고, 이러한 부분적 지식도 매우 유용하다. 게다가 우리는 진화론적으로 가까운 우리의 친척인 생쥐나 쥐로부터 많은 것을 배울 수 있다. 이들의 뇌는 인간의 뇌와 매우 유사하며, 일부 동일한 작동원리의 지배를 받는다. 이들의 커넥톰을 조사하는 것은 그들의 뇌뿐 아니라 **우리 인간**의 뇌를 이해하는

---

* 이 비교는 1,000조(10^{15})개의 시냅스 수에 입각한 것이다. 이 숫자는 뉴런당 10,000개로 추산되는 뉴런의 개수에 뇌 안에 있는 1,000억 개의 뉴런의 개수를 곱하여 얻은 것이다. 이는 과대 추산되었을 가능성이 있으므로, 그 정확한 값을 너무 진지하게 받아들일 필요는 없다. 보다 신뢰할 만한 계산이 뇌의 신피질이라 불리는 구조에 대해 이루어졌으며, 160조라는 시냅스 개수가 산출되었다(Tang et al. 2001).

데 유용한 실마리를 제공해줄 것이다.

서기 79년, 베수비오 화산이 폭발하여 로마의 폼페이를 화산재와 용암으로 뒤덮어버렸다. 폼페이는 시간이 멈춘 채로 건설노동자들에 의해 우연히 발견될 때까지 2천 년에 가까운 시간 동안 갇혀 있었다. 18세기에 고고학자들이 발굴을 시작하면서 놀랍게도 그 안에서 로마 도시 생활의 생생한 정지샷을 포착할 수 있었다. 부자들의 호화로운 휴가용 별장, 거리의 분수, 공중목욕탕, 술집과 사창가, 빵집과 시장, 경기장, 극장, 일상적 삶을 묘사한 프레스코화, 그리고 이곳저곳에 그려진 음란한 낙서들.[3] 이 죽은 도시는 로마인들의 세부적인 생활상을 들여다볼 수 있는 경이로운 발견이었다.

현재로서는 커넥톰을 발견하려면 죽은 뇌의 이미지를 분석하는 방법밖에는 없다. 이를 뇌의 고고학이라고 생각할 수도 있지만, 통상 신경해부학neuroanatomy으로 알려져 있다. 신경해부학자들은 여러 세대에 걸쳐 현미경으로 차가운 뉴런의 시체를 응시하면서 이로부터 그 뉴런들의 과거를 상상하려고 애써왔다. 모든 분자가 방부액으로 제자리에 단단하게 고정된 죽은 뇌는 한때 그 안에 살았던 생각이나 느낌의 기념비라 할 수 있다. 지금까지의 신경해부학은 동전이나 무덤, 도자기 파편과 같은 단편적인 증거들로부터 고대의 문명을 재구성하려는 작업과 유사했다. 그러나 커넥톰은 과거의 한 순간에 그대로 멈춰버린 폼페이와 같이, 뇌전체의 상세한 정지샷이 될 것이다. 이러한 정지샷은 살아 있는 뇌의 기능을 재구성하려는 신경해부학자의 능력을 혁명적으로 뒤바꿔놓을 것이다.

하지만 당신은 살아 있는 뇌의 연구를 위한 기발한 기술들이 이미 존재하는데, 왜 죽은 뇌를 연구하느냐고 물을 수도 있다. 만약 우리가 시간을 거슬러 올라가 실제로 주민들이 살고 있는 폼페이를 연구한다면 더 많은 것을 배울 수 있지 않을까? 하지만 반드시 그런 것은 아니다. 그 이유를 알기 위해, 현존하는 마을을 관찰하는 데 따르는 한계를 상상해보자. 가령 우리는 마을 주민 한 사람의 행동을 관찰할 수는 있지만, 나머지 주민들은 전혀 보지 못할 수 있다. 적외선 위성사진을 통해 각 인근 지역의 평균온도를 볼 수는 있지만, 그보다 상세한 분포는 보지 못할 수 있다. 이러한 제약이 있을 경우, 실제로 주민들이 살고 있는 마을을 연구하는 것은 우리가 기대한 것만큼 상세한 내용을 알 수 없을지도 모른다.

살아 있는 뇌를 연구하는 방법에도 유사한 제약이 있다. 만약 두개골을 연다면, 개별적인 뉴런의 형태를 볼 수 있고 그 전기신호를 측정할 수는 있을 것이다. 그러나 거기에서 드러나는 것은 뇌 속에 있는 몇십억 개 뉴런 중의 아주 작은 일부에 불과하다. 반면, 두개골을 투사하여 뇌의 내부를 보여주는 비침습적 영상화noninvasive imaging 방법을 사용하면 개별적인 뉴런들을 볼 수 없고, 뇌 영역의 형태나 활동에 관한 대략적인 정보에 만족해야만 한다. 미래에 어떤 발전된 기술이 이런 한계를 극복하고 살아 있는 뇌 속의 모든 개별 뉴런들의 속성을 측정할 수 있도록 해줄 가능성을 배제할 수는 없다. 그러나 현재로서 그런 생각은 공상에 불과하다. 살아 있는 뇌를 측정하는 것과 죽은 뇌를 측정하는 것은 상호보완적이며, 가장 강력한 접근방식은 이 두 방법을 결합하는 것이라는 게 나의 의견이다.

하지만 많은 신경과학자들은 죽은 뇌가 정보를 줄 수 있고, 유용하게 활용될 수 있다는 생각에 동의하지 않는다. 그들은 살아 있는 뇌를 연구

하는 것만이 신경과학을 하는 유일한, 그리고 올바른 방법이라고 말한다. 왜냐하면,

당신은 당신의 뉴런들의 활동이기 때문이다.

여기서 '활동'은 뉴런의 전기신호를 의미한다. 이 신호를 측정하는 것은 어떤 순간에 당신 뇌에 있는 뉴런들의 활동이 당신의 생각과 느낌 그리고 그 순간에 이루어지는 지각들을 인코딩(부호화)하고 있다는 풍부한 증거를 제공한다.

딩신은 딩신 뉴린의 활동이라는 견해와 당신은 당신의 커넥톰이라는 견해는 어떻게 서로 조화를 이룰 수 있는가? 이 두 주장은 모순되는 것처럼 보이지만, 실제로는 양립 가능하다. 왜냐하면 이 주장들은 서로 다른 두 개의 자아the self 개념*을 사용하고 있기 때문이다. 한 자아는 순간마다 빠르게 변하며, 화를 내다가 바로 기분이 좋아지고, 삶의 의미에 관해 생각하다가 잡다한 일을 생각하며, 바깥에 낙엽이 떨어지는 것을 보다가 텔레비전의 축구 경기를 본다. 이러한 자아는 의식과 밀접하게 관련되어 있으며, 그 변화무쌍한 본성은 뇌 속에서 빠르게 변화하는 신경활동으로부터 도출된다.

또 다른 자아는 훨씬 더 안정되어 있다. 이 자아는 어린 시절의 기억을 평생 간직한다. 우리가 성격이라고 부르는 그 본성은 상당 부분 고정되어 있다. 이러한 사실은 가족이나 친구들을 안심시킨다. 이런 자아의 속성들은 당신이 깨어 있는 동안에도 나타나지만, 잠을 잘 때와 같이 무

---

* 내게 이 점을 명료하게 해준 켄 헤이워드에게 감사한다.

의식적 상태에서도 지속된다. 이런 자아는 커넥톰과 마찬가지로 오랜 시간에 걸쳐 천천히 변한다. 바로 이 자아가 당신은 당신의 커넥톰이라는 관점에서 말하는 자아이다.

역사적으로 가장 관심을 끌었던 자아는 의식적인 자아이다. 19세기에 미국의 심리학자 윌리엄 제임스William James는 정신을 관통하는 생각들의 연속인 의식의 흐름stream of consciousness에 대해 유창히 묘사했다. 그러나 제임스는 모든 흐름에는 바닥이 있다는 점을 간과했다. 지표면에 홈이 없다면, 시냇물은 어느 방향으로 흘러야 할지 알 수 없을 것이다. 커넥톰은 신경활동이 흘러다닐 수 있는 경로를 규정하므로, 우리는 이를 의식이 흐르는 시냇물의 바닥이라 할 수 있다.

이 비유는 매우 효과적이다. 오랜 시간에 걸쳐 시냇물의 흐름이 바닥의 형태를 만들어가듯이, 신경활동은 커넥톰을 변화시킨다. 따라서 빠르게 움직이며 항상 변하는 시냇물의 흐름과, 좀 더 안정적이며 천천히 변화하는 시냇물의 바닥이라는 두 개의 자아 개념은 불가분의 관계로 얽혀 있다. 이 책은 시냇물의 바닥으로서의 자아, 즉 커넥톰 안의 자아에 대해 다루고 있다. 이 자아는 오랫동안 무시되어왔다.

나머지 부분에서 나는 새로운 과학 분야인 커넥토믹스connectomics(연결체학)에 대한 나의 비전을 밝힐 것이다. 나의 일차적인 목표는 미래의 신경과학을 상상해보고, 우리가 발견하게 될 것에 대한 나의 흥분을 공유하는 것이다. 우리는 어떻게 커넥톰을 발견하고, 그 의미를 이해하며, 그것을 변화시키는 새로운 방법을 개발할 수 있을까? 그러나 우리가 어디서 왔는지를 이해하기 전에는 앞으로 나아갈 최상의 경로를 그릴 수 없다. 따라서 나는 과거를 설명하는 것에서 시작할 것이다. 우리가 이미 알고 있는 것은 무엇이며, 우리는 어디에 멈추어 있는가?

뇌는 1,000억 개의 뉴런들을 포함하고 있다.* 가장 용감한 탐구자라도 이 사실 앞에서는 압도당하고 만다. 1부에서 설명하겠지만, 한 가지 해결책은 뉴런을 잊어버리고 대신 뇌를 몇 개의 영역으로 나누는 것이다. 신경학자들은 뇌 손상의 증상을 해석함으로써 이 영역들의 기능에 관해 많은 것을 알게 되었다. 이런 방법을 발전시키는 과정에서 그들은 골상학이라고 알려진 19세기의 학문으로부터 영감을 받았다.

골상학자들은 정신의 차이가 뇌와 그 영역들의 **크기의 차이**에서 온다고 설명했다. 현대의 연구자들은 많은 실험대상자들의 뇌 이미지를 확보함으로써 골상학자들의 생각을 확증했고, 이를 이용하여 자폐증이나 정신분열증과 같은 정신질환뿐만 아니라 지능의 차이까지 설명했다. 그들은 뇌가 다르기 때문에 정신이 다르다는 의견에 대한 몇 가지 가장 강력한 증거들도 찾아냈다. 하지만 그 증거는 많은 사람들의 평균에서만 드러나는 통계적인 것이었다. 따라서 뇌와 그 영역들의 크기는 한 개인의 정신적 속성을 예측하는 데 거의 쓸모가 없었다.

이러한 한계는 단순한 기술적 문제가 아니라 근본적 문제이다. 골상학자들은 뇌의 영역들에 기능을 할당했지만, 각 영역이 어떻게 그런 기능을 하게 되는지 설명하려는 시도는 하지 않았다. 이런 설명이 없다면, 우리는 왜 같은 영역이 어떤 사람들에서는 유독 잘 기능을 하며, 다른 사람에서는 오기능을 하는지를 만족스럽게 설명할 수 없다. 우리는 크기보다 덜 피상적인 해답을 찾을 수 있을 것이며, 또 찾아야만 한다.

2부에서 나는 골상학에 대한 대안으로 **연결주의**connectionism라는 입장

---

* 최근의 연구는 평균적인 개수를 860억 개 정도로 추산한다(Azevedo et al. 2009).

을 소개할 것이다. 이 입장 또한 19세기로 거슬러 올라간다. 이 접근방식은 뇌의 영역들이 실제로 어떻게 작동하는지를 설명하려고 시도한다는 점에서, 개념적으로 보다 야심찬 시도이다. 연결주의자들은 뇌의 각 영역을 근본적 단위 요소로 보지 않고, 수많은 뉴런들로 이루어진 하나의 복잡한 네트워크로 간주한다. 네트워크의 연결은 체계적으로 조직화되어 있어 그 안의 뉴런들이 우리의 지각이나 생각에 깔려 있는 복잡한 활동들의 패턴을 집합적으로 산출할 수 있도록 해준다. 이러한 연결조직 체계는 경험에 의해 변경됨으로써 우리가 학습하고 기억할 수 있게 해준다. 3부에서 언급하겠지만, 이런 조직화는 또한 유전자에 의해서도 결정되어 유전자가 정신에 미치는 영향도 설명해준다. 이 생각들은 강력해 보이지만 숨겨진 문제점이 있다. 결코 실험실에서 테스트해볼 수 없다는 점이다. 그래서 연결주의는 그 지적인 매력에도 불구하고 진정한 과학이 되지 못했다. 신경과학자들이 뉴런들 사이의 연결지도를 그릴 수 있을 만한 기술을 가지고 있지 못했기 때문이었다.

요약하자면, 신경과학은 딜레마에 빠져 있었다. 골상학의 발상은 실험적으로 테스트해볼 수 있지만 너무 단순하다. 연결주의는 훨씬 복잡하지만 그 생각을 실험적으로 평가해볼 수 없다. 이런 딜레마에서 어떻게 벗어날 수 있을 것인가? 그 대답은 커넥톰들을 찾아내고, 그 활용법을 배우는 데 있을 것이다.

4부에서 나는 이것들이 어떻게 이루어질지를 탐색할 것이다. 우리는 이미 커넥톰을 발견할 수 있는 기술들을 개발하기 시작했으니 나는 먼저 세계 전역의 실험실에서 조만간 열심히 작동할 첨단기계들에 대해 설명할 것이다. 일단 커넥톰을 발견하고 나면, 그것으로 무엇을 할 것인가? 첫 번째로, 신골상학자들과 같이 뇌를 서로 다른 영역들로 나눌 것이다. 그리고 식물학자가 나무를 종으로 분류하듯이, 엄청난 수의 뉴런들을 유형별로 구분할 것이다. 유전자는 뉴런 유형들이 어떻게 상호 배선되는지를 통제함으로써 뇌에 영향력을 행사하기 때문에, 이러한 작업은 신경과학에 대한 유전학적 접근과도 잘 맞물리게 될 것이다.

커넥톰은 우리가 아직 이해하지 못하는 언어로, 글자조차 거의 알아볼 수 없게 쓰여진 방대한 책과 같다. 일단 우리의 기술로 글자들을 알아볼 수 있게 되면, 그다음의 도전과제는 그 글자의 의미를 이해하는 것이다. 커넥톰에서 기억을 읽어내려는 시도를 통해 거기에 쓰여 있는 것이 무엇인지를 해석하는 방법을 배우게 될 것이다. 이러한 노력들이 합쳐져 결국에는 연결주의 이론에 대한 결정적인 테스트를 제공하게 될 것이다.

그러나 하나의 커넥톰을 발견하는 것만으로는 충분하지 않다. 서로의 정신이 왜 다른지, 하나의 정신이 왜 시간이 지남에 따라 변화하는지를 이해하기 위해서는 여러 개의 커넥톰을 발견해서 비교해보아야 할 것이다. 우리는 자폐증이나 정신분열증과 같은 정신장애의 근본 원인이 될 수 있는 **연결이상증**connectopathies, 즉 신경연결의 비정상적인 패턴들을 찾아볼 것이다. 그리고 학습이 커넥톰에 미치는 영향에 대해서도 찾아볼 것이다.

이러한 지식으로 무장한 다음, 우리는 커넥톰을 변화시키는 새로운 방법들을 개발할 것이다. 현재 가장 효과적인 방법은 우리의 행동과 사고를 훈련시키는 전통적 방법이다. 하지만 커넥톰의 네 가지 R의 변화를 촉진시키는 분자 수준의 개입을 통해서 보완된다면, 학습요법은 훨씬 더 효과적이 될 것이다.

커넥토믹스라는 새로운 과학은 하루저녁에 확립되지 않을 것이다. 오늘날 우리는 그 길의 시작점과 그 길을 가로막고 있는 여러가지 장애물만을 겨우 볼 수 있을 뿐이다. 그럼에도 불구하고, 나는 이후 몇십 년 동안 이루어질 기술의 발전과 그 기술이 가능하게 만들 커넥톰에 관한 이해의 행진은 거침없을 것이라고 확신한다.

커넥톰은 인간이라는 것이 무엇을 의미하는지에 관한 우리의 생각을 지배하게 될 것이다. 따라서 5부에서 커넥토믹스를 그 논리적 극단까지 밀고 가는 것으로 끝을 맺을 것이다. 트랜스휴머니즘transhumanism으로 알려진 이 운동은 인간의 한계를 초월하려는 정교한 전략을 개발해왔다. 하지만 과연 그들이 성공할 가능성이 있는 것일까? 죽은 사람들을 냉동시키고 나중에 다시 부활시키려는 인체냉동보존술cryonics의 야심은 성공할 수 있을 것인가? 업로딩을 한 다음에 뇌나 신체에 제한을 받지 않고 컴퓨터 시뮬레이션으로 영원히 행복하게 살 것이라는 사이버-판타지의 경우는 어떠한가. 나는 이러한 희망사항들에서 몇몇 구체적인 과학적 주장을 추출하고, 커넥토믹스를 이용하여 그 주장들을 경험적으로 테스트할 수 있는 방법을 제안할 것이다.

하지만 아직은 내세에 관한 그런 자극적인 생각은 하지 말고 먼저 현재의 삶에 관해 생각하는 것으로 시작하도록 하자. 특히 모든 사람들이 한 번쯤은 생각해보았을 법한, 앞에서도 언급했던 질문으로 시작해보자. 사람들은 왜 서로 다른가?

크기가
중요한가?

천재성과 광기
CONNECTOME

1924년에 아나톨 프랑스Anatole France는 루아르 강변에 있는 투르 시 근처에서 사망했다. 프랑스가 유명 작가의 죽음을 애도하는 동안, 그 지역 의과대학의 해부학자들은 그의 뇌를 검사했고 그 무게가 평균보다 25퍼센트 적은 1킬로그램에 불과하다는 것을 알아냈다. 그를 우러러보던 사람들에게는 맥이 빠지는 일이었지만, 놀랄 만한 일은 아니라고 나는 생각한다. 그림 5의 사진에 있는 아나톨 프랑스의 머리는 그 옆에 있는 러시아 작가 이반 투르게네프Ivan Turgenev[*]에 비하면 참새 머리만큼이나 작아 보인다.

영국의 가장 저명한 인류학자 중 한 명인 아서 케이스 경Sir Arthur Keith[**]

---

[*] 투르게네프를 비롯하여 다른 유명한 러시아 사람들의 뇌에 대해서는 Vein and Maat-Schieman (2008)에 설명되어 있다.

[**] Keith 1927. 케이스나 그의 명성에는 안된 일이지만, 그는 그의 과학적 발견보다는 필트다운인(Piltdown Man)에 대한 공개적 지지로 더 잘 알려져 있다. 이 두개골 조각들은 유인원에서 인간으로의 진화에서 '잃어버린 고리(missing link)'로 알려졌지만, 결국 가짜로 밝혀졌다. 필트다운인은 과학의 역사에서 가장 유명한 날조 사건 중의 하나가 되었다.

이반 투르게네프(1818-1883), 2021그램   아나톨 프랑스(1844-1924), 1017그램

| 그림 5 | 두 저명한 작가들의 뇌가 그들의 사후에 검열되고 측정되었다.

은 당혹스러워하며 다음과 같이 말했다.

> 우리는 아나톨 프랑스의 세밀한 뇌 구조의 조직에 대해서는 전혀 알지 못
> 한다. 하지만 수백만 명의 프랑스 국민들이 그보다 25퍼센트 혹은 심지어
> 50퍼센트나 큰 뇌를 가지고 일상 노동자의 평균 능력밖에 발휘하지 못한 반
> 면 아나톨 프랑스는 그의 두뇌를 가지고 천재적 위업을 달성했다는 것을 알
> 고 있다.

아나톨 프랑스의 신체 크기는 평균이었으므로, 신체 크기로는 그의
작은 뇌를 설명할 수 없다는 것을 케이스는 인정했다. 그는 자신의 곤혹
스러움을 다음과 같이 표현했다.

> 뇌의 부피와 정신 능력 사이에 상관관계가 없다는 사실이… 나에게는 평

생에 걸친 수수께끼였다. 나는 상당한 크기의 머리와 총명해 보이는 외모를 갖고 있지만 세상에서 부딪히는 모든 시련에 실패한 사람들을 보았고, 아나톨 프랑스처럼 작은 머리로 눈부신 성공을 이룬 사람들도 보았다.

자신의 무지에 대한 케이스의 정직한 고백에 나는 놀랐다.[*] 그리고 아나톨 프랑스가 마치 골리앗의 세계를 정복한 신경학계의 다윗같다는 생각이 들며 웃음이 터졌다. 나는 이런 케이스의 말을 과학 세미나에서 크게 낭독한 적이 있다. 그러자 프랑스 이론물리학자가 고개를 저으며 비꼬아 말했다. "아나톨 프랑스는 사실 그렇게 훌륭한 작가가 아니었습니다." 청중들은 웃었고, 내가 아나톨 프랑스는 아마추어로 휘갈겨 쓴 글로 1921년 노벨문학상을 받았다고 하자, 청중들은 다시 웃었다.

아나톨 프랑스의 사례는 한 개인의 경우에 있어서 뇌의 크기와 지능 사이에는 관계가 없음을 보여준다. 다시 말해, 그 대상이 누구든 뇌의 크기를 근거로 지능을 예측할 수 없으며, 그 반대 역시 마찬가지라는 것이다. 그러나 많은 인구를 대상으로 평균을 낼 경우에 그 수치 사이에는 **통계적인** 관계가 있다는 사실이 밝혀졌다. 1888년 영국의 박식한 프랜시스 골턴Francis Galton은 〈케임브리지대학교 학생들의 머리 성장에 관하여On Head Growth in Students at the University of Cambridge〉라는 논문을 발표했다. 그는 학생들을 성적에 따라 세 부류로 나누고, 성적이 가장 높은 학생들

---

[*] 케이스는 다음과 같이 쓰면서 자신의 난제(conundrum)를 유사한 방식으로 해결했다. "현재 알려져 있는 한에 있어서, 아나톨 프랑스의 삶에 대한 자세한 연구는 그가 여러 의미에서 미개한 인간이었음을 보여주고 있다." 케이스는 뇌의 크기와 지능이 실제로 관계가 있다는 그의 믿음을 재확인하면서 글을 마무리하고 있다. "장기적으로 나는 뇌의 크기와 그 기관이 수행하는 기능의 정도 사이에 밀접한 상관관계가 있음이 밝혀질 것이라 전망한다."

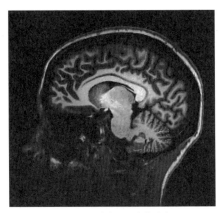

| 그림 6 | 뇌의 MRI 단면 사진

의 평균 머리 크기가 성적이 가장 낮은 학생들의 평균 머리 크기보다 약간 크다는 것을 보여주었다.[1]

골턴의 연구는 여러 형태로 변화되어 오랫동안 계속되었고, 그 연구 방법은 더욱 세련되어졌다. 실험에 이용되는 학교 성적은 IQ테스트라고 알려진 지능시험으로 대체되었다. 골턴은 머리의 길이와 너비와 높이의 최대치를 곱하여 머리의 부피를 계산했다. 다른 연구자들은 테이프를 이용하여 머리에서 제일 큰 부분의 둘레를 측정했다. 좀 더 대담한 사람들에게는 죽은 사람의 뇌를 꺼내어 그 무게를 재는 것이 최상의 방법이었다. 하지만 이 방법들은 모두 원시적으로 보인다. 오늘날 연구자들은 자기공명영상MRI으로 두개골 안에 살아 있는 뇌를 관찰할 수 있다. 이 놀라운 기술을 이용하면 그림 6과 같은 뇌의 단면 이미지를 볼 수 있다. 실제 MRI는 머리를 가상으로 얇은 조각으로 잘라 나누고, 각 조각을 2차원 이미지로 만든다. 이렇게 얻은 2차원 이미지를 차곡차곡 쌓아 뇌를 완전한 3차원 형태로 재구성하면, 뇌의 부피를 상당히 정확하게 측정할 수 있다. MRI 덕분에 IQ와 뇌 부피 사이의 관계를 연구하기가 훨씬 수

월해졌다. 지난 20여 년 동안 이루어진 이러한 종류의 많은 연구는 분명하고 일관된 결과를 보여준다. 평균적으로 뇌가 크면 IQ가 높다.[2] 발전된 방법을 사용한 현대의 연구로 골턴의 주장이 확증된 셈이다.

그러나 이러한 결과는 우리가 아나톨 프랑스의 사례에서 배운 것과 모순되지 않는다. 뇌의 크기는 여전히 개인의 IQ를 예측하는 데에는 거의 쓸모가 없다. '거의 쓸모가 없다'는 말의 정확한 의미는 무엇일까? 두 변수가 통계적으로 관련되어 있을 때, 그것을 **상관적**correlated이라고 한다. 통계학자들은 상관관계의 강도를 피어슨 상관계수Pearson's correlation coefficient라는 1과 –1 사이의 하나의 수로 나타낸다. 보통 r로 표시하는 이 계수가 1이나 –1에 가까우면, 상관관계가 강하다. 이 경우에 한 변수를 알면 다른 변수를 정확하게 예측할 수 있는 가능성이 높다.* 만약 r이 0에 근접하면 상관관계는 약하다. 이 경우에는 한 변수를 사용하여 다른 변수를 예측하기는 매우 어렵다. IQ와 뇌 부피 사이의 상관관계는 대략 r=0.33정도이며, 이는 꽤 약한 편이다.

이 이야기의 교훈은 평균에 관한 통계가 개개인에 관한 진술로 해석되어서는 안 된다는 것이다. 통계에 대한 잘못된 해석은 저지르기도 쉽고 조장되기도 쉽다. 그래서 이런 우스갯소리도 있다. 세상에는 세 종류의 거짓말이 있다. 거짓말, 망할 놈의 거짓말, 그리고 통계!

이 분야의 과학적 연구논문들은 학술용어를 사용하여 권위를 세우고 수많은 각주와 인용을 포함하고 있지만, 머리를 측정한다는 것은 우스꽝스럽다는 느낌을 피할 수 없다. 사실 골턴은 엉뚱하고 괴팍스럽기까지 한 사람이었다. '가능한 한, 언제나 세어보라'는 그의 모토는 어처구

---

* 만약 두 변수의 상관계수가 r이라면, 한 변수를 아는 것은 다른 변수에 대한 예측의 전형적인 오차를 $\sqrt{1-r^2}$의 비율로 줄여준다.

니없을 정도로 수치화에 집착했던 그의 강박관념을 잘 보여준다. 그는 회고록에서 영국의 '미인 지도Beauty Map'*를 작성하려 했던 경험에 대해 이야기하고 있다. 그는 시내를 걸어가면서 주머니에 있는 종이에 남모르게 구멍을 뚫었다. 그리고 그 구멍들로 그를 스쳐지나간 여인들의 아름다움을 '매력있다', '그저 그렇다', '보기 싫다'로 등급을 매겨 기록했다. 이 연구의 결과는 바로 "런던이 최고의 미인 도시이며, 애버딘이 최하라는 것을 발견했다"는 것이었다.

이런 연구방법에는 모욕적인 면이 있었다. 골턴이 사랑한 제자이자 상관계수의 발명자인 유명한 통계학자 칼 피어슨Karl Pearson은 사람들을 하나의 척도로 아홉 등급으로 나누어 서열화했다. 천재, 특별히 유능함, 유능함, 보통 지능, 느린 지능, 느림, 느리고 둔함, 매우 둔함, 천치.** 지능이나 아름다움 혹은 다른 어떤 개인적 특성의 평가이든 간에 단 하나의 숫자나 범주로 사람을 규정해버린다는 것은 너무 단편적이며 비인간적이다. 일부 연구자들은 인격 모욕의 정도를 넘어서 비도덕적인 수준의 우생학이나 극단적 인종차별 정책을 주창했다.

그러나 단순히 어리석어 보인다거나 오용될 수 있다거나 혹은 그 상관관계가 약하다는 이유로 골턴의 발견을 배척하는 것은 잘못이다. 긍정적인 측면에서, 골턴은 정신의 차이는 뇌의 차이에서 비롯된다는 믿

---

* 골턴은 그의 회고록 마지막 장인 '인종의 개선 혹은 우생학(Race Improvement, or Eugenics)'에서 이 이야기를 하고 있다(Galton 1908). 세 권으로 된 칭송 일색의 전기에서, 칼 피어슨은 그의 멘토에 관해 다음과 같이 추억하고 있다. "스스로의 모토에 사로잡힌 골턴은 산책을 나가거나 회합이나 강연에 참석할 때 거의 항상 무엇인가를 계산하고 있었다. 하품을 하거나 꼼지락거리는 것이 아니었다면 그는 여지없이 머리카락, 눈, 피부의 색깔을 셈하고 있었다."(Pearson 1924, p. 340) Galton.org는 골턴에게 공경을 표하고 있다.
** Pearson 1906. 피어슨은 머리 크기와 학교 성적이 통계적으로 관련되어 있다는 골턴의 발견을 확증하면서, 동시에 머리 크기가 특정 개인의 학교 성적을 예측하는 변수로는 형편없다는 것에 주목했다. 심지어는 필체가 어떠냐가 머리 크기보다 더 나은 예측 변수였다.

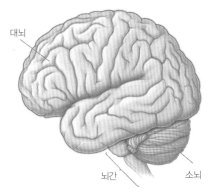

대뇌

뇌간   소뇌

| 그림 7 | 뇌의 삼분할

을 만한 가설의 기초를 제공했다. 그는 당시로서는 최선의 방법을 사용하여 성적과 머리 크기의 관계를 관찰했다. 현대 연구자들도 IQ와 뇌의 크기를 사용하고 있으며, 그 측정방법은 골턴의 방법보다는 낫지만 여전히 미흡하다. 만약 우리가 뇌 측정방식을 계속 개선한다면, 지능과 뇌의 크기 사이에 훨씬 더 강한 상관관계를 발견할 수 있을까?

뇌의 구조를 전체 부피나 무게와 같은 하나의 숫자로 나타내는 것은 너무 피상적으로 보인다. 뇌에 대한 간단한 검사만으로도 뇌에는 다양한 영역이 있음을 알 수 있고, 이들이 서로 매우 다르다는 것을 육안으로 확인할 수 있다. 아나톨 프랑스나 이반 투르게네프를 부검한 것처럼 두개골에서 뇌를 손상 없이 적출하면, 대뇌, 소뇌, 뇌간*을 쉽게 관찰할

---

* Swanson(2000)에서 뇌를 대뇌피질(cerebral cortex), 기저핵(basal ganglia), 시상(thalamus), 시상하부(hypothalamus), 중뇌개(tectum), 중뇌피개(tegmentum), 소뇌(cerebellum), 뇌교(pons), 연수(medulla, 뇌간의 가장 후측 부분)로 보다 세밀하게 구분한다. 그는 뇌를 좀 더 크게 구획하고 있는 기존에 제안된 여러 안들은 모두 이 아홉 개의 기본 부분을 다르게 분류한 것으로 간주할 수 있다고 주장한다. 가령 그림 7의 뇌의 삼분할 안에서 대뇌는 피질과 기저핵으로 정의되고, 뇌간은 소뇌를 뺀 나머지 부분들로 정의된다. 그의 견해에 대한 책 한 권에 달하는 길이의 설명을 Swanson(2012)에서 찾을 수 있다. 어떤 권위자들은 시상과 시상하부를 뇌간에서 제외시킨다. 따라서 뇌간의 정의는 애매하다.

수 있다그림 7.

　이들은, 마치 나뭇가지에 달린 과일과 같이 뇌간이 대뇌를 지탱하고
있고 그 연결 부위를 소뇌가 잎사귀처럼 장식하고 있는 모양을 하고 있
다. 소뇌는 부드러운 움직임을 위해 중요하지만, 제거한다고 해도 대부
분의 정신 능력에는 거의 영향을 미치지 않는다.* 뇌간은 호흡과 같은
여러 생명 유지 기능을 통제하기 때문에 손상될 경우 치명적이다. 대뇌
가 광범위하게 손상되면, 생명에 지장은 없으나 무의식 상태에 빠지게
된다. 이 세 부분 중에 대뇌가 인간의 지능에 가장 중요한 역할을 하는
것으로 널리 알려져 있다. 즉 인간이 가진 거의 모든 정신 능력의 핵심
이 대뇌에 있다. 또한 대뇌는 세 부분 중에서 가장 커서,** 전체 뇌 부피
의 85퍼센트를 차지한다.

　대뇌 표면은 대부분 몇 밀리미터 두께의 조직으로 한 겹 덮여 있는데,
이 조직을 **대뇌피질**cerebral cortex 또는 간단하게 피질이라고 한다. 피질
은 작은 수건 정도의 크기이지만 접혀 있기 때문에 두개골 내부에 꼭 들
어맞는다. 피질이 접혀 있으므로 대뇌는 쪼글쪼글하게 주름져 보인다.
피질 내의 가장 뚜렷한 경계선은 앞에서 뒤로 이어지는 커다란 홈으로,
뇌의 위쪽에서 내려다볼 때 가장 분명하게 보인다그림 8 왼쪽. 대뇌종렬lon-
gitudinal fissure이라 불리는 이 홈은 대뇌를 좌반구와 우반구로 가르는데,
이것이 바로 일반심리학에서 말하는 '좌뇌'와 '우뇌'이다.

---

* 개론적인 교과서들은 대개 이것을 언급하지 않지만, 소뇌의 손상은 감정이나 인지에 일부 영향을 끼친다
(Strick, Dum, and Fiez 2009; Schmahmann 2010).
** 부피는 대뇌가 가장 크지만, 가장 많은 수의 뉴런을 가지고 있는 것은 소뇌이다. 그 개수는 700억 개
(Azevedo et al. 2009) 혹은 1,000억 개(Andersen, Korbo, and Pakkenberg 1992)로 추정된다. 이것들의 거
의 대부분은 이른바 과립세포(granule cell)라 불리는 것들이다. 이 세포들은 매우 작기 때문에 소뇌는 뇌 부
피의 10퍼센트만을 차지한다(Rilling and Insel 1998). 대뇌의 가장 지배적인 부분인 신피질(neocortex)은
200억 개의 뉴런을 포함하고 있는 것으로 추정된다(Pakkenberg and Gundersen 1997).

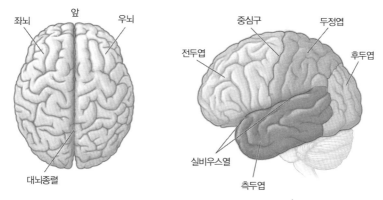

| 그림 8 | 대뇌는 반구로 나뉘고(왼쪽), 각 반구는 엽으로 나뉜다(오른쪽).

　대뇌반구 자체를 어떻게 구분해야 할지 분명하지는 않지만, 합리적 방법은 다시 피질의 홈에 의존하는 것이다. 대뇌종렬 다음으로 가장 뚜렷한 홈은 실비우스열Sylvian fissure이라 불린다그림 8 오른쪽. 그다음엔 실비우스열에서 수직으로 정수리 부분까지 올라가는 중심구central sulcus이다. 이 두 개의 주요 홈은 각 반구를 전두엽frontal lobe, 두정엽parietal lobe, 후두엽occipital lobe, 측두엽temporal lobe의 네 엽lobe으로* 나눈다. (이 엽들은 앞으로 자주 언급될 것이므로, 그 이름과 위치를 기억해두는 것이 좋겠다.)

　뇌의 표면에는 그 외에도 여러 작은 홈들이 많이 있는데, 그중 일부는 사람마다 거의 동일한 위치에 있다. 이들은 각각 정해진 이름이 있으며, 오늘날에도 여전히 경계표지로서 사용되고 있다. 그런데 피질을 홈에 따라 구분하는 것은 실제로 의미가 있는 것일까? 그들은 진정한 경계선

---

* 후두엽의 경계는 약간 임의적으로 추가된 경계표지로 정의된다. 네 개의 엽들의 이름은 그 위를 덮고 있는 두개골의 네 가지 뼈의 이름을 따서 지어졌다. 어떤 권위자들은 다섯 번째로 변연엽(limbic lobe)을 정의한다. 변연엽은 대뇌를 대뇌종렬을 따라 반으로 자르면 드러나는 반구의 단면에서 볼 수 있다. 실비우스열의 안쪽에는 뇌도(insula)라 알려진 피질의 부위가 묻혀 있는데, 그 큰 크기 때문에 어떤 이들은 이것을 또 다른 엽으로 간주하기도 한다.

일까, 아니면 피질이 두개골 안으로 접혀 들어가면서 생겨난 대수롭지 않은 부산물에 불과한 것일까?

피질을 분할하는 문제는 19세기에 처음으로 제기되었다. 그 이전까지 피질의 기능은 단순히 뇌의 나머지 부분을 감싸는 것이라고 생각되었다. ('**피질**'이란 용어는 나무껍질의 '껍질'을 의미하는 라틴어에서 유래했다.) 1819년, 독일 의사 프란츠 요제프 갈Franz Joseph Gall은 '기관학organology'이라는 이론을 발표했다. 여기서 그는 위가 소화 기능을, 폐가 호흡 기능을 수행하듯이, 신체의 모든 기관이 특정한 기능을 수행한다고 말했다. 하지만 뇌는 단 하나의 기관이라 하기에는 너무 복잡하며, 정신 역시 하나의 기능이라 하기에는 너무 복잡하다고 주장하면서, 이 둘의 분할을 제안했다. 특히 갈은 피질의 중요성을 인식하고, 이를 몇 개의 영역으로 구분한 후 정신의 '기관'이라고 불렀다.

갈의 제자 요한 슈푸르츠하임Johann Spurzheim은 나중에 **골상학**phrenology이란 용어를 도입했는데, 이 용어가 갈의 이론을 지칭했던 원래 이름보다 현재 우리에게 더욱 친숙하게 사용되고 있다. 그림 9의 골상학 지도는 '욕심acquisitiveness', '단호함firmness', 그리고 '관념성ideality'과 같은 기능들과 대응하는 영역들을 보여주고 있다. 현재 이런 구체적인 대응관계는 근거가 부실한 상상의 산물로 치부되기는 하지만, 결과적으로 골상학에는 틀린 점보다 맞는 점이 더 많았다는 것이 밝혀졌다. 골상학자들이 피질에 주목한 사실은 오늘날 널리 인정받고 있으며, 정신 기능을 피질의 특정 영역에 국한하려는 그들의 접근방식은 여전히 진지하게 받아들여지고 있다. 현재 이런 견해는 피질 혹은 **대뇌 국소화주의**localizationism라고 불리고 있다.

국소화에 대한 최초의 실질적 증거는 이후 19세기에 들어서서 뇌 손

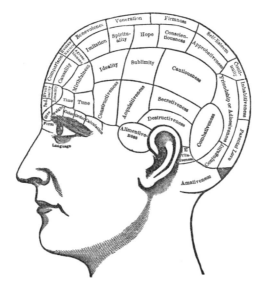

| 그림 9 | 골상학 지도

상을 입은 환자들을 관찰한 결과에서 나왔다. 그 당시 프랑스의 여러 신경학자들이 파리의 두 병원에서 일하고 있었다. 센 강의 왼쪽에 위치한 살페트리에르Salpêtriére 병원에는 여성 환자들이, 시내 중심부에서 멀리 떨어진 비세트르Bicêtre 병원에는 남성 환자들이 수용되었다. 17세기에 설립된 이 두 병원은 감옥이자 정신병원으로 사용되고 있었다.[3] (감옥과 정신병원의 구분은 비세트르의 가장 유명한 재소자 마르키 드 사드Marquis de Sade에 의해 불분명해졌다.) 두 병원은 정신이상자들을 사슬에 묶지 않고 치료하는 등의 인도적인 방법을 개척했다.[4] 하지만 나는 그 병원들이 여전히 우울한 장소였으리라고 추측한다.

1861년 프랑스 의사 폴 브로카Paul Broca는 비세트르 병원의 수술실에서 감염질환을 앓고 있는 51세 환자를 검진해달라는 요청을 받았다. 기록에 따르면, 그 환자는 30세 이후로 계속 감금되어 있었다. 입원할 때

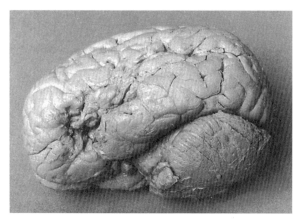

| 그림 10 | 브로카 영역이 손상된 탄의 뇌*

에 그는 이미 '탄tan'이라는 단음절어 이외에는 어떤 말도 할 수 없는 상
태였다. '탄'은 그의 별명이 되었다. 탄은 비록 말을 할 수는 없었지만
손동작으로 의사소통을 할 수 있었던 것으로 보아 말을 이해할 수 있는
것 같이 보였다.

검진 후 며칠 만에 탄이 감염으로 사망하자, 브로카는 그의 시체를 해
부했다. 그는 톱으로 두개골을 연 후, 뇌를 꺼내 알코올 용액 속에 넣어
보관했다. 탄의 뇌에서 가장 두드러진 손상은 전두엽에 있는 커다란 구
멍이었다그림 10.

브로카는 다음날 자신의 발견을 인류학회에서 발표했다. 그는 탄의
뇌에서 손상된 영역이 말을 하는 능력의 근원이며, 말을 하는 능력은 말
을 이해하는 능력과는 분명히 구분된다고 주장했다. 오늘날 언어 능력
의 상실은 **실어증**aphasia으로 알려져 있다. 특히 말을 하는 능력을 상실

---

* 병소는 대뇌 왼쪽 반구의 하전두회(inferior frontal gyrus, 아래이마이랑)(주름)의 가운데에 있었다. 탄이
란 별명이 붙은 환자 레보른(Leborgne)에 대한 이야기는 Finger(2005)와 Schiller(1963, 1992)에 실려 있다.

한 경우를 브로카 실어증이라고 하며, 탄의 대뇌피질에서 손상된 부위는 브로카 영역으로 알려져 있다. 브로카는 이 발견으로 수십 년 동안 계속되던 격렬한 논쟁에 종지부를 찍었다. 19세기 초반에 골상학자인 갈은 언어 기능이 전두엽에 있다고 단언했었지만 그의 주장은 많은 의심의 눈초리를 받았다. 하지만 마침내 브로카가 갈의 주장을 입증할 수 있는 확실한 증거를 제공했을 뿐만 아니라 전두엽에 있는 그 증거의 위치까지 밝혀낸 것이다.

시간이 지남에 따라 브로카는 탄의 질환과 유사한 여러 사례를 보게 되었고, 그들은 모두가 뇌의 왼쪽 반구의 손상과 연관되어 있음을 알게 되었다. 두 반구가 마치 거울에 비친 것처럼 아주 유사하게 생겼다는* 점을 고려할 때, 그들의 기능이 다를 수 있다는 것은 믿기 어려웠다. 그러나 증거는 쌓여갔고, 1865년 논문에서 브로카는 왼쪽 반구가 언어 능력에 특화되어 그 능력을 지배한다는** 결론을 내렸다. 이후 계속된 연구를 통해 이 결론이 대부분의 사람들에게 적용된다는 사실이 확인되었다. 이리하여 브로카의 발견은 피질의 국소화뿐 아니라, 특정 정신 기능은 왼쪽이나 오른쪽 반구 한 쪽이 담당하고 있다는 **대뇌 편측화**cerebral lateralization의 근거까지 제공하게 되었다.

1874년 독일 신경학자 칼 베르니케Carl Wernicke는 다른 종류의 실어증을 보고했다. 탄과 달리, 그의 환자는 유창하게 말은 할 수 있었지만 그의 문장들은 말이 되지 않았다. 게다가 그 환자는 다른 사람이 던진 질

---

* 연구자들은 왼쪽과 오른쪽 반구들 사이에서 약간의 구조적 비대칭성 또한 발견했다. 그러나 이것들이 기능의 편측화와 어떤 관련이 있는지는 말하기 어렵다(Keller et al. 2009).
** Rasmussen and Milner 1977. 소수의 왼손잡이나 양손잡이 사람들의 경우, 오른쪽 반구가 언어에 지배적인 부분이거나 두 반구가 모두 언어 능력에 결부되어 있다.

문을 이해할 수도 없었다. 그를 부검한 결과, 왼쪽 반구의 측두엽 부위에서 손상이 발견되었다. 베르니케는 이 부위의 손상으로 나타나는 일차적 결과는 이해력의 상실이라고 결론내렸다. 무의미한 문장을 말하게 되는 것은 이차적인 결과로, 무엇인가를 제대로 말하기 위해서는 먼저 자신이 말하고자 하는 것을 이해해야 하기 때문에 이런 증상이 나타난다는 것이다. 베르니케 영역의 손상에 의해 일어나는 이런 증상은 오늘날 베르니케 실어증이라 불린다.

브로카와 베르니케, 이 두 사람의 발견은 말을 하는 기능과 이해하는 기능 사이에 이중해리double dissociation가 있다는 이론을 제시했다. 브로카 영역의 손상은 언어의 생성을 가로막지만 이해력에는 전혀 영향을 미치지 않는다. 반면 베르니케 영역의 손상은 이해력의 장애를 가져오지만 언어의 생성 자체에는 영향을 미치지 않는다. 이것은 정신이 '모듈식modular'이라는 중요한 증거였다. 인간에게는 언어 능력이 있지만 다른 동물에게는 없으므로, 언어가 다른 지적 능력과 구분되는 능력이라는 점은 명백해 보였다. 하지만 브로카나 베르니케 이전에는 언어가 생성과 이해라는 두 가지 기능으로 나누어지며, 두 기능이 별개의 모듈에 들어 있다는 사실은 분명치 않았다.

브로카와 베르니케는 환자의 증세를 뇌 손상의 부위와 연결함으로써 피질의 지도를 그리는 법을 보여주었다. 이 방법을 이용하여 그 후계자들은 피질의 다른 여러 영역의 기능을 식별할 수 있었다. 이들은 골상학자의 지도와 같은 지도를 만들어냈고, 그 지도는 충실한 데이터에 기초하고 있었다. 그렇다면 피질의 국소화에 대한 이들의 발견을 이용하여 정신적 차이를 이해할 수 있을까?

1955년 알베르트 아인슈타인Albert Einstein이 사망했을 때, 그의 시신은 화장되었다. 하지만 그의 뇌는 화장되지 않았다. 병리학자 토머스 하비 Thomas Harvey가 부검 과정에서 뇌를 적출했기 때문이다. 몇 달 후 프린스턴 병원에서 해고된 하비는 아인슈타인의 뇌를 보관하고 있었고, 그 후 몇십 년 동안 아인슈타인의 뇌를 240개의 조각으로 나누어 병 속에 넣어가지고 이 도시 저 도시로 옮겨 다녔다. 1980년대와 1990년대에 하비는 천재의 뇌가 어떤 점에서 특별한지를 밝혀내려는 목적을 가진 몇몇 연구자들에게 아인슈타인의 뇌 샘플을 보냈다.[5]

하비는 이미 아인슈타인의 뇌 무게가 평균이거나 그보다 조금 더 가볍다는 사실을 알고 있었으므로, 뇌의 크기로는 아인슈타인의 특별함을 설명할 수 없었다. 1999년에 샌드라 위텔슨Sandra Witelson[6]과 그의 공동 연구자들은 이를 설명할 수 있는 다른 근거를 들었다. 이들은 하비가 부검하는 동안 찍은 사진을 토대로 아인슈타인의 뇌에는 하두정소엽inferior parietal lobule이라 불리는 피질 영역이 커져 있다고 주장했다. (이 영역은 두정엽의 일부이다.) 아마도 아인슈타인은 뇌의 **일부**가 커져 있으니 천재였을 것이다. 아인슈타인 자신이 종종 말보다는 이미지로 생각한다고 이야기한 바 있었고, 뇌의 두정엽은 시각과 공간에 관한 사고를 담당하는 것으로 알려져 있다.

전통적으로 대중들은 천재의 뇌에 매혹되었고, 아나톨 프랑스와 알베르트 아인슈타인의 경우도 이에 해당한다. 19세기의 열광자들은 시인 바이런 경Lord Byron이나 월트 휘트먼Walt Whitman과 같은 유명인사들의 뇌를 보존했고,[7] 그들의 뇌는 지금도 박물관 뒷방에 있는 먼지 낀 병 속에 들어 있다. 탄과 폴 브로카, 말을 할 수 없었던 환자와 그를 연구한 신경학자, 그 두 사람의 뇌가 파리의 같은 박물관에 보존되어 지금은 영원한 동반자가 되었다는 사실에 나는 묘한 감동을 느낀다. 신경해부학자들은 역사상 가장 위대한 수학자 중 하나인 칼 가우스Carl Gauss의 뇌도 보존해 두었다. 그들은 아인슈타인의 천재성에 대한 위텔슨의 설명을 예상이라도 한 것처럼, 칼 가우스의 천재성을 설명하기 위해 커다란 두정엽에 주목했다.

뇌 전체의 크기가 아니라 한 특정 부분의 크기를 연구하는 방법이 그리 새로운 것은 아니다. 사실 이 방법은 원래 골상학자들이 고안해낸 것이었다. 골상학의 아버지라 할 수 있는 프란츠 요제프 갈은 1819년에 발간된 그의 논문에[8] 〈신경계 전반 및 특히 뇌에 대한 해부학과 생리학, 머리의 구조에 따라 인간과 동물의 여러 지적, 도덕적 성향을 알아낼 가능성에 대한 의견과 함께The Anatomy and Physiology of the Nervous System in General, and of the Brainin Particular, with Observations upon the possibility of ascertaining the several Intellectual and Moral Dispositions of Man and Animal, by the configuration of their Heads〉라는 제목을 붙였다. 갈은 각각의 심리 '성향disposition'이 그에 대응하는 피질 영역의 크기와 연결되어 있다고 주장했다. 좀 미심쩍기는 하지만, 그는 두개골의 모양이 그 안에 있는 피질의 형태를 반영하므로 두개골의 모양을 이용하여 개인의 성향을 예측할 수 있다고 주장했다. 골상학자들은 전 세계를 돌아다니며 머리 위에 튀어나온 부분을 만져봄으로써 어린아이들의 운명을 예측하고, 배우자 후보를 평가하며, 취업 지원자들을 선별해주겠다고 제안했다.

갈과 그의 제자 슈푸르츠하임은 극단적 성향을 보여주는 사례를 근거로 피질 영역에 특정한 기능이 있다고 주장했다. 만약 천재가 넓은 이마를 가지고 있다면 지능은 뇌의 전면에서 담당하고 있음에 틀림없으며, 범죄자의 머리가 옆으로 튀어나와 있다면 측두엽이 거짓말을 하는 데에 결정적 역할을 하리라는 것이다. 이처럼 특수한 사례에 기반한 방법은 대부분 터무니없는 국소화 이론을 이끌어냈고, 19세기 후반기에 이르러 골상학은 조롱거리가 되어버렸다.

오늘날 우리는 골상학자들이 상상밖에 할 수 없었던 기술을 가지고 있다. MRI는 피질 영역의 크기를 정확히 측정하며, 이로써 머리의 튀어나온 부분을 만져보는 우스꽝스러운 방법은 영원히 사라지게 되었다. 그리고 연구자들은 여러 사람의 뇌를 스캔함으로써 아인슈타인의 뇌에 대한 위텔슨의 연구와 같은 단순한 사례 연구의 수준을 뛰어넘는 충분한 데이터를 수집할 수 있다. 그렇다면 현대의 골상학자들은 무엇을 발견했을까?

그들은 IQ가 전두엽과 두정엽의 크기와 관련이 있음을 증명했다.[9] 이는 IQ와 뇌 전체 크기와의 관계보다 상관성이 좀 더 강한 것으로 드러났고, 이 두 엽이 지능에 더욱 중요하다는 생각과도 일치한다. (후두엽과 측두엽은 주로 시각이나 청각과 같은 감각 능력에 중요하다.) 그러나 이 상관성은 여전히 실망스러울 정도로 약하다.

하지만 이 연구들은 골상학의 의도를 온전히 따르지 않는다. 골상학은 뇌를 여러 영역으로 나누었을 뿐만 아니라 정신도 여러 종류의 능력으로 나누었다. 우리는 수학에는 매우 뛰어나지만 언어 능력은 조금 떨어지는 사람, 혹은 그와 반대되는 사람들을 알고 있다. 최근에는 너무 단순하다는 이유로 IQ나 일반지능의 개념을 배척하는 연구자들이 많다. 그들은 '다중지능multiple intelligences'이라는 개념을 선호하는데, 이는 특정 뇌 영역의 크기와 관계가 있는 것으로 밝혀졌다. 런던의 택시 운전사들은[10] 오른쪽 후측 해마posterior hippocampus가 확장되어 있는데, 이 피질 영역은 경로 탐색과 관계가 있다고 생각된다. 음악가의 경우 소뇌가 더 크고 특정 피질 영역이 두껍다.* (소뇌는 정교한 운동기술에 중요하다고 생각되므로, 음악가의 소뇌가 큰 것은 이해가 된다.) 이중언어 사용자[11]는 왼쪽의 두정엽 아래 부분의 피질이 더 두껍다.

이 발견들은 아주 흥미롭기는 하지만 통계에 불과하다. 즉 뇌의 특정 영역이 크다고 해도 이는 단지 **평균적으로** 크다는 것을 의미할 뿐이다. 따라서 한 개인의 능력을 예측함에 있어서 뇌 영역의 크기는 여전히 소용이 없다.

지적 능력의 차이 때문에 어려움을 겪을 수도 있지만, 이런 어려움은 대부분 파국을 초래할 정도는 아니다. 그러나 다른 종류의 정신적 변이는 엄청난 고통을 가져올 수 있으며, 우리 사회에도 막대한 부담이 된다. 산업국가에서는 100명 중 6명이 심각한 정신질환을 가지고 있다고 추산되며,[12] 전체 인구의 절반 정도가 일생에 한 번은 가벼운 정신장애를 겪는다. 대부분의 정신장애는 행동치료나 약물치료에 부분적인 효과가 있을 뿐이며, 치료법이 없는 것들도 많다. 정신질환과 싸우는 것이 왜 이렇게 어려운 것일까?

질병의 발견자는 보통 그 증상을 제일 먼저 묘사하는 사람이다. 1530년 이탈리아의 의사 지롤라모 프라카스토로Girolamo Fracastoro는 〈매독 혹은 프랑스의 질병Syphilis sive morbus Gallicus〉이라는 제목의, 색다른 매체인 서사시를 활용했다. 그는 매독에 처음 걸린 사람의 이름을 따서 이 병의 이름을 지었는데, 그 사람은 아폴로 신의 처벌로 이 병을 얻은 그리스 신화 속의 양치기 시필루스Syphilus였다. 라틴어 6보격으로 쓴 세 권의 장

---

* Hutchinson et al, 2003; Gaser and Schlaug 2003. '피질 영역이 두껍다'는 말은 약간은 말장난이다. 그것의 측정은 복셀 기반 형태측정법(voxel-based morphometry)이라 불리는 방법에 의존하는데, 이는 두께 증가와 다른 구조적인 변화를 구분할 수 없기 때문이다. 두께 증가는 한 가지 가능한 해석에 불과하다.

편시에서 프라카스토로는 매독의 증상을 묘사했고, 이 병이 성관계로 전염된다는 것을 인정했으며, 몇 가지 치료법을 처방하기도 했다.

매독은 피부에 보기 흉한 상처를 내고 끔찍한 신체 기형을 야기한다. 그리고 나중에는 또 다른 무서운 증상이 나타나기도 하는데, 바로 정신 이상이다. 1887년의 공포 이야기 〈오를라Le Horla〉에서 프랑스 작가 기 드 모파상Guy de Maupassant은 처음에는 신체적 질병, 나중에는 광기로 화자를 괴롭히는 초자연적 존재를 상상한다. "나는 나 자신을 잃어버렸다. 누군가가 나의 영혼을 장악하고 지배한다! 누군가 내 모든 행위, 모든 동작, 모든 생각을 조절한다. 나는 빈 껍데기일 뿐이며, 단지 노예가 되어 내가 하는 모든 일을 지켜보는 겁에 질린 허깨비에 불과하다." 화자는 마침내 자살로 자신의 고통을 끝내기로 결심한다. 모파상 자신 역시 20대에 매독으로 고통을 받았으므로 이 이야기는 반자서전적으로 보인다. 1892년에 모파상은 목을 메고 자살을 시도했다. 정신병원에 갇힌 그는 다음 해 52세의 나이로 사망했다.

화가 폴 고갱Paul Gauguin과 시인 샤를 보들레르Charles Baudelaire도 매독으로 고통 받았을지 모른다. 그러나 증거는 없다. 증상만으로는 병에 대한 믿을 만한 진단을 내릴 수 없기 때문이다. 같은 질병에 걸린 두 사람이 서로 다른 증상을 보이기도 하고, 다른 질병에 걸린 두 사람이 비슷한 증상을 보일 수도 있다. 질병을 진단하고 치료하기 위해서 우리는 그 증상보다는 원인을 찾으려 한다. 매독을 일으키는 세균은 1905년에 발견되었으며, 곧 이어 그 세균을 죽이는 첫 번째 약이 개발되었다. 이 약들은 매독의 초기단계에서는 효력이 있었지만, 균이 신경계에 침입하고 나면 제거할 수가 없었다. 1927년에 독일 의사 율리우스 바그너 폰 야우레크Julius Wagner von Jauregg는 신경매독에 대한 특이한 치료법으로 노벨상을 받았다. 그는 환자에게 약을 투여했을 뿐 아니라 일부러 말라리아에 감염시켰다. 말라리아 때문에 열이 나면서 어떤 이유에서인지 매독균이 죽어버리면, 그는 그 시점에서 말라리아를 치료하는 약을 투여했다. 폰 야우레크의 이런 치료법은 2차 세계대전 후 페니실린과 항생제로 알려진 다른 항박테리아성 약물들로 대체되었으며, 이세 매독은 더 이상 뇌 질환의 주요 원인이 아니다.

감염으로 생긴 질병은 그 원인이 분명하므로 비교적 치료가 쉽다. 그렇다면 다른 종류의 질병은 어떨까? 보통 노인들에게 찾아오는 알츠하이머는 기억상실로 시작하여 정신 능력의 일반적 퇴화인 치매로 진행된다. 말기가 되면 뇌가 수축되어 두개골 내부에 빈 공간이 생긴다. 골상학자들이 오늘날에도 살아 있다면, 그들은 알츠하이머는 뇌의 수축 때문에 발생한다고 하겠지만, 이는 만족스러운 설명이 아니다. 뇌의 수축은 기억상실과 다른 증상들이 먼저 생긴 다음에야 발생한다. 게다가 수축 자체는 원인이라기보다 증상이다. 뇌의 수축은 뇌 조직이 죽으면서 발생하는데, 그러면 이런 죽음의 원인은 무엇일까?

과학자들은 그 단서를 찾기 위해 알츠하이머 환자들을 부검하면서 추출한 조직을 검사하여, 뇌에 쓰레기처럼 흩어져 있는 다발성 병변과 초로성 반점plaques and tangles이라는 미세한 노폐물들을 발견했다. 일반적으로 질병과 연관된 뇌세포의 비정상성abnormality은 신경병리neuropathology로 알려져 있다. 다발성 병변과 초로성 반점은 세포가 죽기 훨씬 전, 알츠하이머 증세가 시작될 무렵부터 뇌에 나타난다. 기억상실이나 치매의 증상은 다른 질병에서도 나타날 수 있기 때문에 이런 신경병리 요소들이 현재 알츠하이머를 규정하는 특징으로 간주된다. 과학자들은 아직 왜 다발성 병변과 초로성 반점이 축적되는지를 밝혀내지 못하고 있기는 하지만, 이런 신경병리 요인을 줄임으로써 알츠하이머를 치료할 수 있기를 기대하고 있다.

가장 까다롭고 이해하기 어려운 정신질환은 분명하고 일관적인 신경병리 요소가 나타나지 않는다. 여기서 우리는 정말로 당황하게 된다. 왜냐하면 이런 질환들은 여전히 심리적 증상만으로 정의되며, 치료법을 찾기엔 요원하기 때문이다. 이런 정신질환들은 공황장애나 강박장애처럼 불안감anxiety과 관련이 있거나, 우울증이나 조울증처럼 기분mood과 관련이 있다. 이들 중 정신을 가장 황폐하게 하는 두 가지 병은 정신분열증과 자폐증이다.

자폐의 증상은 다음의 임상 기록에 아주 인상적으로 표현되어 있다.[13]

자폐로 진단을 받았을 때 데이비드는 3살이었다. 그 당시 그는 사람들을 거의 쳐다보지 않았고, 말도 하지 않고, 자신의 세계 안에 갇혀 있는 것처럼 보였다. 그는 몇 시간이나 트램펄린 위에서 펄쩍펄쩍 뛰며 노는 것을 즐겼고, 조각 그림 맞추기에 아주 능숙했다. 10살 때, 데이비드는 신체적 발달은 잘 이루어진 편이었지만 정서적으로는 아주 미숙했다. 그는 섬세한 이목구비와 아름다운 얼굴을 가지고 있었다. …… 그는 어려서나 지금이나 좋아하는 것과 싫어하는 것에 대해 지극히 고집스러웠다. …… 그의 엄마는 다급하게 반복되는 그의 요구에 굴복할 때가 더 많았고, 그런 요구는 쉽게 발작 수준으로 성질을 부리는 행동으로 발전했다.

데이비드는 5살 때 말하는 것을 배웠다. 지금 그는 자폐아들을 위한 특수학교에 다니며, 그곳에서 행복하게 지내고 있다. 그는 반복적인 일상을 보내고 있으며 결코 변화를 주지 않는다. …… 그는 어떤 것들은 굉장히 빠른 속도로 배운다. 예를 들어, 그는 읽는 법을 혼자 배워 지금 매우 유창하게 읽을 수 있게 되었지만 자신이 읽는 것을 이해하지는 못한다. 그는 또한 덧셈하는 것을 좋아한다. 하지만 그는 어떤 간단한 것들을 배우는 데는 매우 더딘데, 가령 식탁에서 식사를 하거나 옷을 입는 것과 같은 매우 기본적인 기술들이다.

데이비드는 지금 12살이다. 그는 여전히 자발적으로 다른 아이들과 놀지 않는다. 그는 낯선 사람과 의사소통을 하는 데 분명 어려움을 느낀다. …… 그는 다른 사람이 원하거나 흥미로워하는 것을 양보를 하지 않으며, 다른 사람의 입장을 이해할 수 없다. 이처럼 그는 사회생활에는 무관심한 채 자신만의 세계에서 계속 살고 있다.

이 사례 연구에는 자폐증을 정의하는 세 가지 증상이 모두 나타난다. 사회적 장애, 언어적 어려움, 그리고 반복적이고 융통성 없는 행동. 이 증상들은 3살 이전에 나타나며 이후에 점차 완화되는 경우도 있다. 그러나 자폐를 가진 대부분의 성인들은 보호자 없이 일상생활을 제대로 할 수 없다.* 알려져 있는 치료법은 별로 효과가 없으며, 확실한 치료법도 없다.

우타 프리스Uta Frith는 자폐증을 '유리 껍질 안에 갇힌 아름다운 어린 아이'[14]라고 매우 시적으로 묘사했다. 다른 종류의 장애를 가진 많은 어린이들은 겉으로 드러난 신체적 기형 때문에 보는 이의 마음을 아프게 한다. 이와 달리, 자폐증을 가진 아이들은 겉으로는 아무 문제가 없어

---

* 모든 증상이 아니라 일부의 증상만을 포함하는 가벼운 형태의 자폐증 또한 존재한다. 예를 들어 아스퍼거 장애(Asperger's syndrome)는 언어적 어려움이 아니라 사회적 장애와 반복적인 행동들로 정의된다. 가벼운 형태에서 심각한 형태에 이르는 자폐증 모두를 포괄하기 위해 자폐 스펙트럼 장애(autism spectrum disorder)라는 용어가 도입되었다. Fombonne(2009)은 모든 특성을 갖춘 자폐증이 1,000명 중 2명 정도로 발생하며, 자폐 스펙트럼 장애의 경우 몇 배는 더 높은 빈도로 발생한다고 추산한다.

보이거나 아주 아름다워 보이기까지 할 수 있다. 그 부모들은 외모에 속아 자기 자녀에게서 무언가 근본적인 문제가 있다는 사실을 믿기 어려워한다. 그들은 '유리 껍질(자폐증의 사회적 고립)'을 깨고 그 속에 있을 것만 같은 정상적인 아이를 해방시킬 수 있으리라는 부질없는 희망을 갖는다. 하지만 자폐아의 건강해 보이는 겉모습 속에는 비정상적인 뇌가 숨겨져 있다.

문서로 가장 잘 정리되어 있는 비정상성은 크기에 관한 것이다. 미국의 정신과 의사 레오 캐너Leo Kanner는 1943년에 작성한 그의 기념비적 논문에서 처음으로 그 증세를 정의하면서,* 그가 연구한 11명의 사례 중에서 5명의 어린이가 커다란 머리를 가지고 있음을 간략하게 언급했다.[15] 시간이 지나면서 연구자들은 보다 많은 자폐 어린이들을 연구했으며, 실제로 그들의 머리와 뇌가 평균적으로 더 크다는 것을 발견했다.** 특히 언어적 그리고 사회적 행동과 관련된 여러 영역들이 포함된 전두엽이 컸다.[16]

그러면 이것이 뇌의 크기가 자폐증을 예측할 수 있는 방법이란 의미일까? 만일 그렇다면, 골상학적 접근방식이 자폐증을 설명하는 올바른 방향을 제시했다고 확신할 수 있을 것이다. 그러나 우리는 희귀한 범주를 다룰 때 저지르기 쉬운 통계적 오류를 조심해야 한다. 매우 특별한

---

* 비엔나의 소아과 의사인 한스 아스퍼거(Hans Asperger)도 몇 년 앞서 자폐증을 정의한 것으로 인정되고 있다.
** Redcay and Courchesne 2005. 흥미롭게도 자폐증은 큰 것이 더 낫다는 격률에 반대되는 증거를 제공한다. 골상학자들은 자폐적인 '서번트(savant)'를 가리키며 이에 대응할지도 모른다. 서번트(백치 천재)는 〈레인 맨〉에 나오는 가공의 인물처럼 기억, 수적 계산, 혹은 여타의 다른 정신적 특성들에서 인상적인 능력을 보인다(Treffert 2009). 아마도 이 향상된 정신적 능력들은 자폐성 뇌의 크기 확대로 설명될 수 있을 것이다. 그러나 대부분의 자폐 아동들은 서번트가 아니며, 서번트들도 장애를 가지고 있다. 아마도 뇌의 크기를 연구하는 골상학적 접근방법을 지나친 단순화라고 결론내리는 것이 더 타당할 것이다.

타입이라 할 수 있는 프로 미식축구 선수를 생각해보자. 이들은 분명히 보통 사람보다 눈에 띄게 크다. 이를 뒤집어서 평균보다 훨씬 큰 사람들이 모두 프로 미식축구 선수일 것이라고 추측할 수 있을까? 이런 예측법은 동일한 수의 미식축구 선수와 보통 사람으로 이루어진 '균형인구군'을 대상으로 할 경우에는 잘 들어맞을 것이다. 이들을 크기에 따라 분류한다면, 그 결과는 상당히 정확할 것이다. 그러나 만약 균형인구군 대신 일반 대중 사이에서 뽑힌 어떤 큰 사람이 미식축구 선수일 거라고 예측한다면, 대개의 경우 틀린 예측이 될 것이다. 이 사람들은 아마 다른 이유로 키가 크거나 근육이 발달했거나 비만일 가능성이 높다. 이와 마찬가지로 큰 뇌를 가진 모든 아이가 자폐아라고 예측하는 것은 매우 부정확할 것이다. 프로 미식축구 선수가 되는 데는 크기 이외에 여러 가지 조건이 있듯이 자폐증에 걸리는 원인에도 큰 뇌 이외에 여러 가지 요소가 포함된다.

뇌의 어떤 속성에 기초하여 희귀 정신질환을 정확히 예측할 수 있다고 주장하는 연구가 대중매체를 통해 종종 보도된다. 하지만 실제로 이 연구들은 대부분 보도된 내용보다 정확성이 부족한 것으로 판명되곤 한다. 이런 연구의 정확성은 균형인구군을 대상으로 할 경우로 국한되며, 일반 대중을 대상으로 할 경우에는 해당되지 않는다. 하지만 만일 질병의 원인을 정말로 알고 있다면 일반 대중을 대상으로 할 경우에도 항상 정확한 진단을 내릴 수 있을 것이다. 미생물에 대한 혈액검사로 검출되는 여러 감염질환이 바로 이런 경우이다.

정신분열증은 자폐증만큼이나 이해하기 어렵다. 이 질병은 전형적으로 20대에 시작되는데, 환각(가장 흔하게 목소리를 듣는 것), 망상(주로 피해

망상), 그리고 무질서한 생각과 같은 증상이 갑자기 나타난다. 이러한 증상을 총칭하여 정신이상증psychosis이라고 하는데, 아래의 내용은 이 증상에 대한 직접적인 경험을 생생하게 서술한 것이다.[17]

> 비록 그것이 어떻게 시작되었는지 기억할 수는 없지만, 내가 화장실에 앉아 있던 어느 시점에 갑자스러운 흥분이 나를 사로잡았다. 나의 심장이 쿵쿵거렸다. 어디에서 나오는지 알 수 없는 소리가 들리기 시작했다. 내 정신은 전 세계로 방송되는 텔레비전 프로그램으로 바뀌었고 거기에서는 록스타와 과학자들이 (컴퓨터, 생물학, 심리학, 부두 유형의 의식을 이용하여) 세계 정부를 전복시키고 있었다. 바로 그 순간 그 자리에서!
>
> 그와 동시에 텔레비전으로 의사소통을 하는 사람들이 새로운 세계 질서를 위한 그들의 의도와 동기를 모두 발표하고 있었다. 나는 세계 전역의 여기저기에 숨어 있는 수많은 록스타와 과학자들의 토론무대 중앙에 있는 것 같았다.

정신이상증은 다른 사람들을 놀라게 하고 괴로움을 줄 뿐 아니라 당사자도 공포를 느낀다. 이는 정신분열증의 가장 분명한 증상이지만, 다른 정신질환에도 이와 같은 증상이 나타나기도 한다. 따라서 정신분열증의 정확한 진단을 위해서는 동기의 결여, 정서의 둔화 그리고 말수가 줄어드는 것과 같은 추가적 증상이 필요하다. 이런 증상들은 정신분열증의 '소극적' 증상으로, '적극적' 정신이상 증상과 대조된다. (여기서 '적극적', '소극적'은 가치 판단이 아니라 각기 두서 없는 생각의 존재와 어떤 감정들의 상대적 결여를 가리킨다.) 정신분열증은 정신이상 증세를 제거하는 약으로 치료한다. 그러나 이런 약은 소극적 증상에는 별 효과가 없으므로[*] 완전한 치료제라 할 수 없다. 따라서 대부분의 정신분열증 환자들은 독립적으로 살아갈 수 없다.

자폐증과 마찬가지로, 문서로 잘 정리되어 있는 정신분열증 환자의 뇌에서 볼 수 있는 비정상성은 크기와 관련이 있다. MRI 관찰 결과에 따르면 정신분열증을 나타내는 사람들은 뇌의 부피가 전반적으로 평균 몇 퍼센트 정도 줄어들어 있었다.[**] 해마의 축소 비율이 약간 더 높지만 차이가 그렇게 큰 것은 아니다. 연구자들은 또한 액체 물질로 가득 차 있는 뇌 안의 공동이나 통로들의 집합인 뇌실계ventricular system를 촬영했는데, 측뇌실과 제3뇌실이 평균 20퍼센트 정도 커져 있었다.[18] 뇌실은 뇌속의 텅 빈 공간이므로, 이들 영역의 확장이 뇌 부피의 축소와 관련되어 있을 수 있다. 어떤 차이가 발견되었다는 것은 희망적이지만, 그 상관관계는 앞에서 언급한 자폐증에 관한 통계 결과만큼이나 약하다. 따라서 뇌의 크기, 해마의 크기 혹은 뇌실의 부피를 이용하여 개인의 정신분열증을 진단하는 것은 상당히 부정확할 것이다.

자폐증이나 정신분열증 치료의 진전을 위해서는 알츠하이머의 다발성 병변과 초로성 반점과 같은 분명하고 일관된 신경병리 요인을 찾아야 한다. 그러나 자폐증이나 정신분열증 환자의 뇌에서는 이와 유사한 노폐물의 축적이나 죽어가거나 퇴화하는 세포와 같은 여타의 일관된 증후가 발견되지 않았다. 신골상학에서는 뇌에 어떤 비정상적인 면이 있

---

[*] 제2세대 혹은 '비표준적인(atypical)' 항정신병 약물들이 소극적인 증상에 더 우수하다고 홍보되었다. 그러나 현재 이 주장에 의문이 제기되고 있다. 이와 관련된 논란에 대해 더 알고 싶으면 Murphy et al.(2006)과 Leucht et al.(2009)을 보라. 비표준적인 약물들은 제1세대나 '표준적인' 항정신병 약에서 흔한 부작용이었던 운동장애를 덜 일으킨다.

[**] Steen et al. 2006; Vita et al. 2006. 처음 정신병 치료를 받는 환자들에게서도 그 차이들은 존재한다. 따라서 그것은 항정신병 약물의 장기적인 효과로 보이지는 않는다.

으리라 생각했지만, 우리는 그것을 발견하는 데 실패했다. 1972년에 신경학자 프레드 플럼Fred Plum은 "정신분열증은 신경병리학자들의 무덤이다"[19]라고 절망적으로 기술했다. 그 이후에 연구자들이 일말의 단서를 발견하기는 했지만 눈부신 발전은 없었다.

우리들 대부분은 뇌의 차이가 정신의 차이를 가져온다고 확신하지만, 아직까지 이를 입증할 만한 증거는 거의 없다. 골상학자들은 뇌와 그 영역의 크기를 조사하여 증거를 찾고자 했으나, 최근에야 비로소 MRI가 그들의 계획을 실행하기 위한 적절한 방법을 제공해주었다. 신골상학자들은 사람들 집단 사이에서 약하기는 하지만 뇌와 정신 사이의 상관관계를 보여줌으로써, 정신의 차이가 뇌의 크기와 통계적으로 관련되어 있음을 확인했다. 하지만 그 차이로는 개인이 가지고 있는 천재성이나 자폐증 혹은 정신분열증을 정확히 예측할 수 없다.

나는 신경과학이 이 게임에서 좀 더 확실하게 이길 수 있기를 기대한다. 승리를 통해 얻을 수 있는 보상은 상당히 크다. 자폐증이나 정신분열증의 신경병리 요인을 발견하는 것은 그 치유법을 찾는 데 도움이 될 것이다. 지능이 어디에서 기인하는지를 이해하면 더 좋은 교육법이나 사람들을 더욱 똑똑하게 만드는 방법을 개발하는 데 도움이 될 것이다. 우리는 단순히 뇌를 이해하기만을 원하는 것이 아니다. 우리는 뇌를 변화시키기를 원한다.

2
경계 논쟁
CONNECTOME

신이시여,

내가 변화시킬 수 없는 일들을 받아들이는 마음의 평정심과

내가 변화시킬 수 있는 일들을 바꾸는 용기와

그 차이를 분별하는 지혜를 허락하여 주옵소서.

위의 '평정심을 위한 기도'는 알코올 중독자 갱생회, 그리고 회원들을 중독에서 벗어나도록 돕는 여타의 기관에서 사용되고 있다. 이 기도를 보면 사람들이 왜 그토록 뇌에 관심을 갖는지 알 수 있다. 사람들은 언제나 뇌를 변화시키기를 희망하고 있다. 동네 서점의 자기계발서 코너를 지나가보라. 어떻게 하면 술을 적게 마시고, 마약을 끊고, 올바른 음식을 먹고, 돈을 관리하고, 아이를 잘 양육하며, 파경에 이른 결혼생활을 회복할 수 있는지 알려주는 수백 권의 책들을 볼 수 있다. 이 모든 것들은 가능하게 보이지만, 성취하기는 어렵다.

정상적이고 건강한 성인들도 분명 자신의 행동을 변화시키고 싶어 하겠지만, 이런 목표가 더 절실한 사람들은 정신장애나 정신질환 증상을 겪고 있는 이들이다. 젊은 청년의 정신분열증은 고칠 수 있을까? 뇌졸중을 겪은 조부모님은 다시 말하는 것을 배울 수 있을까? 우리 모두는 학교 교육이나 자녀 교육을 통해 아이들이 더 나은 인격을 형성하기를 바란다. 이를 위한 더 나은 방법을 찾아낼 수 있을까?

평정심을 위한 기도는 이 변화에 필요한 용기와 지혜를 갈구한다. 그 답을 신경과학에서도 얻을 수 있다면 더 좋지 않을까? 결국 정신을 변화시키는 것은 궁극적으로 뇌를 변화시키는 것이다. 하지만 신경과학이 자기 개선을 위한 노력에 도움이 되려면 먼저 더 근본적 문제를 해결해야 한다. 우리가 새로운 행동방식을 배울 때, 뇌에서는 정확히 어떤 변화가 일어나는 걸까?

부모들은 갓난아이들의 발육 속도에 경탄하며, 아이들이 새롭게 하는 모든 행동과 말을 경이로운 사건으로 여겨 흥분하고 축하한다. 유아의 뇌는 빠르게 성장하며,[1] 2살 즈음이 되면 성인의 뇌와 크기가 비슷하게 된다. 이는 간단한 이론 하나를 제시한다. 배움이란 아마도 뇌의 성장에 불과하며, 이러한 성장을 증진시킴으로써 아이들이 더 똑똑해질 수 있다는 것이다.

이 이론은 골상학자들의 이론으로 다시 돌아간다. 요한 슈푸르츠하임은 육체의 운동으로 근육량이 늘어나듯이, 정신의 훈련으로 피질이라는 기관도 커질 수 있다고 주장했다. 이 이론에 기초하여, 슈푸르츠하임은 어린이와 성인 모두를 위한 교육철학을 개발했다.*

---

* 슈푸르츠하임은 그의 시대에 비해 실제로 매우 세련된 견해를 가지고 있었다. 그는 뇌가 성장하는 것 외에 다른 변화도 일어날 수 있음을 인정했다.: "그러나 그 기관(뇌 영역들)의 성장은 적당한 훈련으로 일어날 수 있는 유일한 변화나 가장 중요한 혜택이 아니다. … 그 기관의 크기는 … 훈련의 양에 비례하여 커지지 않지만, 그 섬유들은 보다 더 잘 작동할 것이다."(Spurzheim 1833, pp. 131-132).

한 세기 이상이 지나서야 그의 이론은 드디어 과학적 검증을 받았다. 그 전에 심리학자들은 자극이 동물의 정신에 미치는 영향을 연구하는 방법을 고안해냈다. 그들은 실험용 쥐를 환경이 다른 두 곳으로 갈라놓았다. 한 곳은 단조롭고 지루한 우리였고, 다른 한 곳은 자극이 풍부한 우리였다. 단조롭고 지루한 우리에는 쥐 한 마리를 혼자 넣어두었으며, 우리 안에 있는 것이라곤 음식과 물그릇뿐이었다. 자극이 풍부한 우리에는 한 무리의 쥐들을 넣어두고 매일 새로운 장난감도 넣어주었다. 연구자들은 이렇게 서로 다른 자극을 받은 두 종류의 쥐들에게 간단한 미로를 통과하는 실험을 했고,* 풍부한 환경에 노출되었던 쥐들이 더 영리하다는 사실을 밝혀냈다. 이미도 그들의 뇌에 차이가 있었을 것이다. 그렇다면 어떻게 그런 변화가 생기게 되었을까?

1960년대에 마크 로젠즈베이그Mark Rosenzweig와 그의 동료들은 그 원인을 밝혀내기로 했다.** 그 방법은 놀라울 정도로 간단했다. 그들은 서로 다른 환경에 노출된 쥐들의 피질 무게를 측정했다. 그 결과 자극이 풍부한 환경에 있었던 쥐들이 평균적으로 조금 더 큰 피질을 가지고 있음이 드러났다. 경험이 뇌의 구조를 변화시킨다는 것을 입증한 첫 번째 실험이었다.

이 결과가 그다지 놀랄 만한 일이 아닐 수도 있다. MRI 연구가 런던의 택시 운전사, 음악가, 이중언어 사용자들에게서 뇌의 특정 부위가 확

---

* 동물 지능에 대한 헵과 윌리엄스 시험은 24개의 질문으로 이루어져 있으며, 각기 간단한 미로 속에서 음식을 찾아내는 것과 관련되어 있다. 도널드 헵(Donald Hebb)은 이러한 종류의 환경적 풍부함의 영향에 대한 연구를 개척했다. 이는 세포군과 시냅스 가소성에 대한 헤비안 이론을 제시한 것으로 잘 알려져 있는 Hebb (1949)에 간단하게 언급되어 있다. (4장과 5장을 보라.)

** Rosenzweig 1996. 통계적 유의성 검사는 동일한 배에서 같이 태어난 새끼들 사이의 비교에 기초하고 있다. 피질 크기의 변화는 뇌 크기의 전체적인 변화 때문이 아니었다. 사실상 뇌의 비피질 구역의 크기는 약간 작았다. 변화는 신체 크기의 증가 때문도 아니었다. 풍부한 환경에 노출된 쥐들이 증가된 활동 덕분에 실제로 약간 가벼웠다.

대되어 있다는 것을 이미 보여주지 않았는가. 여기서 우리는 다시 한 번 통계적 발견을 가지고 너무 많은 해석을 하지 않도록 주의해야 한다. MRI 연구는 상관관계를 보여주지만, 인과관계를 증명하지는 않는다.

슈푸르츠하임의 이론에서 말하는 것처럼 택시를 운전하고, 악기를 연주하고, 이중언어를 사용하는 것이 뇌를 크게 만드는 원인일까? 음악 교육 전에는 음악가의 뇌의 크기와 비음악가의 뇌의 크기가 같았지만 그 이후에 달라졌다면, 인과관계를 주장할 수 있을 것이다. 그러나 MRI 연구는 교육 '이후'의 데이터만을 수집한 것이므로 다른 해석의 가능성을 배제할 수 없다. 어떤 사람들은 음악적 재능을 부여하는 커다란 뇌를 가지고 태어났으며, 이런 재능이 있는 사람들이 음악가가 될 가능성이 더 높은 것인지도 모른다. 커다란 뇌는 음악적 재능의 원인이며 결과가 아닐 수도 있다는 것이다.

음악가는 타고난 재능을 바탕으로 음악 선생님으로부터 혹은 경쟁을 통해 선택받았을 수 있다. 그리고 음악가가 되는 것은 자신의 선택일 수도 있다. 왜냐하면 사람들은 일반적으로 자신이 뛰어난 분야에서 활동하는 것을 선호하기 때문이다. **선택편향**selection bias이라고 알려진 이러한 종류의 문제는 많은 통계 연구의 해석을 복잡하게 만든다. 반면 로젠즈베이그는 **무작위로** 어떤 쥐들을 자극이 풍부한 우리에, 어떤 쥐들은 단조롭고 지루한 우리에 넣어둠으로써 선택편향을 제거했다. 이는 두 집단의 쥐들이 통계적으로 동일하게 시작했음을 보장하여 실험 이후에 생긴 모든 차이는 우리 안에서 겪은 경험의 결과라고 해석할 수 있도록 해주었다.

보다 직접적으로 인과관계를 증명하기 위해 우리는 MRI를 이용하여 경험 이전과 이후의 인간의 뇌를 비교할 수 있다. 이 방식으로 연구자들은 저글링을 배우는 것이 두정엽과 측두엽의 피질을 두껍게 만든다는 사실을 발견했다.[2] 시험공부를 열심히 하는 것은 의과대학 학생들의 두정엽 피질과 해마가 커지는 원인이라는 것도 밝혀졌다.[3]

이런 결과들은 인상적이지만, 아직 우리가 원하는 대답을 입증해주지는 않는다. 경험이 뇌를 변화시킨다는 것을 보여주는 것만으로는 충분치 않다. 우리는 뇌의 변화가 향상된 성과의 원인인지도 밝혀야 한다. 아직 이를 분명하게 증명할 수 없는 이유를 이해하기 위해 다음의 비유를 살펴보자. 하루 종일 앉아 연습을 해야 하는 음악 훈련이 음악가를 비만하게 만든다고 해보자. 이 경우 비만이 연주 실력 향상의 원인이라고 결론내리는 것은 잘못이다. 마찬가지로, 음악 훈련으로 음악가의 뇌가 확대되었다는 것이 밝혀졌다고 해서 뇌의 확대가 곧 연주 실력 향상의 원인이라는 것이 입증되지는 않는다.

로젠즈베이그는 자극이 풍부한 우리에서 사는 것이 쥐들을 더 영리하게 만들고 피질도 더 두껍게 한다는 것을 보여주었다. 그런데 그는 지능 향상의 원인이 두꺼워진 피질이라는 것을 증명하지는 못했다. 사실 피질 영역의 기능에 관해 지금껏 알려진 내용을 감안한다면 이런 인과관계의 예측은 틀릴 가능성이 높다. 전두엽은 미로 찾기와 같은 기술에 중요한 역할을 한다고 생각되었지만, 그 크기는 (그런 경험에 의해) 거의 영향을 받지 않았다. 오히려 시각을 담당하는 후두엽이 가장 큰 증가를 보였다.

결론적으로 말하면, 우리는 피질의 두께 증가와 학습 정도를 동등하게 볼 수 없다. 단지 이들 두 현상이 어느 정도 관계가 있다고 말할 수 있을 뿐이다. 게다가 그 상관관계도 집단 전체의 평균에서만 드러날 정도로 미약하다. 피질이 두꺼워지는 것은 개인의 학습 정도에 대한 신뢰할 만한 예측 수단이 될 수 없다.

아마 미로 찾기나 저글링을 연구하는 것은 잘못된 접근방법일 수도 있다. 우리는 더욱 극적인 변화를 연구해야 할지도 모른다. 가령 뇌졸중 직후에 환자들은 대부분 무력증이나 마비를 경험하며, 또한 말하기나 기타 다른 정신 능력을 잃어버릴 수 있다. 하지만 많은 환자들은 그 다음 몇 달 동안 극적인 회복을 보인다. 이 회복 기간 동안에 뇌에서는 무슨 일이 일어나는 걸까? 이 질문에 대한 연구들은 보다 나은 치료법의 개발에 도움이 될 수 있으므로 실용적인 면에서 아주 중요하다.

뇌졸중은 혈관이 막히거나 터져 뇌가 손상될 경우에 나타난다. 그리고 그 증세를 보면 뇌의 어느 쪽이 손상되었는지 알 수 있는 경우가 종종 있다. 자주 있는 일이지만, 만일 환자가 신체 한쪽을 제어하기 위해 애를 쓰고 있다면, 이는 반대편의 뇌가 손상되었음을 의미한다. 왜냐하면 뇌의 반구는 각각 신체의 반대쪽 근육을 통제하기 때문이다. 때때로 신경학자들은 손상된 뇌의 영역을 더욱 정확하게 집어낼 수 있다. 손상된 피질의 위치를 설명하기 위해 어떤 엽을 특정할 수도 있고, 정확성이 더욱 요구될 경우 어떤 엽의 특정한 주름을 지정할 수도 있다. 주름들은 '상측두회superior temporal gyrus'와 같이 난해하게 들리는 이름을 가지고 있지만, 사실 이 이름은 단순히 측두엽의 가장 위쪽에 있는 주름을 의미하는 것일 뿐이다. 다른 방식으로는, 독일의 신경해부학자인 코르비니안 브로드만Korbinian Brodmann이 1909년에 출간한 지도를 이용하여 이름이 아니라 숫자로 피질 구역을 나타낼 수 있다그림 11.* 이 책에서

---

* 그의 지도는 대뇌피질의 가장 두드러진 부분인 신피질을 포괄하고 있다. 혼란스럽게도 피질이란 용어는 종종 신피질만을 가리키는 용어로 사용된다. 브로드만은 피질을 43개의 구역으로 나누었다(Brodmann 1909). 그런데 그림 11은 대뇌의 한 부분만을 포함하는 것으로, 그 구역들이 모두 나타나 있지는 않다. 자세히 들여다보면, 지도의 가장 큰 수가 43이 아니라 52임을 알 수 있다. 이는 브로드만이 12~16과 48~51을 건너뛰었

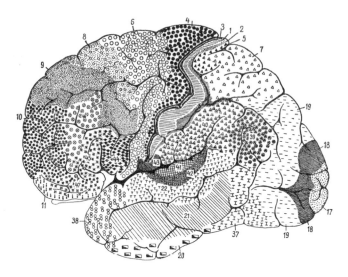

| 그림 11 | 브로드만의 피질 지도

는 브로드만 지도에서 나타내는 하위구획subdivision을 의미하는 용어로
는 '**구역**area'을, 브로드만 지도를 사용하지 않고 뇌의 모든 하위구획을
지칭하는 용어로는 '**영역**region'을 사용할 것이다.

뇌졸중 후에 몸을 움직일 수 없게 되는 것은 구역 4와 구역 6의 손상
때문일 수 있다. 구역 4는 중심구central sulcus 바로 앞쪽에 위치한 전두엽
의 가장 뒤쪽에 있는 긴 조각이며, 구역 6은 구역 4 앞에 있다. 이 둘은
운동 제어에 중요한 역할을 하는 것으로 알려져 있다. 뇌졸중은 흔히 언
어장애를 수반하기도 하는데, 이는 좌반구에 있는 브로카 영역구역 44와
45이나 베르니케 영역구역 22의 뒤쪽 끝의 손상으로 나타나는 증상이다.

기 때문이다. 그는 이 숫자들을 인간의 피질에서는 그 유사체가 없는 것처럼 보이는 동물의 피질 구역을 위해
남겨두었다. 10장에서 설명하겠지만, 브로드만은 구역들을 상세히 그리기 위해 현미경을 사용했다. 그러나 그
구역들은 피질의 주름들과 거의 일치하여, 현미경이 없이도 대략 그 위치를 확인할 수 있다.

친구나 가족들은 뇌졸중 환자가 어느 정도까지 회복할 수 있는지를 필사적으로 알고 싶어 한다. 할아버지는 다시 걸을 수 있을까? 다시 말할 수 있을까? 운동 기능은 시간이 갈수록 회복되는 경향이 있지만, 3개월 이후에는 병세가 크게 호전되지는 않는다.[4] 언어도 처음 3개월 동안에는 상당히 빠르게 회복되지만 그 이후에는 몇 달 혹은 몇 해를 두고 회복이 천천히 계속될 수 있다. 신경학자들은 3개월 시점이 중요하다는 것은 알지만 그 정확한 이유를 알지는 못한다. 보다 근본적으로 말하자면, 환자가 회복하는 동안에 뇌 안에서 어떤 변화가 일어나는지를 알지 못한다.

훼손된 뇌 영역은 분명히 그 기능의 전체나 일부를 회복할 수 있다. 그러나 실제로 기능 장애가 발생한 혈관 근처의 일부 세포들은 파괴되어 회복되지 않는다. 그러면 손상되지 않은 영역이 손상된 영역을 대신할 수 있을까? 축구팀 선수들 중 한 명이 부상을 입어서 몹시 괴로워하며 운동장 밖으로 실려 나왔다고 하자. 그런데 벤치에는 대체 선수가 없다. 그 결과 손이 부족한short-handed(실제로는 발이 부족한) 팀은 수세에 몰린다. 그러나 경기가 계속 진행되면서 남아 있는 선수들은 인원이 부족한 상황에 적응할 것이다. 부상을 입은 동료가 공격수였다면, 수비수들은 공격수로 이중 역할을 하면서 그 공백을 메울 수도 있다.

따라서 다음 질문이 중요하다. 피질 구역은 뇌 손상 후에 새로운 기능을 할 수 있을까? 뇌졸중 이후 회복된 환자들에게서 이것이 가능하다는 증거가 나타난다.[5] 그러나 더욱 강력한 증거는 어렸을 때 뇌 손상을 입은 사례에서 찾을 수 있다. 간질은 반복하여 저절로 일어나는 '발작' 혹은 과도한 신경활동의 발현으로 정의된다. 심신이 아주 쇠약해질 정도로 빈번하게 발작을 일으키는 어린이의 경우에 치료를 위해 대뇌의 반구 하나를 전부 제거한다.[*] 이는 가장 과격한 신경외과 수술 중의 하나인데, 대부분의 어린이들이 이 수술 후에 성공적으로 회복을 한다는 것은 경이로운 일이다. 수술 이후에 비록 반대편 손의 동작에 장애를 갖게 되지만, 아이들은 걸을 수 있게 될 뿐만 아니라 심지어 뛰기도 한다.[**] 아이들의 지적 능력은 대부분 손상되지 않으며, 심지어는 수술로 발작 증상이 성공적으로 치료되고 나면 지적 능력이 향상되기도 한다.

대뇌반구 절제술hemispherectomy 이후의 회복은 그리 놀라운 일이 아니라고 주장하는 사람도 있을 것이다. 아마도 이는 신장을 하나 떼어내는 것과 비슷한 일일 수도 있다. 남아 있는 신장은 별로 다른 일을 할 필요가 없으며, 단지 지금까지 하던 일을 조금 더 할 따름이다. 그러나 어떤 정신 기능은 한쪽 반구에 편재되어 있다는 사실을 기억하자. 다시 말해 뇌의 왼편과 오른편의 기능은 같지 않다. 좌반구는 언어를 담당하므로 성인의 경우 좌반구를 제거하면 대부분 경우 불가피하게 실어증이 나타난다. 어린아이들의 경우는 이와 달리, 언어 기능이 우반구로 이동하는데,[***] 이는 피질 구역이 실제로 그 기능을 변화시킬 수 있음을 증명해준다.

국소화에 관하여 우리가 알고 있는 사실들을 보면, 신경학자들이 증상만으로 뇌의 손상 위치를 추측할 수 있다는 것은 놀라운 일이 아니다. 그러나 놀랄 만한 사실은 바로 이것이다. 특정 기능에 따라 피질을 구역으로 나누는 지도가 있을 수 있지만, 그 지도가 고정되어 있지는 않다는

---

[*] Mathern 2010. 이 수술은 가령 MRI가 발작의 원인이 한쪽 뇌의 비정상성임을 분명히 보여줄 때 정당화된다.

[**] Vining et al. 1997. 환자들의 고무적인 증언 내용을 알고 싶으면, http://hemifoundation.intuitwebsites.com을 보라.

[***] Basser(1962)는 매우 이른 아동기에 대해 논의하고 있고, Boatman et al.(1999)은 아동기 후반을 다루고 있다. 이 현상은 19세기 브로카에 의해 이미 언급되었다.

점이다. 손상된 뇌는 지도를 다시 그려 구역의 기능을 변화시킬 수 있다.

뇌졸중이나 수술 이후에 일어나는 피질 기능의 재배치remapping는 신골상학자들이 발견한, 피질이 더 두꺼워지는 현상보다 훨씬 더 극적이다. 피질 기능이 재배치되는 현상은 건강한 뇌에서도 일어날 수 있을까? 심각한 외상 사례에서 다시 한 번 이에 대한 통찰을 얻을 수 있다. 하지만 이번에는 뇌가 아니라 신체의 손상이다. 다음은 신경과학자 미겔 니코렐리스Miguel Nicolelis의 논문에 나오는 내용이다.[6]

의과대학 4학년 시절 어느 날 아침, 브라질 상파울로에 있는 대학병원에서 혈관외과의가 정형외과 입원실로 나를 불렀다. 그 의사는 "오늘 우리는 유령과 이야기를 할 예정입니다"라고 말했다. "겁내지 말고 침착하세요. 그 환자는 일어난 일을 아직 받아들이지 못하고 있고, 매우 놀란 상태입니다."

흐릿한 푸른 눈과 금발의 곱슬머리를 한 12살 정도의 소년이 내 앞에 앉았다. 땀방울로 젖은 얼굴은 공포로 일그러져 있었다. 내가 지금 자세히 지켜보고 있는 그 아이는 원인을 알 수 없는 통증으로 몸부림치며 말했다. "의사 선생님, 너무 아파요. 화끈거려요. 무엇인가 제 다리를 눌러 부수는 것 같아요." 나는 목구멍에 응어리 같은 것이 올라오며 천천히 목을 죄어오는 것을 느꼈다. "어디가 아프니?" 하고 내가 묻자 그가 대답했다. "왼쪽 발, 종아리, 다리 전체, 무릎 아래 전부가 아파요."

소년을 덮고 있던 시트를 들어 올렸을 때, 나는 그의 왼쪽 다리 절반이 없다는 사실에 경악했다. 자동차에 치인 후, 무릎 바로 아래 부위를 절단한 것이었다. 나는 갑자기 그 아이의 통증이 더 이상 존재하지 않는 신체 부위에서 온다는 것을 깨달았다. 병실 밖에서 나는 외과의가 말하는 것을 들었다.

"말하고 있는 것은 그가 아니라, 그의 환상지phantom limb입니다."

현대적 절단술은 16세기 앙브루아즈 파레Ambroise Paré에 의해 시작되었는데, 그는 프랑스군에서 외과의로 근무하는 동안 이 기술을 완성했다. 당시에 외과수술은 이발사에 의해 이루어졌는데, 이는 수술이 잔인한 도축업처럼 여겨져[*] 내과의사들이 하기에는 너무 비천하다고 생각되었기 때문이다. 전투 지역에서 근무하면서, 파레는 절단환자가 출혈로 죽는 것을 방지하기 위해 커다란 동맥을 묶는 법을 배웠다.[7] 후에 그는 프랑스의 몇몇 왕들 밑에서 일할 수 있게 되었으며, 역사책에는 '근대 수술의 아버지'로 기록되었다.

파레는 절단환자가 실제 사지가 있던 신체 부위에 여전히 붙어 있는 가상의 사지가 아프다고 신음하는 것을 처음으로 보고한 사람이다. 몇 세기 후에 미국 의사 사일러스 위어 미첼Silas Weir Mitchell은 남북전쟁 당시 병사들이 겪었던 같은 현상을 묘사하기 위해 **환상지**phantom limb라는 용어를 만들었다. 그는 여러 사례 연구를 통해 환상지는 특별한 경우가 아닌 일상적으로 나타나는 현상임을 입증했다. 그렇다면 왜 그토록 오랫동안 이런 증상이 보고되지 않았던 것일까?[**] 파레가 외과수술을 혁신하기 전에는 절단수술 이후에 살아남은 환자들이 얼마 없었으며, 살아남은 자들의 불평도 망상에 불과하다고 간주되었다. 그러나 절단환자들은 결코 비합리적이지 않았으며 환상지가 실재하지 않는다는 것도[8]

---

[*] Bagwell 2005. 중세까지 의료시술은 교회가 담당했다. 1215년의 교황 칙령은 성직자가 수술을 하는 것을 금지했다. 피나 체액과의 접촉이 오염을 유발한다고 여겼기 때문이다. 이후 수술은 이발사들이 맡게 되었는데, 이들이 대학에서 훈련받은 의사들보다 더 효과적인 치료자였을 수도 있다.

[**] 파레에서 미첼에 이르는 환상지의 역사는 Finger and Hustwit(2003)에 개괄되어 있다.

잘 알고 있었다. 그러나 그들은 대부분 고통을 느꼈고, 그런 통증을 없애달라고 의사들에게 호소했다.

이 현상에 이름을 붙이는 동시에, 미첼은 이를 설명하는 하나의 이론을 제시했다. 절단 후 남아 있는 신경 말단에 염증이 생겨* 이 신호가 뇌에 전달되면, 뇌는 그것을 사라진 사지에서 오는 감각으로 해석한다는 것이었다. 이 이론에 고무된 일부 외과의들은 남아 있는 신경 말단 부분을 절단했지만 효과가 없었다.[9] 오늘날 많은 신경과학자들은 환상지는 피질 기능의 재배치 때문에 일어난다는 다른 이론을 믿고 있다.

이런 재구성reorganization은 뇌 전체에서 일어나는 것이 아니라, 특정구역에 한정되는 것으로 여겨진다. 우리는 앞에서 중심구의 앞쪽에 위치한, 운동을 조절하는 긴 띠 모양의 구역 4에 대해 살펴보았다. 그리고 중심구의 바로 뒤쪽에는 접촉, 온도, 통증과 같은 신체적 감각과 연관되는 구역 3이 있다. 1930년대에 캐나다의 신경외과의사 와일더 펜필드Wilder Penfield는 환자들을 대상으로 뇌에 전기자극을 주는 방식으로 이 두 구역의 지도를 그렸다.[10] 간질 수술을 위해 두개골을 열고 뇌를 노출시킨 다음, 펜필드는 전극을 구역 4의 여러 위치에 가져다 댔다. 각 위치에 자극을 줄 때마다 환자 신체의 어떤 부위에 움직임이 나타났다. 펜필드는 구역 4의 위치와 신체 부위 간의 이런 대응관계를 그림으로 그렸고그림 12 오른쪽, 그 지도를 '운동 뇌도motor homunculus'라고 불렀다.(호문쿨루스homunculus는 '작은 인간'이란 라틴어에서 유래한다.) 같은 방식으로 구역 3에 전기자극을 주자 환자들은 각각의 자극에 대해 특정 신체 부위에서 감각을 느낀다고 보고했다. 펜필드는 구역 3그림 12 왼쪽의 '감각 뇌도sensory homunculus'도

---

* Finger and Hustwit(2003)에 따르면, 이 설명은 데카르트의 것으로 되어 있다.

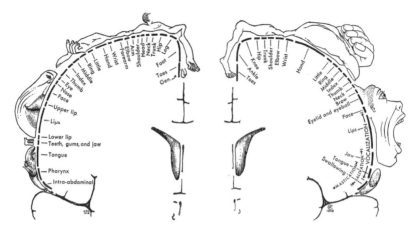

| 그림 12 | 피질 구역 3과 4의 기능 지도 _ '감각 뇌도'(왼쪽)와 '운동 뇌도'(오른쪽)

그렸으며, 이는 운동 뇌도와 유사하게 보였다. 이 둘은 중심구의 서로 반대편 둑을 따라 평행을 이루고 있다. (대략적으로 말하면, 이 두 지도는 귀에서 귀로 뇌를 관통하는 수직 평면을 나타낸다. 감각 뇌도의 평면은 중심구의 바로 뒤에 있고, 운동 뇌도의 평면은 바로 앞에 있다. 바깥쪽 가장자리가 피질이고, 나머지는 대뇌의 내부이다.)

얼굴과 손은 몸의 작은 부분이지만, 이들 뇌도에서 대부분을 차지한다. 이 부분의 피질이 큰 것은 감각이나 운동에서 얼굴과 손의 중요성이 더 크다는 사실을 반영한다. 절단으로 인해 신체 한 부분의 중요성이 0으로 떨어지면 감각 뇌도 상의 그 영역도 크기가 바뀔 수 있을까? 이러한 추론에 따라 신경학자 V. S. 라마찬드란Ramachandran과 그의 동료들은 환상지가 구역 3의 기능이 재배치되면서 생겨난다고 제안했다.*

---

* Ramachandran, Stewart, and Rogers–Ramachandran 1992. 이 연구에 대한 흥미롭고 알기 쉬운 설명이 Ramachandran and Blakeslee(1999)에 나와 있다. 라마찬드란이 인간에게서 발견한 내용이 Buonomano and Merzenich(1998)에서 검토되고 있듯이, 이미 유사한 현상을 동물들에게서 발견한 마이크 머제니치(Mike Merzenich)나 다른 신경과학자들에게 결코 놀라운 일이 아니었을 것이다.

아래팔(팔꿈치 아랫부분)이 절단되면, 감각 뇌도 상의 그 영역이 기능을 상실한다. 그러면 그 주변에 있던 얼굴과 위팔(팔꿈치 윗부분)을 담당하는 영역이 그 경계를 확장하여 기능이 없어진 영역을 침범한다. (펜필드의 그림을 보면 이들이 인접해 있음을 알 수 있다.) 이 두 침입자들은 자신의 원래 신체 부위뿐 아니라 아래팔의 감각을 나타내기 시작하며, 이것이 절단환자들에게 환상지의 감각을 일으킨다.*

이 이론에 따르면, 재배치된 얼굴 영역은 얼굴뿐 아니라 아래팔의 감각을 나타내야 한다. 그러므로 라마찬드란은 얼굴을 자극하면 환상지에서 감각을 느끼게 될 것이라고 예측했다. 실제로 그가 면봉으로 절단환자의 얼굴을 쓰다듬었을 때** 그 환자는 얼굴뿐 아니라 절단된 손(환상 손)에도 감각이 느껴진다고 보고했다. 이와 마찬가지로 이 이론은 재배치된 위팔의 영역이 위팔뿐 아니라 아래팔의 감각도 나타낼 것이라고 예측했다. 라마찬드란이 잘린 부위를 만졌을 때 환자는 잘린 부위와 환상 손, 두 군데에서 감각을 느꼈다. 이런 기발한 실험은 절단이 구역 3의 기능을 재배치한다는 이론을 명백히 입증했다.

라마찬드란과 그의 동료들은 면봉 이상의 발전된 기술을 사용하지 않았다. 1990년대에 들어 뇌를 이미지화imaging하는 놀라운 신기술이 도입되었다. 기능적 MRIfMRI는 모든 영역의 '활동'과 뇌의 특정 부위가 얼마

---

* 이 설명이 불완전하게 들릴 수 있다. 왜냐하면 여기서 나는 오직 기능들에 대해서만 말하고 있으며, 입력이나 경로들에 대한 언급을 피하고 있기 때문이다. 입력이나 경로들은 이 책의 후반부에서 논의될 것이다. 절단이 아래팔 영역의 감각경로로부터 오는 입력들을 없애버린다고 하는 것이 사실에 더욱 가까울 것이다. 피질 기능의 재배치(remapping)에서는 이것들을 얼굴이나 팔죽지에서 오는 감각적 입력들로 대체한다.
** 얼굴의 위치와 환상 손의 손가락들 사이에 심지어 일대일 대응이 존재한다. (볼과 엄지손가락, 턱과 새끼손가락 등등.)

나 사용되고 있는지를 보여주었다.* 현재의 fMRI 영상은 뉴스 매체에 자주 등장하며 우리에게 익숙해졌다. 이들은 보통 일반 MRI 영상과 중첩되어 보여진다. 흑백의 MRI 영상은 뇌를 보여주고, 그 위에 활동 영역을 표시하는 색 얼룩의 fMRI 영상을 얹는다. MRI의 영상은 단지 뇌만 보이지만, fMRI+MRI의 영상은 '뇌 상의 반점'**으로, 언제나 알아볼 수 있다.

연구자들은 실험실에서 자원자들이 간단한 지능 테스트를 하는 동안에 그 뇌를 촬영했다. 어떤 작업이 어떤 뇌 영역을 활성화하면 영상에서 그 영역이 '밝게' 표시되면서 그 영역의 기능에 대한 단서가 된다. 우연히 발생하는 뇌 손상에 의지한다는 점에서 과거에는 신경학neurology 연구에 제약이 많았지만, fMRI 덕분에 기능의 국소화에 대해 정확하고 반복 가능한 실험을 할 수 있게 되었다. 브로드만 지도의 각 구역에 기능을 할당하기 위한 연구가 활발히 진행됨에 따라, 브로드만 지도는 필수불가결하게 되었다. 과학 논문에서의 갑작스러운 유행은 여러 대학이 fMRI

---

* 보다 정확하게 말하면, fMRI는 일본인 과학자 세이지 오가와(Seiji Ogawa)에 의해 발견된 혈류 산소 수준(BOLD, blood oxygen level dependent)의 신호를 측정한다. 이것은 산소화된 헤모글로빈과 탈산소화된 헤모글로빈의 비율로 정의된다. 헤모글로빈은 허파에서 신체의 나머지 부위로 산소를 운반하는 혈액 속의 분자이다. 어떤 뇌 영역을 사용하는 것은 BOLD 신호에 두 가지 상반되는 효과를 갖는다. 첫째, 그 영역은 더 많은 에너지를 소모하며, 이는 헤모글로빈을 탈산소화시킨다. 둘째, 혈액의 흐름이 증가하며, 이는 보다 많은 산소화된 헤모글로빈을 가지고 들어온다. (많은 사람들은 뇌가 각 영역의 에너지 수요를 충족시키기 위해 혈액의 흐름을 정확하게 조절하기 때문에, 사용에 대한 반응으로 혈액 흐름이 증가한다고 믿는다.) 이들 효과 중의 어느 것이든 지배적일 수 있기 때문에, 어떤 뇌 영역을 사용하는 것은 BOLD 신호를 증가시킬 수도 있고 감소시킬 수도 있으며, 이는 fMRI의 해석을 혼란스럽게 만든다. 관련하여 알아둘 만한 것으로, BOLD 신호는 에너지 소비를 반영하기 때문에, 어떤 사람들은 뇌를 이해하기 위해 fMRI를 이용하는 것은 어디가 가장 뜨거운가를 측정함으로써 자동차의 엔진을 이해하려는 것과 마찬가지라고 조롱한다.
** 이 이미지들은 사람들이 어떤 특정한 일을 수행할 때 뇌의 작은 부분만을 사용한다는 잘못된 인상을 준다. 그러나 실제로 각 이미지는 두 개의 유사한 정신 작업에 대응하는 두 이미지를 사용해, 하나에서 배경이 되는 것을 빼줌(subtract)으로써 얻어진다. 따라서 '밝게 켜진' 영역은 어떤 작업을 할 때 다른 작업에서보다 더 많이 사용된 영역이다. 우리는 다른 모든 영역들이 쉬고 있다고 결론내려서는 안 된다. 많은 다른 영역들도 활성화되어 있지만, 활성화의 수준이 두 작업에 있어서 유사한 것이다.

기계나 '뇌 스캐너'에 거액의 돈을 투자하는 계기가 되었다.

연구자들은 또한 펜필드의 감각 뇌도나 운동 뇌도를 반복해서 그렸다. 그들은 신체의 특정 부위를 만질 때 구역 3의 어떤 위치가 활성되는지, 피험자가 신체의 일부를 움직일 때 구역 4의 어떤 위치가 활성되는지를 관찰했다. fMRI로 펜필드의 지도를 다시 만들어내는 것은 두개골을 여는 조악한 방법보다 아주 신나는 일이었다. 연구자들은 뇌 기능의 재배치에 대해 연구하면서 절단환자의 경우 구역 3에서 얼굴에 해당하는 구역이 아래로 내려간다는 라마찬드란의 주장을 확인했다. 그의 이론에서 예측한 대로, 환상지 통증을 경험하는 환자에게만 그런 변화가 일어났으며,* 통증이 없는 절단환자에게는 이런 현상이 나타나지 않았다.

절단이 뇌 자체에 손상을 입히는 것은 아니지만, 여전히 매우 비정상적인 종류의 경험이다. 그렇다면 보다 정상적인 학습에 의해서도 뇌 기능의 재배치가 일어날까? 바이올린 연주자나 다른 현악기를 연주하는 음악들은 왼손을 이용하여 악기의 현을 누른다. 이들의 경우 구역 3 내부에서 왼손에 해당하는 구역이 확장되어 있는 것이** 연구에서 드러났으며, 이는 아마도 많은 연습의 결과일 것이다. fMRI를 이용하여 브로드

---

* Lotze et al.(2001) 또한 절단환자에게서 구역 4의 유사한 피질 기능의 재배치를 입증했으며, 환상 손의 가상의 움직임에 의해 야기된 뇌 활동을 측정했다. 연구자들은 또한 fMRI를 이용하여 뇌졸중 환자에게서 구역 4의 재배치를 입증했다. 손 표상은 뇌 손상의 위치에 따라 구역 4 내부에서 위나 아래로 움직인다. 추가적인 연구를 통해 뇌졸중이 뇌의 같은 쪽이나 반대쪽에 있는 원거리 구역에 영향을 끼침으로써 더 넓은 범위의 피질 기능의 재배치를 일으킬 수 있음이 발견되었다(Cramer 2008).

** Elbert et al.(1995)은 fMRI 대신에 자기원천영상화(magnetic source imaging)를 이용했다. 이들은 구역 3 내부에서 왼손 표상의 평균적인 위치가 이동했음을 발견했으며, 이를 구역 내부에 변화가 일어난 것으로 해석했다. 그러나 표상의 크기에 대한 직접적인 측정은 어떤 의미 있는 변화도 없음을 보여주었다. 이들은 선택편향(selection bias)의 가능성 때문에, 표상의 이동이 음악적인 훈련에 의해 야기된 것임을 입증할 수 없었다. 그러나 이동 범위는 음악적 훈련이 시작된 연령과 관계가 있었다. MRI를 이용한 관련 연구는 Amunts et al.(1997)을 보라.

만 구역들의 기능 할당 문제뿐 아니라 단일 구역 내의 미세한 변화도 구별할 수 있다는 것은 놀라운 사실이다. 이런 연구는 뇌의 전체 크기에 대한 골턴의 연구보다 훨씬 더 세련된 것이다. 이는 틀림없이 피질 기능의 재배치와 관련된 흥미로운 사실을 더 많이 알려줄 것이며, 과도한 연습 때문에 발생하는 것으로 보이는 운동 마비 상애[11]를 이해하는 데에도 도움이 될 것이다. 국소성 근긴장 이상 focal dystonia*으로 알려진 이런 장애는 종종 뛰어난 음악가의 경력을 끝내버리는 비극을 가져오기도 한다.

피질 구역이나 그 하위 구역의 확대로 학습을 설명하는 것은 여전히 골상학의 의도와 일치한다. 이는 개념상 피질이 두꺼워지는 현상을 연구하는 것과 그게 다르지 않으며, 통계적으로 보면 그 상관관계는 여전히 약하다. 이러한 접근방식은 강력할 수도 있지만 한계를 가지고 있다. 가령 점자를 읽는 사람들을 연구한 결과, 이들의 피질에서 손에 해당하는 영역이 확대되어 있음이 드러났다. 피질 기능의 재배치라는 접근방법에서는 서로 다른 기술인 바이올린 연주와 점자 읽기를 쉽게 구분하지 못한다.** 그리고 이런 개별적인 문제를 해결할 수 있다 하더라도, 일반적인 난점은 여전히 남아 있을 것이다.

재배치라는 개념에 의존하지 않고, 연구자들이 뇌 변화를 연구하는 방법이 하나 더 있다. fMRI를 이용하여 뇌 영역들의 활성 수준 차이를 발견하려는 시도이다. 예를 들어, 정신분열증 환자들의 어떤 인지 능력을 테스트할 때 전두엽[12]의 활성 수준이 낮았다는 연구 결과가 보고되었

---

* 피아니스트 레온 플레이셔(Leon Fleisher)의 사례가 유명하다. 그는 35년 동안 오른손을 사용할 수 없었지만, 팔 근육에 보톡스를 주사하는 치료를 받은 다음에 양손 모두를 사용하면서 최근에 무대로 복귀했다.
** Sterr et al.(1998)은 확대된 손의 표상을 보여주었을 뿐 아니라, 그 표상에서 손가락들의 배열이 무질서하다고 주장한다. 이것이 점자를 읽는 것과 바이올린을 연주하는 것을 구분해줄지도 모른다.

다. 현재로서 통계학적으로 이 둘 사이의 상관관계는 약하기는 하지만, 이러한 흥미로운 연구방법은 뇌 질환에 관하여 많은 것을 알려줄 수도 있으며,[*] 그 질환을 진단하는 더 나은 방법을 가능하게 할지도 모른다.

이와 동시에 fMRI 연구에는 근본적 한계가 있을지도 모른다. 뇌의 활성은 생각이나 행동이 변하는 속도만큼 시시각각 변한다. 정신분열증의 원인을 찾으려면, 지속적으로 나타나는 뇌의 이상을 찾아야 한다. 당신의 차가 시속 30마일 이상의 속도로 주행할 경우 흔들리면서 핸들이 오른쪽으로 돈다고 가정해보자. 그러나 이러한 행동은 가끔 나타나므로 단지 증상에 불과하다. 그 원인은 그 차의 더욱 기초적 부분에 있는 이상이다. 증상을 알아차리는 것은 중요하기는 하지만, 이는 그 아래에 있는 근본적 원인을 찾아내기 위한 첫걸음에 불과하다.

우리는 왜 아직도 골상학을 이용하여 정신의 차이를 설명하려고 하는 걸까? 이는 그 방법이 훌륭하기 때문이 아니라 우리가 더 나은 방법을 생각해내는 데 실패한 탓이다. 술에 취해 가로등 근처 땅바닥을 기어다니는 사람과 마주친 경찰관의 농담을 들어본 적이 있는가. 술 취한 사람이 "이 근처에서 열쇠를 잃어 버렸어요"라고 하자, 경찰관은 "그렇다면 저쪽은 왜 찾아보지 않으세요?"라고 물었다. 그러자 술 취한 사람이 대답했다. "그러고 싶지만, 가로등 밑이 더 밝잖아요." 당장에 자신이 가지고 있는 것만을 사용하는 술 취한 사람처럼 우리는 크기가 기능에 대해 알려줄 수 있는 것이 거의 없다는 사실을 알면서도 당장 활용할 수

---

[*] 자폐성 뇌에서 일어나는 활동들을 특징짓고자 하는 최근의 두 연구가 Kaiser et al.(2010)과 Bosl et al.(2011)이다.

있는 기술이 그것밖에 없기 때문에 그 기술을 사용하고 있는 것이다.

골상학의 실패를 이해하기 위해 기능을 크기와 연관시킨 좀 더 성공적인 사례와 비교해보자. 뇌가 큰 사람이 더 영리한지 여부를 탐구하는 대신에, 근육이 큰 사람이 더 강한지를 알아보자. 근육의 크기는 MRI를 통하여 측정할 수 있으며, 근육의 힘은 헬스클럽의 체력 단련 기계로 측정할 수 있다.[*] 연구자들에 따르면, 이들의 상관계수는 0.7에서 0.9 정도로,[**] 뇌의 크기와 IQ 사이의 상관관계보다 훨씬 더 강하다. 우리의 예상대로, 근육의 크기로 정확히 힘의 세기를 예측할 수 있다.

근육의 경우에는 크기와 기능이 밀접히 연관되어 있는데, 뇌는 왜 그렇지 않은 걸까? 근육이 마치 모든 노동자들이 똑같은 일을 하는 공장처럼 움직인다고 생각해보자. 모든 노동자가 똑같이 한 가지 물건을 만드는 일을 할 경우, 인원을 두 배로 늘리면 생산도 두 배로 늘 것이다. 이와 유사하게 근육의 모든 섬유들은 동일한 작업을 수행한다. 모든 섬유들은 평행으로 배열되어 있으며, 모두 동일한 방향으로 당기는 작용을 한다. 근육 섬유들이 힘에 미치는 영향은 부가적additive이다. (전체를 계산하려면 그것들을 모두 더하면 된다.) 따라서 섬유가 많은 근육이 더 힘이 세다.

좀 더 복잡한 조직을 가진 공장을 생각해보자. 노동자마다 서로 다른

---

[*] 실제로 과학적 연구에서는 정적인 근수축 측정(isometric measurement)을 활용하는데, 이는 관절의 각도를 고정시킨 채 힘을 측정하는 방법이다. 힘은 관절 각도에 의존하기 때문에 보다 세심하게 통제된다. 근육의 크기는 단면적에 의해 수량화되고, 섬유의 수에 대략적으로 비례하는 것으로 여겨지며, 그 결과 힘에 비례하는 것으로 여겨진다.

[**] 상식적으로 그 상관계수가 크다는 것이 틀림없기 때문에, 이러한 상관관계를 연구한다는 것 자체가 어리석어 보일 수 있다. 이를 실험적으로 확립하는 것은 실제로 대단히 어려웠다. Maughan, Watson, and Weir(1983)는 낮은 상관계수를 보고했으며, "힘은 근육 단면적에 대한 유용한 예측지수가 아니다"라는 반대되는 견해를 취했다. Bamman et al.(2000)이나 Fukunaga et al.(2001)과 같은 보다 최근의 연구들은 더욱 강한 상관관계에 동의하는 것처럼 보인다. 이는 아마도 측정방법이 향상되었기 때문일 것이다. 그러나 여전히 많은 흥미로운 질문들이 대답되지 않은 채 남아 있다. 예를 들어, 크기와 힘의 관계는 역도선수와 보디빌더의 경우, 혹은 전문적인 운동선수와 일반인의 경우에 서로 다른가?

일을 한다. 어떤 사람은 나사를 조이고, 어떤 사람은 연결부를 용접한다. 물건 하나를 만드는 데도 모든 노동자가 협력해야 한다. 경제학자들은 이러한 분업이 효과적이라고 주장한다. 전문화로 모든 노동자들이 자기가 하는 일에 능숙하게 된다. 그러나 이 경우 노동자의 수를 두 배로 늘린다고 해서 생산이 두 배로 늘지는 않을 것이다. 생산량의 증대를 위해 새로운 노동자들을 기존의 조직체에 투입하는 것은 쉬운 일이 아니다. 실제로 노동자의 수를 늘리는 것은 업무의 흐름에 혼돈을 가져와 생산량이 감소할 수도 있다. 소프트웨어 기술자들의 격률인 브룩스의 법칙Brooks' law은 다음과 같이 말한다. '지연된 소프트웨어 프로젝트에 프로그래머를 추가하면 작업은 더 더뎌진다.'

뇌는 앞에서 든 예에서 더 복잡한 공장처럼 작동한다. 뉴런은 서로 다른, 아주 작은 업무를 수행하며 정교하게 협력하여 정신 기능을 수행한다. 그러므로 뉴런의 수행 능력은 개수 보다는 뉴런들이 어떻게 조직되어 있는지에 더 의존하게 된다.

공장의 비유는 골상학의 한계를 설명해준다. 이것으로 피질 기능의 재배치도 설명될 수 있을까? 미국의 신경심리학자 칼 래슐리Karl Lashley 는 정신 기능이 피질 전반에 넓게 분산되어 있다고 믿었으며, 브로드만 지도에 있는 경계들[13]의 대부분은 상상에서 나온 허구라고 비난했다. 그럼에도 불구하고, 국소주의의 최대의 적인 그도 국소주의를 지지하는 실험 증거를 완전히 부정할 수는 없었다. 1929년에 그는 **피질 동등 잠재성**equipotentiality[14]이라는 학설로 대항했다. 래슐리는 모든 피질 구역이 서로 다른 기능에 특화되어 있음을 인정했지만, 또한 다른 기능을 담당할 수 있는 **잠재력**을 갖고 있다고 주장했다.

상상 속의 공장(더 복잡한 공장)으로 다시 돌아가서, 노동자가 새로운 일을 할당받았다고 가정하자. 처음에는 서툴지만 점차 그 일에 능숙해질 것이다. 노동자들은 모두 전문 분야가 있지만, 다른 기능을 그만큼 수행할 수 있는 잠재력 또한 가지고 있다. 따라서 새로운 기능이 주어지면 그들은 기능을 바꿀 수 있다.

래슐리의 학설에 일부 옳은 부분이 있지만, 그의 주장은 너무 포괄적이다. 피질은 무한히 적응할 수 없다. 만일 그렇다면 모든 뇌졸중 환자가 완전히 회복할 수 있을 것이다. 적응의 한계를 이해하고 그것을 향상시킬 방법을 개발하기 위해서는 보다 깊은 이해가 필요하다. 우리는 피질이 기능을 재배치할 수 있다는 것을 알고 있다. 그러나 그 기능은 정확히 어떻게 변하는 걸까?

보다 근본적인 문제들을 고려하지 않고는 이에 대답할 수 없다. 애초에 피질 구역의 기능을 규정하는 것은 무엇일까? 브로카나 베르니케 영역은 언어에 전문화되어 있고, 브로드만 구역 3과 4는 신체적 감각과 운동에 전문화되어 있다. 그런데 왜 이 기능들이 전문화되어 있는 걸까? 그리고 그 기능들은 어떻게 수행되는 걸까?

뇌의 영역, 크기, 활동 수준만을 연구하여 이 질문들을 답하려는 것은 가망 없는 일이다. 우리는 보다 세밀한 척도에 입각하여 뇌의 구조를 들여다보아야 한다. 피질 구역은 1억 개 이상*의 뉴런을 포함하고 있다. 이들은 어떻게 조직되어 정신 기능을 수행하는가? 우리는 다음 몇 장에서 이 질문과 더불어 뇌 기능은 뉴런의 **연결**connections에 크게 의존한다는 생각에 대해 탐구해볼 것이다.

---

* 브로드만 구역 17이 1억 개 이상의 뉴런을 포함한다는 추정은 Huttenlocher(1990)에서 찾아볼 수 있다.

2

연결주의

CONNECTOME

뉴런은 섬이 아니다
3
CONNECTOME

뉴런은 내가 두 번째로 좋아하는 세포이다. 내가 가장 좋아하는 세포는 정자로, 나는 뉴런보다 아주 조금 더 정자를 좋아한다. 만일 현미경으로 정자가 미친 듯이 수영하는 것을 본 적이 없다면, 당신이 좋아하는 생물학자에게 매달려 이 모습을 보여달라고 부탁해보라. 정자들이 자신의 임무를 위해 긴박하게 움직이는 모습을 보면 숨이 막혀온다. 또한 얼마 남지 않은 그들의 삶을 생각하면 안타깝기 그지없다. 최소의 핵심요소만으로 압축된 생명의 모습은 경탄스럽다. 작은 여행가방 하나만을 지닌 여행자처럼, 정자에는 짐이 거의 없다. 꼬리의 움직임을 추동하는 미세한 동력장치인 미토콘드리아mitochondria, 그리고 생명의 청사진을 실어 나르는 분자인 DNA가 있을 뿐이다. 털도 없고, 눈도 없고, 심장도 없고, 뇌도 없다. 불필요한 짐은 하나도 없다. 단지 A, C, G, T라는 네 글자의 알파벳으로 적힌 정보만이 있을 뿐이다.

만약 생물학자인 당신 친구에게 더 부탁할 수 있다면, 뉴런을 보여달라고 해보라. 정자의 끊임없는 움직임도 인상적이지만, 뉴런은 그 아름

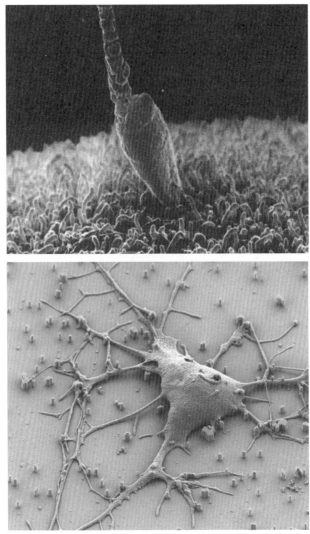

| 그림 13 | 내가 가장 좋아하는 세포들 _ 난자와 수정하려는 정자(위)와 뉴런(아래). *

---

* 뇌 안에서는 어떠한 뉴런도 섬이 아니지만, 그림 13에서 보는 바와 같이 분리된 뉴런들은 플라스틱 접시 안에서 인공적으로 배양될 수 있다. 그러나 이 뉴런조차도 정말로 섬과 같은 것은 아니다. 그 가지들이 이미 지 상의 경계 바깥으로 확장됨에 따라 접시 안의 다른 뉴런들과 연결을 형성하기 때문이다. 이 사진은 전자 현미경을 스캔하여 얻은 것이다.

다운 형태로 보는 이를 숨죽이게 한다. 뉴런도 보통 세포처럼 핵과 DNA를 포함하는 재미없게 생긴 동그란 부분을 가지고 있다. 하지만 이 **세포체**cell body는 전체 그림의 일부에 불과하다. 이 세포체에서 길고 가느다란 가지들이 뻗어 나오며, 이 가지들은 나무처럼 여기저기에서 갈라진다. 정자는 늘씬한 최소주의자minimalist이지만, 뉴런은 바로크 스타일처럼 화려하다그림 13.

1억 개나 되는 무리 속에서 정자는 홀로 수영한다. 그리고 오직 한 개의 정자만이 난자를 수정시키는 임무를 완수하게 된다. 승자가 모든 것을 차지하는 경쟁이다. 하나의 정자가 난자에 수정되면 난자는 그 표면을 변화시켜 다른 정자가 들어오는 것을 막기 위한 장벽을 형성한다. 행복한 결혼의 결과든 혹은 부도덕한 불륜의 결과든 상관없이 정자와 난자는 일부일처제로 한 쌍을 이룬다.

이에 반해 뉴런의 경우에는, 어떤 뉴런도 섬처럼 홀로 동떨어져 있지 않다. 뉴런은 다자간의 사랑이다. 각 뉴런의 가지는 스파게티 가닥처럼 뒤엉켜 수천 개의 다른 뉴런을 포용한다. 이렇게 뉴런들은 밀접하게 상호 연결되어 있는 네트워크를 형성한다.

정자와 뉴런은 생명과 지능이라는 두 가지 거대한 미스터리를 상징한다. 생물학자들은 정자가 가지고 있는 DNA라는 소중한 정보가 어떻게 인간에게 필요한 정보의 절반을 인코딩(부호화)하고 있는지 알고 싶어 한다. 신경과학자들이 알고 싶은 것은 광대한 뉴런의 네트워크가 어떻게 생각하고, 느끼고, 기억하고, 지각할 수 있는가 하는 것, 즉 간단히 말해, 뇌가 어떻게 정신이라는 경이로운 현상을 만들어낼 수 있는가 하는 것이다.

인체도 놀랍기는 하지만, 신비함에 있어서는 뇌가 가장 월등하다. 심장이 혈액을 흘려보내고 폐가 공기를 흡입하는 것은 집 내부의 배관시설을 연상시킨다. 이 과정은 복잡하기는 하지만 신비로워 보이지는 않는다. 하지만 생각과 감정은 다르다. 이것을 과연 뇌의 작용이라 할 수 있을까?

천 리 길도 한 걸음부터라 했으니, 뇌를 이해하는 것도 세포에서 시작해보자. 뉴런도 일종의 세포지만, 다른 세포들보다 훨씬 더 복삽하나. 이 점은 뉴런에서 뻗어 나가는 수없이 많은 가지를 보면 명백하게 알 수 있다. 나는 여러 해에 걸쳐 뉴런을 연구했지만 아직도 그들의 장엄한 모습에 흥분을 느낀다. 그리고 지구상에서 가장 위엄 있는 나무인 캘리포니아 삼나무가 떠오른다. 뮤어 숲Muir Woods이나 북미 태평양 연안의 다른 삼나무 숲을 도보로 여행하는 것은 자신이 얼마나 작은 존재인지를 느낄 수 있는 좋은 기회이다. 그곳에서 수백 년 심지어 수천 년이라는 긴 세월 동안 아찔한 높이로 자라난 나무를 볼 수 있으니 말이다.

뉴런을 높이 치솟은 삼나무와 비교하는 것은 지나친 일일까? 절대적 크기로 보면 그렇다. 그러나 이 자연의 경이로움이 어떻게 비교될 수 있는지 좀 더 살펴보자. 삼나무 잔가지의 굵기는 1밀리미터 정도로, 축구장 길이에 버금가는 나무 높이의 10만분의 1보다 작다. **신경돌기**neurite 라 불리는 뉴런의 가지는 뇌의 한쪽에서 다른 쪽까지 뻗어 나갈 수 있지만, 그 직경은 0.1마이크로미터 정도까지 가늘어질 수 있다. 삼나무의 가지와 신경돌기의 굵기는 **1백만 배** 정도 차이가 난다.* 상대적인 비율로 따지면 뉴런은 삼나무를 무색하게 한다.

그런데 뉴런에는 왜 신경돌기가 있는 걸까? 그들은 왜 나무처럼 가지

---

* 만약 우리가 우리 스스로를 뇌 자체로만 제한하지 않는다면, 신경돌기는 더욱 길어질 수 있다. 어떤 신경돌기들은 뇌에서 척수까지 연결되며, 또 다른 신경돌기들은 척수를 손가락이나 발가락에 연결시킨다. 기린이나 고래도 신경돌기를 가지고 있다.

를 치는 걸까? 삼나무가 가지를 치는 이유는 명백하다. 삼나무의 줄기와 잎은 에너지의 원천인 햇빛을 잡아낸다. 삼나무 숲을 지나가는 햇빛은 분명 땅바닥에 떨어지기 전에 나뭇잎에 부딪힐 것이다. 이와 마찬가지로, 뉴런은 접촉을 위한 모양을 가지고 있다. 만일 어떤 신경돌기가 다른 뉴런의 가지 사이로 지나간다면, 그 가지들 중 하나와 부딪힐 가능성이 높다. 삼나무가 햇빛과 부딪히기를 '원하는' 것처럼, 뉴런은 다른 뉴런과 접촉하기를 '원한다.'

우리는 악수를 하거나 아이를 쓰다듬거나 혹은 사랑을 나눌 때마다 인간의 삶이 신체적 접촉에 의존한다는 것을 새삼 깨닫게 된다. 그런데 뉴런은 왜 서로 접촉하는 걸까? 당신이 뱀을 보는 순간, 돌아서서 도망쳤다고 생각해보자. 당신이 도망칠 수 있었던 것은 당신의 눈이 다리에게 '움직여!'라는 메시지를 전달할 수 있었기 때문이다. 이 메시지를 전달하는 것이 바로 뉴런이다. 그렇다면 뉴런은 어떻게 메시지를 전달하는 걸까?

신경돌기는 숲이나 심지어 열대 밀림의 가지들보다 더 촘촘하게 뻗어 있다. 스파게티 혹은 현미경으로나 볼 수 있는 아주 가는 카펠리니capellini(아주 가늘고 긴 파스타)를 생각해보라. 신경돌기는 접시 위의 스파게티 가닥처럼 무질서하게 엉켜서, 하나의 뉴런이 여러 뉴런과 접촉하게 되어 있다. 두 개의 뉴런이 접촉하는 곳에는 **시냅스**synapse라는 구조가 있는데, 이것이 뉴런들이 서로 통신하는 연결지점이다.

하지만 접촉만으로는 시냅스가 생성되지 않는다. 일반적으로 시냅스에서는 화학적 메시지가 전송되는데, 전송하는 뉴런에서 **신경전달물질**neurotransmitter이라는 분자가 분비되면, 수신을 하는 뉴런에서 이를 감지함으로써 화학적 메시지가 전달된다. 시냅스에서 신경전달물질의 분비

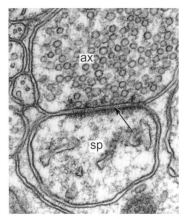

| 그림 14 | 소뇌의 시냅스

와 감지는 또 다른 종류의 분자들에 의해 이루어진다. 따라서 이런 모든 분자적 '기구'들이 존재해야만 그 접촉점이 단순히 신경돌기가 다른 신경돌기를 스쳐 지나가는 곳이 아닌 시냅스임을 알 수 있다.

이 숨길 수 없는 흔적은 빛을 사용하여 영상을 만들어내는 일반 현미경에서는 희미하게 보이지만, 빛 대신에 전자를 사용하는 첨단 현미경에서는 더 깨끗하게 보인다. 그림 14는 뇌 조직의 단면을 고배율(100,000x)로 확대한 것으로, ('ax'와 'sp'라고 표시된[*]) 크고 둥그런 신경돌기의 절단면 두 개를 확인할 수 있다. 이는 스파게티 가닥을 자르면 나타나는 절단면과 같다. 화살표는 얇은 간극cleft으로 갈라져 있는 두 신경돌기 사이의 시냅스를 가리킨다. 이 사진을 보면 **접촉점**contact point이 아주 정확한 표현은 아니라는 것을 알 수 있다. 신경돌기들은 서로 아주

---

[*] ax는 축삭(axon)을 나타내고, sp는 수상돌기에서 나무가시처럼 뻗져나온 수상돌기 가시(spine)를 나타낸다.

| 그림 15 | 신경전달물질의 '공–막대 모델'_글루타메이트(왼쪽)와 GABA(오른쪽)

가까이 있을 뿐, 실제로 접촉하고 있지는 않다.[*]

간극의 양쪽에는 메시지를 주고받는 분자기구가 있다. 한쪽에는 준비된 신경전달물질이 저장되어 있는 소포vesicle라는 원 모양의 작은 주머니들이 흩어져 있다. 다른 한쪽의 세포막membrane에는 **연접후치밀질**post-synaptic density이라는 검은 솜털이 있는데, 여기에는 **수용체**receptors라는 분자들이 포함되어 있다.

이 기구가 어떻게 화학 메시지를 전달할까? 발송 뉴런은 하나 혹은 여러 소포체에 담겨 있는 신경전달물질을 간극에 배출한다. 신경전달물질의 분자들은 간극을 채우고 있는 소금물에 퍼지고, 연접후치밀질에 박혀 있는 수용체 분자와 부딪히면서 수용체에 의해 감지된다.

신경전달물질로는 여러 종류의 분자가 사용된다. 분자들은 그림 15와 같이 원자들이 서로 결합된 것이다. (이러한 '공–막대 모델'에서 공은 원자를, 막대는 화학적 결합을 나타낸다.) 각각의 신경전달물질은 원자들의 배열에 따라 특정한 형태를 띠고 있는데, 그 중요성에 대해서는 이후에 설명할 것이다.

---

[*] 두 뉴런의 세포막 사이의 간극에 퍼져 있으면서 이들을 직접적으로 접촉하게 만드는 다양한 분자들은 그림 14에서는 보이지 않는다. 그러나 높은 배율로 확대하면 '접촉(touching)'이라는 전체 개념이 붕괴되기 시작한다. 우리가 일반적으로 물질이라 부르는 것들 역시 주로 그 구성 입자들 사이의 텅 빈 공간들로 이루어져 있다.

앞의 그림에서 왼편에 있는 것이 가장 흔한 글루타메이트glutamate이다. 이는 중국이나 기타 아시아 지역의 요리에서 조미료로 사용되는 글루탐산소다MSG의 형태로 가장 잘 알려져 있다. 하지만 글루타메이트가 뇌의 기능에서도 핵심적인 역할을 한다는 것을 아는 사람은 많지 않다. 오른쪽에 보이는 것이 두 번째로 흔한 감마 아미노낙산gamma-aminobutyric acid이며, 줄여서 GABA라 불린다.

지금까지 100개 이상의 신경전달물질이 발견되었다. 이 목록은 상당히 길어 보인다. 주류 판매점에서 수많은 브랜드의 맥주와 포도주가 진열되어 있는 선반을 보고 현기증을 느껴본 적이 있는가. 만약 당신이 습관의 노예라면, 파티를 할 때마다 동일한 한두 개의 브랜드를 구입해서 친구들을 대접할 것이다. 이것이 뉴런의 행동방식이다. 몇 가지 예외가 있지만, 하나의 뉴런이 시냅스에서 분비하는 신경전달물질의 종류는 극히 소수이며* 종종 하나의 신경전달물질만 분비하기도 한다. (여기서 말하는 시냅스는 하나의 뉴런이 다른 한 뉴런에게 신경전달물질을 분비하는 쪽을 말하며, 그 뉴런이 다른 뉴런으로부터 받아들이는 쪽 시냅스가 아니다.)

이제 수용체 분자들을 살펴보자. 이들은 신경전달물질보다 훨씬 더 크고 복잡하다. 각 분자의 일부분은 마치 튜브를 끼고 물 위를 떠다니는 어린아이의 머리와 팔처럼 뉴런의 표면에 돌출되어 있다. 이 돌출부가 수용체에서 신경전달물질을 감지하는 부분이다.

글루타메이트 수용체는 글루타메이트만을 감지하며, GABA나 다른

---

* Eccles et al.(1954)는 하나의 뉴런은 하나의 신경전달물질을 분비한다는 원리를 서술하고 있다. 그리고 이 원리를 시냅스 전달에 대한 연구로 1936년 노벨상을 받은 헨리 데일 경에게 돌리고 있다. Eccles(1976)는 나중에 여러 종류의 신경전달물질을 허용하도록 데일의 원리(Dale's Principle)를 수정했다. 에클스 자신도 시냅스에 대한 그의 연구로 1963년에 노벨상을 공동수상했다. 보다 최근에 연구자들은 뉴런들이 하나의 신경전달물질에서 다른 신경전달물질로 전환할 능력이 있다는 예외를 추가적으로 발견했다.

신경전달물질을 무시한다. 마찬가지로 GABA 수용체는 GABA만을 감지하며 다른 신경전달물질을 무시한다. 이러한 특성은 어디에서 오는 걸까? 수용체를 일종의 자물쇠로, 신경전달물질을 열쇠라고 생각해보자. 앞에서 보았듯이, 각 유형의 신경전달물질은 특정한 분자 모양을 하고 있으며, 이는 열쇠에 새겨진 굴곡의 패턴과 유사하다. 모든 종류의 수용체에는 결합 사이트라는 위치가 있으며, 이는 자물쇠 구멍의 내부와 마찬가지로 특정한 모양을 하고 있다. 신경전달물질의 모양이 결합 사이트의 모양과 일치하면, 자물쇠와 맞는 열쇠가 문을 열듯이 수용체가 활성화된다.

일단 뇌가 화학신호를 사용한다는 것을 알고 나면, 약물이 정신을 변화시킬 수 있다는 사실은 더 이상 놀라운 일이 아니다. 약물도 분자이므로 신경전달물질과 같은 모양을 가질 수 있다. 원본 열쇠와 마찬가지로 복사한 열쇠로도 동일한 자물쇠를 열 수 있듯이, 정확하게 복제된 약물은 수용체를 활성화할 것이다. 담배에 있는 중독성 화학물질인 니코틴은 아세틸콜린acetylcholine이라는 신경전달물질에 대한 수용체를 활성화한다. 부정확하게 복사된 열쇠가 자물쇠를 부분적으로 열거나 고장내듯이, 다른 약물들은 수용체를 비활성화한다. 환각 유발 효과 때문에 길거리에서 '천사의 가루angel dust'로 불리는 펜시클리딘phencyclidine 혹은 PCP는 글루타메이트 수용체를 비활성화한다.

여기서 잠시, 우리가 보통 **분비**를 어떻게 인식하고 있는지를 살펴보자. 침, 땀, 오줌. 격식 있는 모임에서 우리는 가래를 뱉고 싶은 충동을 억제하며, 땀 억제제로 땀샘을 막고, 조용하고 은밀한 곳에서 화장실 물을 내린다. 우리가 육체를 가진 인간임을 상기시켜주는 이런 종류의 분비에 우리는 당황스러워한다. 분명 이런 현상은 우리의 생각처럼 천상의 세련된 존재와는 동떨어진 세상에 존재한다. 그러나 진실은 더욱 놀랍다. 정신은 말로 다할 수 없이 많은 미세한 배출을 통해 움직인다. 뇌는 생각을 분비한다![*]

뉴런이 화학물질로 소통을 한다는 것이 이상하게 들릴 수 있지만, 우리 인간도 그렇게 행동한다. 물론 우리는 언어나 얼굴 표정에 훨씬 더 의존한다. 그러나 때때로 우리는 냄새로 신호를 주고받는다. 면도 후 바르는 스킨이나 향수가 전하는 메시지는 여러 가지로 해석될 수 있지만, 대략 '나는 섹시해요' 혹은 '이리로 와요' 정도로 이해하는 것이 무난할 것이다. 다른 동물들은 병에 든 냄새를 살 필요가 없다. 발정기의 암캐는 지언적으로 페로몬이라는 화학신호를 분비하며, 그 냄새는 주변으로 퍼져 수컷들을 불러 모은다.

이러한 화학 메시지는 셰익스피어의 연시戀詩보다 훨씬 원초적으로 욕망을 표현한다. 또 한편으로는 '장미는 붉고, 제비꽃은 푸르다'로 시작하는 시도 마찬가지이다. 우리는 매체와 메시지를 구분해야 한다. 소통을 위한 매체로서 화학신호를 사용하는 데에 근본적으로 원시적인 면이 있을까? 실제로 여러 가지의 제약이 존재한다. 하지만 뇌는 그 모든 제약을 우회하는 방법을 찾아냈다.

화학신호는 대개 느리다. 어떤 여자가 방 안으로 들어설 때, 그녀의 향수가 풍기는 냄새를 맡기 전에 대부분의 사람들은 그녀의 발자국 소리를 듣고 그녀의 옷차림을 보게 될 것이다. 방 안의 바람 때문에 향기가 당신 쪽으로 빨리 전달될 수는 있지만, 향기는 여전히 소리나 빛보다

---

[*] 18세기 프랑스의 철학자이자 생리학자인 피에르 카바니스(Pierre Cabanis)는 "간이 담즙을 분비하듯이 뇌는 생각을 분비한다"고 썼다.

늦게 도착할 것이다. 그러나 신경계는 신속하게 반응한다. 부주의한 운전자의 차를 피해서 갑자기 뛸 때, 당신의 뉴런들은 빠르게 신호를 주고받는다. 뉴런들은 어떻게 화학 메시지로 이런 일을 할 수 있는 걸까? 다음과 같이 생각해보자. 경기장의 트랙이 몇 발자국밖에 되지 않는다면, 가장 느린 선수도 눈 깜박할 사이에 결승선에 도착할 수 있을 것이다. 이와 마찬가지로 화학신호가 느리게 움직일지는 모르지만, 시냅스 간극 간의 거리가 극단적으로 짧다.

화학신호는 목표에 정확히 전달되기 어렵기 때문에* 어설프게 보일 수 있다. 한 여자를 둘러싸고 있는 파티의 손님들은 모두 그녀의 향수 냄새를 맡을 수 있다. 오직 그녀가 사랑하는 사람만이 그 향기를 맡을 수 있다면 더 낭만적일 것이다. 안타깝지만 이런 식으로 초점을 맞추는 향수를 만들어낸 발명가는 없다. 그렇다면 시냅스의 화학신호가 향수처럼 퍼져서 다른 시냅스에 감지되는 것을 막는 비결이 무엇일까? 그 이유는 시냅스가 신경전달물질을 다시 흡수해서 '재활용' 하거나 불활성 형태로 분해하여 분자들에게 방황할 기회를 거의 주지 않기 때문이다. 시냅스들이 좁은 공간에 밀집되어 있기 때문에 공학자들이 확산 현상이라 부르는 교차작용crosstalk을 최소화하는 것은** 결코 쉬운 일이 아니다. 1제곱밀리미터에 10억 개의 시냅스를 가지고 있는 뇌는 (주민들이 종종 옆집에서 들려오는 대화나 다른 소리에 불평을 하게 되는) 맨해튼보다 훨씬 더 붐빈다.

마지막으로, 화학신호는 그 시기도 조정이 쉽지 않다. 여인의 향수는

---

* 대부분의 생물학적 맥락에서, 화학적 신호는 분자 결합(자물쇠와 열쇠 메커니즘)의 특정성에 의존한다. 하지만 이것은 시냅스 간의 혼선을 방지하는 데 충분하지 않다. 많은 시냅스들이 (정확히) 같은 종류의 신경전달물질을 사용하기 때문이다.

** 이는 교차작용이 전혀 없다는 의미가 아니다. 신경전달물질의 일부 누출은 분명 발생하는 것으로 알려져 있고, 어떤 경우에는 이런 누출 현상이 뇌의 기능에 중요한 것처럼 보인다.

그녀가 떠난 후에도 한참 동안 방 안에 계속 남아 있을 수 있다. 하지만 수용체에 감지되지 못한 신경전달물질이 떠돌아다니는 것은 교차작용을 막기 위한 재활용이나 분해작용을 통해 방지된다. 이 방법으로 뉴런 간의 화학 메시지는 정확한 시간에 발생한다.

속도, 특정성, 시간 정확성과 같은 시냅스 간의 소통의 특징들은 우리 신체 내부의 다른 유형의 화학적 통신에서는 찾아볼 수 없다. 길에서 뛰어서 자동차를 피하고 나면, 당신의 심장은 쿵쾅거리고 호흡은 가빠지고 혈압은 치솟는다. 이는 부신adrenal gland에서 아드레날린adrenaline을 혈류 속으로 분비하고, 이것을 심장과 폐와 혈관에 있는 세포들이 감지하기 때문이다. 아드레날린 분출adrenaline rush로 일어나는 신체적 반응은 즉각적인 것처럼 보이지만, 실제로는 느리게 일어난다. 이런 반응은 당신이 뛰어서 차를 피하고 난 **이후에** 일어나는데, 이는 아드레날린이 혈관을 따라서 퍼지는 속도가 뉴런들 간에 신호가 전달되는 속도보다 더 디기 때문이다.

혈액 속에 호르몬이 분비되는 것은 가장 무차별적인 종류의 소통방법으로, 방송broadcasting이라고 불린다. 텔레비전 쇼가 여러 가정에서 수신되고 향수가 방 안의 모든 사람들에 의해 감지되듯이, 호르몬은 신체의 여러 기관 속에 있는 많은 세포들에 의해 감지된다. 이와 대조적으로 시냅스 간의 소통은 전화가 통화하고 있는 단 두 사람만을 연결하듯이, 관련된 두 개의 뉴런으로 제한된다. 이와 같은 일대일의 소통은 방송보다 훨씬 한정적이다.

뇌 속에는 뉴런 사이의 화학신호 이외에 전기신호도 일어난다. 이 신호들은 뉴런들 **내부**에서 여행을 한다. 신경돌기는 금속이 아니라 소금물을 포함하고 있다. 그럼에도 불구하고 그 형태나 기능에 있어서 지구상에 어지럽게 얽혀 있는 통신 케이블처럼 보인다. 전기신호는 전선을 따라 움직이듯이 신경돌기를 통하여 장거리를 이동한다. (흥미롭게도 19세기 켈빈 경Lord Kelvin이 해저 전신 케이블의 전기신호를 설명하기 위해 개발한 수학 공식이 신경돌기의 모델을 만드는 데 사용되었다.)

1976년 유명한 공학자 시모어 크레이Seymour Cray는 역사상 가장 유명한 슈퍼컴퓨터 중의 하나인 크레이-1Cray-1을 공개했다그림 16. 어떤 사람들은 그것을 '세상에서 가장 비싼 2인용 안락의자'라고 불렀으며,[1] 실제로 그 날렵한 외형을 봤을 때 1970년대 플레이보이의 거실을 장식했음 직하다. 그러나 그 내부는 날렵함과는 거리가 있으며, 1피트에서 4피트에 이르는 총 67마일의 전선이 뒤죽박죽 얽혀 있다.[2] 일반인들에게는 엉망진창의 혼동 상태로 보이겠지만, 실제로 거기에는 고도의 질서가 존재한다. 모든 전선은 실리콘 칩이 붙어 있는 수천 개의 '회로판' 상의 위치에서, 크레이와 그의 설계팀이 선택한 두 지점 사이의 정보를 전송했다. 그리고 대부분의 전자장치들이 흔히 그렇듯이, 전선들은 혼선을 막기 위한 절연물질로 싸여 있었다.*

크레이-1이 복잡해 보이지만, 뇌에 비하면 우스울 정도로 간단하다. **수백만** 마일에 이르는** 거미줄 같은 신경돌기가 머리 속에 가득 차 있으며, 이들이 전선처럼 직선이 아니라 나뭇가지처럼 갈라진다고 생각해 보라. 뇌 속에 신경돌기가 얽혀 있는 모습은 크레이-1의 전선보다 훨씬 더 복잡할 것이다. 그럼에도 불구하고 마치 절연된 전선처럼, 인접해 있는 신경돌기들 간의 전기신호라 해도 상호 간의 간섭은 거의 일어나지

---

* 절연을 뚫고 침투하는 전기장 때문에 약간의 혼선은 여전히 일어날 수 있다.
** 뇌의 부피는 1백만 세제곱밀리미터를 초과하며, 많은 부분은 피질로 이루어져 있다. Braitenberg and Schuz(1998)에 따르면, 1세제곱밀리미터의 피질은 수 마일에 이르는 신경돌기를 포함한다.

| 그림 16 | 크레이-1 슈퍼컴퓨터의 외형(왼쪽)과 내부(오른쪽)

않는다. 신경돌기 사이의 신호 전송은 특정한 지점, 즉 시냅스라는 연결 지점에서만 발생한다. 크레이-1에서도 이와 마찬가지로 절연물질이 제 거되고 금속이 직접 맞닿는 위치에서만 한 전선에서 다른 전선으로 신호가 전달된다.

지금까지 나는 신경돌기의 일반적인 특징에 대해 설명했다. 그러나 많은 뉴런들은 두 종류의 신경돌기, 즉 수상돌기dendrite와 축삭axon을 가지고 있다. 수상돌기는 짧고 두껍다. 수상돌기는 세포체에서 여러 개가 뻗어 나오며, 세포체 근처에서 분기한다. 반면, 얇고 긴 모양의 축삭*은 세포체에서 단 한 개가 멀리 뻗어 나와 그 목표지점에서 분기한다. (수상돌기는 가느다란 섬유로, 다른 뉴런들로부터 정보를 받아들이는 수신축을 형성한다.−옮긴이)

수상돌기와 축삭은 단순히 모양이 다를 뿐 아니라 화학신호 전달chemical signaling에서도 다른 역할을 한다. 시냅스에서 받는 역할을 담당하는 수상

---

* 이러한 묘사는 매우 일반적 유형의 뉴런인 피질의 피라미드 뉴런(pyramidal neuron)에 적용된다. 하지만 이와는 다른 외양을 가진 여러 다른 종류의 뉴런들이 존재한다. 어떤 유형의 뉴런에서는 수상돌기-축삭의 구분조차도 타당하지 않다. 특히 무척추동물의 신경계 뉴런들의 경우가 그렇다. 이런 뉴런 유형들에서는 각 신경돌기가 시냅스를 내보내는 동시에 시냅스를 받아들인다.

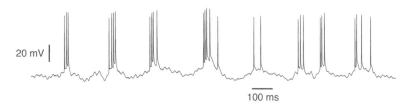

20 mV

100 ms

| 그림 17 | 활동전위 혹은 '스파이크' *

돌기는 세포막에 수용체 분자들을 가지고 있다. 축삭은 시냅스에서 신경
전달물질을 분비함으로써 다른 뉴런으로 신호를 보낸다. 달리 말하면, 전
형적인 시냅스에서 화학신호는 축삭에서 수상돌기 쪽으로 전달된다.**

　수상돌기와 축삭은 전기신호 또한 다르다. 축삭에서 일어나는 전기신
호는 **활동전위**action potential로 알려진 짧은 펄스pulse이며, 각각의 활동전
위는 대략 1밀리초 정도 지속된다그림 17. 활동전위는 그 뾰족한 외형 때
문에 흔히 '스파이크spike'라고 알려져 있는데, 여기서는 편의상 이 표현
을 사용하기로 하자. 경제부 기자들이 "은행의 수익에 힘입어 증권시장
이 급등했다spikes"라고 보도하는 것처럼, 신경과학자들은 종종 '뉴런이
스파이크를 일으킨다'고 말한다. 뉴런이 스파이크를 일으키면 '활성화
active'되었다는 의미이다.

　스파이크는 모스부호를 생각나게 한다. 아마도 오래된 영화에서 전신
기사가 레버를 눌러 만들어내는 길고 짧은 일련의 펄스인 모스부호를
본 적이 있을 것이다. 초기의 전신 시스템에서 펄스는 정전기static를 넘

---

* 이 그림은 미로를 탐사하는 쥐의 해마에 있는 뉴런으로부터 기록한 전압신호의 간단한 일부분이다. 이 실
험은 Epsztein, Brecht, and Lee(2011)에 설명되어 있다.
** 하지만 축삭에서 세포체로, 수상돌기에서 수상돌기로, 축삭에서 축삭으로 연결되는 시냅스와 같이, 우리
가 생각할 수 있는 거의 대부분의 변형 시냅스들이 존재한다.

어서[*] 명료하게 들리는 유일한 종류의 신호였다. 신호는 멀리 이동할수록 잡음에 의해 변질되는 경향이 있다. 시내통화에서 전화기가 대중화된 지 몇십 년이 지나서까지도 장거리 통신에는 모스부호가 계속 사용되었던 이유가 여기에 있다. 자연은 이와 거의 같은 이유, 즉 뇌 속에서 정보를 멀리까지 전달하기 위해 활동전위를 '발명'했다. 따라서 스파이크는 신경돌기 중 가장 긴 종류인 축삭에서 주로 발생한다. 예쁜꼬마선충이나 파리와 같은 작은 신경계에서는 신경돌기가 비교적 짧으며 스파이크를 일으키지 않는 뉴런도 많다.

그렇다면 이 두 종류의 신경통신, 즉 화학통신과 전기통신은 어떤 관계일까? 간단히 말하면, 지나기는 스파이크가 신경전달물질의 분비를 촉발하면[**] 시냅스가 활성화된다. 시냅스의 반대편에서 수용체는 신경전달물질을 감지하고 전류를 흐르게 한다. 보다 추상적인 용어로 말하자면, 시냅스는 전기신호를 화학신호로 변환하며,[***] 그것을 다시 전기신호로 변환한다.

신호의 유형을 변환하는 것은 일상적으로 흔히 사용되는 기술이다. 두 사람이 전화로 이야기하는 것을 상상해보자. 전기신호는 이어진 전

---

[*] 전신(telegraph) 다음으로 아날로그 통신을 위해 전화(telephone)가 발명되었다. 전화는 목소리 신호를 펄스로 인코딩하지 않고 전송한다. 그러나 현재의 전화 시스템은 모스부호와 같은 어떤 것을 활용하여 다시 디지털화되었다. 인코딩과 디코딩은 인간 조작자가 아니라 전자적 회로에 의해서 빠르고 자동적으로 이루어지기 때문에 사용자가 알아챌 수 없다. 왜 오늘날의 정교한 전화 시스템이 다시 미개한 전신에서 사용되었던 통신 방식으로 되돌아갔을까? 한 가지 이유는 오늘날의 시스템이 가능한 한 최고의 속도로 정보를 전송하도록 설계되었다는 것이다. 이는 정보 전송의 한계는 잡음(소음) 정도에 의해 결정되므로, (빠른 전송을 위한) 최선의 전략은 다시 디지털로 되돌아가는 것이다.
[**] 여기서 "지나가는"이라고 말한 이유는 시냅스가 대부분 축삭을 따라 위치한 곳에서 발생하며 그 결과 스파이크가 그 위치들을 지나면서 전파되기 때문이다. 그런데 어떤 시냅스는 축삭의 막다른 끝에 위치해 있다. 따라서 스파이크는 그곳에서 끝나버리게 된다.
[***] 수용체가 어떻게 화학신호를 전기신호로 변환하는가는 6장에서 설명할 것이다.

선을 따라서 두 사람 사이를 오간다. (최신 전화 네트워크에서는 광섬유의 빛 신호를 사용한다는 사실은 무시하기로 하자.) 그러나 전기신호는 전화기와 귀 사이의 좁은 틈새에 있는 공기를 지나가지 못한다. 대신에 음향신호로 변환된다. 전기신호의 상태로 1,000마일을 이동한 후에 소리가 되어 수신자의 고막으로 들어간다. 마찬가지로, 전기신호는 축삭을 따라서 뇌 속에서 장거리를 이동하지만 다음 뉴런에 직접 도달하지 못하고, 화학 신호로 변환되어 시냅스의 간극을 뛰어넘고 나서야 비로소 다른 뉴런에 도달할 수 있다.

시냅스를 통해 한 뉴런이 두 번째 뉴런에게 신호를 보낼 수 있다면, 두 번째 뉴런은 세 번째 뉴런에게 신호를 보낼 수 있으며, 이 과정은 계속 이어질 수 있다. 이러한 뉴런들의 서열을 **경로**pathway라고 한다. 시냅스로 직접 연결되어 있지 않은 뉴런들도 서로 통신을 할 수 있는 이유는 바로 이 때문이다.

등산의 경로와 달리, 신경 경로에는 방향성이 있다. 이는 시냅스가 일방의 장치이기 때문이다. 두 뉴런 사이에 시냅스가 있을 때, 우리는 전화로 말하고 있는 두 친구처럼 이들이 서로 연결되어 있다고 말한다. 그러나 이 비유에는 결함이 있다. 전화는 쌍방향으로 정보를 전송하지만 모든 시냅스에서 메시지는 한 방향으로 이동한다. 어떤 뉴런은 언제나 송신자이고, 어떤 뉴런은 언제나 수신자이다. 한 뉴런은 '말이 많고' 다른 뉴런은 '말이 없기' 때문이 아니다. 그보다 이것은 시냅스의 구조와 관련이 있다. 신경전달물질을 분비하는 장치는 한쪽에만 있고, 다른 쪽에는 신경전달물질을 감지하는 장치만 있기 때문이다.

이론적으로, 신경돌기는 어느 쪽으로든 전기신호가 이동할 수 있는 쌍방향 장치이다. 하지만 실제로 스파이크는 보통 세포체에서 축삭을 따라 이동하며, 전기신호는 수상돌기를 따라 세포체 쪽으로 이동한다.* 시냅스가 신경돌기에 이러한 방향성을 부여하는 것이다. 순환계에서 정맥 속의 혈액은 심장으로 흐른다. 만약 정맥이 단순한 혈관에 불과하다면 혈액은 어느 방향으로든 흐를 수 있을 것이다. 그러나 정맥에는 혈액의 역류를 막기 위한 밸브가 있다. 이 밸브가 정맥에 방향성을 부여하듯이 시냅스는 신경 경로에 방향성을 부여한다.

따라서 신경계의 경로는 각 시냅스의 방향성이 보존되면서, 한 뉴런에서 시냅스를 건너 다음 뉴런으로 이어지는 식으로 정의된다그림 18 참조. 뉴런의 내부에서 전기신호는 수상돌기에서 세포체를 거쳐 축삭으로 흐른다. 화학신호는 한 뉴런의 축삭에서 다른 뉴런의 수상돌기로 건너뛴다. 그 뉴런의 내부에서 전기신호가 다시 수상돌기에서 세포체를 거쳐 축삭으로 흐른다. 그들은 다른 뉴런으로 전달되기 위해 화학신호로 변환되며, 이 과정은 계속된다. 시냅스 간극은 매우 좁기 때문에, 신경 경로의 거의 모든 거리는 실제로 뉴런들 사이가 아니라 뉴런 내부에 있다. 게다가 이 거리의 대부분은 수상돌기보다 훨씬 더 긴 축삭을 지나간다.

가금류(닭과 오리와 같은 조류) 요리를 먹다보면 접시 위에서 여러 다발의 축삭을 볼 수 있다. 이것은 신경nerve이라 불리며, 부드럽고 희끄무레한 끈처럼 보인다. 이것을 힘줄이나 혈관과 혼동하지는 말아야 한다. 힘줄은 더 질기고, 혈관은 더 검다. 익히지 않은 신경을 날카로운 도구로

---

* 이것은 역동적 극성화의 법칙(Law of Dynamic Polarization)으로 알려져 있다. 신경과학자들은 전기 자극을 이용하여 축삭을 따라 거꾸로 세포체로 되돌아오는 스파이크를 유발함으로써 때때로 이 법칙을 위반한다. 이러한 '역방향성'의 전파는 정상 방향의 반대이며, 축삭을 따라 전해지는 신호 전송이 양방향으로 일어남을 증명해준다.

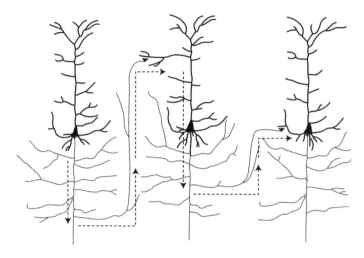

| 그림 18 | 신경계의 여러 뉴런을 지나가는 신경 경로

절단하면, 밧줄이 여러 가닥으로 갈라지는 것처럼 그 끝이 풀어진다. 이 신경의 '가닥'들이 바로 축삭이다.

신경은 뇌나 척수의 표면에 뿌리를 내리고 있다. 이 둘을 합쳐서 중추신경계central nervous system, CNS라고 한다. 대부분의 신경은 신체의 표피 쪽으로 뻗어 나가며 가지를 치는데, 이것을 말초신경계peripheral nervous system, PNS라고 한다. 신경의 축삭은 중추신경계의 세포체나 말초신경절peripheral ganglia이라는 뉴런의 작은 전초지점에서 나온다. 중추신경계CNS와 말초신경계PNS를 통틀어 신경계라고 하는데, 어떤 경우에는 이들 신경계를 지원하는 모든 뉴런과 세포들의 집합을 의미하기도 한다.[*] **신경**

* 신경계는 신경교세포(glia cell)로 알려진 비 뉴런(신경) 세포들 또한 포함한다. 이것들에는 다양한 유형이 있는데, 뇌가 살아 있으면서 기능을 유지하기 위해서는 이들이 절대적으로 필요하다. 나는 신경교세포들이 정신이라는 무대에서 주연을 맡은 뉴런 출연자들을 지원하는 스태프와 같은 것이라는 전통적인 견해를 취할 것이다. 뉴런과 신경교세포들은 그 수에 있어서 비슷하다(Azevedo et al. 2009). 신경교세포에 관한 더 많은 내용은 Fields(2009)에서 볼 수 있다.

계nervous system라는 용어에서 신경이 강조되는 것은 잘못된 것일지도 모른다. 신경계에서 가장 중요한 부분은 뇌와 척수이기 때문이다.

이제 앞에서 제기한 문제로 돌아가보자. 뱀을 본 것이 어떻게 당신을 뒤돌아서 뛰게 만들었을까? 간단히 대답하자면, 눈이 뇌로 신호를 보내고, 뇌는 척수에게 신호를 보내고, 척수는 다리로 신호를 보낸다. 첫 단계는 눈에서 뇌로 이어지는 백만 개 정도의 축삭 다발인 시신경optic nerve에 의해 매개된다. 두 번째 단계는 뇌에서 척수로 이어지는 축삭 다발인 추체로(피라미드 경로pyramidal tract)를 통해 이루어진다. (중추신경계에 있는 축삭 다발은 신경이 아니라 트랙tract으로 알려져 있다.) 세 번째 단계는 척수와 다리 근육을 연결하는 좌골신경 및 여타의 신경에서 일어난다.

이 축삭 다발들이 연결하고 있는 신경 경로의 시작과 끝 지점에 있는 뉴런들을 살펴보자. 눈 뒤에는 얇은 신경섬유막인 망막retina이 있다. 뱀에서 반사된 빛이 망막 안의 특수한 뉴런인 광수용체photoreceptor를 때리면 그에 대한 반응으로 광수용체는 화학 메시지를 분비한다. 그리고 이 메시지는 다시 다른 뉴런들에 의해 감지된다. 좀 더 일반적으로 말하자면, 모든 감각기관에는 특정한 물리적 자극에 의해 활성화되는 뉴런들이 있다. 이런 감각뉴런은 신경 경로를 따라 자극에서 반응으로 이어지는 여행의 첫 걸음을 떼게 한다.

이 신경 경로들은 신경의 축삭이 근섬유muscle fiber와 시냅스를 만들 때* 끝이 나며, 이 시냅스에서 분비된 신경전달물질에 대한 반응으로 근섬유가 수축하게 된다. 여러 섬유들이 조직적으로 수축되면 근육이 짧아지고 운동이 시작된다. 일반적으로 말하자면, 모든 근육은 운동뉴런

---

* 뉴런들 간의 보통 시냅스와 대조하기 위하여 이것들은 신경근 접합부(neuromuscular junction)로 불린다.

motor neuron에서 뻗어 나온 축삭이 제어한다. 1932년에 노벨상을 받고 **시냅스**라는 용어를 만든 영국의 과학자 찰스 셰링턴Charles Sherrington은 근육이 모든 신경 경로의 최종 종착지임을 강조했다. "사물을 움직이는 것이 인간이 할 수 있는 모든 것이다.[3] …… 하나의 음절을 속삭이는 행동이든 숲을 베는 일이든 간에 모든 일의 유일한 집행자는 근육이다."

감각뉴런과 운동뉴런 사이에는 여러 경로가 있다. 이들 중 일부는 나중에 자세히 살펴볼 것이다. 이 경로들이 존재한다는 것은 분명하다. 만일 그렇지 않다면, 우리는 자극에 반응할 수 없을 것이다. 그러나 신호는 어떻게 경로를 따라서 이동하는 걸까?

1850년 캘리포니아가 미국에 합병되었을 때, 동부에 있는 주들과 연락을 하는 데 2주가 걸렸다. 1860년에 우편배달 속도를 높이기 위해 포니 익스프레스Pony Express가 생겨났다. 캘리포니아 주에서 미주리 주까지 2천 마일에 이르는 경로에는 190개의 역이 있었다.[4] 우편물 가방은 밤낮으로 이동했으며, 역마다 말을 바꾸고 여섯 내지 일곱 번째 역마다 기수를 바꾸었다. 메시지는 미주리 주에 도착한 다음에 전신으로 더 동쪽에 있는 주까지 전해졌다. 포니 익스프레스 덕분에 태평양과 대서양 사이에 메시지를 전하는 데 걸리는 시간이 23일에서 10일로 줄어들었다. 포니 익스프레스는 최초의 대륙횡단전신으로 완전히 대체되기 전까지 16개월 동안만 운영되었다. 대륙횡단전신은 다시 전화와 컴퓨터 네트워크로 이어졌다. 기술은 바뀌었지만 근본적인 원칙은 변하지 않았다. 통신 네트워크는 경로를 따라 역에서 역으로 메시지를 전달하는 수단을 가지고 있어야 한다.

신경계를 뉴런에서 뉴런으로 스파이크를 전달해주는 통신 네트워크라고 생각해볼 수 있다. 신경 경로는 도미노처럼 작동한다. 넘어지는 각각의 도미노 조각이 연쇄적으로 다음 조각 위에 떨어지듯이, 각각의 스파이크는 이런 방식으로 경로상의 다음 스파이크를 점화한다. 이것이 뱀을 볼 때 당신의 눈이 어떻게 다리에게 움직이라고 말하는지를 설명해준다. 사실은 이 과정이 그렇게 간단하지는 않다. 축삭이 세포체에서 시냅스로 스파이크를 전달하는 것은 사실이지만, 시냅스가 단순히 다음 뉴런에게로 스파이크를 전달하는 것이 아니라는 사실이 밝혀졌다.

대부분의 시냅스는 약하다.[*] 신경전달물질의 분비는 스파이크를 일으키기 위해 필요한 수준에는 훨씬 못 미치는 아주 미세한 전기적 효과만을 다음 뉴런에게 미칠 뿐이다. 도미노들이 멀찌감치 떨어져 있는 모습을 생각해보라. 한 조각이 넘어지는 것은 다음 조각에 아무런 영향을 끼치지 않을 것이다. 마찬가지로 하나의 신경 경로는 보통 혼자서는 스파이크를 전달할 수 없다.[**] 그러나 앞으로 설명하겠지만, 이는 좋은 일이다.

로버트 프로스트Robert Frost는 〈가지 않은 길The Road Not Taken〉이라는 시에서 다음과 같이 말한다. "노랗게 물든 숲 속에 두 갈래 길이 있었습니다. / 두 길을 다 가보지 못하는 것이 안타까워 / 한 사람의 여행자로 나는 오랫동안 서 있었습니다." 하지만 축삭이 갈라지는 지점에 도착한 스파이크는 프로스트의 딜레마에 놓이지 않는다. 스파이크는 '한 사람의 여행자'로 머물지 않고 자신을 복제해 두 개의 스파이크가 되어 두 갈래 길을 모두 간다. 이 과정을 반복함으로써 세포체 근처에서 시작한 한 개의 스파이크는 여러 개의 스파이크가 되어 축삭의 모든 가지에 도

---

[*] 일부 반대자는 적은 수의 강한 시냅스가 존재하며, 뇌의 기능을 위해 이것이 중요하다고 믿는다.
[**] 비록 시냅스가 약하다 하더라도, 하나의 뉴런이 다른 뉴런으로 하여금 스파이크를 일으키게 할 수 있다. 이 뉴런이 많은 수의 시냅스에 의해 연결되어 있기만 하면 된다. 그러나 이런 상황은 실제로는 아주 드물다.

달하며, 스파이크의 크기는 줄어들지 않는다. 축삭이 다른 뉴런을 향해 만드는 모든 시냅스들은 이 스파이크들에 의해 자극을 받아 신경전달물질을 분비한다.*

    신경 경로는 밖으로 향하는 시냅스를 통해 프로스트의 시에 나오는 길처럼 갈라진다. 따라서 한 개의 감각기관을 자극하는 것은 여러 가지 반응을 일으킨다. 뱀을 보면, 눈에서 다리로 가는 신경 경로가 도망을 가도록 해준다. 그러나 맛있는 스테이크를 보면, 입에 침이 고인다. 이는 눈에서 침샘에 이르는 경로 덕분이다. 이 두 종류의 경로가 다 눈에서 갈라져 나오는 것이기 때문에 당신이 무엇을 본 다음에 도망을 가거나 침을 흘리는 것은 놀라운 일이 아니다. 신비한 것은 그 반대의 경우이다. 왜 한 가지 반응만 일어나는 걸까? 만일 신호가 모든 가능한 경로로 전달된다면,** 어떠한 자극이든 모든 근육과 분비선을 활성화하겠지

---

* 사실, 시냅스는 확률적으로(추계적으로, stochastically) 작동한다. 스파이크들 중에서 일부는 신경전달물질을 분비하는 데 무작위적으로 실패한다.

** 뱀을 볼 때, 우리의 눈은 침샘이 아니라 다리와 교신한다. 스테이크를 볼 때에는 그 반대가 된다. 전기통신 네트워크에서 그러한 선택성은 라우팅(경로 정하기)을 조작함으로써 달성된다. 모든 메시지는 주소를 가지고 있고, 이는 메시지의 내용과 분리되어 있다. 이는 당신이 우편으로 편지를 발송할 때 가장 명백하게 나타난다. 우리는 봉투 바깥에 주소를 쓰고, 내용은 봉투 안에 있는 종이에 적는다. 이와 마찬가지로, 우리는 통화를 위해 전화번호를 누름으로써 그 주소를 입력한다. 그러나 내용을 담고 있는 것은 그에 뒤따르는 대화이다. 네트워크의 한 노드는 들어오는 메시지가 있을 때 그 주소를 보고 주소에 특정된 목적지에 더욱 가까이 있는 다른 노드에게로 그 메시지를 중계한다. 메시지는 이러한 경로 정하기 선택에 의해 결정되는 네트워크상의 경로를 취한다. 이러한 결정은 우체국에서는 인간 노동자, 전화 네트워크에서는 교환기(switches)에 의해 이루어진다. 하나의 경로가 스파이크를 중계할 수도 있지만, 어떻게 신경계가 특정 목적지에 도달하는 올바른 경로를 통해 스파이크를 보낼 수 있는지는 명백하지 않다. 축삭은 어떠한 경로 정하기도 하지 않는다. 이것은 단지 그것의 모든 시냅스들에게 무차별적으로 스파이크를 보낼 뿐이다. 라우팅이 뉴런의 다른 위치에서 발견될 수도 있지만, 이러한 생각 전체에는 근본적인 문제가 있다. 스파이크는 펄스에 지나지 않으므로, 그것이 어떻게 메시지의 내용과 주소 모두를 전달할 수 있는지가 분명하지 않다. 때문에 전기통신 네트워크는 뇌에 대해 그리 좋은 은유는 아니다. 그렇다고 하더라도, 이 이론적 논증은 메시지가 일련의 연속적인 스파이크로 이루어져 있고, 뉴런들의 결합(assemblies)이 라우팅 장치로 기능할 수 있으며, 조직화의 높은 단계에서 조사했을 경우, 뇌가 일종의 통신 네트워크와 유사할 가능성을 배제할 수는 없다. 실제로 어떤 이론가들은 경로 결정 과정이 여전히 뇌의 기능을 이해하는 데 도움이 된다고 주장한다(Olshausen, Anderson, and Van Essen 1993).

만 분명 그런 일은 일어나지 않는다.

그 이유는 신호들이 그렇게 쉽게 경로를 통과하지 않기 때문이다. 우리는 이미 하나의 시냅스와 경로만으로는 스파이크가 전달되지 않는다는 것을 보았다. 그렇다면 신호는 어떻게 통과하는가. 수상돌기의 가지들은 축삭의 가지와 비슷해 보이지만, 그 기능은 완전히 다르다. 축삭은 분기하지만, 수상돌기는 **수렴한다**converge. 두 개의 가지가 만날 때 각각의 가지에서 세포체를 향해 흐르는 전류는 합류하는 개울의 물처럼 서로 결합한다. 호수가 여러 개울에서 흘러들어오는 물을 취합하듯이, 세포체는 수상돌기로 수렴되는 여러 시냅스의 전류를 취합한다.

수렴이 왜 중요한 걸까? 일반적으로 하나의 시냅스로는 뉴런에 스파이크를 일으킬 수 없지만, 수렴되는 여러 개의 시냅스들은 스파이크를 일으킬 수 있다. 이 시냅스들이 동시에 활성화된다면, 집합적으로 뉴런이 스파이크를 일으키도록 설득할 수 있다. 스파이크는 '전부 아니면 무all or none'라는 실무율의 법칙을 따르므로, 우리는 스파이크를 '신경 결정'의 결과물로 간주할 수 있다. 이 비유는 뉴런이 사람처럼 의식이 있다거나 생각을 한다는 것을 의미하지는 않는다. 단지 뉴런이 어정쩡한 상태를 나타내지는 않는다는 말이다. 즉, 반쪽 스파이크 같은 것은 존재하지 않는다.

어떤 결정을 내릴 때, 우리는 가족이나 친구들에게 조언을 구할 수 있다. 이와 마찬가지로 뉴런도 수렴하는 시냅스를 통해 다른 뉴런의 이야기를 '듣는다.' 세포체는 전류의 흐름을 종합하여 '조언자'들의 투표 결과를 효과적으로 집계한다. 집계 결과가 역치threshold를 넘어서면, 축삭은 스파이크를 일으킨다. 정치 시스템에서 어떤 결정을 내리기 위해 단순 과반수, 3분의 2이상의 찬성, 혹은 만장일치를 요구하듯이, 역치의 값은 뉴런이 쉽게 결정을 내리는지 마지못해 결정을 내리는지를 결정한다.

축삭에서 스파이크의 발생 여부를 결정하는 실무율과는 달리, 수상돌기의 전기신호는 많은 뉴런에서 연속적으로 점수가 매겨진다. 이는 가능한 투표 결과의 모든 범위를 다 나타내는 데에 적합하다. 수상돌기에서 일어나는 스파이크란 투표가 다 끝나기 전에 선거 결과를 공표하는 것처럼 시기상조한 것이다. 모든 투표의 집계는 세포체에서 일어나며, 그 집계가 끝나고 난 뒤에야 축삭에서 스파이크가 발생할 수 있다. 스파이크가 일어나지 않으면[*] 수상돌기는 정보를 장거리로 전송할 수 없다. 따라서 수상돌기의 길이는 대개 축삭보다 훨씬 짧다.

민주주의의 기본 원칙 중 하나는 '일인 일표'이다. 위의 신경 모델에서와 마찬가지로 모든 표는 동등하게 평가된다weight. 그러나 친구나 가족에게서 조언을 들을 때, 우리는 어떤 사람의 의견을 더 중요하게 받아들여 덜 민주적으로 결정을 내릴 수도 있을 것이다. 이와 마찬가지로, 뉴런도 모든 조언을 동등하게 취급하지 않는다. 전류에는 크기가 있어서, 강한 시냅스는 수상돌기에 커다란 전류를 일으키고 약한 시냅스는 작은 전류를 일으킨다. 시냅스의 '세기'는 뉴런이 스파이크를 일으킬지를 결정할 때 그 시냅스의 표가 지니는 가중치weight를 나타낸다.[**] 한 뉴런이 다른 어떤 뉴런으로부터 여러 시냅스를 받는 것도 가능한데, 이는

---

[*] Hausser et al.(2000)과 Stuart et al.(2007)에 설명되어 있듯이, 연구자들은 수상돌기는 스파이크를 일으키지 않는다는 전통적 생각에 도전해왔다. 뇌 슬라이스 안에 살아 있는 뉴런에서 행해진 실험은 수상돌기에서 스파이크가 일어난다는 것을 증명했다. 만약 이 현상이 손상되지 않은 뇌에서도 일어난다면, 한 뉴런의 각 수상돌기는 그것의 시냅스들에서 투표를 실시하고 그다음에 세포체가 그것의 수상돌기들에서 투표를 실시하는 것이 가능할 수도 있다. 이는 각 주의 사람들은 일반선거로 투표를 하고 그 주들이 선거인단에서 투표를 하는 미국의 대통령 선거와 유사할 것이다. 원리적으로 어떤 후보자가 일반투표에서 이기지 못했으면서도 두 단계의 선거에서는 이기는 것이 가능하다.

[**] 시냅스의 '세기'라는 개념은 하나의 숫자로 요약될 수 있는 것보다는 훨씬 복잡하므로, 이것은 단순화한 것이다.

중복으로 투표를 하는 것과 같은 편파적 행동이다.

이제 뉴런의 '가중투표 모델weighted voting model'**에 대해 알아볼 차례이다. 어떠한 종류의 투표든 동시성을 필요로 한다. 정치에서는 이 조건을 충족하기 위해 모든 사람이 정해진 날짜에 투표를 한다. 시냅스는 언제라도 투표를 할 수 있으므로, 뇌에서는 매일이 선거일이나. (사실 이 비유에는 약간 오해의 소지가 있다. 시냅스의 투표는 하루보다 훨씬 짧은 기간, 즉 밀리초에서 몇 초에 걸쳐 집계된다.**) 두 시냅스의 투표는 그들의 전류가 시간적으로 중첩될 정도로 거의 동시에 일어날 때만 동일한 선거로 계산된다.

시냅스의 전류를 누군가에게 하는 모욕이라고 생각해보자. 한 번의 모욕은 분노(스파이크)를 일으키기에 너무 약하다. 따라서 만약 자주 모욕을 받지 않는다면 그 사람은 화를 내지 않을 것이다. 그러나 여러 사람에게 동시에 모욕을 받거나 모욕을 받는 일이 꼬리를 물고 이어진다면, 이것들이 쌓이고 쌓여 인내의 한계(역치)에 다다르고 마침내 분노가 폭발하고말 것이다.

앞에서 신경 투표에 대해 설명하면서 단순화를 위해 말하지 않은 시냅스의 중요한 특징 한 가지가 있다. 뉴런이 항상 '예'라고 투표하는 것은 아니며, '아니오'라고 투표를 하기도 한다는 것이다. 이 '예-아니오'는 시냅스가 활성화되면서 발생하는 전류의 흐름이 두 방향으로 향할 수 있기 때문에 나타나게 된다. **흥분성**Excitatory 시냅스는 전류를 수용

---

* 기술자들은 그들이 '선형적' 조작이라 부르는 투표의 합산과 '비선형적' 조작인 역치화(thresholding)를 대조하기 위해 이것을 뉴런의 '선형 역치 모델(linear threshold model)'이라 부른다. 이 모델의 또 다른 이름은 '단순 퍼셉트론(simple perceptron)'이다.
** 이것은 또 다른 차원에서 화학적 시냅스가 전기적 시냅스보다 더욱 다재다능함을 보여준다.

뉴런**에게로** 흘려 보내 스파이크를 일으키는 경향이 있으므로 '예'라고 투표를 한 것이라 볼 수 있다. **억제성**Inhibitory 시냅스*는 전류를 뉴런**에서** 흘러나가게 하며, 스파이크가 일어나는 것을 '억제'하는 경향이 있으므로****** '아니오'라고 투표한 것이라 볼 수 있다.

억제는 신경계에서 일어나는 모든 작용의 핵심이다. 지능적인 행동은 단순히 자극에 적절한 반응하느냐의 문제가 아니다. 때로는 다이어트를 하는 동안 도넛을 집지 않거나, 회사 파티에서 와인을 한 잔 더 마시지 않는 것과 같이 아무것도 하지 않는 것이 더 중요하다. 이러한 심리적 억제의 사례들과 억제성 시냅스 사이에 어떤 관계가 있는지 밝혀진 바는 전혀 없지만, 최소한 둘 사이에 모종의 관계가 존재한다는 것은 그럴 듯하게 들린다.

이런 억제에 대한 필요성이 뇌가 화학신호를 전달하는 시냅스에 그렇게 크게 의존하는 주요한 이유일 수 있다. 실제로 신경전달물질(화학신호)을 사용하지 않고 전기신호를 직접 전송하는 또 다른 종류의 시냅스***가 존재한다. 이 전기 시냅스는 전기신호를 화학신호로 변경하고, 이를 다시 전기신호로 변경하는 시간 소모의 단계가 없으므로 더 빠르

---

* 시냅스 억제의 중요성에 대한 보다 직접적인 증거는 운동에 대한 연구에서 찾을 수 있다. 근육은 일반적으로 상반된 효과를 가진 쌍으로 조직되어 있다. 당신의 팔꿈치 양편에 있는 이두박근과 삼두박근이 그 한 예이다. 이두박근은 당신의 팔꿈치를 굽혀주고, 삼두박근은 그것을 펼쳐준다. 당신의 신경계는 끊임없이 이두박근과 삼두박근 모두에게 스파이크를 보내고 있다. 때문에 당신의 근육은 움직이지 않는 상태에서도 완전하게 긴장이 풀려 있지 않으며, 어느 정도의 '근긴장(muscle tone)' 상태에 있다. 당신이 팔꿈치를 굽히면, 당신의 신경계는 이두박근에 더 많은 스파이크를 보내서 그것이 수축되도록 하고, 삼두박근에는 더 적은 스파이크를 보내서 이완되도록 만든다. 삼두박근을 통제하는 운동뉴런이 시냅스들로부터 억제를 받는 것이 이러한 스파이크 감소의 한 가지 이유이다.

** 더욱 세밀한 정의에서, 흥분성과 억제성 여부는 이른바 시냅스의 반전전위(reversal potential)가 뉴런이 스파이크를 일으키는 역치 전압보다 높은지 혹은 낮은지에 의존한다.

*** 전기적 시냅스 혹은 간극 연접(gap junction)은 일군의 분자 무리로 이루어져 있는데, 이들은 각각 한 뉴런의 내부와 다른 뉴런의 내부를 연결하는 아주 작은 터널이다.

게 작동한다. 그러나 억제성 전기 시냅스는 존재하지 않으며, 단지 흥분성 시냅스만이 존재한다. 아마도 이를 비롯한 다른 제약들 때문에,* 전기 시냅스는 화학 시냅스에 비해 그렇게 흔하지 않다.

억제가 하나의 요소라면, 우리의 투표 모델은 어떻게 수정되어야 할까?** 앞에서 '예'라는 투표 수가 역치를 넘어설 때에 뉴런이 스파이크를 일으킨다고 설명했다. 만일 억제를 포함시킨다면, 스파이크는 '예'라는 투표 수가 '아니오'라는 투표 수를 초과해서 역치를 넘어갈 때 발생한다. 흥분성 시냅스처럼 억제성 시냅스도 더 강하거나 더 약할 수 있다. 따라서 투표는 완전히 민주적이라기보다 가중치가 적용된다. 어떤 억제성 시냅스는 결과적으로 여러 흥분성 시냅스에 거부권을 행사할 정도로 강할 수 있다.***

신경 투표에 관하여 마지막으로 알아야 할 것이 하나 더 있다. 뉴런들도 억제성이나 흥분성으로 분류되기 때문에 각각 반대자나 순응주의자처럼 행동한다. 흥분성 뉴런은 다른 뉴런에게 흥분성 시냅스만을 만드

---

* 전기적 시냅스는 여러 다른 점에서 그 용도가 덜 다양하다. 시냅스 전류의 지속기간은 고정되어 있고 짧다. 전류는 어느 한 방향으로 보다 쉽게 흐를 수는 있지만, 일반적으로 양방향으로 흐른다. 투웨이(저음과 고음이 분리된-옮긴이) 소리가 원웨이 소리보다 뛰어나다면, 당신은 전기적 시냅스가 화학적 시냅스보다도 더 강력할 것이라 생각할지 모르겠다. 그러나 뉴런 간의 쌍방향 통신은 각기 한 방향씩을 담당하는 두 개의 화학적 시냅스를 통해 수립될 수 있다. 반면에 전기적 시냅스는 한 방향 통신을 수립할 수 없다. 따라서 쌍방향 통신은 실제로는 한계에 해당한다. 전기적 시냅스는 일군의 뉴런들이 동시에 스파이크를 생성할 필요가 있을 때 매우 중요한 역할을 하는 것으로 알려져 있다. 그러한 동시성을 달성하기 위한 목적으로 볼 때, 신속한 양방향 통신은 타당해 보인다. 전기적 시냅스는 오직 전기적 효과만을 가한다. 반면에 화학적 시냅스는 수신하는 뉴런의 내부에 분자적인 신호를 추가적으로 유발할 수 있다. 화학적 전송에서 추가되는 단계들은 전송의 속도를 늦출 수 있지만, 이 단계들을 통해 증폭이나 여타 과정들에 의한 조절이 일어날 수 있다.
** 전 경로에 대한 억제의 간단한 효과는 거의 언급할 필요조차도 없다. 억제성과 흥분성 시냅스가 뒤섞여 있는 하나의 경로는 그 시냅스들이 아무리 강하더라도 스파이크를 중계할 수 없다.
*** 1943년 이론 신경과학자인 워렌 매컬로크(Warren McCulloch)와 월터 피츠(Walter Pitts)는 최초의 뉴런 투표 모델을 도입했다. 매컬로크-피츠 모델은 오직 흥분성 시냅스에 대하여 '일시냅스, 일투표'의 슬로건을 고수했다. 억제성 시냅스는 여러 흥분성 시냅스들에 대하여 완전한 거부권을 갖도록 허용되었다. 억제성 시냅스에 매우 큰 가중치를 부여하기만 하면, 매컬로크-피츠 모델이 가중투표 모델의 특별한 경우임을 보일 수 있다.

는 반면에, 억제성 뉴런은 오직 억제성 시냅스만을 만든다.[*] 반면, 한 뉴런이 **받아들이는**(수용하는) 시냅스는 이와 비슷한 일관적 법칙 없이[**] 흥분성과 억제성이 혼합되어 있다.

다시 말해서 흥분성 뉴런은 모든 다른 뉴런들에게 스파이크를 통해 '예'라고 말하거나, 침묵함으로써 기권한다. 이와 마찬가지로 억제성 뉴런은 '아니오'와 기권 사이에서 선택을 한다. 한 뉴런은 어떤 뉴런에게는 '예'라고 하고 다른 뉴런에게는 '아니오'라고 말할 수 없다. 혹은 어떤 때에는 '예'라고 하고 다른 때에는 '아니오'라고 말할 수도 없다.

만일 흥분성 뉴런이 '예'라는 표를 많이 받게 되면, 그 뉴런은 대중에 순응하여 '예'라고 **말할** 것이다. 만일 억제성 뉴런이 '예'라는 표를 많이 받게 되면, 그 뉴런은 대세를 거슬러 '아니오'라고 말할 것이다. 피질을 포함한 여러 뇌 영역에 있는 대부분의 뉴런은 흥분성 뉴런이다.[***] 뇌는 우리 사회와 같다고 생각할 수 있다. 순응주의자들로 넘쳐나지만 그 사이사이에는 일부 반대자들도 끼어 있다.

어떤 진정제는 억제성 뉴런에게 신경활동을 약화시킬 권한을 주어 억제의 강도를 증가시킨다. 억제를 약화하는 약물은 흥분성 뉴런에게 주도권을 준다. 이는 통제 불가능한 상태를 만들어 간질성 발작을 일으킬 수도 있다. 여기서 흥분성 뉴런은 군중을 자극하여 폭동을 일으키는 군중 선동자와 같다고 볼 수 있다. 반면에 억제성 뉴런은 흥분한 대중을

---

[*] 이것은 데일의 원리로부터 도출된다. 하나의 주어진 신경전달물질은 일반적으로 어떤 뉴런에 대해서건 항상 자극적(흥분)이거나 항상 억제적인 같은 전기적 효과를 가지기 때문이다. (전류의 신호는 시냅스 간극의 수용측에 있는 분자 메커니즘에 의존한다.)

[**] 이러한 균일성은 세기에도 적용되지 않는다. 한 뉴런은 어떤 뉴런에 대해서는 강한 시냅스를 만들고 다른 뉴런에 대해서는 약한 시냅스를 만들 수 있다.

[***] 피질에서 그 비율은 80퍼센트이다.

진정시키기 위해 호출된 경찰과 같다.

신경과학자들은 시냅스의 여러 다른 속성들을 탐구하고 있다. 그러나 나는 두 뉴런이 '연결되어' 있다고 말하는 것은, 뉴런들 사이의 상호작용을 묘사하는 것의 시작일 뿐이라는 점을 분명히 하고 싶다. 연결은 하나 혹은 그 이상의 시냅스에서 일어날 수 있으며, 그들은 화학적이거나 전기적이거나 혹은 두 가지 모두 포함된 시냅스일 수도 있다. 화학 시냅스는 방향성이 있으며, 흥분성이거나 억제성이고, 강하거나 약할 수도 있다. 그리고 그것이 생성하는 전류는 길거나 짧을 수 있다. 시냅스에 의해 자극을 받은 뉴런이 스파이크를 일으킬지 결정할 때는 이들 요소가 모두 중요하다.

앞에서 나는 신경 경로가 눈에서 다리나 침샘으로 분기된다는 것을 설명했다. 왜 한 자극이 어떤 경로를 활성화하지만 다른 경로는 활성화하지 않는지를 분명히 하기 위해 시냅스의 수렴에 초점을 두고, 그 수렴이 스파이크를 일으키는 데에 결정적인 역할을 하는 것을 투표 모델로 설명했다. 만일 뉴런이 스파이크를 일으키지 않는다면, 그 뉴런은 자신으로 수렴되는 모든 신경 경로의 막다른 골목dead end이 될 것이다. 스파이크를 일으키지 않는 뉴런들이 만들어낸 수많은 막다른 골목들은 뇌의 기능에 핵심적인 역할을 한다. 가령 뱀을 보고 침이 분비되지 않도록 해주며, 스테이크를 보고 도망가지 않도록 해주는 것이다.

스파이크를 일으키는 데 실패하는 것은 스파이크를 일으키는 것만큼이나 신경 기능에 중요하다. 하나의 시냅스나 하나의 신경 경로로는 스파이크를 전달할 수 없는 것은 이런 이유 때문이다. 투표 모델에서 뉴런이 언제 스파이크를 일으킬지를 까다롭게 선택하게 만드는 두 개의 메커니즘이 있다. 나는 세포체에서 수집된 전체 전류의 합이 역치를 초과할 때에만 축삭에서 스파이크가 일어난다고 말했다. 축삭의 역치를 올리는 것은 그 뉴런을 더 까다롭게 만드는 방법이다. 만일 어떤 뉴런이 억제성 시냅스로부터 '아니오'라는 표를 받는다면, 스파이크를 일으키기 위해 더 많은 '예'가 필요하므로 그의 선택성이 향상된다.* 다시 말해, 뉴런이 아무 때나 스파이크를 일으키는 것을 방지하는 두 가지 메커니즘이 있는데, 스파이크를 일으키기 위한 역치와 시냅스의 억제가 그것이다.

스파이크에는 두 가지 기능이 있다. 세포체 근처에서 발생하는 스파이크는 의사결정이 이루어졌음을 나타낸다. 축삭을 따라 스파이크가 전해지는 것은 그 결정의 결과를 다른 뉴런들에게 알리는 것(소통하는)이다. 소통과 의사결정은 서로 다른 목적을 갖는다. 소통의 목적은 정보를 보존하고, 그것을 그대로 전달하는 것이다. 하지만 의사결정에 있어서는 어떤 정보를 폐기하는 것도 아주 중요하다. 양복점에서 코트를 입어 보지만 그것을 구입할지 말지를 결정하지 못하는 친구를 상상해보자. 그가 결정을 위해 받아들이는 정보는 여러 가지이다. 옷의 색깔, 맞춤, 디자이너 상표, 상점의 분위기 등등. 이 모든 정보들에 대해 친구가 말하는 것을 계속 듣고 있다가 어느 시점에 당신은 인내심을 잃고 이렇게 물을 것이다. '이 코트를 살 거야, 말 거야?' 결국 중요한 것은 그 여러 가지 이유들이 아니라 최종 결정인 것이다.

마찬가지로, 다른 뉴런에서 전해지는 스파이크는 어떤 뉴런의 투표

---

* 여기 선별적인 스파이크 일으키기의 중요성에 관해 생각해보는 또 다른 방식이 있다. 자연은 전선 간의 혼선(교차작용)을 방지하기 위해 애를 썼다. 그런데 신호들이 어차피 각 뉴런에서 수렴과 분기에 의해 뒤섞인다면 왜 이런 노력을 하는 걸까? 그 대답은 뉴런들이 스파이크를 일으키는 데 자주 실패하기 때문에 결국 선별성이 보존된다는 것이다.

집계 결과가 역치를 넘었다는 것을 나타낸다. 그러나 '조언자'들의 개별적 투표에 대한 상세한 내용을 전달하지는 않는다. 따라서 뉴런들은 정보를 전송하지만 많은 정보를 버리기도 한다. (이는 나의 아버지가 자랑스럽게 하시는 말씀을 떠올리게 한다. "내 지혜가 어디에 있는지 아느냐. 그건 잊어버리기를 잘하는 데 있단다.") 전신 네트워크보다 뇌가 훨씬 복잡한 이유는 여기에 있다. 뉴런들은 단순히 소통만 하는 것이 아니라 **계산**을 한다고 말하는 것이 적절할 것이다. 우리는 계산이라는 개념에서 데스크탑이나 노트북 컴퓨터만을 떠올린다. 그러나 이들은 단지 계산장치의 한 종류일 뿐이다. 뇌는 비록 매우 다른 종류이기는 하지만* 또 다른 계산장치이다.

뇌를 컴퓨터와 비교하는 것은 매우 조심해야 하지만, 그들은 최소한 한 가지 중요한 측면에서 유사하다. 그 둘은 모두 자신의 구성요소들보다 더 '영리'하다. 가중투표 모델에 따르면 뉴런들은 지능을 필요로 하지 않으며 기본적인 기계가 할 수 있는 단순한 작업만을 한다.

뉴런들이 그렇게 단순하다면, 뇌는 어떻게 그렇게 정교할 수 있는 걸까? 글쎄, 사실 뉴런이 그렇게 단순하지 않을지도 모른다. 실제로 진짜 뉴런의 작용에는 투표 모델과 일치하지 않는 점이 어느 정도 있는 것으로 알려져 있다.** 그럼에도 불구하고, 하나의 뉴런에는 지능이나 의식

---

* 컴퓨터가 우리의 일상생활 곳곳에 스며들어 있기 때문에 우리는 그것들이 실제로 얼마나 이상한 것인지를 잊어버린다. 디지털 컴퓨터는 그 보편성(universality) 때문에 그 어떤 기계와도 다르다. 무한히 다재다능한 스위스 군용칼처럼, 컴퓨터는 올바른 소프트웨어만 갖추면 어떤 종류의 계산이든 수행할 수 있다. (이것은 보편적 튜링기계로 알려진 추상적 계산 모델에 대해 공식화된, 처치 튜링 명제에 대한 비공식적 설명이다. 보편적 튜링기계는 무한한 용량의 하드 디스크를 갖고 있는 현대의 디지털 컴퓨터와 유사한 어떤 것이다.) 이것은 마치 나 드라이버, 톱, 렌치, 드릴이 들어 있는 도구상자와는 매우 다르다. 이 도구들은 각기 다른 기능들을 위해 특화되어 있다. 뇌의 영역들은 특정한 기능을 위해 특화되어 있으므로, 뇌는 보편적 컴퓨터보다는 당신의 도구상자에 가깝다. 톱이나 망치의 구조가 목수일에서 각각의 기능과 밀접하게 연관되어 있듯이, 뇌 영역들의 구조도 각자의 기능과 밀접하게 연관되어 있을 개연성이 있다.

이 전혀 없는 반면 뉴런들의 네트워크에는 지능과 의식이 있다.

몇 세기 전이라면 이런 생각을 받아들이기 어려웠을 것이다. 그러나 이제는 멍청한 구성요소들의 조립품이 영리할 수 있다는 생각에 익숙해져 있다. 컴퓨터의 부품 중 어떤 것도 자기 힘으로 장기를 둘 수 없지만, 엄청나게 많은 부품들을 제대로 조립하면, 이 부품들은 집합적으로 작동하여 세계 챔피언을 물리칠 수도 있다. 마찬가지로, 당신을 영리하게 만드는 것은 수십억 개에 이르는 멍청한 뉴런들이 조직화된 작용이다. 신경과학의 가장 심오한 질문이 여기에 있다. 지각과 생각, 그리고 그밖에 정신의 눈부신 위업을 달성하기 위해 뉴런들은 과연 어떻게 조직화되는 걸까? 그 대답은 바로 커넥톰connectome에 있다.

** 가중투표 모델은 단지 실제의 뉴런과 비슷한 것에 불과하며, 실제 뉴런은 더욱 복잡할 것이다. Bullock et al.(2005)은 그러한 근사치의 부정확성을 간단하게 설명하고 있으며, Yuste(2010)은 수상돌기의 속성들에 대한 책 한 권 분량의 보고서이다.

4
밑바닥까지 모두 뉴런
CONNECTOME

스파이크와 분비. 정신이란 정말 뇌 안에서 일어나는 물리적 사건 이외에 아무것도 아니란 말인가? 신경과학자들은 이것을 당연하게 받아들이지만 내가 만나본 사람들의 대부분은 이런 생각에 반대한다. 신경과학의 신봉자들조차 나에게 뇌에 관한 질문을 퍼붓다가도 결국에는 정신은 궁극적으로 영혼과 같은 비물질적 실체에 의존한다는 믿음을 표현하는 경우가 많다.

나는 영혼에 대한 객관적이고 과학적인 증거를 하나도 알지 못한다. 사람들은 왜 영혼의 존재를 믿는 것일까? 종교가 유일한 이유라고 생각되지는 않는다. 종교적인 사람이든 아니든, 모든 사람은 자신은 지각하고 결정하고 행동하는 하나의 통일된 실체라고 느낀다. '**나**는 뱀을 보았다. 그리고 **나**는 도망쳤다'는 진술은 그러한 실체의 존재를 가정하고 있다. 당신이나 나는 '나는 하나'라고 주관적으로 느끼고 있다. 이와 반대로 신경과학은 정신의 통일성unity이란 엄청난 수의 뉴런들이 일으키는 스파이크와 분비를 은폐하는 환상에 불과하다고 주장한다. 여기에 들어 있는 자아 개념은 '나는 여럿'이라는 말로 요약될 수 있다.

어느 쪽이 궁극적 실제인가? 여러 개의 뉴런들인가, 혹은 하나의 영혼인가? 1695년에 독일의 철학가이자 수학자인 고트프리트 빌헬름 라이프니츠Gottfried Wilhelm Leibniz는 영혼을 위해 다음과 같이 주장했다.

게다가, 영혼이나 형상의 도움으로 우리 속에는 **나**라고 불리는 것에 상응하는 진정한 통일체가 존재한다. 어떤 식으로 조직되건 인공적 기계나 단순한 물질 덩어리 속에는 그러한 것이 생길 수 없다.

말년에 그는 이 논증을 한 걸음 더 밀고 나가서, 기계는 근본적으로 지각을 할 수 없다고 주장했다.

우리는 지각과 거기에 의존하는 것들이 형태figure와 운동motion이라는 **기계적인 원리로는 해명될 수 없음**을 인정할 수밖에 없다. 생각하고 감각하고 지각할 수 있는 기계를 상상해보자. 그런 기계는 뇌보다 훨씬 커서 방대한 풍차 같이 보일 것이다. 그런 가정으로 그 안에 들어가면, 거기에서 우리가 볼 수 있는 것은 서로를 밀고 당기는 부품들뿐이며, 지각을 설명할 수 있는 것은 전혀 없을 것이다.

라이프니츠는 단지 지각하고 생각하는 기계의 부품들을 관찰하는 것만을 상상할 수 있었다. 그가 이런 생각을 했던 것은 그런 기계가 결코 존재할 수 없다는 것을 주장하기 위해서였다. 만일 뇌를 신경 부품으로 구성된 기계로 간주한다면, 그의 상상은 글자 그대로 현실이 된 셈이다. 이제 신경과학자들은 살아서 움직이는 뇌 안에서 뉴런들이 일으키는 스파이크를 정기적으로 측정한다. (분비를 측정하는 기술은 아직 충분히 발전되어 있지 않다.)

이런 측정의 대상은 대부분 동물이지만, 가끔씩 인간의 뇌를 측정하기도 한다. 신경외과의인 이차크 프리드Itzhak Fried는 심각한 간질병을 가진 환자들을 수술하는데, 펜필드가 그랬던 것처럼 수술 이전에 전극을 사용하여 뇌의 지도를 그리고, 과학적 관찰도 한다.[1] (물론 이 과정은 항상 환자의 동의하에 이루어진다.) 신경과학자 크리스토프 코흐Christof Koch 및 다른 사람들과 함께 진행한 실험에서 프리드는 여러 환자들에게 여러 장의 사진을 보여주며 측두엽의 내측 부분medial part 혹은 MTL이라고 불리는 영역에서 일어나는 신경활동을 기록했다. ('Medial'은 '좌우반구를 나누는 면에 가까이 있는'이라는 뜻을 가지고 있다.) 그는 이런 실험을 통해 많은 뉴런들을 연구했는데, 그중에 하나가 유명하게 되었다. 프리드는 우연히 어떤 환자에게서 여배우 제니퍼 애니스톤Jennifer Aniston의 사진을 보여주었을 때, 여러 개의 스파이크를 일으키는 뉴런을 발견했다. 그 환자에게 다른 유명인사의 사진이나 일반인들의 사진 혹은 주요 지형이나 동물 등 기타 다른 사진을 보여주었을 때는 그 뉴런은 거의 또는 전혀 스파이크를 일으키지 않았다. 아름답기로 유명한 다른 배우인 줄리아 로버츠Julia Roberts의 사진*에도 아무런 반응을 일으키지 않았다.

기자들은 과학자들이 드디어 우리 뇌에서 쓸모없는 정보를 저장하는 뉴런이 있다는 것을 발견했다는 농담을 하면서 이 실험 결과에 대한 많은 기사를 쏟아냈다. "안젤리나 졸리Angelina Jolie는 브래드 피트Brad Pitt를

---

* 프리드의 실험은 인간을 대상으로 했다는 점에서 놀라운 것이었다. 만약 당신이 원숭이나 다른 동물들에 대해 유사한 실험을 했던 선행 연구자들의 연구에 익숙하다면, 그의 실험 결과는 그다지 놀랍지 않을 것이다. 예를 들어, Desimone et al.(1984)은 얼굴에 대해 선택적으로 반응하는 뉴런들에 대해 보고하고 있다.

얻었을지 모르지만, 자신의 이름을 딴 뉴런을 가진 사람은 제니퍼 애니스톤뿐이다"라며 빈정거리기도 했다. 제니퍼 애니스톤과 브래드 피트가 함께 찍은 사진을 보여주었을 때에는 그 뉴런에서 어떤 반응도 일어나지 않았다는 사실을 기자들은 신나게 보도했다.* (프리드와 그 동료들의 논문은 2005년에 발표되었으며, 같은 해에 이 스타 커플은 이혼했다.)

이제 농담은 그만하고 이 뉴런을 어떻게 설명해야 할지 생각해보자. 결론을 내리기 전에, 다른 뉴런도 연구되었다는 것을 알아야 한다. 줄리아 로버츠의 사진에만 스파이크를 일으키는 '줄리아 로버츠 뉴런'도 있었고, '할리 베리Halle Berry 뉴런', '코비 브라이언트Kobe Bryant 뉴런' 등도 있었다. 이런 발견을 바탕으로 우리는 과감하게 다음과 같은 이론을 생각해볼 수 있다. 당신이 아는 모든 유명인사에 대해 당신의 MTL에는 특정 유명인에 반응하여 스파이크를 일으키는 '유명인사 뉴런'**이 존재한다.

좀 더 대담하게 말하자면, 이것이 바로 지각이 작동하는 일반적 방식이라고 주장할 수도 있다. 그러나 이런 일반적 기능조차도 너무 복잡하여 한 개의 뉴런으로는 일어날 수 없다. 그 대신 이런 기능은 어떤 사람이나 대상을 감지하는 여러 특정 기능으로 나뉘고, 각각의 기능은 그에 대응하는 하나의 뉴런에서 수행된다. 뇌를 영화배우들의 자극적인 사진을 실으려는 잡지사에서 고용한 한 무리의 파파라치들에 비교할 수도

---

* 실제로 많지는 않았지만 (몇몇 개의) 스파이크가 있었다. 프리드와 그의 동료들은 한 사람에게서 애니스톤과 피트가 함께 있을 때에 선택적으로 (내가 향수에 젖어 말하고 있는 걸까?) 활성화되지만 애니스톤 혼자만으로는 활성화되지 않는 또 다른 뉴런 집단을 발견했다.
** 호레이스 발로우(Horace Barlow)는 한 유명한 논문에서 자신의 뇌에는 자신의 할머니가 있을 때에만 활성화되는 뉴런이 있다는 농담을 던지며, 이것을 지각의 '할머니 세포(grandmother cell)' 이론이라 불렀다 (Barlow 1972). 그러나 Gross(2002)는 '할머니 세포' 이론에 대한 공로를 제롬 레트빈(Jerome Lettvin)에게 돌리고 있다.

있다. 한 명의 사진사에게는 한 명의 유명인사가 할당된다. 한 사진사는 카메라를 가지고 제니퍼 애니스톤을 쫓아다니고, 또 한 사진사는 할리 베리를 전담하는 식이다. 그들의 활약으로 매주 어느 유명인사의 사진이 잡지에 실릴지가 결정되듯이 MTL 뉴런의 스파이크로 한 사람이 어느 유명인사를 지각하고 있는지가 결정된다.

이것으로 라이프니츠의 주장을 반박할 수 있을까? 우리는 지금 뇌 안을 들여다보면서 지각을 스파이크로 환원한 것 같이 보인다. 그러나 다시 한 번 생각해보자. 프리드의 실험은 흥미롭기는 하지만 여기에는 큰 제약이 있었다. 비교적 소수의 유명인사만을 대상으로 연구가 진행되었다는 점이다. 전체적으로 각 환자마다 10명에서 20명의 유명인사 사진만을 보여주었다. 따라서 다른 유명인사의 사진을 보여주었을 때, '제니퍼 애니스톤 뉴런'이 활성화되었으리라는 가능성을 배제할 수 없다.

그러므로 우리의 이론을 조금 수정하기로 하자. 우리의 원래 이론에서는 뉴런과 유명인사는 일대일로 대응한다고 가정했다. 그 대신에 각 뉴런은 단 한 명이 아니라 몇몇 일부 유명인사들에게만 낮은 비율small percentage로[*] 반응한다고 가정해보자. 그리고 각각의 유명인사도 단 하나의 뉴런이 아니라 일부 뉴런들을 활성화한다고 가정하자. 이 그룹에 속하는 뉴런들이 스파이크를 일으키는 것이 바로 그 유명인사를 지각했

---

[*] 실제로 이러한 '낮은 비율' 모델이 '유일(one and only one)' 모델에 비해 데이터에 더 잘 들어맞는다. 앞서 나는 한 명의 유명인에 반응하는 뉴런들을 강조했지만, 이것들은 실제로 소수에 불과하다. 이 실험에서 더욱 많은 뉴런들은 어느 유명인에게도 반응하지 않았으며, 더 적은 수의 일부 뉴런들은 두 명의 유명인에게 반응했다. 이런 결과가 '낮은 비율' 모델과 일관적인지 살펴보기 위해, 눈을 가린 채 다트를 던져서 유명인을 무작위로 추출하는 방법과 한번 비교해보자. 어떤 뉴런을 활성화하는 유명인을 찾는 것은 다트판을 맞히는 것과 유사하다. 두 사건 모두 확률이 낮다. 어느 다트도 다트판을 맞히지 못할 가능성이 매우 높다. 만약 당신이 운이 좋다면, 다트 하나는 맞힐 것이다. 두 개 또는 그 이상의 다트를 맞힐 가능성은 희박하다. 그럼에도 이 실험은 실제로 단 한 명의 유명인에게만 반응하는 뉴런의 존재를 배제할 수는 없다. 그러한 뉴런들을 확인하려면, 환자들에게 엄청난 양의 사진을 보여주는 것이 필수적이다.

음을 나타내는 뇌 속의 사건이다. (서로 다른 유명인사들에 의해 활성화되는 그룹들은 완전히는 아니지만 부분적으로 겹치는 것이 허용된다. 파파라치 군단의 각 사진사들이 한 명 이상의 유명인사를 담당하도록 할당되어 있고, 각 유명인사를 한 그룹의 사진사들이 쫓아다닌다고 생각하면 된다.)

당신은 지각이 너무 복잡해서 스파이크의 발생과 같은 단순한 작용으로 환원될 수 없다고 반박할지도 모른다. 그러나 한 **무리**population의 뉴런들이 일으키는 스파이크가 활동 패턴을 규정한다는 사실을 기억해보자. 그 무리에는 스파이크를 일으키는 뉴런도 있고, 스파이크를 일으키지 않는 뉴런도 있다. 가능한 패턴의 수[*]는 무궁무진하다. 모든 유명인사를 특별하게 나타내기에도 충분하며, 실제로 모든 가능한 지각을 나타내기에도 충분하다.

따라서 라이프니츠는 틀렸다.[**] 비록 일반적으로 신경과학자들은 한 번에 하나의 뉴런에서 나오는 스파이크를 측정할 수밖에 없지만, 신경 기계장치의 일부분을 관찰하면 지각에 관하여 많은 것을 알 수 있다. 수십 개의 뉴런이 일으키는 스파이크를 동시에 측정한 사람도 있지만, 뇌 속에 있는 엄청난 수의 뉴런에 비하면 이것 또한 극히 일부에 불과하다. 지금까지의 실험을 기반으로 다음과 같이 추론할 수 있다. 만일 내가 당신의 뉴런 **전체**의 활동을 관찰할 수 있다면, 나는 당신이 무엇을 지각하며 어떤 생각하고 있는지를 해독해낼 수 있을 것이다. 이런 종류의 정신

---

[*] 여기서는 가장 단순하게 활성화 패턴을 이진법적으로 정의했다.: 모든 뉴런은 활성 상태이거나 비활성 상태라는 것이다. 활성화된 뉴런들이 스파이크 발생률 포함하도록 다시 정의할 수 있다. 그럴 경우, 활성화 패턴은 더 많은 정보를 포함할 것이다.

[**] 철학을 잘 아는 사람들은 라이프니츠는 지각이 아니라 지각에 동반되는 주관적 느낌인 감각질(qualia)을 언급한 것이라 말하면서 내 주장에 동의하지 않을 수 있다. 달리 말해서, 그는 실제로 의식에 대해 언급하고 있으며, 스파이크의 측정은 그것에 관해 많은 것을 알려주지 않는다는 것이다.

읽기*에는 '신경 코드neural code'가 필요한데, 이런 코드 체계는 방대한 분량의 사전이라고 생각할 수 있다. 이 사전의 각 항목에는 한 개의 뚜렷한 지각과 그에 대응하는 신경활동의 패턴이 기록된다. 원칙적으로 우리는 수없이 많은 자극을 통해 발생하는 활동 패턴을 기록함으로써 이러한 사전을 펴낼 수 있을 것이다.

물리학자, 수학자, 천문학자, 연금술사, 신학자이자 영국 조폐국의 국장을 지낸 아이작 뉴턴Sir Isaac Newton은 평생 동안 여러 직업에 종사했다. 그는 물리학과 공학에 핵심적인 수학 분야인 미적분학을 고안했다. 그는 유명한 세 가지 운동법칙과 중력의 보편법칙을 적용하여 어떻게 행성들이 태양 주위의 궤도를 도는지를 설명했다. 그는 빛이 입자로 이루어져 있다는 이론을 세우고, 그 입자들이 어떻게 물이나 유리에서 굴절되어 무지개 색깔을 만들어내는지를 설명하는 수학적 광학법칙을 발견했다. 뉴턴은 생전에 이미 탁월한 천재로 인정을 받았다. 1727년 그가 사망했을 때, 영국의 시인 알렉산더 포프Alexander Pope는 다음과 같은 비문을 지었다. "자연과 자연의 법칙은 밤 속에 숨겨져 있었다. / 신께서

---

* 정신 읽기를 위해 fMRI 또한 사용될 수 있을까? 최근에 일부 연구자들은 사람이 언제 거짓말을 하는지를 탐지하기 위해 fMRI가 사용될 수 있다고 주장했다(Langleben et al. 2002; Kozel et al. 2005). 범죄 소추나 고용 면접에서 사용되는 표준적인 '거짓말 탐지기'는 폴리그래프(polygraph)이다. 이것은 보통 거짓말하는 행위에 동반되는 숨겨진 감정적 스트레스를 드러내는 것으로 간주되는 혈압, 맥박, 호흡, 피부 전도를 측정한다. 그러나 폴리그래프의 정확성에 대해서는 회의적 반응이 광범위하게 존재한다. 그리고 fMRI는 뇌의 활성도를 측정하여 심리적 상태를 직접 평가하므로, 더욱 정확할 가능성이 잠재적으로 존재한다. 실험실에서 이루어진 실험에서, 일부 연구자들은 거짓말을 하는 피험자와 진실을 말하는 피험자를 구분하기 위해 뇌 스캐너를 이용함으로써 좋은 결과를 얻었다고 주장한 바 있다. 이 연구에 기초하여, 기업가들은 fMRI 거짓말 탐지의 상업화를 모색하는 두 회사를 새로 설립했다. fMRI가 폴리그래프에 비하여 우수한 것으로 판명될지는 아직 분명하지 않지만, 이는 현재의 논의와는 무관하다. 요점은 fMRI 연구자들이 단지 초보적 수준의 정신 읽기만을 기대하고 있다는 것이다. 그들 중 누구도 fMRI를 이용하여 제니퍼 애니스톤의 지각과 같은 고도의 특정한 심리적 속성을 읽어내는 것을 꿈꾸지 않는다.

'뉴턴이 생겨라'고 말씀하시자, 모든 것이 밝아졌다." 2005년에 영국의 왕립학회가 실시한 여론조사에서 아이작 뉴턴은 알베르트 아인슈타인보다 더 많은 표를 받았다.

우리는 이러한 비교와 노벨상과 같은 명예로운 상으로 이 고독한 천재를 칭송한다. 그러나 또 다른 과학적 시각에서는 뉴턴 개인의 공을 그리 높게 평가하지는 않는다. 뉴턴 자신도 지적으로 다른 이들의 업적에 빚지고 있다는 사실을 인정하며 다음과 같이 말했다. "내가 더 멀리 볼 수 있었다면, 그것은 단지 거인들의 어깨 위에 서서 보았기 때문이다."[*]

뉴턴은 정말로 특별한 인물이었을까? 혹은 단지 적절한 시기에 적절한 장소에서 살아가면서 이런저런 것들을 종합해낸 것에 불과한 걸까? 미적분은 비슷한 시기에 라이프니츠에 의해서도 독자적으로 발명되었다. 동시 발견에 대한 이와 비슷한 종류의 이야기는 과학 역사에서 흔히 찾아볼 수 있다. 그 이유는 새로운 생각은 옛 생각들을 새로운 방식으로 결합함으로써 만들어지기 때문이다. 역사의 어떠한 순간에서든, 한 명혹은 그 이상의 과학자가 올바른 결합을 찾아낼 가능성이 잠재되어 있다. 어떠한 생각도 완전하게 새로울 수는 없으므로 어떠한 과학자도 진정으로 특별할 수 없다. 어느 개인의 업적도 그가 사용한 다른 이들의 생각을 모르고는 이해할 수 없다.

뉴런은 이런 점에서 과학자들과 유사하다. 만약 어떤 뉴런이 다른 유명인사가 아닌 제니퍼 애니스톤에 대한 반응으로 스파이크를 일으켰다면 그 뉴런의 기능은 제니퍼를 탐지하는 것이라 생각할 수 있다. 그러나

---

[*] 최근에 일부 수정주의적 역사학자들은 이 표현의 출처가 꼽추였던 경쟁 상대인 과학자 로버트 후크(Robert Hooke)에게 보낸 편지이기 때문에, 이 말을 겸손이 아니라 풍자로 해석한다. 뉴턴과 후크는 나중에 광학에 대한 논쟁 때문에 적대적이 된다.

이 뉴런은 여러 다른 뉴런들의 네트워크 속에 포함되어 있다. 따라서 오직 이 뉴런만을 제니퍼 애니스톤을 감지하는 고독한 천재로 생각하는 것은 잘못일 것이다. 뉴턴의 말은 뉴턴 자신보다는 뉴런에 더 적합한 진리처럼 들린다. "만일 어떤 뉴런이 더 멀리 본다면, 이는 그것이 다른 뉴런들의 어깨 위에 서 있기 때문이다." 한 뉴런이 어떻게 제니퍼 애니스톤을 감지하는지를 이해하기 위해서는 그 뉴런이 다른 뉴런들에서 어떤 정보를 받아들이는지를 알 필요가 있다.

앞에서 설명한 가중투표 모델은 위의 현상에 대한 기본적인 이론을 제공한다. 제니퍼 애니스톤을 더 단순한 부분요소들의 결합으로 설명해 보자. 그녀는 푸른 눈, 금발, 각진 턱 등을 가지고 있다. (이 글을 쓰고 있는 순간에는 일단 그렇다.) 이 목록이 충분히 길어지면, 다른 유명인이 아닌 제니퍼 애니스톤을 유일하게 묘사할 수 있을 것이다. 이제 뇌가 이 목록에 있는 각각의 자극을 감지하는 뉴런들을 포함하고 있다고 가정하자. '푸른 눈 뉴런', '금발 뉴런', '모난 턱 뉴런'이 있다. 이제 중심 가설은 다음과 같다. '제니퍼 애니스톤 뉴런'은 이 모든 '부분 뉴런들'로부터 흥분성 시냅스를 받는다. '제니퍼 애니스톤 뉴런'의 역치는 매우 높아서 모든 부분 뉴런들이 스파이크를 일으켜야만 제니퍼 애니스톤에 대한 반응으로 만장일치가 이루어져서 스파이크를 일으킬 수 있다. 다시 말해 제니퍼 애니스톤의 각각의 부분들을 감지하는 뉴런들의 결합으로 제니퍼 애니스톤을 감지하는 뉴런이 스파이크를 일으킨다는 것이다.

이는 합리적인 설명인 것 같지만 더 많은 질문을 불러일으킨다. '푸른 눈 뉴런'은 어떻게 푸른 눈을 감지하며, '금발 뉴런'은 어떻게 금발을 감지하는가 같은 질문들이다. 물리학자 스티븐 호킹Stephen Hawking의 《시간의 역사A Brief History of Time》에 나오는 재미있는 이야기가 생각난다.

저명한 과학자가 …… 언젠가 천문학에 대한 대중강연을 했다. 그는 어떻게 지구가 태양 주위의 궤도를 돌며, 태양도 어떻게 은하계라 불리는 광대한 별들의 중심점 주위를 도는지를 설명했다. 강연이 끝나자, 강의실 뒤편에 있던 작고 늙은 부인이 일어나서 말했다. "당신이 지금 말한 것은 헛소리입니다. 실제로 세계는 거대한 거북이의 등 위에 얹혀 있는 평평한 판입니다." 그 과학자는 잘난 척하는 미소를 지으며 물었다. "거북이 밑에는 무엇이 있습니까?" "젊은이, 당신은 정말 영리하군요. 정말 영리해."라고 늙은 부인이 말했다. "그러나 밑바닥까지 전부 거북이로 구성됩니다."

마찬가지로 내 대답도 '밑바닥까지 모두 다 뉴런으로 이루어져 있다'는 것이다. 푸른 눈은 까만 동공, 푸른 홍채, 홍채를 둘러싼 흰자위 등의 더 단순한 부분들의 결합이다. 그러므로 '푸른 눈 뉴런'은 푸른 눈의 각각의 부분을 감지하는 뉴런들의 연결로 이루어져 있을 수 있다. 늙은 부인과 달리, 나는 무한히 내려가는 문제를 피할 수 있다. 각 자극을 더 단순한 부분들로 계속 분리하면, 마침내 더 이상 분할할 수 없는 아주 작은 반점 같은 빛이라는 자극에 도달할 것이다. 눈에 있는 각각의 광수용체는 망막 상의 특정 위치에 있는 아주 작은 광선의 반점을 감지한다. 여기에는 신비로울 것이 없다. 광수용체는 일반적인 디지털 카메라에 장착된 여러 개의 작은 센서들과 유사하다. 이 센서들은 각기 한 이미지 픽셀에서 나오는 빛을 감지한다.

이런 지각 이론에 따르면, 뉴런들은 위계적으로 조직된 네트워크로 연결되어 있다. 이 네트워크의 가장 아래 단계에 있는 뉴런들은 광선의 반점 같은 단순한 자극을 감지한다. 위계구조를 따라 올라갈수록, 뉴런들은 점점 더 복잡한 자극들을 감지한다. 위계구조의 꼭대기에 있는 뉴런들은 제니퍼 애니스톤과 같은 가장 복잡한 자극을 감지한다. 그리고 네트워크의 배선은 다음과 같은 규칙을 따른다.

전체를 감지하는 뉴런은 부분들을 감지하는 뉴런의 흥분성 시냅스를 받아들인다.[*]

1980년에 일본 컴퓨터 과학자 쿠니히코 후쿠시마Kunihiko Fukushima는 시 지각visual perception에 대한 인공신경 네트워크를 시뮬레이션했다. 이 네트워크는 위의 규칙에 따라 위계적 조직으로 배선되었는데,[**] 그의 네오코그니트론Neocognitron 네트워크는 1950년대 미국의 컴퓨터 과학자 프랭크 로젠블랫Frank Rosenblatt이 도입한 **퍼셉트론**perceptron[***]을 더 발전시킨 것이었다. 퍼셉트론은 그림 19와 같이 다른 뉴런들의 '어깨 위에서 있는' 여러 층layer의 뉴런들을 포함하고 있다. 각 뉴런은 바로 그 아래층의 뉴런에서 오는 연결만을 받아들인다.[****]

네오코그니트론은 손으로 쓴 글자를 인식했다. 그리고 여기서 더 발전된 모델은 사진에 있는 물건까지도 인식하는 뛰어난 시각 기능을 보

---

[*] 독자들이 이 규칙에서 무엇인가 빠져 있음을 알아차렸는지 모르겠다. 억제성 뉴런이 그것이다. 대부분의 피질 뉴런은 흥분성이다. 그러나 억제성 뉴런 또한 분명 어떤 기능을 가지고 있으므로, 그것을 무시해서는 안 된다. '제니퍼 애니스톤' 뉴런이 제니퍼가 브래드 피트와 함께 있는 사진을 보고 스파이크를 일으키지 않았음을 떠올려보자. 우리가 가정한 네트워크에 브래드를 탐지하는 뉴런으로부터 오는 억제성 시냅스를 추가함으로써 이런 행동을 모방할 수 있다. 만약 이 시냅스가 충분히 강력하다면 이 억제성 시냅스의 투표는 제니퍼의 부분들을 감지하는 뉴런들의 투표들을 무효화할 것이며, 만일 브래드가 현존한다면 제니퍼 뉴런을 침묵하게 만들 것이다. 보다 일반적으로, 억제성 시냅스는 비슷한 자극들을 미세하게 구분하는 것에 도움이 된다고 이론화되었다. 흥분성 시냅스는 어떤 뉴런이 특정 유형의 코에 대해 스파이크를 일으키게 할 수 있는 반면에, 억제성 시냅스는 그것이 유사한 유형의 코들에 대해 스파이크를 일으키지 않을 수 있게 해준다.

[**] 실제로 그의 네트워크에서 이 부분-전체 규칙은 한 층씩 걸러서 층들을 연결하는 데에만 이용되었다. 다른 절반은 다른 규칙으로 연결되었다.: 한 뉴런은 같은 자극의 약간씩 다른 버전을 감지하는 뉴런들의 흥분성 시냅스를 받아들인다. 이 뉴런은 낮은 스파이크 역치를 가지며, 따라서 그 자극의 어떠한 변형에도 반응한다. 이 규칙은 지각의 또 다른 중요한 성질을 달성하는 데 필요하다.: 자극들 간의 '무관한(irrelevant)' 차이에 대한 불변성이다.

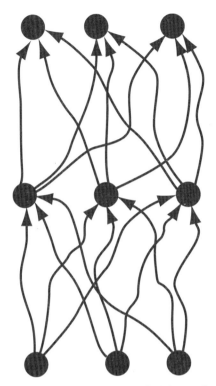

| 그림 19 | 신경 네트워크에 대한 다층 퍼셉트론 모델

*** 어떤 사람들은 시냅스의 단일 층위만을 지칭하기 위하여 퍼셉트론을 사용하며, 보다 일반적인 경우에 대해서는 다층 퍼셉트론이라 특정한다. 그러나 로젠블랫은 원래 다층 네트워크를 가리키기 위해 이 용어를 사용했고, 나는 여기서 그 용법을 따르고 있다.

**** 퍼셉트론은 뇌의 알려져 있는 연결성과 일관되지 않은 특징을 가지고 있다. 그것의 경로는 오직 위계의 아래에서 위로만 향한다. 실제의 뇌에는 반대 방향으로 가는 연결들 또한 존재한다. 지각에서 이러한 하향(top-down) 경로들의 역할은 무엇이며, 그것들은 어떻게 조직되어 있을까? McClelland and Rumelhart(1981)의 '상호작용적 활성화(interactive activation)' 모델에서 글자 감지 뉴런은 글자의 획을 감지하는 뉴런들로부터 상향(bottom-up) 연결을 받아들인다. (그러한 부분–전체 연결들은 본문에서 논의되었다.) 그러나 이것은 C_T의 중간 글자가 E나 I가 아니라 A, O, U일 가능성이 크다는 것을 당신이 어떻게 아는가라는 단순한 현상을 설명하는 데 실패한다. 상호작용적 활성화 모델에서, 글자 감지 뉴런은 그 글자를 포함한 단어를 감지하는 뉴런들로부터 하향(top-down) 연결 또한 받아들인다. 위의 예에서 A 감지기는 CAT 감지기로부터 연결을 받아들인다고 가정된다. 보다 일반적으로, 우리는 "전체를 감지하는 뉴런은 그 부분들을 감지하는 뉴런들에게 흥분성 시냅스를 내보낸다"는 규칙을 상상할 수 있다. 이는 뉴런으로 하여금 상향과 하향적 연결들에서 받아들인 증거들을 저울질하여 자극을 감지할 수 있도록 해준다.

여준다. 이런 인공신경 네트워크는 여전히 인간보다 더 많은 실수를 하지만, 그 능력은 매년 향상되고 있다. 이런 공학적 성공은 뇌에 대한 **위계적 퍼셉트론** 모델의 타당성을 보여준다.

앞에서 말한 배선 규칙에서, 우리는 뉴런이 위계에 따라 그 아래에 있는 뉴런에서 어떻게 시냅스를 받아들이는지에 초점을 두었다. 하지만 이와 반대로 보는 방향을 바꾸어 아래 뉴런이 어떻게 위계적으로 상위에 있는 뉴런에게 시냅스를 보내는지를 규정할 수도 있다.

부분을 감지하는 뉴런은 그 전체를 감지하는 뉴런에게 흥분성 시냅스를 보낸다.

위에서 공식화된 두 규칙은 동등하다고 볼 수 있다. 왜냐하면 위계구조의 중간 정도에 위치한 어떤 뉴런이 감지하는 자극은 여러 개의 단순한 부분을 포함하는 전체로 간주될 수도 있고 그보다 복잡한 전체에 속하는 한 개의 부분으로 간주될 수도 있기 때문이다. 다시 한 번 푸른 눈의 예를 들어보자. 우리는 그것을 동공, 홍채, 흰자위 등의 더욱 단순한 부분들을 포함하는 전체로도 볼 수도 있고, 제니퍼 애니스톤, 레오나르도 디카프리오Leonardo DiCaprio처럼 푸른 눈을 가진 다른 여러 사람들과 같은 더 복잡한 전체의 부분으로 볼 수도 있을 것이다.*

따라서 뉴런의 기능은 단순히 받아들이는input 연결뿐 아니라 나가는 output 연결에도 의존한다. 이러한 대조를 분명하게 설명하기 위해, 뉴턴

---

* 위계적 표상이 평면적 표상보다 더욱 효율적인 이유는 여러 전체가 하나의 같은 부분을 공유할 수 있기 때문이다.

과 라이프니츠의 이야기와 관련된 가상의 상황을 생각해보자. 어떤 무명의 수학자가 뉴턴과 라이프니츠보다 50년 전에 미적분학을 발명했음을 증명하는 고문서가 발굴되었다는 뉴스가 보도되었다고 하자. 다른 사람들의 주목을 끄는 데 실패한 그 수학자는 이름 없이 죽었고, 그가 발명한 미적분학도 함께 무덤에 묻혔다. 이제 우리는 역사책을 다시 써서 뉴턴과 라이프니츠 대신 이 무명학자의 공로를 인정해야 할까?

이러한 수정주의를 받아들이는 것이 더 공평할지는 모르겠지만, 이는 과학의 사회적 측면을 고려하지 않은 것이다. 앞에서 나는 발견이란 어떤 고독한 천재가 이뤄낸 혼자만의 창조가 아니며, 모든 새로운 생각은 다른 사람들에게서 빌려온 옛 생각에 의존한다고 주장했다. 같은 맥락에서, 발견이라는 것은 새로운 생각을 창조하는 것뿐만이 아니라 다른 사람들이 그것을 인정하도록 설득하는 것도 포함한다고 주장할 수 있다. 발견에 대한 온전한 공을 인정받으려면 사람들에게 영향을 주어야 한다.

역사에서 뉴턴의 위치는 그가 이전 사람들의 생각을 어떻게 이용했고, 이후 사람들의 생각에 어떤 영향을 미쳤는지에 의해 결정된다. 이와 마찬가지로 나는 다음과 같은 제안을 하고 싶다.

뉴런의 기능은 주로 다른 뉴런과의 연결에 의해 규정된다.

이 상징구mantra는 내가 **연결주의**connectionism*라고 부르는 학설을 정의

---

* 연결주의라는 용어는 보다 일반적으로 가중투표 뉴런들의 모형 네트워크를 이용하여 인간의 마음을 설명하고자 했던 1980년대의 인지과학의 움직임을 가리킨다. 심리철학자들은 마음을 일종의 디지털 컴퓨터로 이해하는 '기호적(symbolic)'인 접근에 비교한 연결주의 입장의 장점들에 대해 논의한다. 이 뜨거웠던 논쟁이 이제 역사 속으로 물러나고 있으므로, 이 단어는 내가 정의했던 넓은 의미, 즉 19세기부터 시작된 지적인 전통이자 여전히 진화하고 있는 원래의 의미로 사용하는 것이 더 나을 것이다.

해준다. 이는 받아들이는input 연결과 나가는output 연결 모두를 포괄한다. 뉴런이 무엇을 하는지를 알려면, 그 입력을 보아야 한다. 그 뉴런의 영향을 이해하려면, 그의 출력을 보아야 한다. 앞에서 지각을 설명하기 위해 언급한 부분－전체 배선 규칙의 두 공식에는 이 두 가지 관점이 모두 들어 있다. 연결주의 이론을 계속 살펴보다보면, 우리는 시각 이외에도 기억이나 다른 정신 현상에 대한 타당성 있는 설명들을 접하게 될 것이다.

이는 아주 흥미롭게 들리기는 하지만, 실제 뇌 속에 이 이론들을 뒷받침할 분명한 증거가 있을까? 안타깝게도 이를 확인할 수 있는 올바른 실험방법은 아직 개발되지 않았다. 지각의 경우, 신경과학자들은 제니퍼 애니스톤 뉴런에 연결된 뉴런들을 발견했지만, 그 뉴런들이 실제로 제니퍼 애니스톤의 부분적인 특징들을 감지하는지를 확인할 수 있는 단계에 들어서지 못했다. 좀 더 일반적으로 말해서, 만일 연결주의를 정의하는 앞의 상징구를 인정한다면 신경연결에 대한 지도를 그리지 않고서는, 즉 그 연결을 모르고는, 진정으로 뇌를 이해할 수 없다는 결론에 이르게 된다.

그런데 뇌에 놀라운 점이 하나 있다. 텔레비전이나 잡지에서 제니퍼 애니스톤을 보지 않고도 그녀에 관해 생각할 수 있다는 것이다. 제니퍼에 대해 생각하는 것은 그녀를 **지각**하는 것을 필요로 하지 않는다. 당신이 지금 2003년에 개봉된 영화 〈브루스 올마이티Bruce Almighty〉에서의 그녀의 연기를 떠올리거나 그녀를 만나는 것을 상상하거나 그녀의 최근 애정사에 관심을 가지면서 그녀에 대한 생각을 하고 있다. 그렇다면 이런 생각도 지각처럼 스파이크와 분비로 환원될 수 있을까?

이에 대한 단서를 찾기 위해 이차크 프리드와 그 동료들의 실험으로 돌아가보자. 그들이 발견한 '할리 베리 뉴런'은 여배우 할리 베리의 이미지로 활성화되는데, 이는 곧 그 뉴런이 그녀를 지각하는 데 어떤 역할을 한다는 것을 의미한다. 그러나 이 뉴런은 '할리 베리'라는 글자로도 활성화된다. 이는 이 뉴런이 그녀를 생각하는 데도 관여한다는 것을 나타낸다. 따라서 '할리 베리 뉴런'은 지각과 생각이라는 현상* 모두에서 발생할 수 있는 할리 베리라는 추상적 **관념**idea을 표상하는 것처럼 보인다.

두 현상은 모두 연상 또는 연관성association이라는 보다 일반적인 작용의 사례라 할 수 있다. 지각은 관념과 자극이 결합되어 나타나는 현상인 반면, 생각은 관념과 또 다른 관념의 연관으로 나타난다. 당신이 어떤 기억을 떠올릴 때에 지각과 생각은 어떻게 함께 작동할까? 시나리오 하나를 생각해보자.

맑은 봄날 아침이다. 당신은 거리를 따라 직장으로 걸어가고 있다. 당신은 꽃향기를 맡는다. 몇 걸음 지나지 않아서 그 향기가 당신을 사로잡는다. 당신은 길가에 목련이 피어 있다는 것을 아직 의식하지 못하고 있다. 그런데 갑자기 당신의 의식은 아주 먼 곳으로 가버린다. 당신의 첫사랑이 살던 빨간 벽돌집 밖에 목련나무가 있었다는 것이 떠오른다. 그는 당신을 두 팔로 안고 있다. 당신은 부끄럽고 어색함을 느낀다. 머리 위로 비행기가 날아가고 있고, 그의 어머니가 레몬에이드를 마시라며 부르는 소리가 들려온다.

회상이 끝날 무렵 당신은 목련, 빨간 벽돌집, 당신의 첫사랑, 비행기

---

* 일부는 MTL을 앞에서 가설화되었던 위계구조의 최상위로 간주한다. (그림 51을 보라.) 맨 아래에는 전적으로 지각에만 전념하는 피질 구역들이 있다. 생각은 이 구역들의 뉴런들을 활성화하지 않거나, 최소한 그다지 많이 활성화되지는 않는다. 지각과 생각을 가르는 경계는 뚜렷해 보이지는 않는다. 대신에 생각에 있어서 뉴런들의 개입은 위계가 올라갈수록 점진적으로 증가하는 식으로 등급화되어 있는 것처럼 보인다.

등 여러 관념들을 생각하고 있다. 당신의 뇌에 이 모든 관념들에 각각 대응하는 뉴런이 있다고 가정해보자. '목련 뉴런', '빨간 벽돌집 뉴런', '첫사랑 뉴런', '비행기 뉴런.' 이 모든 뉴런들이 당신이 첫 키스를 회상하는 동안에 스파이크를 일으킬 것이다.

어떻게 목련의 향기만으로 이 모든 스파이크가 일어날 수 있을까? '목련 뉴런'의 스파이크는 당신의 코에서 오는 신경 경로에 의해 일어났다. 그런데 하늘에 비행기가 없는데도 '비행기 뉴런'이 활성화되었고, 빨간 벽돌집이 없는데도 '빨간 벽돌집 뉴런'이 활성화되었다. 이를 어떻게 설명할 수 있을까? 이것은 지각이 아니라 생각의 결과임에 틀림없다.

이런 모든 활동을 설명하기 위해, 흥분성 뉴런들이 시냅스로 상호 연결되어 **세포군**cell assembly이라는 구조를 형성한다는 가설을 세워보자. 그림 20은 세포군을 간단하게 도식화한 것이다. 하지만 실제 뇌에는 여러 뉴런들이 서로 연결되어 있는 더 큰 세포군이 있다고 상상할 수 있다. 이 그림에는 다른 뉴런들과 오가는 연결이 빠져 있다. 그 연결들은 감각기관으로부터 신호를 가져오고 근육으로 신호를 내보낸다. 하지만 여기서는 생각과 관련된 연상을 나타내는 세포군 내의 연결에만 초점을 맞춰보자.

이 연결들이 어떻게 당신의 첫 키스에 대한 회상을 일으키는 걸까? 이 뉴런들은 흥분성이라고 가정했으므로 '목련 뉴런'의 활성화는 세포군 내의 다른 뉴런들을 자극하여 활성화한다. 이것은 마치 화재가 난 숲에서 불이 나무에서 나무로 옮겨가는 것이나, 갑작스런 홍수로 사막 아래 협곡으로 밀려 흐르는 물줄기와 같다. 이와 유사한 형태로 신경 활동이 확산되면서 첫 키스의 기억과 연관된 모든 관념들이 목련 향기에 의해 촉발된다. 기억이 떠오른다는 것은 경이로운 일이지만, 우리는 누구

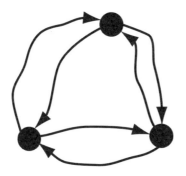

| 그림 20 | 세포군(cell assembly)

나 기억하려 해도 떠오르지 않는 경험을 하며 그에 대해 불만을 토로한다. 실제로 지각에는 노력이 필요 없지만, 기억을 떠올리는 데에는 종종 어려움을 느끼곤 한다. 만일 뇌가 한 개의 세포에 단 하나의 기억만 저장한다면, 아마 기억도 매우 쉬운 일이 될 것이다. 그러나 여러 기억을 저장하는 데는 여러 세포군이 필요하다. 세포군들이 서로 완전히 독립된 섬과 같다면, 세포군이 여러 개라고 해서 문제가 될 것은 없다. 그러나 세포군은 서로 중첩될 필요가 있으며, 이 때문에 기억이 떠오르지 않을 가능성이 발생한다.

첫 키스의 기억 중에는 연인의 어머니가 당신에게 레몬에이드를 마시러 오라고 불렀던 기억도 포함되어 있다. 그런데 당신에게 레몬에이드와 관련된 다른 기억이 있다고 해보자. 더운 여름날 당신은 집 앞에 앉아서 지나가는 사람들에게 차가운 레몬에이드를 종이컵에 담아 팔았다. 이 기억은 첫 키스의 기억과는 다르지만, 이 두 기억 사이에는 레몬에이드라는 공통점이 있다. 따라서 이 두 세포군은 그림 21과 같이 '레몬에이드 뉴런'에서 중첩된다. (쌍화살표는 양방향으로 오가는 시냅스를 나타낸다.) 중첩이 가져오는 위험은 명백하다. 하나의 세포군이 활성화되면, 중첩

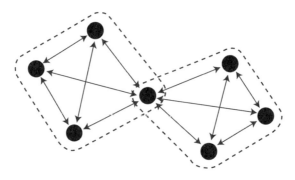

| 그림 21 | 중첩된 세포군

　되는 뉴런을 가진 다른 세포군도 활성화될 수 있다. 즉 목련 향기가 두 기억을 뒤죽박죽으로 활성화하여, 첫 키스의 기억과 레몬에이드를 판매했던 기억을 혼란스럽게 결합할 수가 있다. 이러한 시나리오가 정확하지 않은 기억이 떠오르는 원인에 대한 좀 더 일반적 설명일 수 있다.

　이처럼 뉴런이 무차별적으로 활성화되는 것을 막기 위해 뇌는 각각의 뉴런에게 높은 활성화 역치를 할당할 수 있다. 조언자들로부터 최소한 두 개의 '예'라는 투표를 받지 않으면 활성화되지 않는 뉴런이 있다고 가정하자. 그림 21의세포군은 오직 하나의 뉴런에서만 중첩되므로, 활성화는 한 뉴런에서 다른 뉴런으로 퍼져나가지 않을 것이다.

　그러나 높은 역치를 통한 방어 메커니즘에는 또한 그에 따르는 위험이 있다. 이는 기억을 떠올리는 기준을 더 엄격하게 만든다. 그러므로 전체 기억을 떠올리려면 어떤 세포군에 속해 있는 뉴런을 최소 두 개는 활성화해야 한다. 목련 향기 하나만으로는 당신의 첫 키스의 기억을 떠올리는 데 충분하지 않다. 머리 위를 지나가는 비행기 소리나 첫 키스와 관련된 다른 자극이 동반되어야만 한다.

　뇌가 기억을 떠올리는 데 이 정도로 까다로워야 하는지는 자세한 상황에 따라 다르다. 그러나 때로는 활성화가 퍼져나가야 함에도 불구하고 퍼져나가지 않을 수도 있다는 점만은 분명하다. 이는 전혀 떠오르지 않는 기억에 관한 또 다른 흔한 불만의 원인일 수 있다. (생각이 날 듯하면서도 나지 않는 애타는 느낌이 아니라 그런 느낌을 가져오는, 기억이 나지 않는 원인을 설명할 수 있을 것이다.) 그러므로 나는 뇌의 기억체계가 칼날 위에서 균형을 잡고 있다고 생각한다. 활성화가 지나치게 퍼져나가면 기억에 혼돈이 생기고, 활성화가 너무 적게 확산되면 전혀 기억이 나지 않는다. 이것이 우리가 아무리 원하더라도 기억이 결코 완전할 수 없는[*] 한 가지 이유일 것이다.

세포군 사이의 중첩된 정도는 얼마나 많은 세포군을 네트워크 속에 집어넣으려 하는지에 따라 달라진다. 분명한 사실은 우리가 너무 많은 기억을 저장하고자 한다면 중첩된 부분은 커진다는 것이다. 어느 지점에 이르면 회상을 가능하게 하는 동시에 혼동을 방지할 수 있는 역치값이 없어질 것이다. 이런 재앙과도 같은 정보의 과부하가 기억을 저장하는 네트워크의 최대 능력을 설정하게 된다.[**]

세포군 내에서 모든 뉴런은 다른 모든 뉴런들과 시냅스를 만든다. 따

---

[*] 일부 이론가들에 따르면, 억제성 뉴런들은 활성화의 확산을 통제함에 있어서 뉴런의 역치보다 더 정확할 수 있으며, 더 뛰어난 기억의 회상을 가능하게 한다.

[**] 억제성 뉴런들은 활성화의 확산을 늦춤으로써 기억 능력을 증가시킨다. 억제성 뉴런들의 연결은 이런 진정시키는 기능을 수행하는 데에 많은 조직화를 필요로 하지 않는다. 만약에 각 억제성 뉴런이 무작위로 선택된 흥분성 뉴런에서 시냅스를 받아들인다면, 이 '성난 군중(mob)'이 활성화될 때마다 활성화될 것이다. 만약 그 억제성 뉴런이 무작위로 선택된 다른 흥분성 뉴런들에게 시냅스를 되돌려 내보낸다면, 이는 흥분된 군중들을 진정시키는 효과를 발휘할 것이다. 기술자라면 억제성 뉴런이 흥분성 뉴런에게 '음성 피드백'을 행사한다고 말할 것이다. 가정용 온도조절장치가 음성 피드백의 고전적인 사례이다. 온도조절장치는 난방을 하는 방의 온도가 어떤 점을 넘어서면 난방기구를 끄고, 온도가 내려가면 난방기구를 켠다. 두 경우 모두에서 온도조절장치는 온도의 변화에 반대 방향으로 작동한다. 이와 동일한 방식으로, 억제성 뉴런은 흥분성 뉴런들의 변화에 반대되는 방향으로 작동한다. 이 견해에서 억제성 뉴런들은 뇌 기능의 보조적인 역할을 담당한다. 따라서 그것들의 연결은 매우 특화되어 있을 필요가 없다.

라서 어떤 기억의 일부만으로도 나머지 다른 부분까지 기억을 떠올릴 수 있다. 연인의 사진이 그의 집에 대한 기억을 가져올 수 있고, 그의 집에 가보는 것이 그에 대한 기억을 떠올리게 할 수 있다. 이 경우 회상은 양방향으로 일어난다. 하지만 회상이 한 방향으로만 일어나는 경우도 있다. 특정한 시간적 순서를 따라 일련의 사건들이 전개되는, 기본적으로 이야기 같은 특징을 갖는 기억이 여기에 해당한다. 이것을 어떻게 설명할 수 있을까? 명백한 답은 활동이 한 방향으로 흐르도록 시냅스를 배열하는 데 있다. 그림 22의 **시냅스 사슬**synaptic chain에서 활동은 왼쪽에서 오른쪽으로* 확산된다.

회상에 대한 이론을 요약해보자. 관념들은 뉴런들에 의해 나타나며 관념들의 연상은 뉴런 간의 연결에 의해, 기억은 세포군이나 시냅스의 사슬에 의해 이루어진다. 기억의 회상은 단편적 자극으로 시작된 활성화가 퍼져나가면서 생겨난다. 세포군이나 시냅스 사슬의 연결은 시간이 지나면서 안정화되기 때문에 어린 시절의 기억이 성인이 되어서도 지속될 수 있다.

이 이론의 심리학적 부분은 **연상주의**associationism로 알려져 있다. 이 오래된 학설은 아리스토텔레스Aristotle에서 시작되었으며, 이후 존 로크 John Locke나 데이비드 흄David Hume과 같은 영국 철학자들에 의해 부활되

---

* 옆으로 돌려놓기는 했으나, 이것이 앞에서 보여준 퍼셉트론처럼 보인다는 것에 주목하자. 시냅스 사슬은 퍼셉트론의 특수한 경우로 간주될 수도 있지만, 지각을 모형화하기 위해 사용되는 전형적인 퍼셉트론과는 매우 다르다. 퍼셉트론의 한 층에 속하는 뉴런들은 보통은 서로 다른 자극들을 감지한다. 따라서 이들 각각은 그 이전 층의 서로 다른 뉴런들의 하위 집합에 배선되어 있다. (혹은 만약 그것들이 동일한 뉴런에 배선되어 있다면, 시냅스의 세기가 서로 다르다.) 시냅스의 한 층에 속하는 모든 뉴런들은 함께 활성화된다. 따라서 그것들과 이전 층의 연결은 서로 다를 필요가 없다. 시냅스 사슬은 여러 명의 연구자들에 의해 수학적 모델로 공식화되었다. (예를 들어, Amari(1972)와 Abeles(1982)을 보라.) 미국의 이론물리학자 존 홉필드 (John Hopfield)도 1980년대에 관련된 모델을 개발했다.

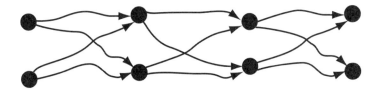

| 그림 22 | 시냅스 사슬(synaptic chain)

| 그림 22 | 시냅스 사슬(synaptic chain)

었다. 19세기 말에 이르러 신경과학자들은 뇌 속에 섬유질이 있다는 것을 발견하고, 이 섬유질들이 어떤 경로로 연결되어 있으리라 추측했다. 이와 같은 물리적 연결이 심리학적 연상을 일으키는 물질적 기초라고 가정한 것은 합리적 생각이었다.

연결주의 이론*은 20세기 후반에 여러 세대에 걸쳐 많은 연구자들에 의해 발전되었다. 몇십 년 동안 이 이론에 대한 일련의 집요한 비판이 이어졌다. 1951년경 피질 동등 잠재성의 창시자인 칼 래슐리는 〈행동의 직렬 순서 문제The Problem of Serial Order in Behavior〉**라는 유명한 논문에서

---

* 세포군이라는 개념을 제안하고 그러한 이름을 붙인 것은 도널드 헵이다(Hebb 1949). 세포군을 이용한 모델 네트워크의 초기 컴퓨터 시뮬레이션은 1950년대에 이루어졌다. 영국의 이론가 데이비드 마(David Marr)와 일본의 이론가 슈니치 아마리(Shunichi Amari)는 1960년대와 1970년대에 연필과 종이를 이용하여 이러한 모델들의 반응식(방정식)을 연구한 유명한 연구자들이다. 그러나 연결주의의 진정한 전성기는 존 홉필드의 기념비적인 논문들이 출간된 이후인 1980년에 도래했다(Hopfield 1982; Hopfield and Tank 1986). 스핀 유리 이론으로 알려진 물리학의 분과에서 가져온 난해한 수학적 기법을 이용하여, 이론물리학자들은 세포군들 사이의 중복의 효과에 대한 통계 처리를 통해 기억 능력을 계산해내는 신나는 시간을 보냈다(Amit 1989; Mezard, Parisi, and Virasoro 1987; and Amit et al, 1985). 1990년대 이러한 소란스러운 활동이 잦아들기까지, 이들 연구자들은 그 모델들의 여러 흥미로운 성질들을 발견해냈다. 또 비슷한 무렵 인지과학자들의 모임인 PDP 연구그룹(PDP Research Group)은 여러 가지 흥미로운 연결주의 모델을 포함하고 있는 두 권의 영향력 있는 선언문(manifesto)을 출간했다(Rumelhart and McClelland 1986).

** 래슐리는 1909년의 책을 인용하면서 '연상적 연쇄 모델(associative chain model)'의 기원을 영국의 심리학자 에드워드 티취너(Edward Titchener)에게 돌리고 있다. 실제로 이 두 저자들은 신경연결이 아니라 심리학적인 연상의 사슬에 대해 말하고 있다. 이상하게도 래슐리는 자신이 신경과학자였음에도 불구하고 자신의 논문에서 시냅스라는 단어를 사용하지 않았다. 그럼에도 불구하고 시냅스 사슬 개념은 그의 글 속에 은연중에 내포되어 있다.

신랄한 공격을 발표했다. 그의 첫 번째 비판은 비교적 명백했다. 뇌는 겉으로 보기에 무한히 다양한 서열을 산출할 수 있다. 이러한 시냅스 사슬이 시를 암송하거나 매번 동일한 서열의 단어들을 산출하는 일에는 이상적일지 모르지만 동일한 문장이 똑같이 반복되는 일은 거의 없는 일상적 언어에는 적합해 보이지 않는다는 것이다.

래슐리의 첫 번째 비판에 대한 답은 간단하다. 도로의 분기점처럼 두 개의 사슬로 갈라지는 시냅스 사슬을 상상해보자. 이 두 사슬은 네 개로 분기할 수 있고, 그 후에도 계속 분기할 수 있다. 네트워크에 많은 분기점이 있다면, 이는 잠재적으로 엄청나게 다양한 신경 활동의 서열을 산출할 수 있다.* 여기서의 전략은 신경 활동이 언제나 한 가지나 다른 가지 중의 하나를 '선택'하도록 하여, 둘 모두를 선택할 수 없게 만드는 데 있다. 이론가들은 가지들이 서로 '경쟁'하도록 배선된 억제성 뉴런으로 이것이 가능하다는 것을 보여주었다.

래슐리의 더욱 근본적인 두 번째 비판은 구문syntax의 문제**에 초점을 맞추고 있다. 시냅스 사슬은 연결을 통해 서열 속의 한 관념과 다른 관념의 연상을 가져온다. 래슐리는 문법에 맞는 문장을 만들어내는 것이 그렇게 단순하지 않다는 것을 지적했다. 그 이유는 "문장에 들어 있는 각 음절은 시리즈에서 인접한 단어들과 연결될 뿐 아니라, 멀리 떨어진 단어들과도 연관이 있기 때문이다." 문장의 끝이 올바른지는 문장의 첫

---

* 두 개의 사슬이 서로 수렴되는 지점들도 있어야 할 것이다. 그렇지 않다면 우리는 금방 뉴런들이 모자라게 될 것이다.
** 유사한 차원의 비판으로서, 일부 컴퓨터 과학자들은 관념들 간의 관계는 단순한 연관성보다 훨씬 풍부하다고 주장했다. 물고기와 물의 관념들이 서로 연관성이 있다고 말하는 것은 그것들 사이의 관계를 정당하게 묘사한 것이 아니다. 물고기가 물 '속에서 산다'고 말하는 것이 묘사적으로 훨씬 풍부하다. 컴퓨터 과학자들은 이러한 관계들을 '의미론적 네트워크'를 통하여 표상한다. 이것은 각 화살표에 모종의 관계에 대한 정보가 적혀 있다는 점을 제외한다면 커넥톰과 유사해 보인다.

부분에 있는 단어들이 정확하게 배열되어 있는지에 달려 있다. 래슐리의 생각은 나중에 언어학자 놈 촘스키Noam Chomsky와 그 추종자들이 구문의 문제를 강조하는 출발점이 되었다.

연결주의자들은 래슐리의 두 번째 비판에 대해서도 답변했다.* 이 연구에 대한 논의는 이 책의 범위를 벗어나지만, 어찌 되었건 연결주의가 그 비판자들이 처음에 생각했던 것만큼 큰 제약이 있지 않음을 보여주었다. 나는 순전히 이론적인 근거로 연결주의를 배척할 수는 없다고 생각한다. 이는 실험적 테스트가 필요하며, 나중에 설명하겠지만 그 테스트에 커넥토믹스가 사용될 수 있을 것이다.

그러나 우선 이 이론부터 완전히 진술하기로 하자. 시냅스가 연상의 물질적 기반이며, 기억은 세포군과 시냅스 사슬에서 생겨난다는 가설은 단지 이 이야기의 절반에 불과하다. 이제야 내가 지금까지 미루어왔던 질문과 대면할 시간이 왔다. '기억은 애당초 어떻게 저장되는가.'

---

* 이 연결주의적 모델들은 잠복적이거나 숨은 변수들을 도입하여 명시적인 관념들을 표상하는 데 사용되는 변수들을 늘림으로써 보다 더 큰 계산 능력을 달성할 수 있다.

5

기억의 조립

CONNECTOME

기자의 대피라미드는 카이로 근처의 모래가 흩날리는 사막 한가운데 영원의 섬처럼 4,500년 동안이나 서 있었다. 그 거대한 모습은 경외심을 불러일으키지만, 그것을 이루고 있는 커다란 돌덩어리 하나만으로도 충분히 우리의 시선을 사로잡는다. 어떻게 2.5톤[*]의 돌을 채석장에서 자르고 현장으로 운송하여, 지상에서 140미터 높이까지 들어 올렸는지를 정확하게 아는 사람은 아무도 없다. 만약 고대 그리스 역사학자인 헤로도토스의 추측대로 피라미드 건설에 20년이 걸렸다면, 230만 개[1]의 돌덩어리가 1분당 한 개라는 아찔한 속도로 놓였을 것이다.

이집트의 파라오 쿠푸Khufu는 자신의 무덤으로 사용하기 위해 대피라미드를 건설했다. 만약 우리가 10만 명의 노동자들^{**}의 고통으로부터

---

[*] 돌덩어리의 크기는 다양하며, 이 숫자는 평균을 추정한 것이다(Petrie 1883). 대부분의 돌덩어리는 석회암이며, 일부는 화강암이었다.
^{**} 헤로도토스는 멀리 떨어진 채석장에서 피라미드로 돌덩어리들을 운반하기 위해 10만 명의 노예가 20년 동안 노동을 했다고 쓰고 있다. 최근의 많은 이집트학 학자들은 주 채석장이 인근에 있었고, 노동력의 수도 훨씬 적었으며, 노동자들은 노예가 아니었음을 주장하면서 헤로도토스에 동의하지 않는다.

역사라는 엄청난 거리만큼 떨어져 있지 않았다면, 우리는 피라미드를 자기중심적인 폭군이 자신의 권력을 잔인하게 행사한 것이라 비난할 것이다. 그러나 쿠푸를 용서하고, 그 이름 없는 노동자들의 경이로운 업적에 단순히 놀라움을 느끼는 것이 더 나을지도 모른다. 그러면 우리는 피라미드를 파라오의 기념비가 아니라, 인간의 독창성에 대한 놀라운 증거로 볼 수 있을 것이다.

쿠푸가 생각해낸 방법은 간단했다. 영원히 기억되기를 바란다면, 시간의 유린을 견딜 수 있는 내구성이 강한 물질로 거대한 건축물을 만들라. 뇌의 기억력도 이와 같은 이유에서 그 물질 구조의 지속성에 의존한다. 그 외에 무엇이 평생 동안 계속되는 기억의 지속성을 설명할 수 있겠는가. 그런데 한편으로 우리는 때로는 잊어버리고, 기억을 잘못하며, 매일 새로운 기억을 추가한다. 이런 이유로 플라톤Platon은 기억을 피라미드의 돌덩어리보다 더 유연한 다른 종류의 물질과 비교했다.

> 사람의 정신 속에는 밀랍 덩어리가 존재한다.[2] …… 이 밀랍판을 뮤즈들의 어머니인 기억Memory이 준 선물이라고 하자. 우리가 어떤 것을 기억하고자 하면 …… 우리는 밀랍을 지각과 생각에 가져다 댄다. 그러면 도장을 찍은 것처럼 그 밀랍에 그 자국이 새겨진다.

고대 사회에서는 오늘날의 공책과 같은 용도로 밀랍을 칠한 나무판을 흔히 사용했다. 사람들은 뾰족한 철필을 사용하여 밀랍 위에 글을 쓰거나 도형을 그렸다. 한번 사용한 밀랍판은 다음에 다시 사용하기 위해 끝이 편평한 도구로 밀랍을 매끄럽게 밀어 판에 적은 내용을 지웠다.[3] 인공적 기억 도구로서의 밀랍판은 인간 기억에 대한 자연스러운 비유가 될 수 있었다.

물론 플라톤은 우리 두개골에 밀랍이 가득 차 있다고 말하려 한 것은 아니다. 그는 모양을 유지할 수도 있고 바꿀 수도 있는 어떤 물질에 대한 비유로 밀랍판을 생각했다. 장인이나 기술자는 '가소적plastic'인'* 물질로 형태를 만들고, '가단성malleable' 있는 물질을 두들기거나 눌러서 형태를 바꾼다. 우리는 이와 같은 방식으로 부모와 선생들이 어린아이의 정신을 형성한다고 말한다. 만약 교육이나 기타 다른 경험이 문자 그대로 뇌의 물질 구조의 형태를 변화시킨다면 어떨까? 사람들은 종종 뇌가 가소성이나 가단성이 있다고 말하는데, 이는 정확히 무엇을 의미하는가?

신경과학자들은 오랫동안 커넥톰이 플라톤의 밀랍판과 유사하다고 생각했다. 우리가 전자현미경의 이미지에서 보았듯이, 신경연결은 물질적 구조이다. 밀랍과 마찬가지로, 그 물질 구조는 오랜 시간 동안 같은 형태를 유지할 수 있을 만큼 안정적이지만, 변화할 수 있는 가소성도 가지고 있다.

시냅스의 중요한 속성 중 하나는 그 세기이다. 세기는 언제 스파이크를 일으킬지 결정할 때 뉴런이 행사하는 표의 가중치를 의미한다. 시냅스는 강해질 수도 있고 약해질 수도 있다고 알려져 있는데, 이런 변화를 **재가중**reweighting이라고 할 수 있다. 시냅스가 강하게 될 때 정확히 무슨

---

* 가소성(plasticity)이란 용어는 재료과학에서 나온 표현이다. 가소성 물질은 형태가 변형되면 그 새로운 형태를 유지하지만, 탄성(elastic) 물질은 원래의 형태로 되돌아간다. 밀랍은 가소적이어서 찍힌 자국을 유지할 수 있으며, 그 결과 과거에 관한 정보를 저장할 수 있다. 이런 전문적인 용례에서 '가소적'이라는 말은 변형에 반응하는 물질의 행동을 가리키는 형용사이다. 플라스틱(plastic)은 명사로 더욱 흔히 사용되며, 공산품에 널리 사용되는 합성고분자(synthetic polymer) 물질들 모두를 가리킨다. 높은 온도에서 이 물질들의 가소적 변형이 가능하며, 생산과정에서 이러한 특징이 종종 이용된다. 그런 점에서 일반적인 용례는 전문적인 용례와 연관되어 있다. 그러나 이 물질들도 상온에서는 보통 탄성적이다. 게다가 금속과 같이 가소적 변형이 가능한 다른 종류의 물질들도 있다.

일이 일어날까? 이 질문에 대한 여러 신경과학자들의 연구 결과만으로도 책 한 권을 채울 수 있을 정도지만, 여기서는 간단하게 살펴보기로 하자. 이 대답은 골상학자들이 좋아할 만한 것이다. 시냅스는 크기가 커짐으로써 강화된다. 앞에서 말했듯이 시냅스 간극의 한쪽에는 신경전달물질이 담겨 있는 소포가 있고, 다른 쪽에는 신경전달물질의 수용체가 있다. 시냅스는 이 둘을 더 많이 생성함으로써 강화된다. 분비가 일어날 때마다 시냅스는 더 많은 신경전달물질을 방출하기 위해 더 많은 소포를 축적해둔다. 또한 신경전달물질에 더욱 민감하게 반응하기 위해 더 많은 수용체를 배치한다.

시냅스는 생성될 수도 있고, 없어질 수도 있다. 이 현상을 **재연결**recon-nection이라고 한다.[*] 발달 중인 뇌에서 뉴런들이 네트워크에 연결될 때, 한꺼번에 시냅스를 많이 만들어낸다는 사실은 오래 전부터 알려져 있었다. 시냅스는 두 뉴런의 접촉지점에서 생성된다. 그리고 정확한 이유는 알려져 있지 않지만, 소포, 수용체, 기타 유형의 시냅스 기구들이 이 지점으로 결집한다. 발달 중인 뇌에서도 접촉지점에서 이런 분자기구를 없앰으로 시냅스의 제거가 일어나기도 한다.

1960년대 대부분의 신경과학자들[**]은 뇌의 발달이 끝나고 성인이 되

---

[*] 이번 장에서 일반적으로 가정된 것처럼 뉴런 A에서 뉴런 B로 최대 하나의 시냅스가 존재할 때, 재가중과 재연결의 구분이 가장 분명하다. A에서 B로 이어지는 다수의 시냅스가 존재한다면, 이 구분은 흐려진다. 이 경우 시냅스의 생성과 제거는 기존 뉴런들의 연결을 그대로 둔 채, A가 B에게 보내는 시냅스의 개수만을 변화시킬 수 있다. 이는 B가 스파이크를 일으킴에 있어서 A의 투표가 차지하는 비중을 변화시키면서, 재연결이 아니라 재가중을 야기할 것이다.

[**] "대부분의 신경과학자들"이라는 나의 주장은 다른 사람들에게서 전해들은 말이며, 엄격하게 문서로 입증하기는 어렵다. 한 가지 사례는 호주의 신경과학자 존 에클스 경이다. 그는 학습은 "새로운 연결이 늘어나는 성장'이 아니라, 이미 거기에 있는 시냅스들이 더 커지고 나아지는 성장"과 관련이 있다고 썼다(Eccles 1965). Rosenzweig(1996)가 신경과학자의 관점에서 역사적인 관찰을 제공하고 있지만, 이 문제는 진짜 역사학자에 의해 검토되어야 한다.

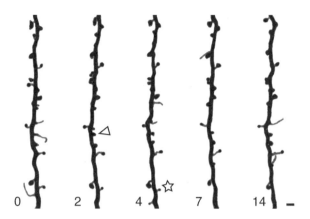

| 그림 23 | 재연결의 증거_쥐의 피질에 있는 수상돌기에서 가시(spine)가 생겨나고 없어지는 모습*

면 시냅스가 생성되고 제거되는 과정이 멈춘다고 믿었다. 그들이 그렇게 믿은 것은 실험적 증거에 기반한 것이 아니라 이론적 선입견 때문이었다. 아마도 뇌의 발달과정을 전자장치를 제작하는 과정과 비슷한 것으로 생각한 것이 아닐까 한다. 전자장치를 만들기 위해서는 많은 전선을 연결해야 하지만, 일단 그것이 작동하기 시작하면 그 전선들을 다른 방식으로 다시 연결하지는 않는다. 또는 시냅스 자체는 하드웨어처럼 고정되어 있고, 시냅스의 세기만 컴퓨터 소프트웨어처럼 쉽게 변경할 수 있다고 생각했을 수도 있다.

하지만 지난 10년 동안에 신경과학자들의 이런 생각은 완전히 달라졌다. 이제는 발달이 다 끝난 성인의 뇌에서도 시냅스가 생기고 없어진다는 사실이 널리 받아들여지고 있다. 이에 대한 확실한 증거는 이광자현미경 기법two-photon microscopy라는 새로운 이미지화imaging 방법을 사용하

---

* 이 이미지는 Yang, Pan, and Gan(2009)에서 설명된 실험의 데이터에 기반하고 있다.

여 살아 있는 뇌를 직접 관찰함으로써 얻을 수 있었다. 그림 23의 이미지들은 쥐의 피질에 있는 수상돌기가 2주 동안에 변화하는 모습을 보여준다. (각 이미지의 왼쪽 아래에 있는 숫자는 날짜를 나타낸다.)

수상돌기에는 가시spine라는 뾰족하게 돌출된 부분이 있다. 흥분성 뉴런 사이에 있는 대부분의 시냅스는 수상돌기의 줄기보다는 가시에서 만들어진다. 그림 23에서 볼 수 있듯이 일부 가시는 2주 내내 안정적으로 지속되었지만, 어떤 것들은 새롭게 생성되었고(화살촉으로 표시된 가시를 보라)도 있고, 사라지는 것(별표가 된 가시를 보라)들도 있었다. 이는 시냅스가 생성되고 삭제된다는* 것을 보여주는 좋은 증거이다. 이러한 재연결이 얼마나 자주 일어나는지에 대해서는 여전히 논쟁 중이지만, 이것이 가능하다는 사실에는 모든 연구자들이 동의하고 있다.

그렇다면 재가중과 재연결이 왜 중요한 걸까? 이 두 가지 유형의 커넥톰의 변화는 우리의 전 생애에 걸쳐서 지속적으로 일어난다. 일생 동안 일어나는 현상으로서 인격의 변화를 이해하려면, 이 두 가지 유형에 대한 연구가 이루어져야 한다. 뇌 질환이 없는 한 우리는 나이와 관계없이 계속 새로운 기억을 저장한다. 나이가 들면서 새로운 것을 배우기가 더 어려워진다고 불평하겠지만, 노인들도 새로운 기술을 배울 수 있다. 재가중과 재연결은 이런 변화와 관련이 있는 것으로 보인다.

그런데 이를 뒷받침하는 증거가 있을까? 에릭 캔델Eric Kandel과 그의 동료 연구자들이 기억을 저장하는 데 재가중이 관련되어 있음을 보여주는 증거를 발견했다. 그들은 캘리포니아 해변의 조수지에서 발견되는 연체동물인 캘리포니아 군소Aplysia Californica의 신경계를 연구했다. 이 동

---

* 가시의 크기 또한 변화되는 것으로 관찰되었다. 이는 시냅스의 세기가 변화했음을 시사한다.

물은 자극을 받으면 아가미와 흡관을 움츠리는데, 자극이 반복되면 그 자극에 더 혹은 덜 민감하게 된다. 즉 그 자극에 대한 민감성이 변하게 되는데, 이를 일종의 단순한 기억으로 볼 수 있다. 앞에서 우리는 이런 행동은 감각기관에서 근육으로 이어지는 신경 경로에 의존한다는 것을 배웠다. 캔델은 이 동물에서 아가미와 흡관을 움츠리는 행동을 위한 유일한 신경 경로를 찾아내어, 그 세기의 변화가 민감성이 변하게 하는 단순한 기억과 연관되어 있음을 입증해 보였다.

　그렇다면 재연결은 기억의 저장과 관계가 있을까? 앞에서 학습이 피질의 두께 증가와 관계가 있다는 골상학의 주장을 살펴보았다. 1970년대와 1980년대에 윌리엄 그리노William Greenough와 다른 연구자들은 피질이 두꺼워지는 것은 시냅스 수가 증가하기 때문이라는 증거를 발견했다. 그들은 자극이 풍부한 우리에서 키운 쥐의 두꺼워진 피질에 있는 시냅스의 수를 세어서[6] 이 사실을 밝혀냈고, 일부 학자들은 그 발견을 토대로 시냅스가 생성됨으로써 기억이 저장된다는 신골상학적 이론*을 이끌어냈다.

　그러나 이 접근방식 중 어느 것도 기억이 어떻게 저장되는지를 설명하지는 못했다. 캔델의 접근방식은 기억이 단 하나의 시냅스에 국한되지 않는, 인간처럼 복잡한 뇌에서는 적용되기 어렵다. 그보다는 기억은 여러 연결의 패턴으로 저장된다는 것이 더 그럴 듯하게 들린다. 그리노의 방식 또한 불완전하다. 시냅스의 수를 세는 것은 이들이 어떤 패턴으

---

* 일부 연구자들은 시냅스의 개수뿐 아니라 크기도 살펴보았다. 시냅스의 크기가 그것의 세기와 관련이 있다는 증거가 있다. 이 연구자들은 풍부한 환경이 쥐의 피질에 있는 시냅스의 평균 크기를 증대시켰다는 것을 발견했다. 그러나 학습을 시냅스 개수의 증가와 동일시해서는 안 되듯이, 시냅스 크기의 증가와 동일시해서도 안 된다. 다른 실험들은 시냅스 평균 크기가 감소한다는 증거를 보여주었다. 이 변화들 중의 어느 것이 지배적인지는 관련된 뉴런들이 속한 층뿐만 아니라 피질 상의 개별적인 위치에도 의존한다.

로 조직되는지에 대해서는 설명해주지 않는다. 게다가 피질의 두께와 마찬가지로 시냅스의 수도 학습과 관련이 있기는 하지만, 그 관계가 인과관계인지 아닌지는 분명하지 않다.

기억의 문제를 정말로 해결하려면, 기억이 재가중이나 재연결과 관련되는지, 만일 그렇다면 정확히 어떻게 관련되는지를 밝힐 필요가 있다. 앞에서 기억과 관련된 신경연결의 패턴을 세포군과 시냅스 사슬이라고 보는 이론에 대해 알아보았다. 나는 여기서 한 걸음 더 나아가, 재가중과 재연결로 그 패턴들이 생성된다고 제안하며, 이때 발생하는 여러 문제에 대해 살펴보려 한다. 재가중과 재연결은 서로 독립적으로 일어나는가, 혹은 함께 작동하는가? 왜 뇌는 둘 중 하나가 아니라 두 가지 모두를 사용하는가? 기억의 몇 가지 한계를 이 저장과정의 오기능으로 설명할 수 있을까?

재가중과 재연결에 대한 연구는 기억에 관한 단순한 호기심을 만족시키는 것을 넘어서 실질적인 결과를 가져올 수 있다. 기억력 향상을 위한 약을 개발하는 것이 당신의 목적이라고 가정하자. 만일 당신이 신골상학을 믿고 있다면, 시냅스 생성과 관련된 분자과정을 향상시키는 약을 개발해볼 수 있다. 그러나 만일 신골상학이 잘못되었다면—아마도 그럴 가능성이 매우 높다—시냅스를 많이 생성하는 것은 당신이 의도와 전혀 다른 결과를 낳을 수도 있다. 일반적으로 기억력 증진을 원하든 혹은 기억력 부진을 방지하기를 바라든 간에, 기본 구조에 대한 지식은 반드시 필요하다.

우리는 뉴런 간의 연결을 통해 세포군이 어떻게 관념들 사이의 연상을 일으키는지를 보았다. 그렇다면 뇌는 처음에 어떻게 세포군을 형성하는 걸까? 이는 철학자들이 아주 오래 전부터 제기했던 '관념과 그에 따른 연상은 어떻게 일어나는가'라는 질문의 연결주의 버전이다. 어떤 관념은 선천적innate일 수 있지만, 나머지는 분명 경험에서 배울 수밖에 없다.

여러 시대에 걸쳐, 철학자들은 연상관계를 학습하는 데 필요한 원리들의 목록을 만들었다. 첫 번째 원리는 우연의 일치coincidence, 즉 시간과 장소가 인접contiguity해 있는 것이다. 만약 유명 가수와 그의 남자친구인 농구선수가 함께 찍은 사진을 본다면, 당신은 두 사람 사이의 연상관계를 학습하게 될 것이다. 두 번째 원리는 반복repetition이다. 두 명의 유명 인사들이 같이 있는 것을 한 번 보는 것만으로는 당신의 정신에서 두 사람 사이에 연상작용이 일어나기에 충분하지 않을지도 모른다. 그러나 두 사람이 함께 있는 사진을 신문이나 잡지에서 매일 지겹도록 본다면, 둘 사이의 연상관계를 학습할 수밖에 없다. 어떤 연상작용에서는 시간의 순서 또한 중요해 보인다. 어린 시절 우리는 알파벳을 완전히 암기할 때까지 반복해서 낭송했다. 항상 동일한 순서로 알파벳을 외우기 때문에, 우리는 한 글자에서 다음 글자로 이어지는 연상관계를 배우게 된다. 이와 대조적으로, 유명 가수와 그의 남자친구는 언제나 동시에 나타났으므로 그들 사이의 연상은 양방향성을 갖는다.

따라서 철학자들은 하나의 관념이 다른 관념에 반복적으로 동반되거나 그 뒤를 이을 때 관념들 사이의 연상관계를 학습하게 된다고 주장했다. 이는 연결주의자들에게 다음과 같은 추측을 가능하게 만들었다.

두 개의 뉴런이 동시에 반복적으로 활성화된다면,

이들 간의 연결은 양방향으로 강화된다.

이러한 가소성의 규칙은 유명 가수와 그의 남자친구처럼 반복적으로 함께 발생하는 두 관념을 학습하는 데 적합하다. 관념 사이의 순차적 연상을 학습하는 데에도 연결주의자들은 유사한 규칙을 제안한다.

두 개의 뉴런이 순차적으로 반복하여 활성화된다면,
첫 번째 뉴런에서 두 번째 뉴런의 순서로 연결이 강화된다.

그런데 이 두 규칙에서 강화는 영구적이거나 최소한 오래 지속된다고 가정한다. 따라서 그 결과 연상관계는 기억 속에 유지될 수 있다.

이 둘 중 순차적 법칙은 도널드 헵Donald Hebb에 의해 가설로 정립되었다.[*] 도널드 헵이 1949년 발간한 자신의 저서 《행동의 조직The Organization of Behavior》에서 세포군의 개념을 제시하기도 했다. 동시적 법칙과 순차적 법칙은 모두 시냅스 가소성에 대한 헤비안 규칙Hebbian rules으로 알려져 있다. 가소성은 시냅스의 영향을 받는 뉴런들의 활동으로 유발되므로, 이 두 규칙은 모두 '활동 의존적activity-dependent'이다. (뉴런의 활성화 없이도 시냅스 가소성을 유도하는 방법도 있는데, 가령 약물의 투여 같은 방법이 이에 해당한다.) 일반적으로 헤비안 가소성은 흥분성 뉴런들 사이의 시냅스들만 해당된다.[**]

헵의 가설은 당시의 기술 수준보다 앞선 것이었다. 당시 신경과학자

---

[*] Hebb 1949. 순차적 규칙은 19세기 후반 스코틀랜드 철학자 알렉산더 베인(Alexander Bain)에 의해서도 제안되었다.(Wilkes and Wade 1997을 보라.) 그러나 그의 이론은 주목받지 못했다. 불행히도 베인은 뇌에 대해 알려진 바가 거의 없는 너무 이른 시기에 살았다. 그는 섬유와 경로에 관해서 알고 있었으며 경로 사이에 연결이 존재한다고 추측했다. 그러나 뉴런이나 시냅스의 존재는 그 당시 아직 인정을 받지 않은 상태였다.

[**] 억제성 뉴런과 관련된 시냅스의 가소성에 관해서는 덜 알려져 있으므로, 여기서는 논의하지 않을 것이다. 일반적인 통념에 따르면, 흥분성 뉴런들 사이의 연결은 학습에 의해 더 특정화되고 더 분명한 형태가 나타나게 된다. 억제성 뉴런들과 관련된 연결들은 상대적으로 무차별적이며, 학습에 의해 영향을 덜 받을 것이다.

들에게는 시냅스의 가소성을 탐지할 수단이 없었다. 사실 그들은 시냅스의 세기를 측정할 수조차 없었다. 신경과학자들은 수십 년 동안 신경계에 금속선을 삽입하는 방법으로 스파이크를 측정해왔다. 전선의 끝이 뉴런 바깥에 있었으므로, 이 방법은 '세포 외부extracellular' 기록이라고 한다. 이 기록에는 여러 뉴런에서 일으킨 스파이크가 포함되어 있어 번잡한 술집 안의 대화처럼 혼잡했다. 이 방법은 오늘날에도 여전히 사용되고 있으며, 이차크 프리드와 그의 동료들은 이 방법을 사용하여 '제니퍼 애니스톤 뉴런'을 발견했다. 소란스러운 술집에서 친구의 입에 귀를 갖다 대고 대화를 하는 것처럼 전선의 끝을 조심스럽게 움직이면 하나의 뉴런에서 일어나는 스파이크를 분리해낼 수 있다.*

　스파이크를 감지하는 데에는 세포 외부의 기록으로 충분했지만, 이 방법으로 개별 시냅스의 약한 전기효과를 측정할 수는 없었다. 1950년대에 끝부분이 극도로 미세하고 날카로운 유리전극electrode을 한 뉴런에 삽입함으로써 최초로 시냅스의 전기효과를 측정할 수 있었다. 이러한 '세포 내부intracellular' 기록은 아주 정확하여 스파이크보다 훨씬 약한 신호도 감지할 수 있었다. 이는 마치 술집에서 말하는 사람 입 **안에** 귀를 집어넣는 것과 같은 방법이라 할 수 있다.** 세포 내부의 전극은 뉴런으로 전류를 흘려보냄으로써*** 그 뉴런이 스파이크를 일으키도록 자극하

---

* '단일 유닛(single-unit)' 기록법으로 알려진 이 방법은 영국의 과학자 에드거 에이드리언(Edgar Adrian)에 의해 개척되었다. 그는 1932년 노벨상을 받았으며 결국에는 '귀족(Lord)' 작위를 얻었다.

** 근육에 접하는 시냅스는 이미 1930년대와 1940년대에 연구되었다. 1950년대에 존 에클스 경과 다른 연구자들은 세포 내 기록방법을 정교화했으며, 이를 척수 내의 시냅스에 적용했다. 에클스는 그의 노력에 대한 대가로 1963년에 공동으로 노벨상을 수상했다.

*** 본문은 특정한 한 쌍의 뉴런을 연구하기 위해 두 개의 세포 내 전극을 사용하는 것에 대해 설명하고 있다. 이것은 시냅스를 연구하는 가장 정확한 방법이며, 상대적으로 최근의 것이다. 에클스는 연접후치밀질(postsynaptic)의 한 뉴런을 측정하기 위해 한 개의 세포 내 전극을 이용했으며, 세포 외부의 전선을 통해 전류를 투입하여 여러 개의 시냅스전(presynaptic) 뉴런들을 자극했다.

는 데에도 사용될 수 있다.

뉴런 A에서 뉴런 B로 연결된 시냅스의 세기를 측정하기 위해 전극을 두 뉴런 모두에 삽입한다. 뉴런 A를 자극하여 스파이크를 일으키면, 시냅스가 신경전달물질을 분비한다. 그러면 뉴런 B는 깜박이는 신호를 내며 반응하는데, 이때 뉴런 B의 전압을 측정한다. 이 깜박임의 크기*가 바로 시냅스의 세기이다.

시냅스의 세기를 측정할 때 우리는 또한 그 **변화**도 측정할 수 있다. 헤비안 가소성을 유도하기 위해 스파이크가 일어나도록 한 쌍의 뉴런을 자극한다. 순차적이든 동시적이든 반복되는 자극**으로 강화되는 시냅스의 세기를 측정한 결과, 앞에서 제시한 두 가지 헤비안 규칙에 부합하는 것으로 밝혀졌다.

시냅스 세기의 변화를 유도하고 나면, 그 변화는 나머지 실험 시간 동안은 유지할 수 있기는 하지만 그 지속시간은 몇 시간에 불과하다. 뉴런을 전극으로 찌르고 나면, 이를 계속 살아 있게 하는 것이 쉽지 않기 때문이다. 1970년대에 처음 이루어진 뉴런과 시냅스에 관한 조잡한 실험은 시냅스 세기의 변화가 몇 주 혹은 그 이상 지속될 수 있음을 나타내고 있다. 어떤 기억은 평생 동안 지속될 수 있으므로, 만일 헤비안 가소

---

* 만약 뉴런 A에서 뉴런 B로 연결되는 다수의 시냅스가 있다면, 깜빡임의 크기는 모든 시냅스의 총세기이다.

** Bi and Poo 1998; Markram et al. 1997. 가소성을 유도하는 보다 효과적인 방법이 순차적인 자극인지 혹은 동시적인 자극인지의 여부는 관련된 뉴런들의 종류에 달려 있다. 엄격하게 말해서, 이 실험들은 하나의 시냅스 내부의 변화를 증명한 것은 아니었다. 측정된 시냅스의 쌍들 사이에는 복수의 시냅스가 존재했으며, 실험이 증명한 것은 이들의 세기의 총변화이다. 일반적으로 이러한 실험들은 재가중과 재연결을 구분하는 데 문제를 보인다. 만약 두 뉴런 사이의 상호작용이 강화되면, 이는 단지 시냅스의 강화가 아니라 이들 사이의 시냅스 수의 증가에 따른 결과일 수도 있다. 여기서 논의하기에 어려운 또 다른 흥미로운 문제는 동시적이거나 순차적인 스파이크를 탐지하는 시냅스의 메커니즘이다. 이것은 NMDA 수용체라 불리는 특수한 분자를 통해서 일어나는 것으로 보인다.

성이 기억 저장의 메커니즘이라면 지속성의 문제는 대단히 중요하다.

1970년대에 시행된 이 실험들은 시냅스 강화에 대한 최초의 증거를 제공했다. 당시에 이미 헵의 생각에 기초한 기억 저장 이론 또한 등장했다. 간단하게 말하자면 이 이론은 쌍을 이루는 모든 뉴런 사이에 존재하는, 양방향성의 약한 시냅스로부터 네트워크가 시작된다는 것이다. 이 가정은 이후에 문제가 있는 것으로 밝혀졌지만, 지금은 이 이론을 소개하는 목적을 위해 받아들이기로 하자.

당신의 기억에 각인된 실제 사건인 첫 키스 장면으로 돌아가보자. 내가 상상하기에, '목련 뉴런', '빨간 벽돌집 뉴런', '연인 뉴런', '비행기 뉴런' 등이 주위에 있는 자극으로 꽤 활발하게 활성화되고 있었을 것이다. 만일 헤비안의 동시적 규칙에 따르면 이 모든 스파이크는 관련 뉴런들 사이의 시냅스를 강화한다.

만일 세포군의 개념을 강한 시냅스로 상호 연결된 흥분성 뉴런들의 집합이라고 새롭게 정의한다면, 강화된 시냅스들은 함께 세포군을 구성한다. 원래 세포군의 정의에는 이러한 조건이 없지만, 네트워크에는 세포군에 속하지 않는 약한 시냅스가 여럿 포함되어 있으므로, 이제는 이 조건이 필요하게 되었다. 약한 시냅스들은 첫 키스 이전에도 있었고, 첫 키스 이후에도 변화하지 않고 남아 있게 된다.

약한 시냅스들은 회상에 아무런 영향을 끼치지 않는다. 신경활동은 세포군 안에 있는 뉴런들 사이에서 퍼지며 그 밖으로는 퍼지지 않는다. 어떤 세포군과 그 밖에 있는 다른 뉴런들을 연결하는 시냅스는 그 다른 뉴런들을 활성화하기에는 너무 약하다. 따라서 새로 정의된 세포군은 그 전에 정의되었던 것과 같이 기능한다.

이와 유사한 이론이 시냅스 사슬에도 적용된다. 일련의 자극들이 연속되는 관념들을 활성화한다고 가정하자. 각 관념은 한 그룹의 뉴런들이 일으키는 스파이크에 의해 나타난다. 헤비안의 순차적 규칙에 의하면, 만일 각각의 뉴런 그룹이 같은 순서로 반복적으로 스파이크를 일으킨다면, 한 그룹의 뉴런에서 그 다음 그룹의 뉴런으로 이어지는 기존의 모든 시냅스들이 강화될 것이다. 만약 시냅스 사슬의 개념을 **강한** 연결들의 패턴으로 재정의한다면, 이것이 바로 그 시냅스 사슬에 해당한다.

만일 그 연결들이 충분히 강하다면, 스파이크는 지속적인 외부 자극 없이도 그 사슬을 거쳐 전달될 것이다. 4장에서 설명했듯이 첫 번째 그룹의 뉴런들을 활성화하는 자극은 모두 일련의 관념들을 회상하게 할 것이다. 더 나아가 그런 연속적 회상은 헤비안 가소성에 따라 사슬의 연결을 더욱 강화할 것이다. 이는 개울물의 흐름이 그 바닥을 점점 더 깊게 만들어서 물이 더욱 쉽게 흐르도록 만드는 것과 비슷하다.

기억하는 것도 중요하지만, 잊어버리는 것 역시 중요하다. 어떤 시점에서 당신의 제니퍼 애니스톤과 브래드 피트 뉴런은 강한 시냅스로 연결되어 하나의 세포군을 구성하고 있었다. 그러나 어느 날 당신은 브래드 피트가 안젤리나 졸리와 함께 있는 것을 보기 시작했다.(슬픈 일이지만 당신이 너무 큰 충격을 받지는 않았기를 바란다.) 헤비안 가소성은 브래드 피트와 안젤리나 졸리 뉴런 사이의 연결을 강화하여 새로운 세포군을 만들었다. 그렇다면 브래드 피트와 제니퍼 애니스톤 뉴런* 사이의 연결은

---

* 당신이 제니퍼와 브래드의 관계를 잊었다고 말하는 것은 지나치게 단순화한 것이다. 그들이 더 이상 결혼한 상태에 있는 것은 아니지만, 당신은 여전히 그들이 결혼했던 사이라는 것을 기억하고 있다. 이 지식을 표상하기 위해 결혼 뉴런과 이혼 뉴런이 있다고 상상해볼 수 있다. 처음에 세포군은 브래드와 제니퍼 그리고 결혼 뉴런을 포함한다. 나중에 그 세포군은 브래드와 제니퍼 그리고 이혼 뉴런을 포함하게 된다. 이러한 해결책은 여전히 전적으로 만족스럽지 않다. 더 나은 해결책은 연결주의가 구문을 표상할 수 없다는 래슬리의 비판에 대응할 수 있어야 한다. 이에 대한 논의는 이 책의 범위를 넘어선다.

어떻게 되었을까?

잊어버리는 기능을 하는, 헤비안 규칙과 유사한 규칙을 상상해 볼 수 있다. 아마도 어떤 뉴런이 반복적으로 활성화되는 반면에 다른 뉴런은 활성화되지 않는다면, 두 뉴런 사이의 연결은 약화될 것이다.* 당신이 제니퍼 애니스톤 없는 브래드 피트를 볼 때마다 두 뉴런 사이의 시냅스는 약화될 것이다.

다른 원인으로, 시냅스 간의 직접 경쟁으로 연결이 약화된다고 생각해볼 수도 있다.[5] 가령 브래드 피트와 안젤리나 졸리 사이의 시냅스가 시냅스 생존에 반드시 필요한 물질을 차지하기 위해 브래드 피트와 제니퍼 애니스톤 사이의 시냅스와 직접 경쟁을 할지도 모른다. 만약 어떤 시냅스가 강화된다면 필요한 물질들을 더 많이 소비하며, 다른 시냅스가 소비할 수 있는 물질을 적게 남겨놓는다. 그 결과 다른 시냅스들이 약화된다. 시냅스를 위한 그런 물질이 존재하는지는 분명하지 않지만 이와 비슷한 뉴런을 위한 '영양 인자trophic factors'는 존재하는 것으로 알려져 있다.[6] 신경 생장 요소nerve growth factor가 그 사례로, 리타 레비몬탈치니 Rita Levi-Montalcini와 스탠리 코헨Stanley Cohen은 이 요소를 발견하여 1986년에 노벨상을 받았다.

로마인들은 플라톤이 말한 밀랍판을 가리키는 표현으로 '타불라 라

---

* 예를 들어 Stent(1973)는 B가 활성화된 동안에 A가 반복적으로 비활성화된다면 A에서 B로의 시냅스가 약화된다고 제안했다. 여러 다른 이론들이 많은 이론가들에 의해 제안되었다. 헤비안 규칙의 순차적 버전을 뒤집어 생각하면 다음의 규칙이 된다.: 만약 두 뉴런이 반복해서 순차적으로 활성화된다면, 두 번째에서 첫 번째 뉴런에 이르는 연결은 약화된다. Markram et al.(1997)과 Bi and Poo(1998)에 의해 그 실험적 증거들이 발견되었다. 이는 헤비안 규칙과 결합하여 '발화시점 의존 가소성(spike-timing dependent plasticity)'으로 알려져 있다.

사'tabula rasa'라는 표현을 사용했다. 18~19세기에 작은 칠판이 밀랍판을 대체하게 되면서, 이 표현은 전통적으로 '빈 서판'이라 번역되었다. 연상주의 철학자 존 로크는 《인간 지성론An Essay Concerning Human Understanding》에서 또 다른 비유를 사용했다.

> 정신을 아무런 글자도 없고 관념도 없는 백지라고 상상해보자. 이것은 어떻게 채워지는가? 인간의 분주하고 무한한 상상력이 정신 위에 끝을 알 수 없을 정도로 다양하게 그려 채워놓은 방대한 물건들은 어디에서 오는가? 정신은 이성과 지식의 모든 재료를 어디서 가져오는가? 이에 대해서 나는 한마디로 경험experience으로부터라고 대답한다.

한 장의 빈 종이에는 아무런 정보도 없지만, 무한한 잠재성을 가지고 있다. 로크는 갓 태어난 아기의 정신은 경험으로 채워질 준비가 된 흰 종이와 같다고 주장했다. 기억 저장에 대한 이론에서, 우리는 모든 뉴런은 다른 모든 뉴런들과 이미 연결된 상태에서 시작한다고 가정했다. 시냅스들은 모두 약한 상태에 있으며, 헤비안 강화에 의해 씌어질 준비가 되어 있는 백지와도 같다는 것이다. 연결될 수 있는 모든 가능성이 열려 있으므로, 어떤 세포군이라도 생성될 수 있다. 네트워크는 로크의 흰 종이처럼 무한한 잠재력을 가지고 있다.

이 이론에게는 안타까운 일이지만, 모두와 모두가 연결될 수 있다는 가정은 상당히 잘못된 것이다. 뇌는 실제로 **희박한**sparse 연결성이라는 반대편 극단에 있다. 모든 가능한 연결들 중에서 아주 작은 부분만이 실제로 존재한다. 일반적으로 뉴런 하나에는 수만 개의 시냅스가 있다고 추정된다. 이는 뇌에 있는 전체 1,000억 개의 뉴런에 비하면 훨씬 적은 수이다. 여기에는 그럴 만한 이유가 있다. 시냅스는 그들이 연결하는 신경돌기와 마찬가지로 공간을 차지한다. 만일 모든 뉴런이 다른 모든 뉴런과 연결된다면, 뇌의 부피는 엄청나게 커질 것이다.

그러므로 뇌는 제한된 수의 연결만으로 잘 해나가야만 하는데, 이 사실은 연상관계를 학습하는 데 문제가 될 수 있다. 모든 연결이 원래 존재한다는 앞에서 말한 가정과는 달리 실제로는 브래드 피트 뉴런과 안젤리나 졸리 뉴런이 원래부터 전혀 연결되어 있지 않다면 어떻게 될까? 그들이 같이 있는 것을 보기 시작할 때, 헤비안 강화로 그 뉴런들을 세포군으로 연결하는 데 성공하지 못할 것이다. 올바른 연결이 이미 존재하지 않는다면, 연상을 배울 잠재력도 없다.

특히 당신이 브래드 피트와 안젤리나 졸리에 관한 생각을 많이 할 때, 이들 각각은 당신 뇌 속에서 하나의 뉴런이 아닌 여러 뉴런의 활동에 의해 나타날 가능성이 크다. (4장에서 나는 이런 '적은 비율' 모델이 '유일' 모델보다도 가능성이 더 높다고 주장했다.) 그렇게 많은 수의 뉴런들을 사용할 수 있다면 브래드 피트 뉴런들의 일부가 안젤리나 졸리 뉴런들의 일부와 우연히 연결될 가능성이 생긴다. 이런 개연성이 세포군을 형성하기에 충분할 수 있으며, 회상을 하는 동안에 브래드 피트 뉴런들에서 안젤리나 졸리 뉴런들로 혹은 그 반대 방향으로 활동이 퍼져나갈 수 있다. 다시 말해, 만일 모든 관념들이 여러 뉴런들에 의해 중복되어 나타난다면,* 설령 두 뉴런이 연결될 가능성이 희박하다고 해도 헤비안 학습이 이루

---

* 여기서 세포군은 그런 것이 존재한다는 전제하에, 뉴런 간의 모든 연결이 강한 시냅스로 이루어져 있는 뉴런들의 집합으로 재정의되어야 한다. 우리는 로크의 은유를 수정하여, 누군가가 무작위로 구멍을 뚫어놓은 하얀 종이 위에 (구멍을 피하려고 노력하지 않으면서) 글을 쓰는 것을 상상할 수 있다. 종이에서 빠져 있는 부분은 희박하게 (성기게) 연결된 네트워크에서 빠져 있는 시냅스에 비유될 수 있다. 당신이 쓴 글씨가 구멍보다 훨씬 크다면, 여전히 그 정보를 읽어낼 수 있다. 하지만 글씨가 너무 작다면 정보는 상실된다.

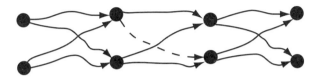

| 그림 24 | 시냅스 사슬에서 중복되는 연결의 제거

어질 수 있다.

이와 유사하게, 일부 연결이 누락되어 있어도 헤비안 가소성으로 시냅스 사슬이 생성될 수 있다. 그림 24에서 점선 화살표로 나타낸 연결을 제거했다고 생각해보자. 이로써 일부 경로가 단절되겠지만 처음부터 끝까지 이어지는 또 다른 연결들이 남아 있으므로, 시냅스 사슬은 계속 기능할 수 있다. 그림 24에서는 연속적으로 일어나는 각각의 관념을 단 두 개의 뉴런으로 표현했지만, 더 많은 뉴런들이 추가된다면 시냅스 사슬은 더 쉽게 누락된 연결을 견딜 수 있게 될 것이다. 다시 한 번 말하자면, 중복되는 표상은 연결될 가능성이 희박함에도 불구하고 학습을 통해 연상관계가 확립될 수 있다.

고대인들은 때로는 더 많은 정보를 기억하는 것이 적게 기억하는 것보다 더 쉽다는 역설적 사실을 이미 알고 있었다. 웅변가와 시인들은 기억술에서 장소법method of loci[7]을 이용했다. 어떤 목록에 있는 물건들을 기억하기 위해, 그들은 집 안에 있는 방들을 지나가면서 각 방에서 암기해야 할 물건들을 하나씩 찾아보는 상상을 했다. 이 방법은 각 물건에 대한 표상들을 여러 번 중복되게 함으로써 암기에 효과를 나타냈을 것이다.

따라서 연결성이 희박하다 것은 정보를 기억하는 것을 어렵게 하는 주요한 이유가 될 수 있다. 기억에 필요한 연결이 없기 때문에 헤비안 가소성으로는 정보를 저장할 수 없는 것이다. 중복성으로 이 문제를 어느 정도 해결할 수 있겠지만, 또 다른 해결책은 없을까?

새로운 기억을 저장해야 할 때마다, '필요에 따라on demand' 새로운 시냅스를 만들면 되지 않을까? 가소성에 관한 헤비안 규칙의 변형으로, '만약 뉴런들이 반복적으로 동시에 활성화된다면, 이들 사이에 새로운 연결들이 생성된다'라는 규칙을 생각해보자. 실세로 이 규칙에 따르면 새로운 세포군들이 형성되어야겠지만, 이는 뉴런에 관한 다음의 기본 사실과 충돌한다. 서로 다른 신경돌기의 전기신호 사이에는 교차작용이 거의 일어나지 않는다는 사실이다. 시냅스 없이 서로 접촉하고 있는 한 쌍의 뉴런을 생각해보자. 두 뉴런이 시냅스를 형성할 수 있지만, 뉴런이 동시에 활성화된다고 해도 시냅스가 형성될 가능성은 없다. 왜냐하면 둘 사이에는 시냅스가 없으므로, 그 뉴런들은 서로를 '들을' 수 없고 서로가 동시에 스파이크를 일으킨다는 사실을 알 수 없기 때문이다. 비슷한 이유로, 시냅스가 '필요에 따라' 생겨난다는 이론은 시냅스 사슬에 적용되기 어려워 보인다.

그러면 다른 가능성을 생각해보자. 아마도 시냅스의 생성은 **무작위적인**random 과정일 것이다. 뉴런은 그와 접촉하고 있는 뉴런들 중 일부에만 연결되어 있다. 또 때로는 이웃 중에서 새로운 짝을 무작위로 선택하여 시냅스를 생성할 수도 있다. 납득이 잘 안 될 수도 있지만, 우리가 친구를 사귀는 과정을 생각해보자. 당사자와 이야기를 해보기 전에 그 사람과 친구가 될 수 있는지를 알 수는 없다. 최초의 대면은 대개 무작위로 이루어질 것이다. 칵테일 파티, 체육관, 심지어 거리에서 만날 수도

---

* 신경과학을 배우는 대학생들 사이에 유명한 "함께 발화하는 뉴런들은 함께 연결된다(Neurons that fire together, wire together)"라는 짧은 노래에서 표현된 것이 헤비안 가소성의 이러한 변형이다.

있다. 일단 대화를 시작하면, 서로의 관계가 우정으로 발전할 수 있을지를 느낄 수 있게 된다. 이 과정은 두 사람의 마음이 맞는지에 달려 있으므로 무작위가 아니다. 내 경험에 따르면 친구가 많은 사람들은 우연히 사람을 만날 수 있는 기회도 많지만 '마음이 통하는' 새로운 사람을 알아보는 데 매우 뛰어나다. 우정의 매력은 대부분 이렇게 무작위적이며 예측 불가능하다는 데에 있다.

이와 비슷하게, 무작위로 생겨나는 시냅스는 새로운 한 쌍의 뉴런이 서로 '소통'할 수 있게 해주며, 어떤 쌍은 뇌가 기억을 저장하려고 할 때에 동시 혹은 순차적으로 활성화되어서 '서로 잘 맞는compatible' 것으로 판명된다. 그들의 시냅스는 헤비안 가소성으로 강화되어 세포군이나 시냅스 사슬을 형성한다. 이런 방식으로 처음에는 존재하지 않았더라도 연상관계를 학습하는 시냅스가 생성될 수 있다. 우리 뇌에는 학습을 위한 새로운 잠재력이 계속 향상되고 있으므로, 처음에는 배움에 실패하더라도 결국에는 성공할 수 있다.

그러나 시냅스가 생성되기만 해서는 뇌는 결국 낭비가 심한 네트워크가 되고 말 것이다. 효율성을 위해 뇌는 학습에 사용되지 않는 새로운 시냅스를 제거할 필요가 있다. 아마 이 시냅스들은 앞에서 언급한 과정에 따라 먼저 약화될 것이며(브래드 피트와 제니퍼 애니스톤의 연결을 잊으려 할 때에 무슨 일이 일어나는지를 상기하자), 이런 약화는 결국 시냅스의 제거를 가져올 것이다.

이를 일종의 시냅스의 '적자생존'이라 생각할 수 있다. 기억에 관련된 것들은 '적자'이며, 더욱 강화된다. 하지만 기억과 관련되지 않은 것들은 약화되어 결국에는 제거된다. 새로운 시냅스들은 공급을 보충하기 위해 계속 생성되므로, 시냅스의 전체 숫자는 일정하게 유지된다. 이런 이론들은 신경다원주의neural Darwinism로 알려져 있으며, 제럴드 에델만 Gerald Edelman과 장 피에르 샹죄Jean-Pierre Changeux를 포함한 많은 연구자들에 의해 발전되었다.[*]

이 이론에서는 학습 과정이 진화의 과정과 유사하다고 주장한다. 시간이 지나면서 하나의 생물 종species이 신에 의해 지적으로 설계된 것처럼 변한다. 그러나 다윈은 이러한 변화가 실제로는 무작위적으로 이루어졌다고 주장했다. 결국 우리는 유리한 변화만을 보게 되는데, 이는 불리한 변화는 '적자생존'의 자연선택에 의해 제거되기 때문이라는 것이다. 마찬가지로, 신경다원주의가 올바르다면 시냅스는 '지적으로' 창조되며 세포군이나 시냅스 사슬에서 필요한 경우에만 '필요에 따라' 산출되는[**] 것처럼 보일 수 있다. 하지만 실제 시냅스는 무작위로 생성되고, 불필요한 것들은 제거된다.

달리 말하면, 시냅스 생성은 뇌에게 학습을 위한 **잠재력**만을 부여하는 '멍청한' 무작위적 과정일 뿐이다. 앞에서 언급한 신골상학의 이론이 주장하는 바와 달리, 시냅스의 생성 자체는 학습이 아니다. 이런 이유로 뇌가 많은 수의 불필요한 시냅스를 제거하지 못한다면, 단순히 시냅스 생성을 증가시키는 약물만으로는 기억 향상의 효과를 기대하기가 어렵다.

하지만 신경다원주의는 여전히 추측에 기반하고 있을 뿐이다. 시냅스

---

[*] Edelman 1987; Changeux 1985. 반대되는 견해가 Purves, White, and Riddle(1996)에서 제시되었으며, Sporns et al.(1997)가 이에 대응했다.

[**] 시냅스 생성에 대한 "주문형(on demand)" 이론은 장 바티스트 라마르크의 진화이론과 유사하다. 라마르크는 동물들이 획득된 형질을 그 자손들에게 물려줄 수 있으며, 그 결과 변이는 무작위적이 아니라 적응적인 것이라 주장했다. 예를 들어, 그는 신체적 훈련을 통해 근육을 크게 키운 사람은 큰 근육을 물려줄 수 있다고 믿었다. 라마르크의 생각은 받아들여지지 않았지만, 최근에 후생유전학 연구에 의해 부분적으로 부활했다.

제거에 대한 가장 광범한 연구는 제프 리히트만Jeff Lichtman에 의해 진행되었는데,* 그는 신경에서 근육으로 연결되는 시냅스에 초점을 맞추었다. 발달 초기에 연결성은 무차별적으로 시작되며, 하나의 근육에 있는 각 섬유는 여러 축삭에서 오는 시냅스를 받아들인다. 시간이 지나면서 시냅스들은 제거되어 각 섬유는 하나의 축삭에서만 시냅스를 받아들이게 된다. 이 경우 시냅스의 제거는 연결성을 다듬어서 훨씬 더 특정적specific으로 만드는 역할을 한다. 이 현상을 보다 분명하게 관찰하기 위해 리히트만은 첨단 영상 기술의 열렬한 지지자가 되었다. 이에 관한 이야기는 이후에 다시 살펴보기로 하자.

그림 23의 수상돌기 가시 이미지에서 보았듯이, 피질에서 일어나는 재연결에 대한 연구가 이루어지면서 대부분의 새로운 가시가 며칠 이내에 사라진다는 사실이 밝혀졌다. 그러나 로젠즈베이그가 사용한 것과 같은, 자극이 풍부한 우리 속에 쥐를 넣어두었을 때에는 남아 있는 가시가 더 많았다. 이러한 결과는 모두 새로운 시냅스가 기억을 저장하는 데 사용되는 경우에만 생존한다는 '적자생존'의 생각과 일치한다. 그러나 그 증거는 결코 결정적이 아니다. 새로운 시냅스가 살아남거나 제거되는 정확한 조건을 밝히는 것이 커넥토믹스가 당면한 중요한 도전이다.

. . .

우리는 필요한 연결이 존재하지 않으면 뇌가 기억을 저장하지 못할

---

* Lichtman and Colman(2000)에서 여러 발견들이 검토되고 있다. Purves and Lichtman(1985)에서는 기본적인 발상들을 읽기 쉽게 소개하고 있다.

수도 있다는 것을 알아보았다. 이는 재가중만으로는 고정적이고 희박한 연결성을 가진 네트워크에 정보를 저장하는 데 한계가 있음을 의미한다. 신경다윈주의는 뇌가 필요 없는 시냅스들을 제거하는 동시에, 새로운 시냅스를 무작위적으로 생성해 학습 잠재력을 계속 개선함으로써 이 문제를 성공적으로 해결할 수 있다고 제안했다. 재연결과 재가중은 각각 독립된 과정이 아니라 서로 상호작용한다. 새로운 시냅스의 생성은 헤비안 강화를 위한 기반substrate을 제공하며, 시냅스의 제거는 점진적 약화로부터 시작되어 이루어진다. 재연결은, 재가중만 있는 경우와 비교하면, 정보 저장을 위한 추가적 능력을 제공하는 역할을 한다.

재연결의 또 다른 장점은 기억을 안정적으로 유지할 수 있게 한다는 것이다. 안정성에 대해 보다 분명하게 이해하기 위해 논의를 좀 더 확대해보자. 지금까지 나는 시냅스를 통해 기억이 유지된다는 생각에 중점을 두었다. 그러나 스파이크를 통한 또 다른 기억 유지memory retention 메커니즘에 대한 증거도 있다. 제니퍼 애니스톤 뉴런이 하나의 뉴런이 아니라 세포군으로 조직된 한 그룹의 뉴런으로 나타난다고 가정하자. 일단 제니퍼 애니스톤이라는 자극이 그 그룹의 뉴런들에게 스파이크를 일으키면, 이 뉴런들은 시냅스를 통해 서로를 계속 자극할 수 있다. 세포군의 스파이크는 자기 지속하며 자극이 없어진 후에도 한동안 지속될 수 있다. 스페인의 신경과학자 라파엘 로렌테 데 노Rafael Lorente de Nó는 이것이 협곡이나 대성당에서 메아리로 소리가 지속되는 것과 비슷하다고 하여 이를 '반향하는 활동reverberating activity'이라 불렀다. 이런 지속적 스파이크의 발생은 당신이 본 것을 어떻게 기억할 수 있는지를 설명해준다.

여러 실험 결과에 따르면, 이런 지속적인 스파이크의 발생으로 정보는 몇 초 동안 유지되는 것으로 보인다. 그러나 장시간 동안 기억을 유지하는 데에는 신경활동이 필요 없다는 좋은 증거가 있다. 얼음 같이 찬물에 빠진 조난자들 중 일부는 사실상 몇십 분 동안 죽어 있다가 다시 살아나기도 한다. 그들의 심장은 혈액 순환을 멈추었지만 얼음과 같은 차가운 물 때문에 영구적인 뇌 손상을 막을 수 있었다. 운이 좋은 사람들은 뇌가 차가워져 있는 동안 뉴런이 완전한 비활성 상태에 있었음에도 불구하고, 기억 손상이 거의 혹은 전혀 없이[8] 회복된다. 그런 끔찍한 경험을 거치면서도 유지되는 기억은 신경활동에 의존할 수가 없다.

놀랍게도 신경외과 의사들은 의도적으로 신체와 뇌를 차갑게 만든다. 초저체온Profound Hypothermia과 순환정지Circulatory Arrest라고 부르는 극단적인 의료 과정PHCA에서는 심장을 멎게 하고 온몸을 섭씨 18도 이하로 냉각하여* 생명 유지 과정의 속도를 빙하 속도와 같이 아주 느리게 만든다. PHCA는 매우 위험하므로 생명이 위험한 상태를 치료하기 위한 수술에서 필요한 경우에만 사용된다. 그러나 성공률은 매우 높다. 수술시간 동안에는 뇌가 실제로 정지되지만, 환자들은 일반적으로 기억의 손상 없이 깨어난다.

PHCA의 성공은 기억의 '이중흔적dual-trace' 이론으로 알려진 학설을 뒷받침한다. 지속적 스파이크의 발생은 단기기억의 흔적이며, 지속적 연결은 장기기억의 흔적이라는 것이다. 장기간 정보를 저장하기 위해 뇌는 그 정보를 활동에서 연결로 이전한다. 그리고 정보를 회상하기 위해 그 정보를 다시 연결에서 활동으로 이전한다.

---

* 신경외과의가 신경동맥류를 제거할 때 종종 PHCA가 이용된다. 동맥류를 절개하는 동안에 출혈을 방지하기 위해 순환이 정지되며, 온도를 낮게 유지함으로써 그 시간 동안에 초래될 수 있는 뇌 손상을 방지한다. 이처럼 매우 낮은 온도에서는 심장이 정상적으로 뛰지 않는다. (치사주사를 통한 사형집행에서 사용되는 약물 중의 하나인) 염화칼륨을 주사함으로써 심장은 완전히 정지된다.

이중흔적 이론은 장기기억이 어떻게 신경활동 없이도 유지될 수 있는지를 설명해준다. 일단 활성화에 의해 헤비안 시냅스 가소성을 유도하고 나면, 정보는 세포군이나 시냅스 사슬에 속하는 뉴런들의 연결에 의해 보존된다. 나중에 회상을 하는 동안에 그 뉴런들이 다시 활성화된다. 저장과 회상 사이의 기간 동안 활동 패턴이 실제로 나타나지는 않지만, 연결 안에 잠재되어 있을 수 있다.

뇌가 두 개의 정보 저장소를 갖는 것은 품위가 없어 보일 수 있다. 저장소를 하나만 사용하는 것이 효율적이지 않을까? 이를 이해하기 위해 정보를 저장하는 데 이용되는 컴퓨터를 예로 들어보자. 컴퓨터에는 두 가지 저장 시스템이 있다.* 램RAM(임의 접근 기억장치)과 하드 드라이브이다. 문서는 하드 드라이브에 오랜 기간 동안 저장된다. 문서 편집 프로그램에서 문서를 하나 열면, 컴퓨터는 그 정보를 하드 드라이브에서 램으로 전송한다. 문서를 편집하는 동안에 램에 있는 정보가 변경된다. 문서를 저장하면 컴퓨터는 그 정보를 다시 램에서 하드 드라이브로 전송한다.

컴퓨터는 인간이 고안한 것이므로, 우리는 컴퓨터에 왜 두 가지 기억 시스템이 있는지를 알고 있다. 하드 드라이브와 램에는 각각 장점이 있다. 하드 드라이브의 장점은 안정성이다. 전원이 꺼진 상태에서도 하드 드라이브에 있는 정보는 영구적으로 저장된다. 이와는 반대로 램에 저장된 정보는 안정적이지 않고 상실되기도 쉽다. 편집을 하는 도중에 정전으로 컴퓨터 내부의 모든 전기신호가 중단되었다고 생각해보자. 컴퓨

---

* 마이크로프로세서 내부에 추가적인 정보 저장소가 있으므로, 실제로는 이것보다 훨씬 복잡하다. 램과 하드 드라이브는 주기판 외부(off-board)의 정보 저장소일 뿐이다.

터를 다시 켜서(재부팅해서) 파일을 열면, 문서는 손상되지 않은 채로 있다. 하드 드라이브에 안정하게 저장되어 있었기 때문이다. 그러나 자세히 보면, 그 파일은 이전에 저장해두었던 것임을 알게 된다. 램에 저장되어 있던 수정본은 사라져버린 것이다.

만약 하드 드라이브가 그토록 안정적이라면, 도대체 왜 램을 사용하는가. 그 대답은 램의 속도에 있다. 램상의 정보는 하드 드라이브의 정보보다 더 빠르게 수정될 수 있다. 따라서 편집하는 동안에 문서를 램으로 전송하고, 그 후에는 하드 드라이브로 다시 전송하여 안전하게 보관하는 것이 유리하다. 일반적으로 안정적인 것은 그만큼 수정하기가 어렵다.

기억을 저장하는 과정에서 생기는 이와 같은 상충효과trade-off를 이론 신경과학자 스티븐 그로스버그Stephen Grossberg는 '안정성-가소성 딜레마'라고 불렀다. 플라톤은 이미 그의 대화편 《테아이테토스》에서 이를 인식하고 있었다. 그는 기억을 하지 못하는 것은 밀랍이 너무 굳어 있거나 너무 부드럽기 때문이라고 설명했다. 어떤 사람들은 각인을 시키기에는 밀랍이 너무 딱딱하게 굳어 있어 기억을 저장하는 데 어려움을 겪는다. 그와 반대로 어떤 사람은 밀랍이 너무 부드러워 각인의 자국이 쉽게 지워져 기억을 유지하는 데 어려움을 겪기도 한다. 다시 말해 밀랍이 너무 굳지도 않고 부드럽지도 않은 경우에만 기억을 각인하고 유지할 수 있다는 것이다.

안정성과 가소성 간의 상충효과는 왜 뇌가 두 가지의 정보 저장소를 사용하는지도 설명할 수 있다. 램상의 정보와 마찬가지로, 스파이크의 발생 패턴은 빠르게 변화하기 때문에 지각과 생각이 이루어지는 동안에 활발하게 발생하는 정보의 조작에 적합하다. 하지만 스파이크의 패턴은 새로운 지각과 생각에 의해 손쉽게 교란되므로, 짧은 시간 동안 정보를 유지할 때에만 유용하다. 이와 반대로, 연결은 하드 드라이브와 유사하다. 연결은 스파이크의 발생 패턴보다 느리게 변화하므로* 정보를 활발하게 조작하는 데는 적합하지 않다. 그러나 연결은 정보를 저장할 수 있을 정도의 가소성이 있으며, 장시간 동안 정보를 안전하게 유지할 수 있다. 정전으로 컴퓨터의 램에 있던 정보가 지워지는 것처럼 저체온은 신경활동을 억제한다. 하지만 연결들은 손상되지 않은 채로 남아 있으며, 따라서 장기기억은 계속 유지된다. 그러나 활동 패턴에서 연결로 이전되지 않은 최근의 정보는 잃어버리게 된다.

안정성-가소성 상충효과는 왜 뇌가 기억을 저장하는 수단으로 재가중과 함께 재연결도 이용하는지를 이해하는 데에도 도움을 줄 수 있을까? 헤비안 가소성으로 신경 스파이크의 발생은 계속되어 시냅스의 세기에 변화를 가져온다. 따라서 시냅스의 세기는 그다지 안정적이지 못하며, 그런 재가중으로 저장된 기억도 안정적이지 않을 수 있다. 이것으로 어제 저녁으로 무엇을 먹었는지에 대한 기억이 왜 희미해지를 설명할 수 있다. 다른 한편으로 시냅스의 존재 자체는 시냅스의 세기보다는 더 안정적이다. 재가중으로 저장된 정보는 재연결로 더욱 안정화된다. 자신의 이름처럼 평생 지속되는 기억이 여기에 해당한다. 어떤 기억은 시냅스의 세기를 유지하기보다는 시냅스 자체를 유지함으로써 지워지지 않고 보존된다. 재연결은 훨씬 안정적이고 덜 가소적인 기억 저장의 수단으로서, 재가중의 보완적 역할을 할 수 있다.

---

* 시냅스는 또한 그 세기를 보다 빠르고 일시적으로 변화시킨다는 점을 언급할 필요가 있다. 이는 단기 가소성으로 알려져 있으며, 단기기억의 기초일 수 있다.

이번 장은 경험적 사실과 이론적인 추측이 섞여 있으며 유감스럽게도 후자로 기울어진 면이 있다. 뇌에서 재가중과 재연결이 일어나고 있다는 것은 분명하다. 그러나 이 현상들이 세포군이나 시냅스 사슬을 생성하는지는 명확하지 않다. 그 현상들이 기억의 저장과 연관된다는 것을 증명하기는 아직 어렵다.

이를 증명할 수 있는 한 가지 유력한 방법은 시냅스에 있는 적절한 분자들에 작용하는 약이나 유전적 조작을 활용하여 동물들에서 헤비안 시냅스 가소성을 무력화하는 것이다. 그다음, 행동실험으로 그 동물들의 기억이 손상되었는지를 확인하고 어떻게 손상되었는지를 알아보는 것이다. 이런 실험들을 통해 이미 연결주의를 뒷받침하는 매력적이고 흥미로운 증거들이 발견되었다. 그러나 불행하게도 그 증거들은 간접적이며 암시적이다. 그리고 다른 부작용 없이 헤비안 시냅스 가소성을 완전히 제거하는 방법은 없기 때문에 이를 해석하는 것 역시 복잡하다.

기억의 이론을 테스트할 때 신경과학자들이 직면하는 어려움을 설명하기 위해 나는 이런 비유를 들곤 한다. 당신이 다른 행성에서 온 외계인이라고 가정하자. 당신은 인간이 못생기고 한심하다고 생각하지만, 그들에 대하여 호기심을 가지고 있다. 당신은 연구의 일환으로 어떤 사람을 비밀리에 관찰하고 있다. 그 사람은 주머니에 공책을 넣고 다닌다. 그는 가끔씩 공책을 열고 펜으로 표식을 남기며, 때로는 공책을 열고 잠깐 쳐다본 다음에 다시 주머니에 집어넣는다.

당신은 한 번도 글을 쓰는 것을 보거나 들은 적이 없으므로, 이런 행동을 이해할 수 없다. 몇천만 년 전에 당신의 조상들도 글을 쓴 적이 있었지만, 그 진화단계는 완전히 잊혀졌다. 많은 고민 끝에 당신은 그 사람이 공책을 기억장치로 사용하고 있다는 가설을 세운다.

어느 날 저녁에 당신은 이 가설을 테스트하기 위해 공책을 감추었다. 다음날 아침에 그 사람은 침대 밑을 살피고 캐비닛을 열어보는 등 집 안을 돌아다니며 오랜 시간을 보낸다. 그날 남은 시간 동안 그의 행동은 종종 평소와 달라 보였지만 큰 차이는 없었다. 당신은 약간 낙담하지만, 가설을 테스트할 수 있는 다음과 같은 실험들을 상상해본다. 공책의 몇 페이지를 잘라 없애버린다. 표식을 지우기 위해 공책을 물속에 담근다. 그의 공책을 다른 사람의 것과 바꾸어놓는다.

가장 직접적으로 테스트하는 방법은 그 공책에 적혀 있는 것을 읽는 것이다. 종이 위의 잉크 표식을 해독함으로써, 당신은 그 사람의 앞으로의 행동을 예측할 수 있을지 모른다. 만일 당신의 예측이 올바르다면, 이는 공책이 정보를 저장하고 있다는 강력한 증거가 될 것이다. 유감스럽게도 당신은 지금 2만 살이 넘었고 원시가 시작되었다. 따라서 감시 장치로 그 공책을 쳐다볼 수는 있지만, 쓰여 있는 글을 정확하게 읽을 수는 없다. (너무 억지스럽기는 하지만 당신의 외계 문명은 돋보기나 이중초점 안경을 발명하지 않았다고 가정하자.)

원시가 있는 외계인인 당신처럼, 신경과학자들도 기억에 관한 가설을 테스트하기를 원한다. 그들은 뉴런 간의 연결이 수정되는 과정에 의해 정보가 저장된다고 믿고 있다. 당신이 글이 쓰여 있는 인간의 공책을 숨긴 것처럼, 신경과학자들은 이 가설을 테스트하기 위해 어떤 연결들을 포함하고 있는 뇌 영역을 파괴한다. 당신이 그 사람이 기억할 필요가 있을 때 주머니에서 공책을 꺼내는지를 확인하는 것과 같이, 신경과학자들은 기억이 이루어질 때 그 뇌의 영역이 활성화되는지를 측정한다.

또 다른 방법은 좀 더 직접적이고 결정적인데, 커넥톰에서 기억을 읽어내는 것이다. 세포군과 시냅스 사슬이 실제로 존재하는지를 직접 관찰하는 것이다. 그러나 유감스럽게도, 당신(외계인)이 원시 때문에 (해독은 물론이고) 그 사람의 공책을 정확하게 읽을 수 없듯이, 신경과학자들은 커넥톰을 볼 수 없다. 따라서 기억의 신비를 이해하기 위해서는 더 발달된 기술이 필요하다.

새롭게 부상하고 있는 기술들과 이 기술을 적용할 수 있는 가능성을 설명하기에 앞서, 커넥톰의 형성에 기여하는 중요한 요소 한 가지를 더 설명할 필요가 있다. 뉴런들은 경험에 의해 재가중되고 재연결될 수 있지만, 유전자도 이와 같은 커넥톰의 형성에 기여한다. 사실 커넥토믹스의 전망 중에서 가장 흥미진진한 것들 중의 하나가 이 둘(경험과 유전자) 사이의 상호작용의 비밀을 결국 밝혀낼 수 있으리라는 가능성이다. 커넥톰은 본성과 양육이 만나는 장소이다.

3

본성과 양육

6

유전자의 숲 관리
C O N N E C T O M E

고대 그리스인들은 인간의 생명을 숙명Fates이라 불리는 여신들이 잣고, 재고, 자르는 가느다란 실에 비유했다. 현대의 생물학자들은 인간 운명의 비밀을 다른 실에서 찾는다. DNA로 알려진 분자는 이중나선으로 꼬인 두 개의 가닥으로 이루어져 있다. 각각의 가닥은 뉴클레오티드 nucleotide라는 더 작은 분자들로 사슬처럼 연결되어 있으며, 뉴클레오티드는 다시 A, C, G, T로 표시되는 네 가지 유형으로 나누어진다. DNA는 게놈genome이라는 서열 안에서 이 네 개의 글자가 몇십억 번 이어지는 것으로 나타낼 수 있다. 이 서열은 유전자gene라 불리는 수만 개의 더 짧은 분절을 포함하고 있다.

자식들이 부모를 많이 닮는다는 것은 인류의 역사에서 언제나 분명한 사실이다. 갓난아이가 태어나면 사람들은 이런 말을 한다. '그 애는 네 눈을 닮았어!' '그 놈의 곱슬머리가 나와 똑같네!' 이런 현상은 DNA가 설명해준다. 아이는 부모 중 한 명에게서 유전자의 절반을, 다른 한 명에게서 나머지 절반을 물려받는다. 따라서 아이가 가지고 있는 특징은 두 부모의 유산이다. 모든 사람들이 신체적 특징에 대해서는 이런 주장을 받아들이지만, 정신적인 면에서 대해서는 좀 논란의 여지가 있다.

인간의 정신을 백지 상태에 있는 흰 종이에 비교한 로크의 믿음처럼, 인간의 정신은 유연하기 때문에 그 형성과정은 유전자보다 경험에 더 의존할지도 모른다. 또 한편으로는 어린아이들이 부모를 닮는 것은 외모만이 아니라는 데에는 의문의 여지가 없다. '사과는 나무에서 멀리 떨어지지 않는다' 혹은 '너는 오래된 돌의 한 조각일 뿐이다'('부전자전'이라는 의미의 속담-옮긴이)라는 말을 들으면, 당신은 이것을 부정하려고 할 수도 있다. 그러나 당신의 이런 반응이 30년 전 당신 아버지의 반응과 꼭 같다는 것을 깨닫는 날이 올지도 모른다. 물론 이런 특정한 사례가 시사하는 바가 있지만, 이를 증명할 수 있는 것은 아무것도 없다. 부모와 자식 사이의 유사성은 유전자보다 가정교육의 결과일 수 있다.

유전자와 교육이라는 두 가지 설명을 프랜시스 골턴은 '본성nature'과 '양육nurture'이라고 불렀다. 20세기가 되어서야 본성-양육 논쟁은 드디어 철학적 단언이나 개인적 사례의 수준을 넘어설 수 있었다. 같은 수정란zygote에서 분리되어 같은 게놈을 공유하는 일란성monyzytoic, MZ 쌍둥이들의 연구에서 확실한 증거가 발견되었다. 연구자들은 어린 시절에 헤어져 다른 가족에 입양되어 성장한 일란성 쌍둥이들을 찾아서 연구했다.[1] 이들의 IQ는 키나 몸무게와 같은 신체적 특성과 마찬가지로 비슷하다는 것이 밝혀졌다. 이들은 무작위로 선택된 두 사람*의 IQ보다 훨씬 더 비슷했다. 이 쌍둥이들은 서로 다른 가정에 입양되어 길러졌기 때문에, 공통적인 가정환경으로 그들의 높은 유사성을 설명할 수 없다. 이

---

* 엄격히 말해서 적절한 비교는 서로 떨어져 자란 일란성 쌍둥이들 중 다른 쌍에서 각각 선택된 두 사람 사이에 이루어져야 할 것이다.

것을 그럴 듯하게 설명할 수 있는 방법은 그들이 동일한 게놈을 가지고 있다는 것이다. 이 데이터로 보면, 유전자가 IQ에 미치는 영향은 신체적 특성에 미치는 영향만큼 강하게 보인다.

이런 종류의 비교는 IQ를 넘어 다른 여러 정신적 특징에 대해서도 계속되었다. 성격검사personality test에서는 '나는 나 자신이 다른 사람의 흠집을 잡으려는 경향이 있다고 생각한다'와 같은 질문으로 가득 채워진 질문지를 주고, 검사를 받는 사람은 1(전혀 동의하지 않는다)과 5(매우 동의한다) 사이의 숫자를 선택하여 그 질문에 답한다. 쌍둥이들의 성격검사 결과는 IQ 검사 결과만큼의 유사성을 보이지는 않았다. 그러나 서로 떨어져 성장했음에도 그들의 검사 결과는 무작위로 선택된 두 사람의 검사 결과보다 더 유사한 것으로 나타났다. 이 결과는 성격이 IQ보다 더 유연하지만, 유전적 요소도 여전히 중요하다는 것을 의미한다.

쌍둥이 연구는 오랫동안 양육의 힘을 신봉하는 사람들의 강력한 반발을 샀다. 하지만 동일한 결과를 나타내는 연구는 수 차례에 걸쳐 반복되었고, 현재는 거의 논쟁의 여지가 없어져버렸다.* 이에 심리학자 에릭 터크하이머Eric Turkheimer는 "모든 인간의 행동 특성은 유전될 수 있다"는 행동 유전학의 제1법칙**을 공표하기도 했다.

이 법칙은 정상적인 사람들 간의 정신적 차이뿐만 아니라 정신장애에도 적용된다. 초기에 전통적 정신분석 교육을 받은 사람들은 아이들의

---

* 한 유명한 사례에서, 쌍둥이 연구의 개척자인 시릴 버트(Cyril Burt) 경은 자신의 데이터를 조작한 것으로 사후에 비난받았다. 이는 전체 분야에 대한 의심을 불러일으켰지만, 결국 이러한 의심은 탄탄한 데이터에 의해서 사라지게 되었다.

** Turkheimer 2000. 두 번째 법칙은 "동일한 가족 내에서 양육된 것의 영향은 유전자의 영향보다 적다"이며, 세 번째 법칙은 "복잡한 인간 행동 특성에서 나타나는 변이의 상당 부분은 유전자나 가족의 영향으로 설명되지 않는다"이다.

자폐증의 원인이 '냉담한 엄마refrigerator mothers(냉장고와 같이 차가운 엄마)'에게 있다고 믿었다. 자폐증을 처음 정의한 심리학자 레오 캐너는 1960년 〈타임Time〉에서 다음과 같이 자폐증을 대략적으로 설명했다. "이런 아이의 부모는 고도로 체계화된 전문직에 종사하는 이들로, 차갑고 이성적이며 캐너 박사가 '아이를 낳을 수 있을 정도로만 겨우 녹아 있는 유형'이라고 묘사한 사람들이다." 그러나 사실 자폐증의 원인에 대한 캐너의 생각에는 상반되는 면이 있었다. 자폐증을 처음으로 정의한 1943년 논문의 결론에서 그는 자신의 많은 환자들이 정서적으로 차가운 부모를 가졌다고 했지만, 이어서 그들의 증상은 선천적이라고 말하고 있다.

이는 자폐증이 다른 원인, 즉 유전자의 결함에 기인할 수 있다는 가능성을 인정하는 것이다. 연구자들은 이 생각도 쌍둥이 연구로 조사해보았다. 만일 자폐증이 완전히 유전적 요소로 결정된다면, 일란성 쌍둥이는 두 사람 모두 자폐증에 걸리거나 혹은 둘 다 정상이라고 추정할 수 있다. 하지만 실제로 이 추정이 완전히 들어맞지는 않는다. 쌍둥이 중 하나가 자폐증에 걸리면, 나머지 한 명이 자폐증을 보일 가능성은 60~90퍼센트이다.* 이른바 일치율concordance rate이 100퍼센트에 미치지 못하므로, 자폐증은 **완전히** 유전자만으로 결정되는 것은 아니다. 그럼에도 불구하고 그 일치율은 상당히 높은 편이며, 이는 유전적 요소가 자폐증에 중요한 부분을 차지한다는 것을 시사한다.

물론 이 통계가 그 자체로 결정적인 것은 아니다. 쌍둥이들은 일반적

---

* Steff enburg et al. 1989; Bailey et al. 1995. 자폐증이 엄격하게 정의되는가, 혹은 자폐 범주성 장애에서 볼 수 있듯이 보다 포괄적으로 정의되는가의 여부에 따라 정확한 숫자가 달라지기 때문에, 일치율은 일정한 범위로 주어진다. 또한 표본의 크기가 상당히 적으므로, 이 숫자는 통계적 불확실성으로부터 자유롭지 않다.

으로 같은 가정에서 성장하므로 유사한 경험을 하는 경향이 있다. 만일 캐너가 말한 '냉담한 엄마'가 자폐증의 원인이라면, 이 또한 높은 일치율을 보여야 한다. IQ 연구에서 유전적 영향과 환경의 영향을 구분하는 것은 다른 가정에 입양되어 양육된 일란성 쌍둥이를 연구함으로써 해결되었다. 하지만 그런 쌍둥이를 찾기란 쉽지 않으며, 심지어 자폐증에 걸려 서로 다른 가정으로 입양된 쌍둥이를 찾는 것은 더욱 어려운 일이다. 따라서 유전학자들은 다른 접근방식을 선택했다. 함께 자란 쌍둥이를 연구하여, 일란성 쌍둥이와 이란성dizygotic, DZ 혹은 '형제 간fraternal' 쌍둥이를 비교함으로써 유전자의 중요성을 평가했다. 이란성 쌍둥이의 경우 자폐증의 일치율은 10~40퍼센트 정도라는 비교적 낮은 비율이 나왔다.[*] 자폐증이 유전적 요소의 영향을 받는다면, 이와 같은 낮은 일치율은 쉽게 설명이 된다. 이란성 쌍둥이는 일란성 쌍둥이보다 유전적으로 덜 유사하기 때문이다. (일란성 쌍둥이는 유전자가 100퍼센트 일치하지만, 이란성 쌍둥이는 50퍼센트만 일치한다.)

정신분열증에서는 과연 어떨까?[2] 이 경우에도 일란성 쌍둥이(40~65퍼센트)에 비해 이란성 쌍둥이(0~30퍼센트)의 일치율이 낮다. 이 숫자들은 정신분열증에 있어서도 유전적 요소가 중요하다는 것을 보여준다.

이런 쌍둥이 연구는 유전자가 중요하다는 사실을 보여주기는 하지만, 왜 그런지는 설명하지 않는다. 이 질문에 대한 대답(혹은 여러 대답들)을 다루기에 앞서 먼저 유전자에 대해 살펴보도록 하자.

---

[*] Hallmayer et al.(2011)은 이전에 이루어졌던 Steff enburg et al.(1989)나 Bailey et al.(1995)의 연구들에 비해 이란성 쌍둥이의 일치율을 상향 수정했다. 더 새로운 추정치에 따르면, 자폐증의 경우 유전적 영향이 중요하지만 이전에 생각했던 것만큼 중요한 것은 아니다.

세포는 여러 유형의 분자 부품으로 구성되는 복잡한 기계라 할 수 있다. 주요 유형 중 하나는 단백질protein이라는 분자들의 집합이다. 어떤 단백질 분자들은 구조적인 요소로, 나무로 지은 집의 뼈대를 이루는 기둥이나 대들보처럼 세포를 지탱하는 역할을 한다. 다른 단백질 분자들은 공장의 노동자가 부품을 다루듯이 다른 분자들의 기능에 참여하기도 한다. 많은 단백질들은 구조적 역할과 기능적 역할을 동시에 수행한다. 그리고 세포는 그 구성요소인 많은 단백질들이 여기저기로 이동을 하기 때문에, 사람이 만든 대부분의 기계보다 훨씬 더 역동적이다.

DNA에는 단백질 합성*을 위해 세포가 따라야 하는 지시사항이 들어 있어 흔히 '생명의 청사진'이라고 불린다. DNA가 뉴클레오티드의 사슬로 이루어져 있듯이, 단백질 분자는 아미노산이라 불리는 더 작은 분자들의 사슬로 이루어져 있다. 아미노산에는 20가지가 있다. 각 단백질은 특정한 서열의 글자들로 나타내는데, DNA에 사용되는 네 개가 아니라 20개의 알파벳이 사용된다. 아미노산의 서열은 (대개) 게놈 안에서 인접한 문자열(즉 유전자)에 의해 지정된다. 세포는 유전자의 뉴클레오티드 서열을 읽어서 단백질을 합성하기 위한 아미노산의 서열로 '번역'하는 것이다. (번역에 사용되는 사전은 유전자 코드genetic code로 알려져 있다.) 세포가 유전자를 읽어 단백질을 합성하는 것을 유전자를 '발현한다'라고 한다.

생명은 정자와 난자가 만나 수정된 단 하나의 세포에서 시작된다. 그 세포는 둘로 분열하고, 그 둘이 또 분열하며 신체에 있는 엄청난 수의

---

* 우리가 음식에서 단백질을 섭취하므로, 세포는 단백질을 만들 필요가 없다고 생각할지도 모르겠다. 그러나 실제로 소화기관은 단백질을 아미노산으로 잘게 썰고, 우리의 세포들은 그것들을 다른 단백질로 재조립한다.

세포들이 다 만들어질 때까지 여러 세대에 걸친 분열은 계속된다. 분열하는 모든 세포는 자신의 DNA를 복제하여 동일한 복사본을 후손에 전달하므로 우리 신체 속에 있는 모든 세포는 동일한 게놈을 가지고 있다.* 그렇다면 왜 간세포와 심장세포는 달라 보이고, 다른 기능을 수행하는 걸까? 그것은 다른 유형의 세포들에서는 다른 유전자가 발현되기 때문이다. 우리의 게놈은 각각 다른 종류의 단백질에 대응하는 수만 개의 유전자를 가지고 있다. 각 유형의 세포는 가지고 있는 유전자의 일부만을 발현하고, 다른 것들은 발현하지 않는다. 뉴런은 아마도 (논란의 여지는 있지만) 신체에서 가장 복잡한 유형의 세포일 것이다. 따라서 많은 유전자가 부분적 혹은 전적으로 뉴런의 기능을 지원하는 데 할당된 단백질을 인코딩(부호화)하고 있다는 것은 그다지 놀라운 일이 아니다. 이것이 '유전자가 왜 뇌에 중요한가'라는 질문에 대해 어느 정도 대답이 될 수 있을 것이다.

당신의 게놈과 나의 게놈은 거의 동일하며, 인간 게놈 프로젝트에서 발견한 서열과 거의 정확히 부합한다. 그러나 약간의 차이 또한 존재한다. 유전체학genomics은 그 차이를 탐지하는 더 빠르고 경제적인 기술들을 개발하고 있다. 때때로 그 차이는 단 한 글자뿐이고, 더 많은 범위의 글자들이 지워지거나 반복되는 경우도 있다. 만약 게놈의 차이가 유전자를 변경한다면, 그 차이의 결과는 유전자에 의해 인코딩(부호화)되는 단백질의 기능을 알아냄으로써 추측해볼 수 있을 것이다.

이제 당신은 정신 기능이 스파이크 발생과 분비에 기반하고 있다는

---

* 면역체계에 있는 특정 세포들, DNA 복제 실수로 일어나는 변이, 그리고 이른바 모자이크 유기체(mosaic organism)처럼 이 규칙에는 예외가 있다.

생각에 익숙해졌을 것이다. 이 두 과정은 모두 여러 종류의 단백질과 관련되어 있다. 우리는 이미 그 중요한 종류 중 하나인 신경전달물질을 감지하는 수용체 분자에 대해 살펴보았다. 그 분자들은 뉴런의 바깥쪽 세포막에 자리잡고 있으며, 세포의 외부에 부분적으로 돌출되어 있다. (튜브를 끼고 물 위에 떠 있는 어린아이를 기억하는가.) 앞에서 나는 신경전달물질 분자와 수용체의 결합이 열쇠를 자물쇠에 넣는 것과 유사하다고 설명했다. 여기서 한 걸음 더 나아가 어떤 수용체는 자물쇠와 문이 결합되어 있다고 볼 수 있다. 수용체 분자를 관통하는 조그만 구멍이 뉴런 내부와 외부를 연결하고 있지만, 뉴런은 문과 같은 장치이며 대부분의 시간 동안 닫혀 있다. 신경전달물질이 수용체와 결합하면, 그 문이 잠깐 동안 열리면서 순식간에 전류가 구멍을 통해 흐른다. 다시 말하면, 신경전달물질은 문을 여는 열쇠처럼 작동하여 전류가 뉴런의 안과 밖 사이를 흐를 수 있게 한다.*

일반적으로 세포막을 관통해 전류를 통과시키는 구멍을 가지고 있는 단백질을 **이온채널**ion channel이라고 한다. (이온은 수용액에서 전기를 전도하는 충전 입자이다.) 많은 유형의 이온채널은 수용체가 아니다. 이들 중 일부는 뉴런이 스파이크를 일으키게 하며, 어떤 이온채널은 뉴런을 지나쳐가는 전기신호에 미세한 영향을 준다. 만약 당신의 게놈이 수용체나 이온채널에 대해 비정상적 DNA 서열을 포함하고 있다면, 이는 뇌에 안 좋은 영향을 미칠 수 있다. 이온채널에 대한 DNA 서열의 결함으로 발

---

* 이 문이나 구멍은 때때로 수용체 자체가 아니라 인근 분자들에 위치한다. 측면에 있는 버튼을 눌러서 개방되는, 전기로 작동하는 문처럼 수용체는 또 다른 신호를 보내서 이 문을 열 수 있다. 그러한 수용체는 이온통로가 아니며, '대사성(metabotropic)' 수용체라고 불린다. 본문에서 논의된 유형의 수용체는 이온통로이며, '이온성(ionotropic)' 수용체라고 불린다.

생하는 질병을 '채널이상증channelopathy'이라 한다.[3] 이온채널의 오기능으로 간질 발작이라는 통제할 수 없는 스파이크가 발생할 수 있다.

스파이크로 유발되어 소포의 내용물을 시냅스 간극으로 방출하는 것을 돕는 단백질뿐만 아니라 신경전달물질을 소포 안으로 챙겨넣는 다른 종류의 단백질도 있다. 또 어떤 단백질은 간극 사이에서 신경전달물질을 분해하거나 재생하는 것을 도와 신경전달물질이 너무 오래 머물러 있거나 다른 시냅스로 퍼지는 것을 방지하는 역할을 한다. 이는 수많은 단백질의 역할 중 극히 일부에 불과하며, 이것만으로 스파이크의 발생과 분비를 보조하는 단백질의 엄청난 역할을 모두 설명하기에는 부족하다. 수많은 단백질들 중 어느 하나라도 결함을 가지고 있으면 뇌 질환으로 이어질 수 있다. 그러나 오기능이 미치는 영향은 이것으로 끝나지 않는다. 현재 나타나는 결과 외에도 유전자의 결함은 과거 어린 시절의 뇌 발달에 장애를 일으켜 그 흔적을 남겼을 수도 있기 때문이다.

대략적으로 뇌의 성장과 발달은 네 단계로 구분할 수 있다. 전구세포progenitor cell의 분열을 통해 뉴런들이 생성, 즉 '태어나서,' 뇌 속의 적절한 위치로 이동하며, 가지를 기르고, 연결을 형성한다. 이 네 단계 중 어떤 단계에서라도 문제가 생기면 뇌가 비정상적으로 발달할 수 있다.

뉴런이 제대로 생성되지 못하면 어떤 일이 일어날까? 파키스탄의 구지라트Gujrat 시에는 슈아 둘라Shua Dulah라는 17세기 성인을 기리는 성지가 있다. 수 세기 동안 비정상적으로 작은 머리를 가지고 태어난 아기들이 그곳에 버려졌다. 파키스탄에서는 이런 아이들을 **추아스**chuas라고 불렀다. 이는 '쥐 인간rat people'이라는 의미로, 아마도 쥐와 비슷하게 앞으로 돌출된 얼굴 때문에 붙은 이름일 것이다. 때로는 추아스들은 그들에게 구걸을 강요하고 그 돈을 챙기는 주인에 의해 착취를 당하며 살게 되었다. 추아스의 존재를 설명하는 여러 가지 이야기가 있는데, 그중 하나는 사악한 인간들이 아기의 머리에 점토나 금속모자를 씌워[4] 뇌의 성장을 지체시켜 추아스를 만들었다는 끔찍한 이야기이다.

사실 추아스는 선천적인 소두증microcephaly을 가지고 태어난 아이들이다. 가장 전형적 형태인 진성 소두증microcephaly vera의 경우, 유일한 비정상성은 태어날 때부터 축소된 뇌 크기뿐으로 보인다.* 피질은 더 작지만 접혀 있는 패턴이나 구조상의 다른 특징은 정상에 가깝다.[5] 놀라운 일은 아니지만, 진성 소두증은 작은 피질 때문에 정신지체를 수반하는데, 그 원인이 마이크로세팔린microcephalin이나 ASPM과 같은 여러 유전자의 결함에 있다는 연구 결과가 발표되었다. 이 유전자들에는 피질 뉴런의 탄생을 통제하는 단백질이 인코딩(부호화)되어 있다. 따라서 이 유전자의 결함은 피질 뉴런의 수를 줄임으로써 소두증을 야기한다. 모든 유전자는 두 개의 복사본이 있으므로, 복사본 중 하나에만 결함이 있으면 소두증의 증상이 나타나지 않을 수 있다. 결함이 없는 복사본이 하나만 있어도 뇌는 정상적으로 성장할 수 있다. 그러나 두 부모에게서 모두 결함이 있는 복사본을 물려받으면, 아이는 소두증을 가지고 태어난다. 이는 아주 드문 경우에 속하지만 사촌(인척) 간의 결혼 비율이 높은[6] 파키스탄에서는 이런 일이 훨씬 자주 일어난다. (사촌은 유전적으로 연결되어 있으므로, 무작위로 선택된 두 사람의 경우에 비하여 부모가 모두 보유자일 가능성이 크다. '사촌'이라고 번역된 영어 단어 'cousin'은 우리말로 사촌뿐만 아니라 오촌, 육촌, 칠촌, 팔촌 등 가까운 친척을 모두 의미한다.-옮긴이)

---

* 소두증에 대한 임상적인 정의는 정상 뇌 크기보다 2 내지 3 표준편차 값 아래인 뇌의 크기를 의미한다. (Mochida and Walsh 2001).

뉴런이 적절한 위치로 이동하는 두 번째 단계에서도 이상이 발생할 수 있다. 활택뇌증lissencephaly의 경우 주름이 있는 정상적인 피질과 달리 주름이 없으며 현미경으로 볼 수 있는 다른 구조에서도 비정상적 특징이 나타난다. 이 질환은 보통 심각한 정신지체와 간질을 동반한다.[7] 활택뇌증은 임신 기간 동안에 뉴런의 이동을 조절하는 유전자의 변이로 야기된다.[8]

뇌 발달의 이 두 가지 단계는 태아 시기에 일어난다. 아기가 태어나는 시점에 뉴런의 생성과 이동은 실제로 완결된 상태이다. 사람은 태어날 때 그 사람이 갖게 될 모든 뉴런을 가지고 태어난다는 말을 들어보았을 것이다. (출생 후에도 뉴런이 계속 생성되는 뇌 영역은 몇 군데밖에 없다.) 그러나 뇌 발달이 이것으로 끝난 것은 아니다. 출생 이후에도 뉴런의 가지는 계속 성장한다. 축삭이나 수상돌기가 전선과 모양이 유사하다는 점에서 이 과정은 뇌의 '배선wiring'이라 불린다. 축삭은 수상돌기보다 훨씬 길기 때문에 최대한 길게 자라야 한다. 원뿔처럼 생긴 모양 때문에 '성장 원뿔'로 알려져 있는, 성장 중인 축삭의 작은 끝부분을 상상해보자. 만약 성장 원뿔이 사람 정도의 크기라면, 성장이 끝났을 때는 도시의 반대편까지 뻗어 나갈 정도로 길게 성장한다. 어떻게 성장 원뿔은 그렇게 긴 거리를 찾아갈 수 있을까? 많은 신경과학자들은 이 현상을 연구한 결과, 성장 원뿔이 냄새를 맡아서 집을 찾아가는 개처럼 행동한다[9]는 사실을 발견했다. 뉴런의 표면은 땅 위의 냄새처럼 작용하는 특수한 유도분자들로 덮여 있다. 그리고 뉴런들 사이의 빈 공간은 공기 안의 냄새처럼 작용하면서 떠도는 유도분자들을 포함하고 있다. 성장 원뿔은 분자 센서를 장착하고 있으며, 그 도착지점을 찾아내기 위해 유도분자들의 '냄새'를 맡는다. 이 분자들과 센서의 생산은 유전적으로 통제된다. 이것이

유전자가 뇌의 배선을 유도하는 방법이다.

축삭이 적절하게 성장하지 못하면, '배선 오류miswiring'가 발생한다. 대뇌의 좌반구와 우반구를 연결하는 2억 개의 축삭 다발인 뇌량corpus callosum을 생각해보자.* 희귀한 경우이긴 하지만, 뇌량이 전혀 없거나 부분적으로 결손된 사람들이 있다. 다행스럽게도 이 장애는 소두증보다는 훨씬 미약하다.** 이런 배선 오류는 축삭의 유도를 제어하는 유전자를 포함한 여러 유전자의 결함에 의해 발생한 것일 수 있다.

뇌를 통과하는 여행의 대부분에서 축삭은 나무의 줄기처럼 직선으로 자란다. 성장 원뿔이 일단 그 목적지에 도착하면, 축삭의 가지가 분기하기 시작한다. 과학자들은 이 최종 가지의 분기가 유전자의 엄격한 제어를 받지 않는다고 생각하는데, 여기에는 충분한 근거가 있다. 만일 이것이 사실이라면, 뉴런의 전반적 형태는 유전으로 결정될지 몰라도 상세한 분기 패턴은 거의 무작위적이다. 이와 마찬가지로, 소나무 숲의 나무들은 같은 유전적 계획에 따라 성장하기 때문에 서로 유사하게 보인다. 그러나 가지의 모양까지 정확하게 일치하는 나무는 없다. 성장이 무작위적일 뿐만 아니라 환경의 영향 또한 받기 때문이다.

뇌의 배선이 이루어지면서 뉴런들은 시냅스를 만들어 서로를 연결한다. 나는 앞에서 시냅스의 생성과정이 뉴런들이 상호 접촉할 때마다 일정한 비율로 발생하는 무작위적인 것이라 가정했다. 그러나 유전적 조절도 영향을 미칠 수 있다. 각기 다른 유형의 뉴런들이 분자적 단서로 서로를 알아보고, 이를 바탕으로 연결의 여부를 '결정'할 수 있기 때문

---

* 추정수치는 Tomasch(1954)과 Aboitiz et al.(1992)에서 가져온 것이다.
** Paul et al. 2007. 간질 수술을 통해 뇌량이 절단된 '분리된 뇌(split-brain)' 환자들에게도 상대적으로 경미하지만 장애가 나타난다.

이다. (뉴런 유형에 관해서는 나중에 이야기하도록 하자.)

따라서 아주 초기의 발달단계에서 나타난 최초의 커넥톰은 거의 대부분이 유전자와 무작위적 과정에 의해 생성된 것으로 보인다. 과학자들은 아직도 이런 요소들이 커넥톰의 형성에 미치는 상대적 영향에 대해 연구하고 있다. 어떤 이론에 따르면 유전자는 주로 뇌의 배선을 조절하는 역할을 한다. 유전자는 뉴런의 형태와 그 가지들이 퍼져나갈 영역을 대략적으로 결정한다. 두 뉴런이 포괄하는 영역이 중첩될 경우, 둘 사이에 연결이 이루어질 가능성이 있다. 하지만 그들이 실제로 연결될지 여부는 유전자에 의해 결정되지 않는다. 연결은 처음에는 유전적으로 지정된 영역 안에서 가지들이 무작위적으로 마주치는 경우에, 그리고 마주치는 지점에서 생성되는 시냅스에 의해 이루어진다. 그러나 발달이 진행되면서 경험도 커넥톰 형성에 영향을 미치기 시작한다. 그 과정은 정확히 어떻게 일어나는 걸까?

유아의 뇌에서는 엄청난 속도로 새로운 시냅스가 생성된다. 생후 2개월에서 4개월 사이의 아이의 경우 브로드만 구역 17에서만 초당 50만 개* 이상의 시냅스가 생겨난다. 시냅스의 증가를 수용하기 위해서 신경돌기의 수가 증가하고 길이도 늘어난다. 그림 25는 출생에서 4살에 이르기까지 수상돌기 가지들의 극적인 성장과정을 보여준다.

5장에서 나는 성인의 학습이 순전히 시냅스의 생성을 의미하지는 않는다고 언급한 바 있는데, 이는 어린아이의 뇌에도 적용된다. 뇌 발달과

---

* 50만이라는 추산은 Huttenlocher(1990)의 그림 1에서 가져온 것이다. 이는 Huttenlocher et al.(1982)의 데이터를 요약하고 있다.

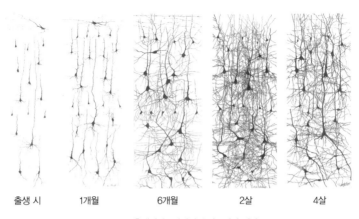

| 출생 시 | 1개월 | 6개월 | 2살 | 4살 |

| 그림 25 | 출생에서 4살까지 수상돌기의 성장

정에서 연결이 파괴되기도 하기 때문이다. 두 살배기 아이는 성인보다 훨씬 더 많은 시냅스를 가지고 있다. 성인이 되면 시냅스의 수는 최고의 정점에 달했던 유아기의 60퍼센트 수준으로 떨어진다.[*] 비슷한 방식의 증가와 감소가 뉴런의 가지에도 일어난다. 수상돌기와 축삭은 처음에는 무성하게 자라지만, 가지의 일부는 나중에 잘려나간다.

뇌는 왜 그렇게 많은 시냅스를 먼저 만들고, 나중에 많은 수를 파괴할까? 소위 '창조적'이라 불리는 많은 행위는 사실 잘못된 명칭으로 불리고 있다. 왜냐하면 창조적 행위에는 창조와 파괴가 함께 일어나기 때문이다. 논문을 쓸 때 나는 처음에는 비록 문장이 엉성할지라도 나의 모든 생각을 종이 위로 옮기는 것에 초점을 맞춘다. 이 단계에서는 단어의 수가 늘어난다. 일단 초안이 완성되면 다시 쓰거나 교정하는 과정을 통해 글의 길이는 짧아진다. 결과적으로 최종 논문은 초고에 비해 짧아진다.

---

[*] Huttenlocher and Dabholkar 1997. 유사한 관찰이 Rakic(1986)에 의해 원숭이 피질에서 이루어졌다.

'완전함은 추가할 것이 없을 때가 아니라, 버릴 것이 없을 때에 성취된다'는 격언처럼 말이다.

아마 초기의 커넥톰은 거친 초고와 같을 것이다. 나는 앞에서 초기의 배선과 연결의 생성은 유전자가 유도하지만, 동시에 무작위성에 노출되어 있다고 말했다. 그리고 성인의 뇌에서 일어나는 시냅스의 제거는 약화에 의해 이루어지며, 여기에는 경험도 영향을 미친다는 이론에 대해 설명했다. 동일한 이론으로 볼 때, 발달하고 있는 뇌에서 시냅스가 제거되는 주된 원인 역시 경험에 의한 것일 가능성이 있다. 그리고 아마도 어떤 가지에서 여러 시냅스를 제거하는 것은 가지치기로 이어질 것이다. 거친 초고를 세련되게 다듬는 것과 같은 이런 파괴적 과정을 통해 성인의 커넥톰이 형성된다.

그러나 이 시나리오는 약간의 오해를 가져올 수 있다. 이는 생성과 파괴가 두 가지의 분리된 단계로 일어난다는 인상을 줄 수 있기 때문이다. 글쓰기 비유로 왜 이것이 타당치 않은지를 알아보자. 거친 초고를 다듬는 과정에서 나는 단어를 추가하는 동시에 삭제한다. 이 과정에서는 추가되는 단어가 삭제되는 단어보다 많으므로 단어의 **순** 생성이 늘어난다. 이후에 글을 다듬는 과정에서는 삭제되는 단어가 많아지면서 단어의 전체 수가 줄어든다. 따라서 2살 이전에는 시냅스 생성만 일어나고, 그 이후에 시냅스 제거만이 일어난다고 생각하는 것은 잘못이다. 초기에는 순 생성이 일어나며, 나중에는 순 제거가 일어난다. 그러나 두 과정 모두 평생에 걸쳐 계속된다. 심지어 성인의 경우, 시냅스의 전체 개수는 거의 일정하게 유지되지만 생성과 삭제 모두가 일어난다.

시냅스가 대부분 무작위적으로 생성되고 경험을 통해 제거된다면, 자극이 풍부한 우리에 있는 쥐들의 시냅스 수는 **감소**해야 하지 않을까?

시냅스의 수가 증가한다는 (5장에서 언급한) 윌리엄 그리노와 다른 연구자들의 발견을 생각해보자. 추측에 불과하지만 한 가지 그럴 듯한 시나리오는 이런 것이다. 자극이 풍부한 우리에 있는 쥐들은 더 많은 것을 학습하게 되므로 뇌에서 시냅스가 더 높은 비율로 제거된다고 가정해보자. 그리고 나면 제거된 시냅스를 대체하기 위해 뇌는 새로운 시냅스의 생성을 더욱 촉진할 것이다. 제거된 시냅스를 보완하는 것 이상으로 시냅스 생성이 이루어진다면, 그 결과는 시냅스 수의 증가가 된다. 이러한 가정이 맞다면, 시냅스 수의 증가는 학습의 원인이라기보다 그 **결과**이다.

창조적 파괴라는 모순어법은 오스트리아의 경제학자 조지프 슘페터Joseph Schumpeter의 경제발전과 진보이론의 핵심이다. '창조적 파괴'라는 표현에서 '창조적'은 기업가에 의해 새로운 사업이 출현하는 것을 가리키는 반면 '파괴'는 비효율적인 기업이 파산하여 제거되는 것을 말한다. 뇌의 발전, 논문의 작성, 경제성장은 모두 창조와 파괴의 복잡한 상호작용과 관련되어 있다. 복잡한 조직의 **패턴**들이 진화하려면 두 과정 모두가 요구된다. 이런 관점에서 보면, 뇌 안의 시냅스의 수, 논문의 단어의 수, 한 경제 구조 안의 회사의 수를 세어서 진보의 정도를 측정하려는 것은 거의 쓸모없는 짓에 가깝다. 중요한 것은 시냅스의 수가 아니라 뇌의 조직인 것이다.

이제는 뇌 발달의 복잡성을 어느 정도 이해할 수 있을 것이다. 이런 복잡한 과정이 잘못될 수 있는 가능성은 수없이 많다. 뉴런이 생성되고 이동하는 발달 초기단계에 이상이 나타날 경우 소두증이나 활택뇌증과 같이 쉽게 확인할 수 있는 장애가 나타나리라 예상할 수 있다. 그러나 발달 후기단계의 이상은 신경연결의 장애인 **연결이상증**connectopathies으로 이어질 수 있다. 이 경우 뉴런이나 시냅스의 전체 개수는 정상이지만, 연결이 정상적으로 이루어지지 못할 수 있다.*

전체 길이가 67마일에 이르는 수십만 개의 전선을 포함하고 있는 슈퍼컴퓨터 크레이-1을 다시 살펴보자. 놀랍게도 처음으로 이 컴퓨터를 켰을 때 컴퓨터는 제대로 작동했다. 그 컴퓨터 안의 모든 전선 하나하나가 올바르게 연결되었기 때문이다. 인간의 뇌는 수백만 마일의 '전선'이 들어 있으니 훨씬 더 복잡하다. 어느 뇌든 올바르게 발달했다는 것 자체가 경이로운 일이다.

앞에서 말했듯이 뇌량이 발달하지 않는 경우는 극히 드물다. 뇌량은 보통 매우 커서 이 연결이상증은 MRI에서 확인할 수 있다. 그러나 뇌의 연결을 분명하게 볼 수 없는 우리의 능력을 고려할 때, 다른 대부분의 연결이상증은 발견되지 않은 채로 남아 있을 가능성이 크다. 커넥톰을 발견하는 기술이 더 발달한다면 이러한 질병들을 발견할 수 있게 될 것이다.

앞에서 나는 자폐증과 정신분열증의 가장 난해한 측면인, 분명하고 일관된 신경병리적 요인이 없다는 문제에 중심을 두었다. 연구자들은 몇 년 전에 이루어졌던 쌍둥이 연구를 근거로 자폐증과 정신분열증이 유전자 결함에서 기인한다고 확신했다. 그러나 수만 개의 유전자 중에서 어떤 것에 결함이 있는 걸까? 지금 대부분의 연구자들은 여러 가지 원인이 뇌의 발달과 관련있다고 생각한다. 자폐증과 정신분열증은 뇌가 정상적으로 성장하지 못하면서 나타나는 신경발달성neurodevelopmental 장애로 알려져 있다. 이는 알츠하이머와 같이 정상적인 뇌가 망가지기 시

---

* 앞에서 나는 개별 뉴런들의 전기신호와 시냅스의 오작동을 야기하는 채널이상증을 언급했다. 신경활동은 헤비안 가소성과 같은 메커니즘을 통해 커넥톰을 변경시키기 때문에, 채널이상증은 비정상적인 연결로 귀착될 것이라 기대된다. 이러한 사례는 연결이상증이 다른 유형의 신경병리증과 연관될 수 있음을 보여준다.

작하는 신경퇴행성neurodegenerative 장애와는 근본적으로 다르다.

　이러한 가정을 뒷받침하는 증거는 무엇일까? 자폐증의 경우에는 어렸을 때부터 증상이 나타나므로, 더 확실하게 판단할 수 있다. 그 신경병리적 요인이 무엇이든, 자폐증은 뇌가 가장 빠르게 성장하는 임신기간이나 유아기 동안에 생겨나는 것이 분명하다. 앞서 말했듯이 자폐증에 걸린 어린이들은 평균보다 더 큰 뇌를 가지고 있다. 시간에 따른 뇌의 성장과정을 관찰하면 더 복잡한 그림이 드러난다. 자폐성 뇌는 출생시에는 평균보다 약간 작고,[*] 2살에서 5살 사이에는 평균보다 크며, 성인이 되면 다시 평균이 된다. 다시 말해, 자폐증 어린이의 경우 뇌의 성장 속도가 비정상적이다. 이는 뇌의 발달과정이 정상이 아니라는 것을 의미한다. 그러나 결정적 증거를 얻으려면 임신기와 유아기에 나타나는 분명하고 일관된 신경병리적 요인을 확인할 필요가 있다.

　20세기 초반에 연구자들은 정신분열증이 신경 발달과 관련있다고 믿지 않았다. 이들은 정신분열에 걸린 뇌는 어린아이 시절에는 정상이었으나, 청소년기 후반이나 성인 초기에 퇴화하기 시작하여 정신이상의 첫 증세를 나타낸다고 가정했다. 그러나 그들은 퇴화하는 뇌에서 나타나야 하는 신경병리적 요인을 발견하는 데 실패했고, 따라서 그 가설을 포기할 수밖에 없었다.

　오늘날 많은 연구자들은 자폐증과 마찬가지로 정신분열증을 신경 발

---

[*] Redcay and Courchesne(2005)는 여러 연구의 결과들을 결합하고 있는 메타분석이다. (메타분석이란 의학 분야 혹은 교육학, 사회복지학 등 사회과학에서 한정적 실험 결과의 일관성(consistency)을 검증하기 위한 분석방법으로, 과거의 실험 결과치를 이용해 어떤 실험 결과를 일반화하는 분석을 의미한다. 즉, 실험 결과를 이용한 논문들은 대부분 제한된 샘플(통제 및 실험집단 크기)하에서 이루어지기 때문에 이를 과학적 명제 혹은 일반화가 어려운 것이 현실이다. 그래서 과거 수십 편의 논문에 나타난 실험 결과를 통계적 분석 대상의 관찰치로 전환하여 실험 결과를 일반화하는 분석이다.―옮긴이)

달상의 장애라고 추정한다.[10] 여러 정신분열증 환자들이 말과 행동, 사회생활을 배우는 데 있어서 약간의 지체를 경험한다는 사실로 볼 때, 아마도 그들의 뇌는 어린 시절에 이미 어느 정도의 이상이 있었을 것이다. 그들의 뇌는 이미 자궁에서 정상적인 발달과정에서 벗어났을 수도 있다. 통계에 따르면 기아나 바이러스 감염에 노출된 임산부가 출산한 아이들이 나중에 정신분열증을 나타낼 가능성이 높은 것으로 보고되었다.

그래서 연구자들은 자폐증과 정신분열증은 뇌가 비정상적으로 발달하면서 생기는 신경병리학적 요인에 의해 일어나며, 비정상적 뇌 발달은 유전자의 결함과 환경적 영향이 결합되어 나타난다고 믿고 있다. 현재 신경과학자들은 관련된 발달과정을 설명하는 데 도움이 될 수 있는 유전자를 찾기 시작했다. 이는 상당히 고무적인 소식 같지만, 가장 중요한 다음 질문에 대한 답변은 아직 없다는 것을 인정할 수밖에 없다. 과연 신경병리학적 요인이 무엇일까? 현재로서는 이에 대한 데이터는 없이 수많은 이론들만이 난무하고 있다. 이론이 너무 많아 모두 자세히 검토할 수 없으므로 가장 그럴 듯한 한 가지 이론을 자세히 살펴보기로 하자. 바로 자폐증과 정신분열증은 연결이상증이라는 이론이다.

자폐증 뇌는 유아기에 정상보다 더 빨리 성장한다. 과잉 성장은 다른 엽들보다 전두엽에서 더 많이 일어나는데, 이는 아마도 전두엽에서 뉴런들 간에 너무 많은 연결이 생성되기 때문일 것이다. 또한 연구자들은 전두엽과 뇌의 다른 영역들 사이에 연결이 너무 적게 생성된다[11]고 추측한다.

이 자폐증 이론이 골상학적 증거에 기반하고 있으며, 골상학적 용어로 표현되어 있다는 것을 깨닫는 것은 난감한 일이다. 앞에서 말한 대로 자폐증 뇌가 크다는 것은 오직 통계의 결과로, 단지 평균적으로 그렇다는 것이다. 뇌나 그 영역의 크기만으로 판단하여 개별적 어린이의 자폐증을 진단하는 것은 그 정확도가 아주 낮다. 연결이 '너무 많다'거나 '너무 적다'고 말하는 것도, 뇌가 '너무 크다'거나 '너무 작다'고 말하는 것만큼 조잡한 골상학적 접근이다. 만일 자폐증이 연결이상증으로 생긴다면, 그 차이는 아마도 연결의 전체 수보다는 연결의 조직에서 발견될 것이다. 하지만 현재 기술로는 연결이상증을 관찰할 수 없으므로, 자폐증에 대한 분명한 신경병리학적 증거를 찾을 수 없다.

정신분열증 또한 연결이상증에서 야기되는 걸까?[*] 이에 관한 가장 감질나는 증거는 시냅스 제거에 관한 연구에서 나왔다. 앞에서 나는 성인들이 아기보다 적은 시냅스를 갖고 있다고 지적했지만, 정확히 언제 감소가 일어나는지에 대해서는 언급하지 않았다. 연구 결과, 시냅스의 수는 유아기에 최고에 달한 후 급속히 감소하고, 아동기에 거의 일정하게 유지되며, 청소년기에 다시 급속하게 감소한다[12]는 것이 밝혀졌다. 아마도 정신분열증 뇌에서는 이 두 번째 감소 기간에 어떤 이상이 발생하는 듯하다. 이는 아마도 시냅스가 너무 적거나 너무 많은 것처럼 단순하지는 않을 것이다. 그런 종류의 신경병리학적 요인이라면 이미 발견되었을 것이다. 어쩌면 시냅스가 잘못 제거되고, 이것이 뇌를 정신병으로 몰아넣는 것일지도 모르는 일이다.[**]

---

[*] Friston 1998. Kubicki et al.(2005)에 따르면, 칼 베르니케와 독일의 정신과의사 에밀 클레펠린(Emil Kraepelin)은 20세기 초반에 정신병에 대한 연결이상증 이론을 제안했다.

[**] 연결이상증 이론은 정신분열증의 약물 치료에 관해 관찰된 결과와 일관되는가? 정신병 증세는 도파민을 분비하는 시냅스를 저해하는 약물을 통해 완화된다. 글루타메이트를 분비하는 시냅스에 간섭하는 약물은 정상적인 사람에게 정신병 증세를 유도한다. (응급실 의사들이 증언하듯이, 마약을 가끔 가볍게 복용하는 사람들을 일시적으로 정신분열증 환자로 만드는 케타민, 펜시클리딘 혹은 PCP가 그 예들이다.) 전통적인 견해에 따르면, 정신분열증 뇌에서 연결은 정상이지만 시냅스가 정상적으로 작동하지 않는다. 시냅스의 오기능은 항정신병 약물에 의해 교정되고, 정신병-산출 약에 의해 유도될 수 있다. 그러나 또 다른 견해는 항정신병 약이 정신분열증 환자에게 시냅스 기능의 변화를 일으켜서 연결이상증을 상쇄하도록 만들며, 정신병을

분명하고 일관된 신경병리적 요인을 찾는 것이 자폐증과 정신분열증에 대한 연구의 중심목표가 되어야 한다. 만일 이 장애들이 연결이상증이라면 우리는 골상학적 방법을 뛰어넘을 필요가 있다. 그러기 위해서는 커넥토믹스의 기술이 필요하다. 실제로 커넥토믹스 없이 자폐증과 정신분열증을 연구하는 것은 현미경 없이 감염질환을 연구하는 것과 같다고 나는 믿는다. 질병을 일으키는 미생물을 확인하는 것만으로 그 질병을 치료할 수는 없지만, 치료를 위한 연구를 촉진할 수 있다. 마찬가지로, 정신병의 독특한 신경병리적 요인을 찾는 것 자체로 정신병을 치료할 수는 없겠지만, 치료를 위해 한 걸음 더 나아갈 수 있을 것이다.

논의를 위해 이와 반대되는 견해를 살펴보자. 신경병리증을 찾는 것은 시간 낭비일 수 있다는 견해이다. 유전체학에 열광하는 사람들은 자폐증이 유전자 결함에 의한 것이므로 그 유전자를 발견하는 데 중점을 두어야 하며, 커넥톰에 시간 낭비를 하지 말아야 한다고 주장할 것이다.

실제로 유전체학은 놀라울 정도로 급속하게 발전하고 있다. 많은 비용이 드는 게놈 기술의 발전이 더디게 진행되던 시기에 연구자들은 여러 구성원들이 희귀한 병력을 가지고 있는 소수의 가족을 대상으로 연구를 했다. 하지만 이제는 많은 인구군의 게놈을 빠르게 검열하여 이상을 발견해낼 수 있다. 연구자들은 자폐증이나 정신분열증과 연관된 여

유발하는 약은 정상인에게 연결이상증의 효과을 모방하도록 한다는 것이다. 이것은 시냅스에서 기능의 변화와 연결의 변화가 유사한 효과를 가지기 때문에 가능하다. 가령, 어떤 시냅스를 급격하게 약화시키는 것은 그것을 완전히 제거해버리는 것과 구분되지 않을 것이다. 더욱 미묘한 가능성도 존재한다. 비정상적인 시냅스의 기능이나 비정상적인 연결을 두 개의 독립적인 결함으로 생각하는 것이 잘못일 수도 있다. 신경활동에 의존하는 시냅스의 약화에 의해 시냅스의 제거가 발생했다고 가정해보자. 만약 비정상적인 시냅스의 기능이 활동 패턴을 변화시킨다면, 이는 뇌 연결의 비정상적인 발달을 초래하는 결과를 가져올 수 있다. 또한 연결에서 어떤 초기의 비정상성도 비정상적인 활동 패턴으로 귀착되고, 이는 다시 비정상적인 연결의 추가적인 발달을 야기할 수도 있다. 연결이상증은 정신분열증을 동반할 것이다. 그러나 어느 것이 원인이고 어느 것이 결과인지를 말하기는 어려울 것이다.

러 다른 유전자들에서 결함을 발견했다. 이는 획기적인 발전이기는 하지만, 여기에도 한계가 있다.

유전체학은 특정한 유전적 결함을 가지고 태어난 한 아이에게 자폐증이나 정신분열증이 발병할 가능성이 있음을 예측할 수는 있다. 하지만 대다수의 발병 사례들을 예측할 수 없는데, 왜냐하면 알려진 하나의 결함으로 모든 경우의 1~2퍼센트 이상을 설명할 수 없으며, 대부분은 이보다도 설명할 수 있는 경우가 더 적다. 이런 의미에서 골상학이 개인의 IQ를 예측할 수 없듯이,* 유전체학은 개인의 자폐증이나 정신분열증을 예측하는 데 효과적이지 않다.

유전적 테스트는 일반적으로 중년 이후에 발생하는 신경퇴행성 질병인 헌팅턴병Huntington's disease, HD을 예측하는 데 훨씬 더 성공적이었다. 헌팅턴병은 마구잡이로 갑작스럽게 일어나는 반사적 행동에서 시작해서 결국 지적 퇴화와 치매로 진행된다. 연관되는 유전자는 하나밖에 없으므로, 헌팅턴병은 자폐증보다 훨씬 더 예측하기가 쉽다. 이 유전자의 결함은 상당히 정확한 DNA 테스트로 발견해낼 수 있다. 이 테스트에서 양성 결과가 나오면 그 사람에게 헌팅턴병이 발병하리라는 것을,** 음성 결과가 나오면 그렇지 않다는 것을 의미한다.

훨씬 더 많은 유전자가 관련되어 있음을 고려할 때, 자폐증과 정신분열증의 유전학을 이해하는 것은 생각보다 훨씬 까다롭다.*** 그러나 여

---

* 실제로 신골상학자들은 소두증과 같이 뇌가 극단적으로 작은 특수한 경우에는 확실하게 정신지체를 예측할 수 있다.

** 치료책도 없고 검사로 언제 증세가 시작될지를 예측할 수 있는 것도 아니어서, 헌팅턴병의 가족력을 가진 대부분의 사람들은 검사를 받지 않는다.

*** 충분한 시간이 주어진다면, 유전체학 연구자들은 결국 자폐증과 관련된 모든 다른 유전적 결함을 확인할 수 있을 것이다. 그렇게 되면, 아마도 수많은 유전적 검사를 통해 자폐증을 정확하게 예측하는 것이 가능해질지도 모른다. 그러나 관련된 변인들이 모두 알려진다 하더라도, 유전자 사이의 복잡한 상호작용이 자폐증을 정확하게 예측하는 것을 어렵게 만들 수도 있다.

기서 한 걸음 더 나아가 자폐증이 실제로는 여러 자폐증으로 구성되어 있으며, 각각의 자폐증은 서로 다른 결함이 있는 유전자에서 생겨난다고 볼 수 있다. 그러면 각각의 자폐증을 독립적으로 연구하여 각각 서로 다른 치료법을 개발할 수 있을 것이다. 현재 많은 연구자들이 이 방법을 추진하고 있으며, 나는 단기적으로는 이것이 가장 성공적인 전략이라고 생각한다. 그러나 장기적으로는 상호보완적인 방법에서도 성과가 나타날 것이다. 다양한 유전적 결함이 모두 동일한 신경병리증을 유발할 수도 있기 때문이다. 따라서 우리는 그러한 신경병리증과 그 치료법을 찾아내는 데 초점을 두어야 할 것이다.

유전체학을 신봉하는 이들은 신경병리증을 치료하는 것은 원인을 근절하는 것이 아니므로 올바른 접근방식이 아니라고 주장할 수 있다. 만일 결함이 있는 유전자가 정신질환을 야기한다면, 유전자의 나쁜 복사본을 좋은 복사본으로 대체하는 유전자 치료를 활용해야 한다는 것이다. 연구자들은 뇌 질환을 유발하는 유전자 결함을 가진 동물들에 유전자 조작을 가해 이 방법을 실험했다. 이 방법을 사용한 몇몇 사례에서 유전자 결함을 교정함으로써[13] 다 자란 동물을 치료하는 데 놀라운 성공을 거두었다. 이런 연구는 언젠가 인간의 치료에 적용될 정도로 발전할 것이다. 그러나 그 방법은 언제나 효과가 있는 것은 아닐 뿐만 아니라 부분적인 성공으로 그칠 수도 있다. 만일 유전자 결함이 주로 현재의 뇌 기능을 방해한다면, 그 유전자를 교정함으로써 문제를 해결할 수 있다. 하지만 만약 그 유전자 결함이 뇌의 발달에 영향을 미쳐 대부분의 손상이 과거에 일어났다면, 현재에 유전자를 교정하는 것은 큰 도움이 될 수 없다.

다음의 비유를 보면 이 문제를 분명하게 알 수 있다. 당신이 불행한 결혼생활로 우울증에 걸렸다고 생각해보자. 당신이 구닥다리 정신분석가를 찾아가 도움을 요청하자 그는 당신의 문제는 성장기에 경험한 어머니와의 나쁜 관계에서 비롯되었다고 한다. 그것이 사실일지 모르지만, 그런 통찰이 당신의 문제를 해결하는 데 도움이 될 수 있을까? 이미 당신은 성인이 되었고, 지금 당신의 어머니를 새로운 양어머니로 대체해봐야 아무 소용이 없을 것이다.

정신장애가 유전자 결함으로 생겼다고 말하는 것은 부모를 책망하는 현대적 방식이다. 그 사람의 이런 과거를 어떻게 치료를 위한 기초로 활용할 수 있는지는 분명하지 않다. 이와 마찬가지로 정상적으로 발달하지 못한 뇌를 가진 성인의 유전자를 치료하는 것은 성장한 후에 어머니를 바꾸는 것만큼이나 쓸모없는 일일 것이다.

이제 정신질환은 연결이상증으로 일어난다고 생각해보자. 진정한 치료를 위해서는 비정상적으로 연결된 것들을 교정해야 한다. 따라서 우리가 던져야 할 분명한 질문은 바로 이것이다. 우리의 커넥톰은 얼마나 변경될 수 있으며, 커넥톰을 변경할 수 있는 가장 좋은 방법은 무엇일까?

잠재력 쇄신하기
CONNECTOME

인생이라는 게임에서 우리는 우리의 유전자를 분배받았다. 우리는 게놈을 바꿀 수 없으며, 분배받은 게놈으로 최선을 다해 게임을 해야 한다. 유전체학의 세계관은 비관적이며 모든 것이 제한되어 있다. 이와 대조적으로 커넥토믹스에서 커넥톰은 일생동안 변화하며, 우리는 그 과정을 일정 부분 통제할 수 있다. 커넥톰은 가능성과 잠재력에 대한 낙관적인 메시지를 담고 있다. 과연 정말 그럴까? 그렇다면 우리는 스스로를 얼마나 변화시킬 수 있을까?

2장에서 인용한 평정심을 위한 기도는 다음의 오래된 시구의 정서를 반영한다.

> 태양 아래의 모든 질병에는
> 치료법이 있거나 없다
> 만일 있다면 찾아보아라
> 만일 없다면 걱정하지 말라

이런 종류의 혼란스러운 메시지는 동네 서점의 자기계발서 코너에도 진열되어 있다. 그 책들을 몇 분 동안 훑어보다보면, 스스로를 변화시킬 수 있는 방법을 알려주지 않는 몇몇 책들이 눈에 띌 것이다. 이런 책들은 변화 대신 체념을 가르친다. 만일 당신의 남편이나 아내를 변화시킬 수 없다고 믿게 되면, 당신은 불평을 멈추고 결혼생활에서 행복해지는 법을 배우게 될 것이다. 당신의 몸무게가 유전적으로 결정되어 있다고 믿고 나면, 다이어트를 그만두고 다시 먹는 것을 즐기게 될 것이다. 이런 견해의 반대편에는 체중을 줄이는 것에 대한 낙관적인 생각을 심어주는 《당신을 날씬하게 만들어드립니다》, 《신진대사를 정복하기》와 같은 다이어트 책들이 있다. 자기계발서에 대한 안내서인 《변화시킬 수 있는 것과 없는 것What You Can Change and What You Can't》에서, 심리학자 마틴 셀리그만Martin Seligman은 비관주의에 대한 경험적 증거를 펼쳐놓는다. 장기적인 관점에서 식이요법으로 체중 감소에 성공하는 사람들은 5~10퍼센트*에 불과하다. 실망스러울 정도로 낮은 수치이다.

그렇다면 변화는 실제로 가능한가? 쌍둥이 연구를 보면 유전자가 인간의 행동에 영향을 미칠 수 있지만, 완전히 결정하는 것은 아님을 알 수 있다. 그럼에도 불구하고 또 다른 종류의 결정론이 등장했다. 이 결정론은 뇌에 기반하고 있으며, 유전자 결정론만큼이나 비관적이다. 당신은 사람들이 이렇게 말하는 것을 들은 적이 있을 것이다. '조니는 원래 그래. 그는 뇌 구조 자체가 달라.' 이러한 커넥톰 **결정론**은 어린 시절 이후에 중요한 인격 변화가 일어날 수 있다는 가능성을 부정한다. 또한

---

* 이 숫자는 '장기적'의 정확한 정의에 따라 달라진다. 보다 최근 책에서 셀리그만은 다이어트를 하는 사람의 5~20퍼센트가 3년 이내에 줄었던 체중을 다시 회복하거나 체중이 더 늘게 된다고 말하고 있다(Seligman 2011).

커넥톰이 태어날 때는 유연했지만, 성인이 되면 고정된다고 생각한다. 이 결정론은 예수회의 오래된 가르침인 '7살이 되기 전에 아이를 나에게 다오. 그러면 어른으로 돌려주마'와 일맥상통한다.

커넥톰 결정론이 가장 명백하게 의미하는 바는 사람을 변화시키는 것은 인생의 초기에 가장 쉽다는 것이다. 뇌를 구성하는 과정은 길고 복잡하다. 나중보다는 초기단계에 개입하는 것이 확실히 효과적이다. 집을 짓는 동안 건축가의 원래 설계도에서 벗어나는 것은 비교적 쉽다. 그러나 집을 리모델링해본 사람은 알겠지만, 집이 완성되고 나면 크게 변경을 하는 것이 훨씬 더 어려워진다. 성인이 되어서 외국어를 배우려고 해보았다면 그것이 얼마나 고역인지를 알 것이다. 설사 성공한다고 해도, 아마 원어민처럼 말을 할 수는 없을 것이다. 반면에 어린아이들이 외국어를 힘들이지 않고 배우는 것을 보면, 그들의 뇌는 훨씬 유연한 것으로 보인다. 이런 생각이 실제로 언어 이외의 다른 정신 능력에도 일반화될 수 있을까?

1997년 당시의 영부인이었던 힐러리 클린턴Hillary Clinton은 백악관에서 '뇌에 대한 새로운 연구가 어린이들에 대해 알려주는 것'이라는 제목으로 학술대회를 주최했다.

생후 3세까지 뇌 발달에 개입하는 것이 효율적임을 입증하는 신경과학자들의 주장을 듣기 위해 '0-3 운동'[1]의 지지자들이 모여들었다. 강연 회장에는 배우이자 감독인 롭 라이너Rob Reiner도 참석했다. 그는 같은 해인 1997년에 '나는 당신의 아이 재단 Am Your Child Foundation'을 설립하고 자녀 양육의 원칙에 관한 부모 교육용 비디오 시리즈를 만들기 시작했다. 첫 번째 비디오의 제목은 음산한 결정론처럼 들리는 〈처음의 몇 해는 영원히 지속된다The First Years Last Forever〉였다.

사실 뇌의 어떤 변화가 학습현상을 일으키는지를 찾아내기 어려웠기 때문에 신경과학자들은 이런 주장을 확증하거나 부정을 할 수 없었다. 학습현상이 시냅스의 생성에 의해 일어난다는 신골상학적 이론이 0-3운동이라는 결정론적 주장의 기반이 될 수 있을까? (논의의 전개를 위해 이 이론에 반하는 많은 증거들은 무시하기로 하자.) 만약 시냅스 생성이 성인에게 불가능하다면, 그 대답은 '예'이다. 그러나 윌리엄 그리노와 다른 연구자들은 자극이 풍부한 우리에 어른 쥐를 가두었을 때에도 연결의 수는 여전히 증가한다는 것을 입증했다. 그 속도가 어린 쥐들보다 느리기는 하지만 여전히 상당한 정도였다. 저글링을 배우는 사람들의 피질에 대한 MRI 연구를 기억하는가. 피질의 두께 증가는 젊은이들뿐 아니라 노인들에게도 일어났다.[2] 마지막으로, 현미경으로 시냅스를 관찰하면 앞서 언급한 대로 어른 쥐의 뇌에서도 재연결이 계속되는 것을 관찰할 수 있다. 신경과학자들은 나이에 따른 언어학습 능력의 감소만큼 극적인 재연결의 감소를 증명하지 못했다. 따라서 커넥톰 결정론의 첫 번째 형태인 '재연결의 부인'은 신빙성이 없어 보인다.

그러나 '재배선의 부인'이라는 두 번째 형태가 등장했다. 뇌의 '전선들(연결들)'은 어린 시절 뉴런이 축삭과 신경돌기를 연장함에 따라 배열된다. 발달과정 동안에는 가지의 수축retraction도 일어난다. 연구자들은 현미경을 이용하여 이 놀라운 과정들을 비디오로 촬영할 수 있었다.[3] 축삭의 끝은 수상돌기에 시냅스를 형성할 때, 종종 마치 시냅스가 다른 사람의 손이라도 되는 양 움켜쥐는 방식으로 만든다. 이러한 시냅스의 생성은 축삭을 자극하여 더 길게 자라게 하는 것처럼 보이는데, 만일 이 시냅스가 제거되면 축삭은 잡고 있던 것을 놓으면서 수축된다. 일반적으로 축삭 가지들은 시냅스를 생성하지 않으면 안정화되지 않는 것으로 보인다. 재배선을 부인하는 사람들은 어린 뇌에서는 성장과 수축이 상당히 역동적으로 이루어지지만, 성인의 뇌에서는 이 과정이 서서히 멈춘다고 믿고 있다. 전선들은 시냅스에 의해 새로운 방식으로 재연결될 수 있으며, 시냅스는 세기를 변경하여 재가중될 수 있다. 그러나 전선 자체는 고정되어 있다.*

재배선은 뇌 손상이나 신체 절단 이후에 관찰되는 기능의 극적인 변화의 기반이 되는 피질 기능의 재배치remapping에서 어떤 역할을 담당하리라 추정되며, 이 때문에 뜨거운 논쟁의 대상이 되고 있다. 재배선의 중요성을 이해하기 위해서는 보다 근본적인 질문을 해볼 필요가 있다. 무엇이 뇌 영역의 기능을 정의하는가?

뇌의 각 영역의 기능이 명확하게 정의되어 있다는 개념 자체는 전적으로 경험적 사실에 기반하고 있다. 뉴런에서 발생하는 스파이크를 측정함으로써, 서로 인접한 뉴런(인접한 세포체)들은 유사한 기능을 갖는 경향이 있음이 밝혀졌다. 만약 기능과 상관없이 뉴런들이 무질서하게 흩어져 있는 다른 종류의 뇌가 있다면, 그런 뇌를 영역으로** 나누는 것은 무의미할 것이다.

---

* 보통은 재연결을 포함하는 의미로 재배선이라는 용어를 사용한다. 그러나 나는 이것들을 구분하는 것이 더 도움이 된다고 생각한다.
** 동등 잠재성의 주창자인 칼 래슐리는 피질 국소화에 대한 가장 격렬한 반대자였다. 그는 여러 방식으로 피질 구역들의 존재를 대수롭지 않게 생각했다. 그중 하나는 국소화가 기능적으로 중요하다는 것을 부정하거나 의문시하는 것이었다. "신경계 내에서 기능 국소화의 기초는 뇌 영역 안에서 겉보기에 유사한 기능을 하는 세포들을 그룹으로 나누는 것이다.…… 이러한 배열은 세포들이 어떤 활동을 하는 데에 유리하게 작용하는가? 신경계 전체에 걸쳐 세포들이 균일하게 분포되어 있었다면 수행될 수 없었을 어떤 기능을 가능하게 하는가? 국소화 혹은 육안 해부학적(gross anatomic) 차이는 그것이 무엇이 되었든 간에 어떤 기능적 중요성을 가지고 있는가?……대뇌 국소화를 뒷받침하는 사실이 증가하는 것은 단지 육안으로 확인할 수 있는 어떤 국소화가 일어나는 실제 이유에 대한 우리의 무지함을 강조해줄 뿐이다." 이 장에서 래슐리의 질문에 대한 대답이 이루어지고 있다.

그런데 왜 어떤 한 영역의 뉴런들은 유사한 기능을 하는 걸까? 한 가지 이유는 뇌에서 대부분의 연결들은 인접한 뉴런들 사이에서 이루어진다는 데 있다.[4] 이는 주로 한 영역에 있는 뉴런끼리 서로를 '듣고' 있음을 의미한다. 따라서 이들이 유사한 기능을 하리라 예측할 수 있는데, 주로 자기들끼리만 의견을 수고받는 어떤 그룹의 사람들에게서 다양한 의견을 기대할 수 없는 것과 같다. 그러나 이것은 이야기의 일부일 뿐이며, 전부는 아니다.

뇌에는 멀리 떨어진 뉴런들 사이에도 일부 연결이 존재한다. 실제로 같은 영역에 있는 뉴런들은 서로에게서뿐만 아니라 다른 영역의 뉴런에게서도 '듣는다.' 이렇게 입력의 원천이 멀리 떨어져 있다는 것이 다양성을 이끌어낼 수는 없는 걸까? 만일 입력의 원천이 뇌의 모든 영역에 흩어져 있다면, 그런 결과가 나올 수도 있다. 그러나 사실상 입력의 원천은 보통 몇 개의 영역으로 제한되어 있다. 사회 현상과 다시 비교해보면, 뇌 영역은 같은 신문을 구독하고 같은 텔레비전 쇼만 보면서 바깥 세계의 소식을 일부만 듣고 있는 한 그룹의 사람들이라 할 수 있다. 이러한 외부 영향은 너무 협소하여 다양성으로 이어질 수 없다.

그러면 왜 멀리 떨어진 영역과의 연결은 이런 식으로 제한되어 있을까? 그 대답은 뇌의 배선 구조와 관련이 있다. 어떤 두 영역들은 대부분은 그 둘 사이를 지나가는 축삭을 가지고 있지 않기 때문에 이 두 영역에 있는 뉴런들은 서로 연결될 방법이 없다. 다시 말해서, 하나의 특정 영역은 제한된 그룹의 입력 영역과 목표 영역에만 배선되어 있다. 이 그룹은 각 영역별로 유일무이하게 보이기 때문에 연결지문connectional finger-print이라 불린다. 이 지문은 종종 그 영역의 기능에 대하여 많은 정보를 알려준다. 예를 들어 브로드만 구역 3이 앞에서 언급했던 신체 감각 기능을 매개하는 이유는 이 구역이 척수로부터 접촉, 온도, 통증의 신호를 가져오는 경로에 연결되어 있기 때문이다.* 이와 마찬가지로, 브로드만 구역 4가 신체 운동을 제어하는 이유는 이 구역이 많은 축삭을 척수로 내보내고 척수는 신체의 근육으로 연결되기 때문이다.

이상의 사례들을 보면, 어떤 영역의 기능이 다른 영역과의 연결에 크게 의존한다는 것을 알 수 있다. 이것이 사실이라면 연결의 변경으로 뇌 영역의 기능을 변화시킬 수 있을 것이다. 놀랍게도 이 원칙은 피질의 청각 영역이 시각 기능을 하도록 재배선하는 실험을 통해 증명되었다. 그 첫 단계는 1973년 제럴드 슈나이더Gerald Schneider에 의해 이루어졌다.** 그는 갓 태어난 햄스터의 뇌에서 자라나는 축삭의 경로를 바꾸는 기발한 방법을 발견했다. 그는 뇌의 특정 영역을 손상시켜서, 망막의 축삭을 시각 경로상의 정상적 목표지점이 아닌 청각 경로상의 다른 지점으로 가도록 회로를 바꾸었다. 이 작업은 원래는 청각을 담당하는 피질 영역으로 시각 신호를 보내는 결과를 가져왔다.

1990년 므리강카 수르Mriganka Sur와 그의 동료 연구원들은 이러한 재배선이 뇌 영역의 기능 변화에 어떤 영향을 미치는지 연구했다. 슈나이더의 실험을 흰담비에게 반복하여 적용한 결과, 그들은 청각피질에 있

---

* 이와 관련된 뇌 영역은 시상(thalamus)이라 불리는 중요한 구조에 속한다. 일반적으로, 모든 감각기관에서 신피질에 이르는 가장 직접적인 경로들은 시상을 통과한다. 시상은 때때로 '신피질에 이르는 관문'으로 불린다. 시상은 뇌간 위에 위치하며, 대뇌로 둘러싸여 있다. 일부 권위자들은 시상을 뇌간의 일부로 포함시킨다. 반면 또 다른 학자들은 그것을 사이 뇌(interbrain)로도 알려져 있는 간뇌(diencephalon)의 일부로 간주한다.

** 청각 정보는 귀에서 뇌간과 하구(inferior colliculus), 그리고 시상의 내측슬상핵(medial geniculate nucleus, MGN)을 거쳐 일차 청각피질(브로드만 구역 41과 42)로 이어지는 주요 경로를 따라 이동한다. 시각정보는 망막에서 상구(superior colliculus, SC)로 이어지는 주요 경로를 따라 이동한다. Schneider(1973)와 Kalil and Schneider(1975)는 하구에서 내측슬상핵으로 연결되는 축삭과 상구를 손상시켰다. 이는 거기에 만들어진 '진공'을 채우기 위해 상구로 향해 성장하는 축삭을 우회시켜서 내측슬상핵 쪽으로 경로를 변경시켰다. 결과적으로 연구자들은 눈을 원래의 청각 체계와 연결할 수 있었다.

던 뉴런들이 시각 자극에 반응한다는 사실을 밝혀냈다. 게다가 그 담비들은 시각피질이 망가진 이후에도* 추정컨대 청각피질을 사용하여 여전히 볼 수 있었다. 이 두 가지 증거는 청각피질이 시각으로 그 기능을 전환했음을 나타낸다. 이와 유사한 '교차양상cross-modal'적 가소성이 사람에서도 관찰되었다. 예를 들어, 어렸을 때 시각장애를 갖게 된 사람들의 경우 손가락으로 점자를 읽을 때에 시각피질이 활성화된다.[5] 이런 발견은 래슐리의 피질 동등 잠재성과 일치하지만, 여기에는 중요한 제약사항이 있다. 피질 구역에는 실제로 어떠한 기능이든 배울 수 있는 잠재력이 있지만, 이는 다른 뇌 영역과의 필요한 연결이 존재하는 경우에만 가능하다는 것이다. 만일 피질의 모든 구역이 다른 모든 구역(그리고 피질 바깥의 다른 모든 영역)과 연결되어 있다면, 피질 동등 잠재성은 아무런 조건 없이 성립할 것이다. 만일 뇌의 배선이 '전부와 전부' 간에 생길 수 있다면, 뇌는 훨씬 더 다재다능하고 탄력적이지 않을까? 그럴 수도 있지만, 그러기 위해서 뇌는 엄청난 크기로 부풀어올랐을 것이다. 모든 배선은 공간을 차지할 뿐 아니라 에너지를 소비한다. 뇌는 분명 경제적인 방향으로 진화해왔으며, 따라서 영역들 사이의 연결은 선택적으로 이루어진 것이다.**

---

* 시각 정보는 상구로 이동할 뿐 아니라, 망막에서 시상의 외측슬상핵(lateral geniculate nucleus, LGN)을 거쳐 일차 시각피질(브로드만 구역 17)에 이르는 또 다른 경로로 이동한다. 내측슬상핵과 외측슬상핵은 각기 청각과 시각을 담당하는 시상의 유사한 부분들이다. Sur, Garraghty, and Roe(1988)은 외측슬상핵을 손상시켜서 시각피질을 못 쓰게 만들었다. Frost et al.(2000)에 의해 슈나이더의 햄스터 실험과 유사한 결과가 얻어졌다.

** 이러한 '경제적 배선의' 원칙은 왜 대부분의 신경연결이 인접한 뉴런들 사이에 이루어지며, 대부분의 구역 간 연결이 인접한 구역들 사이에 이루어지는지를 설명해준다. 이 원칙은 커넥톰은 최소 길이의 배선(축삭과 수상돌기)을 이용하여 실현된다는 공리로 공식화할 수 있다. 이론가들은 이를 이용하여 왜 인접한 뉴런들이 비슷한 기능을 갖는지, 그리고 왜 이 규칙이 때때로 피질 지도에서의 비연속성에 의해 위반되는지를 설명한다.(Chklovskii and Koulakov(2004)을 보라.) 경제적 배선은 또한 전기공학자들을 위한 중요한 설계 원칙이다. 이들이 직면하는 도전 중의 하나는 실리콘 판 위에 원하는 연결성을 수립하기 위해 필요한 배선의 길이가 최소화되도록 트랜지스터들을 배열하는 것이다.

슈나이더와 수르의 실험은 어린 뇌가 다르게 연결되도록 유도했다. 그렇다면 성장이 끝난 어른의 뇌는 어떨까? 만일 영역 사이의 연결이 성년기에는 고정되어버린다면, 변화를 위한 잠재력 또한 제한적일 것이다.* 반대로 만약 성인의 뇌가 재배선될 수 있다면, 부상이나 질병에서 회복할 수 있는 잠재력은 더 커질 것이다. 이 때문에 연구자들은 성인의 경우에도 재배선이 가능한지를 알고 싶어하며, 또 그런 현상을 촉진하는 치료법을 찾고자 한다.

1970년에 13세의 소녀가 로스엔젤레스에 있는 사회복지사들의 주목을 받고 있었다. 그녀는 벙어리에 정서장애를 겪고 있었으며, 심각한 발달 미숙 상태였다. 지니(가명)는 끔찍한 학대의 피해자였다. 그녀는 일생 동안 격리된 채 살아왔는데, 그것은 아버지가 지니를 매어두기나 독방에 가두어놓았기 때문이었다. 그녀의 사례는 대중의 엄청난 관심과 동정심을 불러일으켰다. 의사와 연구자들은 그녀가 어린 시절의 트라우마에서 회복될 수 있기를 바랐고, 또한 언어와 다른 사회적 행동을 배울 수 있도록 돕기로 했다.

우연히도 1970년에 아베롱의 야생 소년에 관한 프랑수아 트뤼포François Truffaut의 영화 〈와일드 차일드L'Enfant sauvage〉가 개봉되었다. 아베롱의 야생 소년이라고 알려진 이 아이의 이름은 빅터Victor로, 1800년 즈음에 프랑스의 숲에서 나체로 홀로 배회하던 중에 발견되었다. 이 소년을 '문명화'하려는 노력들이 있었지만, 빅터는 몇 마디 말 이상은 배우

---

* 이는 기억에 대한 앞 장에서의 논의를 되풀이해서 보여주고 있다. 그 주장에 따르면, 뉴런들이 성기게 연결되는 이유는 완전한 연결성이 공간 및 다른 자원의 낭비이기 때문이다. 나는 성긴 연결성이 새로운 연상을 저장하는 뉴런들의 잠재력을 제한하며, 재연결이 이러한 잠재력을 갱신할 수 있다는 이론을 제안했다.

지 못했다. 역사적으로 빅터 이외에도 사람들 사이에서 사랑이나 보살핌을 받지 못한 채 성장한 소위 야생 어린이들의 사례가 여럿 기록되어 있는데, 이런 야생 어린이들은 언어를 배울 수 없었다.

빅터와 같은 사례는 언어나 사회적 행동을 배울 수 있는 **결정적 시기** critical period가 있음을 보여준다. 결정적 시기에 학습할 기회를 박탈당한 야생 어린이들은 나중에는 이런 행동을 배울 수 없었다.* 은유적으로 말하자면 배움의 문은 결정적 시기 동안에만 열려 있으며, 그 이후에는 닫혀서 잠겨버린다고 할 수 있다. 이런 해석은 그럴 듯하지만, 과학적 엄격성을 충족하기에는 야생 어린이들에 관하여 알려진 바가 너무 적다.

지니가 발견되었을 때, 연구자들은 그녀의 사례를 통해 결정적 시기에 대한 이론이 뒤집히기를 바랐다. 그래서 지니에게 재활훈련을 시키는 동시에 그녀를 연구하기로 결정했다. 그녀는 언어학습에서 어느 정도 희망적인 진전을 보였지만, 결국 연구자금이 고갈되고 말았다. 이후 지니의 삶은 위탁가정들을 전전하는 등 비참해졌고,[6] 그녀의 재활과정도 퇴보하는 것 같이 보였다.

그 연구가 끝날 무렵에, 과학 논문들은 지니가 여전히 새로운 어휘를 배우고 있으나 구문을 배우는 데는 어려움을 겪고 있다고 보고했다. 이후 연구자들은 그녀가 결코 진정한 문장구조를 배울 수 없을 것이라고[7] 예측하고 낙담해 연구를 그만두었다고 한다. 연구가 계속 진행되었다면 지니가 더 진전을 보였을지 여부는 결코 알 수 없다. 지니의 사례는 언어학습의 결정적 시기에 대한 몇 가지 증거를 보여주었지만, 아무리 가

---

* 결정적 시기는 오직 첫 번째 언어의 학습에만 적용된다. 두 번째 언어는 사춘기 이전에 배우기가 훨씬 쉽지만 성년이 되어서도 불가능하지 않다.

슴 아프고 강렬한 인상을 남겼다 해도 이것만으로 확실한 과학적 결론을 도출하기는 어렵다.

검안사들은 이보다는 좀 더 나은 박탈deprivation의 사례들을 접하게 된다. 한쪽 눈이 잘 보이면 다른 쪽 눈의 시력이 좋지 않다는 사실을 모르고 지나치는 경우가 종종 있다. 안경을 쓰거나 백내장 수술을 하면 눈의 문제는 쉽게 교정된다. 하지만 교정 후에도 여전히 잘 보지 못하거나 입체맹stereo-blind을 겪는 환자들이 있다. 뇌에 무엇인가 여전히 잘못된 데가 있기 때문이다. (극장에서 3D 안경을 써보았을 것이다. 이는 두 눈에 약간 다른 영상을 보여주어 깊이에 대한 감각을 느끼게 한다. 이런 방식으로 3차원을 지각하지 못하는 사람들을 입체맹이라고 한다.) 전문가들에게는 약시amblyopia로 알려진 이 병은 '게으른 눈lazy eye'이란 별명으로 불리기도 한다. 그러나 이 장애는 눈뿐만이 아니라 뇌와도 관계가 있다. 약시는 우리의 시각 능력이 단순히 선천적인 것이 아님을 시사한다. 우리는 경험을 통해 배우며, 이 과정에도 결정적 시기가 존재한다는 것이다. 이 한정된 기간 동안 한쪽 눈을 통해 들어오는 정상적인 시각 자극을 박탈당하면, 뇌는 정상적으로 발달하지 못하며 그 결과는 성인이 된 후에는 되돌릴 수 없다. 그러나 어린아이에게서 약시를 조기에 발견하여 치료하면 정상적으로 시력을 회복할 수 있다. 아이들의 뇌는 여전히 유연하다. 반대로 성인이 된 이후에 한쪽 눈의 시력이 나빠진다고 해도 뇌에 지속적 영향을 미치지는 않으며 교정을 통해 시력을 완전히 회복할 수 있다.

약시는 롭 라이너의 〈처음의 몇 해는 영원히 지속된다〉라는 비디오 제목이 주장하는 바를 뒷받침하는 것처럼 보인다. 0-3 운동이 주장하는 것처럼 초기의 개입이 결정적이다. 약시의 치료 결과를 보면 결정적 시기가 지나면 뇌는 유연성이 떨어진다는 것을 알 수 있다. 그렇다면 신경과학으로 이것을 직접 입증할 수 있을까? 결정적 시기에 약한 시력과 교정된 시력은 뇌를 어떻게 변화시키며, 왜 이런 변화가 나중에는 일어나지 않을까?

1960년대와 1970년대에 데이비드 휴벨David Hubel과 토르스튼 비젤Torsten Wiesel은 새끼 고양이에 대한 실험으로 이 질문에 대해 연구했다. 이들은 약시와 같은 상태를 만들기 위해 새끼 고양이의 한쪽 시야를 차단했는데, 이것이 단안박탈monocular deprivation이라는 조건이다. 몇 개월 후에 그들은 차단을 제거한 뒤, 시각 능력을 시험했다. 새끼 고양이는 약시를 가진 사람들과 마찬가지로 시야가 차단되었던 눈으로는 잘 볼 수 없었다. 뇌에서 무엇이 변했는지를 찾아내기 위해, 휴벨과 비젤은 브로드만 구역 17에 있는 뉴런들의 스파이크를 기록했다. 이 피질 구역은 시각에 중요하므로, 일차 시각피질primary visual cortex 혹은 V1으로도 알려져 있다. 휴벨과 비젤은 새끼 고양이의 왼쪽 눈과 오른쪽 눈에 각각 시각 자극을 준 후 뉴런의 반응을 측정했다. 시야가 박탈되었던 쪽 눈의 자극에 반응하는 뉴런은 얼마 없었다.

V1 뉴런들의 기능이 단안박탈로 변경된 것이다. 과연 이것이 커넥톰 변화에 의해 일어난 것일까? 뉴런의 기능은 주로 다른 뉴런들과의 연결에 의해 정의된다는 연결주의의 상징구를 신봉한다면, 이는 올바른 추측일 것이다. 1990년대에 안토넬라 안토니니Antonella Antonini와 마이클 스트라이커Michael Stryker는 시각 정보를 V1으로 전달하는 축삭에 재배선이 일어난다는 사실을 보여주는 증거를 발견했다.[*] V1으로 들어오는 각 축

---

[*] Antonini and Stryker 1993, 1996. 이들은 앞의 주석에서 설명된 뇌 영역인 외측슬상핵에서 V1으로 들어가는 축삭들을 연구했다.

삭은 '단안적'인데, 이는 각 축삭이 오직 한쪽 눈에서 오는 신호만을 전달함을 의미한다. 한쪽 눈의 시야를 차단하는 것은 해당 축삭을 급격하게 수축시키고 다른 쪽 눈의 축삭을 성장하게 한다. 그 결과 시야가 차단된 눈에서 V1으로 가는 경로는 제거되고, 다른 눈에서 V1로 가는 새로운 경로가 생성되는 재배선이 이루어진다. 이는 시야가 차단되었던 눈에 반응하는 V1 뉴런이 거의 없었다는 휴벨과 비젤의 실험 결과를 타당성 있게 설명한다.

V1의 재배선은 학습의 원인일 수도 있는 커넥톰의 변화를 확인시켜 준다는 점에서 중요하다. 재배선은 시냅스들과 경로들을 생성하기도 하고 제거하기도 하므로, 학습이 단순히 시냅스의 생성이라는 신골상학적 생각에 대한 또 다른 반례라 할 수 있다.

안토니니와 스트라이커의 실험 결과는 왜 결정적 시기 이후 뇌의 유연성이 떨어지는가 하는 또 다른 질문에 대한 답도 제시하고 있다. 휴벨과 비젤은 한쪽 눈을 차단하는 것이 새끼 고양이의 V1에 변화를 유도했지만, 어른 고양이에게서는 이런 변화가 나타나지 않음을 보여주었다. 일단 변화가 유도되었더라도 새끼 고양이의 경우에는 그 변화를 되돌릴 수 있었지만, 성장한 이후에는 변화를 되돌리는 것이 불가능했다. 안토니니와 스트라이커는 어른이 된 후의 단안박탈은 V1의 재배선으로 이어지지 않는다는 사실을 보여줌으로써 이를 설명했다. 게다가 결정적 시기에 유도된 재배선은 단안박탈이 단기간으로 끝날 경우* 회복이 가능했지만, 단안박탈의 종료 시기가 늦어질 경우에는 회복이 불가능했다.

---

* 이들의 결과가 시각 발달을 위한 결정적 시기를 전부 설명하는 것은 아니다. 양안박탈은 비정상적인 시각체계로 이어지지만 두 눈에 대응하는 외측슬상핵의 축삭들은 정상으로 남아 있거나 정상보다 더 크다. 아마도 일부 다른 종류의 연결들도 영향을 받았을 것으로 생각되지만 안토니니와 스트라이커는 알 수 없었다.

안토니니와 스트라이커의 연구는 0-3 운동이 주장하는 것처럼 뇌 발달 초기단계의 개입을 지지하는 듯이 보인다. 그러나 풍부한 환경에 의해 쥐의 뇌에 신경연결이 증가한다는 사실을 발견한 윌리엄 그리노는 이 논의에 중요한 결함이 있음을 지적했다. 홀로 자라난 지니처럼, 약시는 어린아이가 정상적 경험을 할 수 있는 기회를 **박탈**한다. 이는 박탈에 관한 결정적 시기가 존재한다는 것을 보여준다. 그렇다면 이런 결과를 바탕으로 특별한 경험으로 어린 시절을 풍부하게 해주어야 하는 결정적 시기 또한 존재한다는 결론을 도출할 수 있을까?

그리노와 그의 동료들은 그렇지 않다고 말한다.[8] 시각 자극이나 언어에 노출되는 것과 같은 경험은 인류 역사를 통틀어 모든 어린이들에게 일반적으로 주어졌기 때문에, 뇌 발달은 이런 경험들을 하게 되기를 '기대하고', 여기에 크게 의존하는 방식으로 진화했다. 반면에 책을 읽는 것과 같은 경험은 고대의 우리 선조들과는 거리가 먼 것이었다. 그러므로 뇌 발달은 그런 경험에 의존하는 식으로 진화할 수 없었다. 어린 시절에 책을 읽을 기회가 없었더라도 성인이 되어 읽는 것을 배울 수 있는 것은 바로 이 때문이다.

0-3 운동을 뒷받침하기 위해서는 단순한 박탈을 통해 입증된 결정적 시기의 사례가 아니라 **변경된**altered 경험을 통한 학습에서의 결정적 시기에 대한 사례가 필요하다. 1897년 미국의 심리학자 조지 스트래튼 George Stratton이 이를 위한 실험방법을 하나 고안해냈다.[9] 그는 집에서 만든 망원경을 쓰고, 망원경을 통해 들어오는 빛만 볼 수 있도록 망원경 주위를 불투명한 물질로 차단했다. 이 망원경은 영상을 확대하는 것이 아니라 거꾸로 뒤집도록 설계된 것이었다. 다시 말해 이 망원경을 쓰면 위아래가 거꾸로 보이고 거울처럼 왼쪽과 오른쪽도 뒤집혀 보였다. 스

트래튼은 용감하게도 그 망원경을 하루 열두 시간씩 착용했고 망원경을 벗었을 때에는 눈을 가리고 지냈다.

예상대로 스트래튼은 처음에 방향감각을 잃고 메스꺼움을 느끼기도 했다. 그의 시각과 움직임은 충돌을 일으켰다. 옆에 있는 물건을 잡으려 할 때는 다른 쪽 손을 내밀곤 했다. 이를 바로잡아서 반대쪽 손을 사용할 때는 유리잔에 우유를 따르는 간단한 행동조차도 상당히 피곤한 일이었다. 그의 시각은 청각과도 충돌했다. "내가 정원에 앉아 있을 때, 나와 이야기를 하고 있던 친구가 나의 실제 시야의 한쪽 방향으로 조약돌 몇 개를 멀리 던지기 시작했다. 이상하게도 돌멩이가 바닥에 부딪히는 소리가 무의식적으로 소리가 들리리라 예상했던 방향의 반대쪽, 즉 나의 시야에서는 보이지 않는 반대 방향에서 들려왔다." 그러나 8일째 실험이 끝날 무렵에 스트래튼은 행동하는 데 어려움이 없었고, 시각과 청각은 조화를 이루었다. "가령 불길은 내가 본 곳에서 타는 소리를 냈다. 의자의 팔걸이에 연필을 두드리는 소리는 의심할 여지없이 눈에 보이는 연필에서 나오는 것 같았다."

스트래튼은 시각, 청각, 운동 간의 갈등을 해결하기 위해 뇌가 이들을 재조정한다recalibrate는 사실을 밝혀냈다. 안과의사들은 사시strabismus 환자에게서 이와 유사한 재조정을 발견할 수 있다. 흔히 '사팔뜨기'라고 알려진 이 상태는 주로 눈동자의 회전을 담당하는 근육의 수술로 치료할 수 있다. 수술로 눈동자를 회전할 수 있게 되면, 결과적으로 주변의 세계를 회전시키게 되고, 그에 따라 환자의 시각이 변화한다. 이런 회전은 환자들에게 눈에 보이는 목표의 방향을 가리키라고 하면서 가리키는 팔은 보이지 않게 하는 간단한 실험[10]으로 입증된다. 자신의 움직임과 변화된 시각이 충돌을 일으키므로 그들은 일관되게 목표물의 한쪽 편을 가리킨다. 그러나 수술 후 며칠이 지난 다음에 다시 테스트를 하면, 목표물을 가리키는 데 있어 실수가 줄어들면서 뇌가 재조정하고 있음을 보여준다.

환자들이 사시 수술에 적응하는 동안에 뇌에서는 무슨 일이 일어나는 걸까? 1980년대부터 에릭 크누센Eric Knudsen과 동료 연구자들은 이 질문에 답을 찾기 위해 원숭이올빼미barn owl를 이용해 실험을 진행했다. 이들은 광선을 한쪽으로 굴절시켜 시야를 오른쪽으로 23도 회전시키는 특수한 안경을 사용했다. 이 안경은 사시 수술에서 생기는 시각적 회전을 본뜬 것이다. (실제로 심한 사시의 치료를 위해 이와 유사한 안경이 사용되기도 한다.) 이 안경을 착용한 채로 자란 올빼미는 관찰자에게는 한쪽으로 치우쳐 보이는 방식으로 행동한다. 이들은 소리를 들으면 실제 소리가 나는 방향보다 더 오른쪽으로 고개를 돌린다. 이처럼 한쪽으로 치우친 행동을 보이는 것[11]은 안경 때문에 나타나는 각도의 차이까지도 적용하여 소리나는 곳을 쳐다볼 수 있도록 하기 위한 것이다.

이러한 행동 변화의 신경학적 기저를 연구하기 위해 크누센과 그의 동료 연구자들은 올빼미의 하구inferior colliculus(하구체)를 검사했다. 이 부분은 왼쪽과 오른쪽 귀의 신호를 비교하여 소리의 방향을 계산하는 데 중요한 역할을 한다. 브로드만 구역 3과 4(감각 뇌도와 운동 뇌도)의 지도가 있는 것처럼, 하구에는 외부 세계에 상응하는 지도가 있다. 크누센과 그의 연구자들은 하구의 뉴런에서 나오는 스파이크를 기록하여, 하구의 지도가 한쪽으로 치우친 행동과 일치하는 방향으로 변경되었음을 확인했다. 이들은 또한 하구로 들어오는 축삭의 방향이 하구 지도 상에서 이동했음을 관찰했는데, 이는 재배선으로 재배치가 일어났음을 의미한다.

더 나아가 크누센과 그 연구자들은 다른 연령대의 사람들에게 이 안경을 한동안 쓰게 했다가 벗기는 실험을 통해서 학습을 위한 결정적 시기가 존재함을 증명했다. 정상적으로 자란 어른 올빼미에게 안경을 씌우는 것만으로는 고개를 돌리는 행동에 변화가 일어나지는 않았다. 어린 올빼미에게 안경을 씌워 키울 경우에는, 안경을 초기에 벗기면 그 결과를 되돌릴 수 있었지만, 성년기에 벗기면 되돌릴 수가 없었다.

하구와 V1에 대한 사례를 보면 성인 뇌에서 재배선이 일어날 가능성을 부인할 수 있고, 이는 왜 성인이 변화에 적응하는 데 더 큰 어려움을 갖는지를 설명할 수 있다. 2장에서 나는 성인이 반구 절제술에서 어린아이들만큼 빨리 회복하지 못한다는 사실에 대해 이야기했다. 케너드 원칙Kennard Principle[12]에 따르면, 일반적으로 뇌 손상이 일찍 일어날수록, 기능이 회복될 가능성은 더 크다. 이 원칙은 잘 알려진 예외들이 있기 때문에* 너무 단순하다는 비판을 받았지만, 사실로 밝혀진 부분도 있다. 이처럼 사실로 밝혀진 부분은 재배선 부인에 따르면 당연한 결과인데, 이는 재배선이 피질 기능의 재배치를 위한 중요한 메커니즘이기 때문이다.

하지만 동시에 재배선을 부인하는 학설은 여전히 공격을 받고 있다. 현미경으로 살아 있는 뇌에서 장시간 동안 축삭을 관찰한 연구자들은 성인의 뇌에서도 축삭에 새로운 가지가 자랄 수 있음[13]을 확인했다. 이 실험은 아직 논란의 여지가 있지만, 길지는 않아도 최소한 짧은 가지가 생겨나는 것은 가능하다는 쪽으로 의견이 모아지고 있다. 비록 결정적 증거는 여전히 부족하지만, 이러한 재배선이 환상지에 수반되는 피질 기능 재배치의 원인일 것이라고 추측하는 사람도 있다.

---

* 예를 들어, 만약 뇌 손상이 출생 이후 며칠 동안의 매우 이른 시기에 발생한다면, 그 결과는 나중에 더욱 심각할 수 있다(Kolb and Gibb 2007). 보다 보수적으로 다시 공식화하자면, 손상이 빠르면 빠를수록 뇌의 재배치의 정도도 더 커진다. 재배치는 기능을 회복하는 데 성공적일 수 있지만, 그렇지 않을 수도 있다.

결정적 시기라는 개념에 반대하는 연구자들도 있는데, 이들은 초기에 감각을 박탈당한 결과가 생각보다는 다시 회복되기reversible 쉽다고 주장한다. 일반적으로 성인이 된 후에 입체시각stereo vision(양안시)이 발달하는 것은 불가능하다고 알려져 있었다. 하지만 《3차원의 기적Fixing My Gaze》이라는 책에서 신경과학자 수산 배리Susan Barry는 어린 시절의 사시로 인해 평생을 입체맹stereo blindness으로 지내다가 40대에 부분적으로 입체시각 획득하게 된 자신의 경험에 대해 이야기한다.* 그녀가 이런 성과를 얻을 수 있었던 것은 특별한 시력 훈련을 받았기 때문이었다.

배리의 성공은 결정적 시기에 겪는 경험의 결과는 되돌리기 어려울 뿐이며 불가능하지는 않다는 것을 보여준다. 안토니니와 스트라이커는 성인이 되어 재배선 과정이 끝남에 따라 V1이 변화할 수 있는 잠재력이 사라졌다는 것을 설득력 있게 증명한 것처럼 보였다. 겉으로는 단순명료하게 보이는 이런 문제가 최근 성인 V1의 가소성plasticity을 회복시키는 여러 치료법이 발견되면서 도전을 받고 있다. 항우울증 약인 (프로작이라는 상표명으로 더 잘 알려진) 플루옥세틴fluoxetine의 4주간 투약, 열흘 동안 어둠 속에서 지내는 사전 처치, 혹은 로젠즈베이그의 방식대로 단순히 환경을 풍부하게 만드는 방법 등이 사용되고 있는데,[14] 이 치료들은 결정적 시기를 성년기까지 연장시키거나 아예 없애는 것처럼 보인다.

크누센과 그의 동료들은 원래 어른 올빼미가 시각의 전환에 적응하는 데 실패했다는 사실을 강조했다. 그러나 그후의 실험들은 보다 낙관적

---

* 수잔 배리는 2살 때에 사시를 교정하기 위한 수술을 받았다. 만약 그 수술이 나중에 이루어졌다면, 그녀가 받은 특수한 양안 훈련이 성년기에 효과적이었을지는 분명하지 않다.

인 메시지[15]를 전하고 있다. 올빼미에게 일련의 안경을 씌워 시야를 점차적으로 큰 각도로 회전시켰다. 시간이 지나면서 어른 올빼미는 어린 올빼미가 한 번에 적응했던 23도의 변화에 점차적으로 적응하게 되었다. 이러한 발견은 훈련만 올바르게 된다면 성인도 어린아이들만큼 배울 수 있다는 일반적인 생각을 뒷받침한다.

근래 들어 성인 뇌의 가소성에 대한 낙관주의가 유행하고 있다. 1990년대에 0-3 운동은 성인 뇌의 경직성을 유아 뇌의 유연성과 대비했다. 하지만 지금은 이와는 상반되는 주장이 부상하고 있다. 《기적을 부르는 뇌: 스스로를 변경하는 뇌, 뇌과학의 최전선에서 들려온 개인적 승리의 이야기들》이란 책에서, 노만 도이지Norman Doidge는 신경학적 문제로부터 놀라울 정도로 회복한 성인들에 관한 희망적인 이야기를 한다. 그는 뇌가 신경과학자나 의사들이 생각한 것보다 더 많은 가소성을 가지고 있다고 주장한다.

물론 진실은 중간 어딘가에 놓여 있을 것이다. 성인의 뇌에서 재배선이 일어날 가능성을 딱 잘라 부인하는 것은 잘못이지만 어떤 조건하에서는 이런 부인이 타당할 수도 있다. 예를 들어 특정한 뉴런에서 다른 뉴런으로 혹은 특정 영역에서 다른 영역으로 자라는 어떤 종류의 가지에서는 재배선을 부인하는 것이 맞을 수도 있다. 또한 재배선을 단일한 현상으로 간주하는 것은 너무 단순한 생각이다. 재배선은 실제로 신경 돌기의 성장 및 긴축과 관련되는 여러 가지 과정을 포괄하는 개념이다. 이 포괄적 용어에 포함되는 과정 중 하나에만 초점을 맞춘다면 보다 세련되게 재배선을 부인할 수 있을 것이다.

부인은 절대적이 아니라 조건적이므로, 크누센이 보여주었듯이 올바른 종류의 훈련 프로그램으로 비껴갈 수 있을 것이다. 뇌 손상은 정상적으로는 특정 분자에 의해 억압되어 있던 축삭의 성장 메커니즘을 해제시켜 재배선을 촉진하는[16] 것처럼 보인다. 미래의 약물치료는 이 분자들을 목표로 하여, 지금으로서는 불가능한 방식으로 뇌에서 재배선이 이루어지도록 할 수 있을 것이다.

아직은 부족한 실험 기술로 인해 현재로서는 과격한 종류의 재배선만을 감지할 수 있었다. 따라서 신경과학자들은 상당히 극단적인 방법이라 할 수 있는 단안박탈이나 스트래튼 방식의 안경에 의존했다. 하지만 정상적인 학습에는 아직 볼 수 없는 더 미묘한 종류의 재배선이 중요할 수 있다.* 따라서 커넥토믹스는 단지 현상에 대한 보다 분명한 이미지를 제공하는 것만으로도 이 분야의 연구에 도움이 될 것이다.

1999년 두 신경과학자 사이에 격렬한 싸움이 일어났다. 한쪽 편에는 챔피언으로서 방어하는 위치에 있는 예일대학교의 파스코 라킥Pasko Rakic이 있었다. 1970년대부터 발표된 그의 유명한 논문들은 하나의 정설로 확고하게 정립되어 있었는데, 그 내용은 포유동물의 뇌에 출생 이후 혹은 최소한 사춘기 이후에는 새로운 뉴런이 추가되지 않는다는 것이었다.** 이때 새롭게 등장한 프린스턴대학교의 엘리자베스 굴드Elizabeth Gould[17]는 어른 원숭이의 신피질에 새로운 뉴런이 생성되었다고 보고함으로써 동료들을 놀라게 했다. (대뇌피질의 대부분은 브로드만이 지도로 그린 신피질로 이루어져 있다.) 그녀의 발견은 10년 동안의 '가장 놀라

---

* 크누센의 실험에서는 재배선을 하구의 지도와 관련하여 보여줄 수 있었다. 이와 비슷한 전략이 일반적으로 비슷한 지도들을 포함하고 있는 피질의 감각, 혹은 운동 구역에도 적용될 수 있을 것이다. 그러나 여러 다른 영역들은 이런 단순한 지도들을 따라서 조직화되어 있지 않으며, 결과적으로 재배선을 탐지하기가 더욱 어렵다.

** Rakic(1985)에서 이 도그마를 강화시켰다.

운'[18] 발견으로 〈뉴욕 타임스〉에 보도되었다.

이 두 교수의 대결이 왜 신문의 일면을 장식하게 되었는지를 이해하기는 어렵지 않다. 신체가 스스로를 회복하는 것은 놀라운 일이다. 피부의 상처는 아물고 흉터만을 남긴다. 모든 내장기관 중에서는 3분의 2가 제거되어도 다시 자라나는 간이 재생self-repair의 챔피언[19]이다. 만약 성인의 신피질에 새로운 뉴런이 생성될 수 있다면, 이는 뇌가 기대했던 것보다도 더 뛰어난 자체적인 치유력을 가지고 있음을 의미한다.

결국에는 두 사람 중 누구도 이의의 여지가 없는 확실한 승자의 지위를 얻을 수 없었다. 신피질에 대해서는 '새로운 뉴런이 없다'는 기존의 정설이 세력을 유지했다.* 그러나 라킥 본인도 뇌의 두 영역, 해마와 후각신경구olfactory bulb(후각망울)에서 뉴런들이 계속 추가된다는 것을 인정할 수밖에 없었다.** (후각신경구는 코에서 눈의 망막과 같은 역할을 한다. 해마는 신피질이 아닌 피질의 주요 부위이다.)

이 두 영역에서는 심지어 손상이 없는 경우에도 새로운 뉴런들이 정상적으로 생기는 것으로 볼 때, 이는 치료를 위한 것은 아니라고 추정할 수 있다. 새로운 시냅스가 새로운 연상관계를 학습하기 위한 잠재력을 증가시킴으로써 기억력을 향상시킨다고 가정했던 것과 마찬가지로 아마도 새롭게 생성되는 뉴런도 학습 잠재력을 향상시키는 역할을 할 것이다. 해마는 제니퍼 애니스톤 뉴런이 발견된 내측측두엽에 위치한다. 일부 연구자들은 해마가 기억을 위한 '관문'[20] 역할을 한다고 믿는다. 이

---

* 대부분의 증거는 원숭이로부터 얻어진다. 그러나 Bhardwaj et al.(2006)은 추가적으로 인간의 뇌를 연구했다.
** Kornack and Rakic 1999, 2001. 그 이전에도 조셉 알트만(Joseph Altman)이 1960년대에 어른 쥐 뇌의 이 영역들에 새로운 뉴런들이 존재함을 보였지만, 그의 선구적인 발견은 동료들에 의해 대체적으로 무시되었다.

들의 이론에 따르면 해마에서 먼저 정보를 저장한 후에 이를 신피질과 같은 다른 영역으로 전송한다. 만일 이것이 사실이라면 해마는 뛰어난 가소성을 가지고 있어야 하며, 새로운 뉴런들은 해마에게 추가적인 가소성을 부여할 것이다. 이와 유사하게, 후각신경구는 냄새에 대한 기억의 저장을 돕기 위해 새로운 뉴런들을 사용할지 모른다.[21]

신경다윈주의에 따르면, 시냅스의 제거는 기억을 저장하기 위한 시냅스의 생성과 병행하여 이루어진다. 마찬가지로 뉴런의 생성도 뉴런의 제거와 같이 동시에 일어나리라 예상할 수 있다. 이런 패턴은 발달과정 동안에 몸 전체에서 파괴되는 여러 유형의 세포들에게도 적용된다. 이러한 죽음은 자살과 유사하며, '프로그램'되어 있다고 한다. 세포는 자연적인 자기파괴 메커니즘을 가지고 있으며, 적절한 자극이 주어지면 자기파괴 과정을 시작할 수 있다는 것이다.

당신은 손에 세포가 추가되면서 손가락이 성장한다고 여길지 모른다. 하지만 사실은 그렇지 않다. 실제로는 손 세포가 죽으면서 태아의 손을 파내고 이를 통해 손가락 사이의 공간이 만들어진다. 이러한 과정이 적절하게 일어나지 않으면 아기의 손가락은 붙은 채로 태어나게 된다.[22] 이는 수술로 교정이 가능한, 심각하지 않은 선천적 장애이다. 따라서 세포의 죽음은 재료를 보태기보다는 파내서 없애버리는 조각가처럼 작용한다.

이는 손과 발뿐 아니라 뇌에도 마찬가지이다. 태아가 자궁 속에 있는 동안에 죽은 뉴런의 수는 살아남은 뉴런의 수와 비슷하다.[23] 그렇게 많은 뉴런들을 생성한 다음에 죽여버리는 것이 낭비처럼 보일 수도 있지만,[24] '적자생존'이 시냅스를 관리하는 효과적인 방법이라면 이는 뉴런들에게도 마찬가지로 적용될 수 있다. 아마도 발달 중인 신경계는 '올바른' 연결을 만드는 뉴런만이 살아남고 그렇지 못한 뉴런들은 제거되는 과정을 통해 스스로를 개선해나간다. 이러한 다윈주의적 해석은 발달단계에서 뿐만 아니라, 내가 **재생**regeneration이라고 부르는* 성년기 뉴런의 생성과 제거를 설명하는 방법으로도 제안되었다.

만약 재생이 학습에 그렇게 중요하다면, 신피질에서는 왜 재생이 일어나지 않는 걸까? 아마도 신피질은 이미 학습한 것을 유지하기 위해 더 높은 안정성을 필요로 하며, 이 안전성을 달성하기 위해 덜 가소적인 데 만족해야 했을 것이다. 그러나 새로운 신피질 뉴런에 대한 굴드의 보고가 문헌상으로 유일한 것은 아니다. 1960년대 이래 이와 유사한 연구 결과가 산발적으로 보고되었다.** 아마 이 논문들 속에 현재 신경과학자들 사이에서 통용되는 생각과 반대되는 일말의 진실***이 포함되어 있을지 모른다.

우리는 신피질의 가소성 정도는 동물들이 처한 환경의 성격에 따라 달라진다는 가정으로 이 논쟁을 해결할 수도 있다. 작은 우리에 갇혀 있는 것은 야생생활에 비해 따분하며 학습의 필요성도 낮아지리라 예상할 수 있다. 따라서 감금된 상태에 있는 동물의 가소성은 떨어질 것이다. 결국 뇌는 최소한의 뉴런만을 생성하며, 생성된 뉴런들도 대부분 오래 살아남지 못하고 제거될 것이다. 이런 상황에서도 새로운 뉴런은 분명히 존재한다. 그러나 그 수가 너무 적고 변동이 심하여 알아보기가 힘들다. 이는 연구자들의 의견이 분분한 이유를 설명해준다. 보다 자연스러

---

* 신경과학자들은 보통 절단된 이후에 축삭이 재성장하는 것을 가리켜 재생이라는 용어를 사용한다. 하지만 나는 이를 재배선이라 부른다. 내가 재생이란 표현을 사용하는 방식은 생물학에서 전형적으로 사용되는 방식으로, 세포의 생성과 제거를 의미한다.

** Gross(2000)는 그러한 보고들의 역사를 검토하고 있으며, 왜 그것들이 무시되었는지에 관하여 추측하고 있다.

*** Kornack and Rakic(2001)은 굴드가 뉴런이 아닌 세포를 뉴런으로 잘못 파악했다고 비난한다. 뇌에는 뉴런이 아닌 여러 유형의 뇌 세포들이 존재한다.

운 생활조건 속에서는 학습과 가소성이 증진되며,* 새로운 뉴런의 수가 점점 증가한다는 것은 충분히 가능한 일이다.

당신은 이러한 추정을 확신하지 못할 수도 있다. 그러나 이는 라킥과 굴드의 논쟁에 관한 좀 더 일반적 교훈을 확실하게 보여준다. 우리는 재생, 재배선, 혹은 다른 유형의 기넥톰 변화를 전면적으로 부인하는 데 있어 주의해야 한다. 이러한 부인이 진지하게 논의되기 위해서는 조건이 수반되어야 한다. 게다가 그 부인은 조건이 달라질 경우 그 타당성을 잃을 수 있다.

신경과학자들이 재생에 관하여 더 많이 알게 되면서, 단순히 새로운 뉴런의 수를 세는 것은 너무 조악한 방법이 되었다. 우리는 왜 어떤 뉴런들은 살아남고, 다른 뉴런들은 제거되는지를 알고 싶다. 다윈주의적인 이론에서 보면, 생존자는 올바른 연결을 만들어 기존 뉴런들의 네트워크와 통합을 이룬 것들이다. 그러나 우리는 '올바른'이 무엇을 의미하는지를 정확하게 이해하고 있지 못하다. 연결을 직접 관찰할 수 없다면 그 의미를 발견할 가망도 거의 없다. 그러므로 재생이 학습에 기여하는지 여부와 어떻게 기여하는지를 파악하기 위해서도 커넥토믹스가 중요하다.

나는 커넥톰 변화의 네 가지 유형—재가중reweighting, 재연결reconnection, 재배선rewiring, 재생regeneration—에 관해 이야기했다. 네 개의 R은 '정상

---

* 한 관련된 문서에서, 일부 비판자들은 로젠즈베이그의 실험은 환경을 풍부하게 하는 것의 효과가 아니라 박탈의 효과를 드러내는 것이라고 말한다. 인형이나 동료들과 함께 있는 복잡한 생쥐 우리가 '풍부한' 것으로 간주되어서는 안 되는 이유는, 이는 단지 이 우리들이 보통의 실험실에서 쓰는 생쥐 우리가 갖는 박탈을 경감시킬 뿐이기 때문이다. 보통 실험실의 생쥐 우리는 쥐들의 자연적인 서식지에 비교하여 매우 황량하다.

적인' 뇌를 개선하고, 병들었거나 손상된 뇌를 치유하는 데 커다란 역할을 한다. 어쩌면 네 가지 R의 완전한 잠재력을 실현하는 것이 신경과학의 가장 중요한 목표일 것이다. 이 네 가지 중 하나 혹은 그 이상을 부인하는 것이 과거 커넥톰 결정론의 기반을 이루었다. 이제 우리는 그런 주장이 너무 단순하여 어떤 조건이 붙지 않는다면 진실이 아님을 알게 되었다.

게다가 네 가지 R의 잠재력은 고정되어 있지 않다. 앞에서 나는 뇌가 손상된 후에 축삭의 성장이 증가할 수 있다고 말했다. 이에 더하여 신피질의 손상은 새롭게 생성된 뉴런을 끌어당기는 것으로 알려져 있다. 이 뉴런들은 손상된 구역으로 이동하는데,[25] 이는 '새로운 뉴런은 없다'는 규칙에 대한 또 하나의 예외가 된다. 이런 손상의 영향에 관한 결과는 현재 연구가 진행 중인 분자들을 매개로 이루어진다. 원칙적으로 우리는 그러한 분자들을 조작한 인공적인 수단을 이용해 네 가지 R을 증진할 수 있어야 한다. 이것이 유전자가 커넥톰에 영향을 끼치는 방식이며, 미래의 약품도 같은 방식으로 작용할 것이다. 또한 네 가지 R은 경험의 영향도 받기 때문에, 분자들의 조작을 훈련기법으로 보완한다면 더 미세한 조절까지도 가능하게 될 것이다.

변화의 신경과학을 위한 이러한 목표는 흥미진진하게 들리지만 과연 이것들이 우리를 올바른 방향으로 인도할 수 있을까? 이 질문에 대한 답은 그럴듯하지만 아직은 대부분 검증되지 않은 중요한 가정들에 의존하고 있다. 무엇보다 중요한 것은 정신의 변화가 궁극적으로 커넥톰의 변화에 따른 것이라는 주장이 진실인가 하는 것이다. 이 주장은 지각, 생각, 그리고 다른 정신현상을 신경연결의 패턴에 의해 일어나는 스파이크 발생의 패턴으로 환원하는 이론들에 명백히 함축되어 있다. 이 이론들을 테스트해보면, 연결주의가 정말로 타당한지를 알 수 있을 것이다. 뇌에 네 가지 R의 커넥톰 변화가 존재한다는 것은 사실이지만, 이들이 학습 현상과 어떤 관계가 있는지는 추측만이 가능하다. 다윈주의적 견해에서 시냅스, 가지, 뉴런은 뇌에 새로운 학습 잠재력을 부여하기 위해 생성된다. 이러한 잠재력의 일부는 특정한 시냅스, 가지, 뉴런들을 살아남게 하는 헤비안 강화로 실현되며, 나머지는 사용되지 않는 잠재력을 없애기 위해 제거된다. 이 이론들에 대한 신중한 검토가 없이는 네 가지 R의 힘을 효과적으로 활용하기가 어려울 것이다.

연결주의의 생각을 비판적으로 검토하기 위해서는 경험적 연구가 이루어져야 한다. 신경과학자들은 한 세기 이상을 이 도전에 진정으로 대면하지 않고 그 주위만을 맴돌았다. 문제는 이 학설의 중심이 되는 커넥톰의 관찰이 불가능했다는 데 있었다. 신경해부학의 방법만으로는 뇌 영역 사이의 연결지도를 그리는mapping 정도의 대략적인 작업 이상을 할 수 없었기 때문에 뉴런 간의 연결을 연구하는 것은 어렵거나 불가능했다.

이제 우리는 커넥톰의 관찰에 가까워지고 있다. 그러나 그 과정의 속도를 급격히 높여야 한다. 예쁜꼬마선충의 커넥톰을 발견하는 데만도 12년 이상이 걸렸으며, 물론 인간 뇌의 커넥톰을 찾는 일은 훨씬 더 어려울 것이다. 이 책의 다음 부에서 나는 커넥톰을 찾기 위해 발명된 첨단기술들을 탐색해보고, 커넥토믹스라는 새로운 과학에서 이 기술들이 어떻게 사용될지를 살펴볼 것이다.

4

커넥토믹스

CONNECTOME

보는 것이 믿는 것이다
CONNECTOME

냄새는 식욕을 돋우고, 듣는 것은 인간관계를 도와준다. 하지만 보는 것은 믿는 것이다. 즉 우리는 어떤 것이 실재하는지를 판단하는 데 있어 다른 어떤 감각보다도 눈을 신뢰한다. 이것은 우리의 감각기관과 뇌가 우연히 어떤 특정한 방식으로 진화한 결과, 즉 단순한 생물학적 우연에 불과한 것일까? 만일 개들이 짖거나 꼬리를 흔드는 것 이상으로 그들의 생각을 공유할 수 있다면, 개들은 냄새가 곧 믿음이라고 말할까? 박쥐는 찍찍거리는 초음파 울음소리의 반향을 따라 밤의 어둠 속에서 곤충을 잡아먹는다. 그렇다면 박쥐들은 듣는 것이 믿음이라고 생각할까?

우리가 시각에 더 의존하는 것은 아마도 생물학보다 더 근본적인 물리학 법칙에 입각한 것일지도 모른다. 빛은 직진하다가 렌즈에서 질서정연하게 휘어져 대상의 부분들 사이의 공간 관계를 보존한다. 그리고 이미지는 너무나 많은 정보를 담고 있어서 컴퓨터가 개발되기 전까지는 쉽게 조작해 모조품을 만들 수 없었다.

그 이유가 무엇이든 보는 것은 언제나 우리 믿음의 중심에 있었다. 기독교의 여러 성인들의 삶을 보면, 신의 모습에 대한 환영은 종말론적이든 평온하든 간에 종종 이교도들에게 믿음을 심어주었다. 과학은 종교와 달리 가설의 형성과 그 가설의 실험적 검증에 입각한 방법론을 채택해야 한다. 그러나 과학은 또한 기대하지 않았던 놀라운 어떤 것에 대해 관찰을 하는 것과 같은 시각적 발견을 통해 추신력을 얻기도 한다. 때로는 과학은 단지 보는 것에 불과하다.

이번 장에서 나는 숨겨져 있는 실재를 밝혀내기 위해 신경과학자들이 만든 도구들을 살펴보려 한다. 이는 지금 다루고 있는 주제인 뇌에서 벗어난 것처럼 보이지만, 사실은 그렇지 않다는 것을 내가 확신시켜줄 수 있기를 바란다. 군사 역사가들은 대담한 장군들의 간교한 책략이나 군인과 정치인 사이의 불편한 관계에 대해 깊이 생각한다. 그러나 더 넓은 시각에서 본다면 그런 이야기는 기술 발전의 배경이 되는 이야기만큼 중요하지 않다. 무기 제조업자들은 총, 전투기, 원자폭탄의 발명을 통해 전쟁의 형태를 어떤 장군보다도 더 지속적으로 변화시켜왔다.

과학 역사가들은 입을 모아 위대한 과학자와 그들이 이룬 개념의 혁신을 칭송한다. 반면 과학기구의 발명자들은 그런 칭송을 받지는 못하지만 그 영향은 더 클 수 있다. 과학적으로 중요한 수많은 발견들은 어떤 새로운 발명품이 개발된 직후에 이루어졌다. 17세기에 갈릴레이 갈릴레오는 확대배율을 3배에서 30배로 증가시킴으로써 망원경 설계의 새로운 지평을 열었다. 자신의 망원경으로 목성을 관찰하면서 갈릴레오는 목성 주위를 돌고 있는 위성들을 발견했다. 이는 모든 천체가 지구를 중심으로 돈다는 당시의 통념을 뒤집은 것이었다.

1912년에 물리학자 로렌스 브래그Lawrence Bragg는 X선을 이용하여 결정체의 원자 배열을 알아내는 방법을 보여주었다. 3년 후에는 그는 25살의 어린 나이에 이 연구로 노벨상을 받았다. X선 결정학crystallography은 이후 로절린드 프랭클린Rosalind Franklin, 제임스 왓슨James Watson, 프랜시스 크릭Francis Crick 등에 의해 이루어진 DNA의 이중나선 구조 발견의 초석이 되었다.*

길을 걸어가는 두 경제학자에 대한 농담을 들어본 적이 있는가? 그중 한 사람이 말했다. "이봐, 인도에 20달러짜리 지폐가 떨어져 있어!" 다른 사람이 대답했다. "바보 같은 소리 하지 마. 만일 정말 그렇다면, 누군가가 벌써 주워갔을 거야." 이 이야기는 효율적 시장 가설efficient market hypothesis, EMH을 비웃고 있다. 효율적 시장 가설의 요지는 금융시장의 평균적인 수익을 상회하는 공정하고 확실한 투자방법이 존재하지 않는다는 이론으로, 그 주장에는 논란이 많다. (곧 이 이야기가 우리의 주제와 어떤 관계가 있는지 알게 될 것이다.)

물론 증권시장에서 수익을 낼 수 있는 **불확실한** 방법들은 있다. 어떤 회사에 관한 뉴스를 흘끔 보고 주식을 사서, 그 회사의 주가가 올라가면 만족할 수 있다. 그러나 이런 일은 라스베이거스에 가서 운 좋게 하루 저녁을 보내는 것보다 더 확률이 낮다. 불공정한 방법으로 시장에서 이익을 낼 수도 있다. 만일 당신이 제약회사에서 일하고 있다면, 임상 테스트에 성공한 약품을 제일 먼저 알 수 있다. 하지만 이처럼 아직 공개되지 않은 정보를 가지고 당신 회사의 주식을 샀다면, 당신은 내부자 거래로 처벌을 받을 수 있다.

이 방법들은 효율적 시장 가설의 '공정성'과 '확실성'의 기준을 충족

---

* 왓슨과 크릭은 결정학자였던 로절린드 프랭클린의 데이터에 의존했다. 그녀는 일찍 죽었고 그들과 노벨상을 공유하지 못했다.

하지 못한다. 효율적 시장 가설은 이러한 방법이 존재하지 않음을 강하게 주장한다. 직업적 투자자들은 이 주장을 싫어하며, 자신은 영리하니까 성공할 수 있다고 생각하는 경향이 있다. 그러나 효율적 시장 가설은 이들이 단지 운이 좋거나 부도덕할 뿐이라고 말하고 있다.

경험적 증거로 효율적 시상 가설을 시지하거나 반대하는 것은 복잡한 일이지만, 이를 이론적으로 입증하는 것은 간단하다. 만약 주가가 올라가리라는 새로운 정보가 있다면, 이 정보를 알고 먼저 투자하는 사람들이 먼저 주식을 매입하여 가격을 올려버릴 것이다. 따라서 인도에 20달러짜리 지폐가 떨어져 있을 수 없듯이(사실 '거의' 없듯이), 실제로 증권시장에서 주식을 싸게 살 수 있는 투자 기회가 없다는 것이 효율적 시장 가설의 주장이다.

이 논의가 신경과학과 무슨 관련이 있을까? 여기 또 다른 우스갯소리가 있다. 한 과학자가 말했다. "이봐, 내가 지금 방금 위대한 실험을 생각해냈어!" 그러자 다른 과학자가 대답했다. "바보 같은 소리 하지 마. 만약 그것이 정말 위대한 실험이라면, 누군가 벌써 했을 거야." 이러한 대화에는 일말의 진실이 담겨 있다. 과학의 세계는 영리하고 열심히 연구하는 사람들로 가득 차 있다. 위대한 실험은 보도 위에 떨어진 20달러짜리 지폐와 같다. 수많은 과학자들이 이러한 실험을 찾아 헤매고 있으므로, 남아 있는 실험이 많지 않다는 것이다. 이 주장을 공식화하기 위해 나는 효율적 과학 가설efficient science hypothesis, ESH을 제안하고 싶다. 뛰어난 과학적 성과를 이룰 수 있는 공정하고 확실한 방법은 존재하지 않는다는 말이다.

그러면 과학자는 어떻게 진정으로 위대한 발견을 할 수 있는가. 알렉산더 플레밍Alexander Fleming은 자신의 박테리아 배양균들 중의 하나가 항생물질을 배출하는 균류fungus에 의해 우연히 오염되었음을 알아낸 후에 페니실린을 발견하고 이름을 붙였다. 이러한 획기적 발견은 우연히 찾아온 행운 같은 것이다. 만약 이보다도 더 신뢰할 수 있는 다른 방법을 원한다면, '불공정한' 이익을 얻는 방법을 찾아보는 편이 좋을 것이다. 그리고 관찰과 측정의 기술들이 그러한 역할을 해줄 수 있을지도 모른다.

갈릴레오는 네덜란드에서 망원경이 발명되었다는 소문을 듣고 재빨리 자신의 망원경을 만들었다. 그는 유리를 갈아 렌즈를 만드는 방법을 배운 다음 여러 가지 다른 렌즈로 실험을 해서 세상에서 가장 좋은 망원경을 만들어냈다. 이로써 그는 천문학적 발견을 할 수 있는 유일무이한 위치에 설 수 있었다. 다른 사람들이 가지고 있지 않은 장치로 하늘을 관측할 수 있었기 때문이었다. 만약 당신이 과학기구를 구입하는 과학자라면, 더 많은 자금을 확보하여 경쟁자보다 더 좋은 기구를 사려고 할 수 있다. 그러나 돈으로 살 수 없는 기구를 만든다면, 결정적으로 유리한 위치에 설 수 있다.

당신이 위대한 실험을 생각하고 있다고 상상하자. 그런 실험이 이미 이루어진 적이 있는가? 문헌을 찾아서 확인해보라. 그 실험을 한 사람이 없다면, 그 이유에 대해 곰곰이 생각해볼 필요가 있다. 당신이 생각한 실험은 그렇게 위대한 생각이 아닐 수도 있다. 하지만 필요한 기술이 존재하지 않아서 그 실험이 실현되지 못했을 수도 있다. 만약 당신이 우연히 적당한 기계를 찾아낸다면, 남보다 앞서 그 실험을 할 수 있을지도 모른다.

나의 효율적 과학 가설은 일부 과학자들이 돈으로 살 수 있는 기술에 의존하기보다 새로운 기술을 개발하는 데 많은 시간을 보내는 이유를 설명해준다. 그들은 자신들에게 유리한, 불공정한 이익을 얻고자 하는 것이다. 프랜시스 베이컨Francis Bacon은 1620년 《신기관New Organon》이란 책에서 다음과 같이 말했다.

예전에 시도되지 않았던 수단이 없이, 단 한 번도 이루어진 적이 없던 일이 이루어질 수 있다고 기대하는 것은 근거 없는 공상이자 자가당착이다.

나는 이 격언을 다음처럼 강화하고자 한다.

한 번도 이루어진 적이 없던 가치 있는 일은 존재하지 않았던 수단에 의해서만 이루어질 수 있다.

우리가 과학에서 혁명을 목격하게 되는 것은 새로운 기술이 발명되는 시점, 즉 새로운 수단이 탄생하는 순간이다.

커넥톰을 찾기 위해서 우리는 뉴런과 시냅스의 명료한 이미지를 넓은 영역에 걸쳐 얻어낼 수 있는 기계를 만들어야 한다. 이런 기계가 발명된다면 신경과학의 역사에 새로운 장이 펼쳐질 것이며, 이는 위대한 생각의 연속이 아니라 위대한 발명의 연속으로 이루어졌다고 할 수 있을 것이다. 그리고 각각의 발명은 한때 뇌를 관찰하는 데 극복할 수 없는 장애물로 여겨졌던 것들을 넘어서게 해줄 것이다. 지금은 뇌가 뉴런으로 구성된다는 것이 당연한 말처럼 들리지만, 그 생각에 이르기까지는 수많은 우여곡절을 겪어야 했다. 이는 단지 뉴런을 실제로 보는 것이 오랫동안 불가능했기 때문이었다.

살아 있는 정자는 한때 직물상이었던 네덜란드 과학자 안토니 반 레 벤후크Antonie Van Leeuwenhoek에 의해 1677년 처음으로 관찰되었다. 그는 자신이 집에서 만든 현미경으로 정자를 관찰했지만, 자신의 발견한 것의 중요성을 충분히 인식하지는 못했다.[*] 그는 번식의 주체가 정자를 둘러싼 정액이 아닌 정자라는 것을 증명하지 않았으며, 난자와 정자의 결합으로 수정이 이루어진다는 것도 전혀 눈치채지 못했다. 그러나 레벤후크의 연구는 그의 후계자들이 이런 발견을 할 수 있도록 길을 닦았다는 점에서 새로운 시대를 열었다 할 수 있다.

정자를 발견하기 3년 전에 레벤후크는 현미경으로 호수의 물 한 방울을 검사했다. 그 안에서 그는 움직이는 아주 미세한 물질을 관찰하고, 이것들이 살아 있다고 결론내렸다. 그는 이 생물체를 '극미동물animal-cules'이라 이름 붙이고[**] 런던의 왕립학회에 이 생물체들에 관한 편지를 보냈다. 미생물이란 관념에 익숙한 지금의 우리로서는 그 당시의 사람들에게 미생물이 얼마나 놀라운 것이었는지를 상상하기 어렵다. 당시 레벤후크의 주장은 기상천외한 것이어서 사기라는 의심을 샀다. 이러한 의심에서 벗어나기 위해, 그는 목사 세 명과, 변호사 한 명, 의사 한 명을 포함한 여섯 명의 증인들이 쓴 증명서를 왕립학회에 보냈다.[***] 몇 년이 지난 후에 그의 주장은 최종적으로 입증되었고, 왕립학회는 그에게 회원 자격을 부여했다.

---

[*] 레벤후크는 런던 왕립학회 회장에게 보내는 편지에서 정자에 관한 그의 관찰을 보고했다. 민망한 주제였기 때문에 그는 표본이 그의 자연스러운 부부관계의 산물이며, 불쾌함을 느낀다면 그 편지를 공개하지 말 것을 요청했다(Ruestow 1983).

[**] 실상 극미동물이라는 명칭은 나중에 생각해서 편지에 추가된 것으로 보이는데, 왜냐하면 오직 마지막 단락에서만 그것들을 언급하고 있기 때문이다(Leeuwenhoek 1674).

[***] Dobell(1960)은 레벤후크의 삶과 경력에 대해 설명했고, 그의 편지 여러 장을 수집했다.

레벤후크는 가끔 미생물학의 아버지로 불린다. 이 분야는 19세기에 들어 루이 파스퇴르Louis Pasteur나 로버트 코흐Robert Koch와 같은 과학자들이 세균 감염이 질병을 유발한다는 것을 보여줌으로써 엄청난 실용적 가치를 갖게 되었다. 미생물학은 세포 이론의 발전에 있어서도 중요하나. 19세기에 정식으로 형성된 현내 생물학은 모든 유기체는 세포로 이루어진다는 주장에 기반하고 있는데, 미생물은 한 개의 세포로 이루어진 유기체이다.

왕립학회 구성원의 대부분은 지적 탐구에 전념할 시간의 여유를 가진 부자들이었다. 레벤후크는 부유한 집안에서 태어난 건 아니지만 40대에 이르러 과학에 관심을 돌릴 수 있을 정도로 충분한 수입을 얻었다. 그는 대학교육을 받지 못했으며, 라틴어나 그리스어도 몰랐다. 출신 성분도 미천하고 독학을 한 사람이 어떻게 그렇게 많은 업적을 이룰 수 있었을까?

레벤후크는 현미경을 발명하지 않았다. 그 공은 16세기 말의 안경을 만들던 장인들에게 돌아간다. 초기의 현미경들도 오늘날의 현미경과 마찬가지로 여러 개의 렌즈를 결합하여 만들어졌지만, 25~50배 정도까지만 확대가 가능했다. 레벤후크의 현미경은 한 개의 매우 강력한 렌즈로 10배까지 더 확대할 수 있었다.* 그는 자신의 방법을 비밀에 부쳤기 때문에 어떻게 그가 그렇게 뛰어난 렌즈를 만들 수 있었는지는 알려지지 않았지만 이것이 바로 레벤후크의 '불공정한' 이점이었다. 그는 경쟁자들이 사용하는 것보다 더 좋은 현미경을 만들어냈다.

---

* Ford(1985)는 단렌즈 현미경의 역사를 서술하고 있다. 그는 레벤후크가 녹은 유리를 작은 방울들로 고체화함으로써 그가 만든 것 중 최고의 렌즈를 만들었다고 주장한다. Ruestow(1996)는 레벤후크가 자신의 글에서 주장하고 있듯이 보다 표준화된 방법으로 몇몇의 렌즈들을 만들기도 했다는 점을 언급했다.

레벤후크가 죽었을 때 그의 방법도 사라져 버렸다. 18세기가 되어서야 기술의 진보가 이루어져 레벤후크의 현미경보다 더욱 강력한 다중렌즈(복합) 현미경이 발명되었다. 과학자들은 식물과 동물의 조직 구조를 보다 선명히 볼 수 있었고, 그 결과 19세기에 들어 세포 이론이 수용될 수 있었다. 그러나 이 이론에 한 가지 난관이 있었는데, 그것이 바로 뇌였다. 현미경 관찰자들은 뉴런의 세포체와 거기에서 나오는 가지들을 볼 수 있었지만 추적해서 따라갈 수 있는 거리는 짧았다. 그들이 볼 수 있었던 것은 촘촘히 얽혀 있는 실덩어리 같은 것뿐이었으며, 거기에서 무슨 일이 일어나는지를 전혀 알 수 없었다.

이 문제는 19세기 후반에 새로운 발전이 이루어지며 해결되었다. 이탈리아 의사 카밀로 골지Camillo Golgi는 뇌 조직을 염색하는 특수한 방법을 개발했다. 골지는 몇 개의 뉴런만을 염색하고 거의 대부분의 뉴런을 염색하지 않은 채로 남겨두어, 염색한 뉴런만이 눈에 보이게 하는 방법을 사용했다. 그림 26은 여전히 약간 복잡해 보이지만, 이 그림에서 개별 뉴런들의 형상을 식별할 수 있다.* 골지의 과학적 경쟁자였던 스페인의 신경해부학자 산티아고 라몬 이 카할Santiago Ramón y Cajal이 아마도 이와 비슷한 이미지를 현미경으로 보고 그림 1과 같은 그림을 그렸을 것으로 여겨진다.

골지의 새로운 방법은 획기적인 발전이었다. 왜 그런지를 이해하기 위해 뉴런의 가지들을 얽혀 있는 노란 스파게티 가닥이라고 생각해보자. (앞에서 벌써 이 비유를 사용했지만, 골지의 국적을 생각한다면 이 비유는 여기

---

* 그림 26은 성체 붉은털원숭이의 피질(상측두구 superior temporal sulcus)의 골지 염색된 뉴런들을 나타내고 있다. 그림은 바닥의 백색질에서 맨 위의 피질층 3까지를 포함하고 있으며, 이는 대략 1.5밀리미터의 거리이다.

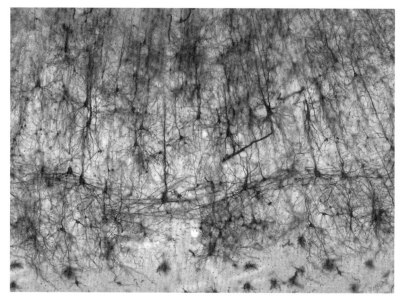

| 그림 26 | 골지 염색법으로 염색된 원숭이 피질의 뉴런

에 더욱 적합하다.) 시력이 아주 나쁜 요리사들에게 개별 가닥들은 너무 흐릿하여 식별할 수 없으므로, 접시 위의 스파게티 가닥들은 그저 노란 뭉텅이처럼 보일 것이다. 이제 까만 가닥 하나*가 다른 가닥들과 섞여 있다고 가정해보자그림 27 왼쪽. 시력 때문에 흐릿하게 보이기는 하지만, 검은 가닥을 따라갈 수 있을 것이다그림 27 오른쪽.

---

* 관찰력이 있는 사람이라면 그림 27의 파스타가 실제로는 부카티니(bucatini)임을 알아차렸을 것이다. 부카티니는 스파게티보다 더 두껍고 가운데에 구멍이 나 있다. (이것은 씹히는 질감이 아주 뛰어나서 적극 추천하고 싶다.) 부카티니의 모든 가닥들이 독특한 색깔로 착색되어 있다면, 설령 그림이 약간 흐릿하더라도 모든 가닥의 경로를 추적할 수 있을 것이다. 연구자들은 쥐의 뉴런들이 무작위 색깔로 형광을 발하도록 유전자를 조작함으로써 이 전략을 실제로 실행에 옮겼다. 제프 리히트만은 이 방법에 '뇌 무지개(Brainbow)'라는 재치 있는 이름을 붙였다(Livet 2007; Lichtman 2008). 그러나 구분할 수 있는 색깔의 수가 제한되어 있으므로, 뇌 무지개는 촘촘하게 얽혀 있는 수많은 신경돌기들을 추적하기에 불충분하다. 최근에 발명된 회절한계를 극복한 광학현미경 기술을 통해 얻어지는 것과 같은 보다 선명한 사진과 뇌 무지개를 결합하여 이 방법을 개선하는 것이 가능할 수도 있다(Hell 2007). 또 다른 접근법으로, 토니 차도르(Tony Zador)는 각각의

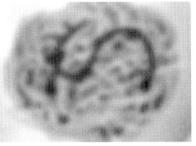

| 그림 27 | 골지의 염색법이 성공한 이유 _ 흐릿해지기 전(왼쪽)과 후(오른쪽)의 파스타 영상

발명품으로써 현미경은 염색(염료)보다 훨씬 더 매력적으로 보인다. 금속과 유리로 구성되는 현미경의 부품들은 보기에도 멋이 있으며, 광학법칙에 따라 설계되어 있다. 염료는 별로 볼 만하지도 않고 심지어 냄새가 고약할 수도 있다. 염료는 종종 우연히 발견된다. 실제로 우리는 왜 골지의 염료가 뉴런의 작은 일부만을 염색하는지 알지 못한다.** 우리가 아는 것은 이 염료를 통해 염색이 잘 이루어진다는 것뿐이다. 어쨌든 골지와 다른 사람들의 염료들은 신경과학의 역사에서 중요한 역할을 했다. 신경해부학자들은 흔히 '뇌에서 얻어지는 것은 주로 그 염색에서 비롯된다The gain in the brain lies mainly in the stain'라고 말한다. 그중에서 골지의 염색이 제일 유명할 뿐이다.

뉴런이 무작위의 RNA나 DNA 염기서열을 포함하도록 유전자를 조작할 것을 제안했다. 이 염기서열은 그 가능성의 수가 매우 크므로(구분할 수 있는 색깔의 수보다 훨씬 크므로), 모든 뉴런에 고유할 수 있다. 모든 쌍의 연결된 뉴런들의 염기서열을 찾아내어 커넥톰을 얻기 위해 다른 분자생물학적 표책이나 게놈 기술을 이용할 수 있을 것이다. 우리는 이런 연구방법들이 커넥톰을 찾는 표준화된 방법인 전자현미경 기술에 대한 대안을 제시하게 될지 여부에 대해 아직은 알지 못한다. 내가 이 방법들을 언급하는 이유는 단지 커넥토믹스가 흥미진진한 혁신의 기간을 거치고 있음을 분명하려는 것일 뿐이다.

** 알려지지 않은 어떤 이유로 크롬산은(silver chromate)이 중크롬산칼륨(potassium dichromate)과 질산은(silver nitrate) 용액으로부터 분리되어 일부의 뉴런들 안에 침전된다.

적절한 기술이 없으면 과학은 오랫동안 침체될 수 있다. 올바른 종류의 데이터가 없으면, 아무리 많은 수의 영리한 사람들이 그 문제를 연구한다고 해도 발전을 이뤄내지 못할 수 있다. 뉴런을 관찰하기 위한 19세기의 노력은 골지의 염색방법이 발명될 때까지 계속되었다. 그의 방법은 곧 열광석으로 사용되었고, 그중 카할이 가장 뛰어났다. 1906년에 골지와 카할은 신경계의 구조에 대한 업적을 인정받아 노벨상을 받기 위해 바다를 건너 스톡홀름으로 갔다. 관례에 따라 두 과학자는 자신의 연구를 설명하는 특별강연을 하게 되었다. 하지만 두 사람은 이 강연을 공동수상을 축하하는 자리가 아닌 서로를 공격하는 기회로 삼았다.

두 사람은 오랫동안 격렬한 논쟁을 벌였다. 골지의 염색법으로 마침내 뉴런이 세상에 드러났지만, 현미경 해상도의 한계 때문에 여전히 애매모호한 면이 남아 있었다. 카할은 자신의 현미경을 들여다보면서 염색된 두 개의 뉴런이 서로 접촉하고 있지만 여전히 분리되어 있는 지점들이 있음을 발견했다. 하지만 골지는 자신의 현미경을 들여다보면서 그런 지점들을 뉴런들이 함께 융합되어 연속적 네트워크인 일종의 슈퍼세포supercell를 형성하는 위치라고 보았다.[*]

1906년까지 카할은 뉴런 사이에 간극이 존재한다는 것을 많은 동시대 사람들에게 납득시켰다. 그러나 뉴런들이 물리적으로 이어져 있지 않다면, 그들이 어떻게 서로 소통할 수 있는지는 여전히 분명치 않았다. 30년 후에 오토 뢰비Otto Loewi와 헨리 데일 경Sir Henry Dale은 '신경 펄스nerve impulses의 화학적 신호 전달과 관련된 발견으로' 노벨상을 받았다.

---

[*] Guillery 2005. 카할의 견해는 '뉴런 학설(neuron doctrine)', 골지의 견해는 '망상체 이론(reticular theory)'이라고 불렸다.

이들은 뉴런이 신경전달물질 분자들을 분비하여 메시지를 보낼 수 있고, 그 분자를 감지하여 메시지를 받을 수 있다는 결정적인 증거를 발견했다. 화학적 시냅스라는 생각을 통해 두 뉴런이 어떻게 좁은 간극을 건너서 소통할 수 있는지를 설명한 것이다.

그러나 여전히 시냅스를 실제로 본 사람은 아무도 없었다. 1933년에 독일 의사 에른스트 루스카Ernst Ruska는 광선이 아닌 전자를 사용하여 더 선명한 이미지를 얻을 수 있는 최초의 전자현미경을 만들었다. 루스카는 지멘스사로 회사를 옮겨 상업용 전자현미경을 개발했다. 2차 세계대전 후 전자현미경은 대중화되었다. 생물학자들은 시료를 극히 얇은 조각으로 자른 후 그 조각들을 이미지로 만드는 법을 배웠다. 마침내 그들은 명확한 사진을 얻을 수 있게 되었다.

1950년대에 획득된 첫 번째 시냅스의 이미지는 두 개의 뉴런이 시냅스에서 융합되어 있지 않음을 보여주었다. 두 개의 세포를 분리하는 명확한 경계가 있었고, 종종 그들 사이에 있는 아주 좁은 간극을 확인할 수 있었다. 이것은 광학현미경으로는 명확하게 볼 수 없는 특징들이었고, 이 때문에 골지와 카할 사이의 논쟁은 해결될 수 없었다.

이 새로운 정보로 승리는 카할에게 돌아갔다. 혹은 그렇게 보였다. 하지만 결국에는 골지도 옳다는 것이 판명되었다. 앞에서 언급했던 대로 뇌에는 화학 시냅스 외에 전기 시냅스도 있기 때문이다. 이런 유형의 시냅스에서는 특수한 이온채널이 간극을 가로질러 두 세포막 사이를 이어주는 터널 역할을 하고, 이 터널을 통해 하전된 원자인 이온이 한 뉴런의 내부에서 다른 뉴런의 내부로 이동할 수 있다. 전기 시냅스는 중간에 화학신호를 거치지 않고 뉴런들 사이에서 전기신호를 직접 전달하므로 그 결과 골지가 예측한 대로 두 세포는 융합하여 한 개의 연속된 슈퍼세

포처럼 된다.[*]

전자현미경의 발명은 시냅스의 이미지를 얻을 수 있게 해주었다. 그러나 새로운 염색[**] 또한 중요한 요소였다. 전자현미경 관찰에서는 모든 뉴런을 표시해주는 '고밀도의' 염색법을 사용하는 것이 당연했다. 전자현미경과 고밀도 염색의 결합으로 예전에는 신경과학자들이 상상만 하고 확실하게 관찰할 수 없던, 여러 뉴런들의 가지가 얽혀 있는 모습이 드러나게 되었다. 골지 염색은 뉴런의 형태를 보여주기는 했지만, 뉴런은 아무것도 없는 넓은 공간에 떠 있는 섬과 같다는 잘못된 인상을 주었다. 사실상 뇌 조직은 그림 28의 왼편에서 볼 수 있듯이, 뉴런과 그 가지로 가득 차 있다. 이 이미지는 서로 얽혀 있는 스파게티 덩어리를 자른 단면과 비슷하다. 각각의 스파게티 면의 잘린 부분은 그림 28의 신경 가지의 단면처럼 원형이나 타원형일 것이다.

물리학 법칙에 따라 광학현미경의 해상력은 마이크로미터의 수십분의 일 정도에 불과한 빛의 파장에 의해 제한된다. 이는 회절한계diffraction limit

---

[*] "경제학은 상반되게 말한 것으로 두 사람이 노벨상을 공동수상할 수 있는 유일한 분야이다"라는 농담을 들어본 적이 있는가? 이 빈정거림은 아마도 경제학자인 군나르 뮈르달(Gunnar Myrdal)과 프리드리히 하이에크(Friedrich Hayek)가 공동으로 노벨상을 수상했던 1974년도 이후에 시작되었을 것이다. 그들의 견해는 정확히 정반대였고, 이들 스스로도 동일한 행사에서 수상을 한 것에 대해 놀라움을 금치 못했다. 축하 연설에서 하이에크는 경제학상이란 것이 약간은 위험한 것임을 시사했다. 뮈르달은 심지어 상의 폐지를 요구하는 논문을 썼다(Myrdal 1977). 그는 경제학을 "연성(soft)" 과학이며, 따라서 경제학상은 1895년 알프레드 노벨에 의해 원래 설립되었던 "경성(hard)" 과학에 시상하는 "진짜" 노벨상의 자격이 없다고 주장했다. Lindbeck(1985)에 따르면, 뮈르달이 이런 주장을 했다는 것은 역설적이다. 애초에 경제학상의 창설에 강력한 영향력을 행사했던 사람이 뮈르달 자신이었다. 1906년 노벨상이 골지와 카할에게 수여됐으므로, 우리는 신경과학 또한 "연성" 과학으로 간주해야 할까? 신경과학은 아마도 경제학과 물리학의 중간 어딘가에 위치할 것이다. 골지와 카할이 상반된 견해를 가졌던 것은 사실이다. 그러나 내가 알기로는, 그 누구도 노벨 생리의학상의 폐지를 요구하지는 않았다. 그리고 그 둘 모두가 옳은 것으로 판명되었으므로, 노벨상 위원회는 올바른 결정을 한 셈이다.

[**] 이것들은 오스뮴, 우라늄, 납과 같은 크고 무거운 원자들을 기반으로 한다. 이 원자들은 전자를 잘 반사한다.

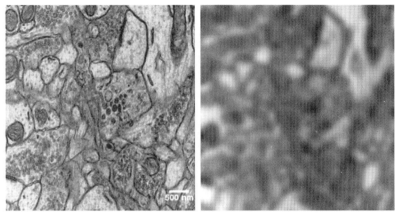

| 그림 28 | 전자현미경으로 찍은 축삭과 신경돌기의 단면 _ 흐릿해지기 이전(왼쪽)과 이후(오른쪽)[*]

로 알려진 장벽이며,[**] 이보다 작은 것들은 흐리게 보인다. 그림 28의 오른쪽 그림은 전자현미경으로 얻은 왼쪽의 이미지가 광학현미경으로 는 어떻게 보일지를 시뮬레이션하여 인위적으로 흐리게 만든 이미지이 다.[***] 오른쪽 그림을 보면 뉴런의 가장 얇은 가지의 단면은 분명하게 보이지 않는다. 이 때문에 광학현미경을 사용할 때는 골지 염색과 같이 몇 개의 뉴런만 표시하는 밀도가 낮은 염색법이 필수적이었다. 하지만 높은 해상력을 갖춘 전자현미경은 고밀도의 염색으로 모든 뉴런을 동시 에 보는 것을 가능하게 해준다.

하지만 전자현미경의 이미지로는 뉴런의 2차원적 단면만을 볼 수 있

[*] 이 투과 전자현미경(transmission electron microscope) 이미지는 쥐의 해마를 찍은 것이다. 이 사진은 뉴 런과 시냅스의 여러 다른 흥미로운 이미지들과 함께 synapse-web.org에서 볼 수 있다.
[**] 최근에서야 물리학자들은 형광현미경 기술(fluorescence microscopy)을 이용하여 회절한계를 극복하는 것이 가능함을 깨달았다. 골지는 이를 사용할 수 없었다(Hell 2007).
[***] 이 그림의 흐릿한 버전은 빈프리트 덴크에게서 가져온 것이다. 그는 500나노미터 길이의 파장을 가정하 고 1.4개구수 현미경 대물렌즈의 점상 분포함수(point-spread function)를 시뮬레이션했다.

다. 뉴런이 만들어내는 장관을 모두 보기 위해서는 3차원의 이미지가 필요하다. 이런 이미지는 동네 정육점에서 사용하는 기계의 최첨단 버전을 이용하여 뇌 조직을 얇게 썰고, 그 모든 조각(슬라이스)들을 이미지화하여 얻을 수 있다. 썰고 자르는 것이 별 일 아닌 것처럼 들릴 수 있지만 이런 슬라이스는 보통의 프로슈토(이탈리아의 전통 햄으로, 보통 얇게 썰어 애피타이저로 사용된다)보다 몇만 배나 더 얇아야 한다. 따라서 이를 위해서는 아주 특별한 칼이 필요하다.

어렸을 때부터 나는 늘 칼에 집착하곤 했다. 보이스카우트 시절에 처음으로 주머니칼을 갖게 되었는데, 그 칼에는 쉽게 녹스는 두 개의 칼날이 달려 있었다. 그때 나보다 나이가 많은 한 소년이 칼날 이외에 여러 가지 도구가 달려 있는 반짝이는 붉은색 스위스 군용칼을 보여주었는데, 나는 부러워서 어쩔 줄을 몰랐다. 요즘 나는 탄소 스테인리스강으로 만든 독일제 주방용 칼들을 좋아한다. (녹이 스는 더 날카로운 칼을 좋아할 정도로 광적이지는 않다.) 나는 칼날이 칼갈이 봉에 갈리는 소리, 그리고 토마토의 과육을 가르는 기분 좋은 느낌이 좋다.

반면에 나는 다이아몬드를 이해할 수 없었다. 물론 다이아몬드는 반짝거리지만, 큐빅 지르코늄cubic zirconium이나 크리스탈 유리컵도 반짝거리기는 마찬가지이다. 아쿠아마린aquamarine(남옥)의 연한 푸른색이나 루비의 짙은 붉은색이 얼마나 더 아름다운가! 분명 그 아름다운 빛깔들이 다이아몬드의 공허한 투명함보다 더욱 매력적이라 생각했다.

하지만 그러다가 나는 다이아몬드 칼을 만났다.

이 도구가 얼마나 특별한지를 이해하기 위해 수수께끼로 이야기를 시작하자. 칼과 톱의 차이는 무엇일까? '칼은 미끈한데, 톱은 삐쭉삐쭉하

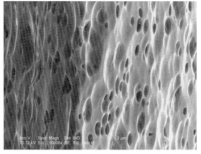

| 그림 29 | 다이아몬드 칼(왼쪽)과 금속 칼(오른쪽)

다' 혹은 '칼날은 날카로운데, 톱날은 뭉툭하다'*라고 많은 사람들이 대답할 것이다. 그러나 이런 구분은 현미경 아래에서는 사라져버린다. 육안으로는 아무리 미끈하게 보여도 모든 금속 칼날은 확대해보면 뭉툭하고 삐쭉빼쭉하게 보인다. 일식 주방장이 쓰는 정밀하게 연마된 칼날도 몽둥이처럼 투박하게 보인이다.

하지만 그렇게 엄격한 검사를 통과할 수 있는 완벽한 칼이 하나 있다. 잘 연마된 다이아몬드 칼의 가장자리는 전자현미경 아래에서 보아도 그 날카로움과 미끈함이 완벽하게 보인다. 그 칼날의 너비는 2나노미터** 즉 탄소 원자 12개의 크기이다. 원자 수준에서는 조그만 흠집이 보일 수 있지만, 그런 흠집은 고품질 칼날에서는 드문 일이다. 그림 29의 전자현미경의 이미지는 다이아몬드 칼이 금속 칼보다 우월하다는 것을 명백히 보여준다.

---

* 톱과 칼의 혼성물인 톱날 칼(serrated knife)은 분류하기 골치 아픈 중간 경우에 속하는 성가신 것들 중의 하나이다. 여기서는 이것들을 무시할 것이다.
** 보다 정확히 말하면, 2나노미터는 다이아몬드 칼의 여러 제작사들이 자신들의 웹사이트에서 주장하는 가장자리의 곡률반경이다. 출간된 문헌들에서는 4나노미터에 대한 보고를 찾을 수 있다(Matzelle et al. 2003).

다이아몬드 칼은 수 세기에 이르는 현미경 관찰의 역사에서 사용된 여러 유형의 칼날 중에서 가장 발전된 형태이다. 식물이나 동물 섬유의 세포 구조는 광학현미경에서 사람의 머리카락 정도로 얇게 잘린 슬라이스를 관찰할 때 가장 잘 보인다. 처음에는 면도날을 사용해 수작업으로 시료를 준비했었다. 그 후 19세기에 발명가들은 마이크로톰microtome(박편제작기)라는 기계를 개발했다. 이 기계를 사용해서 조직의 조각을 조금씩 칼 쪽으로 당기거나 칼을 조각 쪽으로 천천히 밀면 균일한 두께의 얇은 슬라이스들을 만들 수 있다.

마이크로톰은 몇 마이크로미터 정도의 두께로 얇게 자를 수 있다. 그 정도의 두께는 광학현미경으로 관찰하기에 충분했지만, 전자현미경이 등장하면서 조직을 더 얇게 자를 필요가 있었다. 키스 포터Keith Porter와 조셉 블룸Joseph Blum이 1953년에 최초의 초마이크로톰ultramicrotome을 만들었다.[*] 이 기계는 사람 머리카락의 1,000분의 1밖에 안 되는 50나노미터라는 놀라운 두께로 슬라이스들을 잘랐다. 처음에는 초마이크로톰에 유리 칼이 사용되었지만 다이아몬드 칼이 더 나은 것으로 밝혀졌다. 다이아몬드 칼은 완벽하게 날카로운 칼날 덕분에 매끈하게 자를 수 있었고, 많은 슬라이스를 잘라도 쉽게 무뎌지지 않을 정도로 내구성이 뛰어났다. 누구나 예상할 수 있듯이, 뇌 조직은 초마이크로톰으로 자르기 전에 매우 조심스럽게 준비되어야 한다. 부드럽고 두부 같이 밀도가 낮아 그냥 그대로 자르면 조직은 찢어져버리기 때문이다. 따라서 뇌 조직을 자르려면 에폭시 수지 안에 넣어 플라스틱 블록을 만들어야 한다.

처음에 초마이크로톰은 이번 장의 그림과 같이 하나의 2차원 이미지를

---

[*] Porter and Blum 1953. Bechtel(2006)은 생물학의 전자현미경 관찰의 역사에 대해 이야기하고 있다.

얻기 위해 사용되었다. 1960년대에 연구자들은 당연한 다음 단계로 넘어가서, 연속된 수많은 슬라이스들을 차례로 촬영했다. 연속 전자현미경 기술serial electron microscopy로 알려진 이 방법은 여러 슬라이스들의 2차원 이미지를 계속 쌓아서 3차원 이미지를 만드는 것이다. 원칙적으로는 이 방법을 통해 한 조각의 뇌 조직 안에 들어 있는 모든 뉴런과 시냅스의 이미지를 만드는 것이 가능하며, 심지어 뇌 전체의 이미지도 만들 수 있다. 커넥톰을 찾기 위해서는 바로 뇌 전체의 3차원 이미지가 필요하다. 그러나 실제로 이 방법에는 많은 노력이 필요하다. 슬라이스들이 너무 쉽게 부서지기 때문에, 집어서 전자현미경 안에 넣기도 어렵다. 때로 슬라이스가 손상되거나 분실되기도 한다. 뇌의 조그만 조각만으로도 어마어마하게 많은 수의 얇은 슬라이스를 만들 수 있으므로 실수가 발생하기 쉽다.

수십 년 동안 이 문제를 해결할 방법은 없었다. 그런데 독일의 한 물리학자가 단순하지만 멋진 생각을 해냈다.

프랑크푸르트에서 한 시간 거리에 있는 독일의 아름다운 도시 하이델베르크는 미래 기술의 산실처럼 보이지는 않는다. 반쯤 무너진 성이 관광객들을 유혹하고, 도시의 오래된 지역의 길들은 자갈로 덮여 있으며, 루프레흐트칼대학교Ruprechts Karl University의 시끌벅적한 학생들이 찾는 바와 레스토랑들이 곳곳에 흩어져 있다. 만일 사색에 잠기고 싶다면, 네카르 강Neckar River의 멋진 경치가 내려다보이는 철학자의 길Philosopher's Walk에 가보길 권하고 싶다. 그곳에서 철학자 헤겔Georg Hegel이나 한나 아렌트Hannah Arendt와 같은 하이델베르크 지성들의 영혼과 교신할 수 있을지도 모른다.

네카르 강의 다리들 중 하나의 인근, 얀슈트라세Jahnstrasse 가 29번지에 서 있는 벽돌 건물에 막스 플랑크 의학연구소Max Planck Institute for Medical Research가 있다. 건물은 대단해 보이지 않지만, 이곳은 다섯 명의 노벨 수상자를 배출한 역사를 가지고 있다. 이는 독일 과학계의 크라운 주얼crown jewel인 막스 플랑크 협회에서 운영하는 여덟 개의 엘리트 연구소 중 하나이다. 각각의 연구소는 여러 명의 연구단장director들이 운영하며, 막대한 예산과 일군의 연구원들과 숙련된 기술자들을 갖추고 있다. 막스 플랑크 협회의 결정은 몇백 명에 이르는 연구단장들로 이루어진 회원들의 투표로 이루어진다. 이는 특권층으로 구성된 조직이다.

막스 플랑크 의학연구소의 책임연구원 중의 한 명이었던 베르트 자크만Bert Sakmann은 신경생리학자들의 표준 도구 중 하나인 패치 클램프 리코딩patch clamp recording(패치고정법)을 발명한 공로로 노벨상을 공동 수상했다. 자크만은 물리학자 빈프리트 덴크Winfried Denk를 연구소의 새로운 연구단장으로 영입했다.

덴크는 독일 봉건영주와 같은 커다란 풍채를 가지고 있다. (별로 놀랍지는 않은 사실이지만, 실제로 막스 플랑크 연구소의 연구단장들은 현대사회에서 봉건영주에 가장 가까운 인물들이다.) 덴크가 사람들의 주목을 끄는 것은 또한 그의 뛰어난 재치 때문이기도 하다. 과학 실험실이 재기 넘치는 천재들이 모여드는 장소는 아니지만, 일부 예외가 있고 덴크가 바로 이 예외에 해당한다. 그와 함께 참석했던 뛰어난 응용수학자들의 세미나가 가장 기억에 남는데, 그 세미나에서 나는 너무 웃어서 배가 아플 정도였고 눈물 때문에 방정식을 볼 수도 없었다. 덴크의 짤막한 농담만 들어도 그가 얼마나 영민한 사람인지를 알 수 있었다. 그러나 그 진수를 느끼려면 부엉이처럼 밤늦도록 깨어 있어야 했다. 그는 늦게 일어나서 새벽까지

일하는 야행성이었기 때문이다. 자정이 지난 이후에야 거침없이 쏟아져 나오는 그의 경구나 격언은 충분히 경험할 만한 가치가 있다.

안슈트라세 가 29번지의 지하실에는 전자현미경 세 대가 온도 변화에 노출되지 않도록 특수한 용기 안에 들어 있다. 금속으로 된 용기의 내부 공간은 펌프를 통해 진공 상태로 유지되기 때문에 전자는 공기 분자와 충돌하지 않고 내부에서 자유롭게 날아다닐 수 있다. 이 현미경들은 세심한 주의를 요한다. 한 대 정도는 당분간 수리가 필요하게 될 수 있다. 그러나 나머지 현미경들은 몇 주 혹은 몇 달에 걸쳐 연속적으로 뇌 조직의 이미지를 촬영한다.

덴크가 하이델베르크에 처음 도착했을 때, 이미 이광자현미경two-pho-ton microscope 발명자의 한 명으로 세계적 명성을 가지고 있었다. (앞에서 나는 살아 있는 동물의 뇌에서 시냅스의 생성과 제거를 관찰하는 데 이 기구가 사용되었다고 설명했다.) 광학현미경 관찰법을 뒤흔들어 놓은 다음에, 그는 연속 전자현미경 기술을 자동화하기로 결정했다. 그의 생각은 간단했다. 슬라이스의 전체 이미지를 만드는 대신에 잘라서 노출된 시료 표면의 이미지를 계속 만드는 것이었다.

2004년에 덴크는 자신의 발명품을 공개했다. 전자현미경의 진공실 내부에 초마이크로톰을 장착한 자동 시스템이었다.[1] 그는 이 방법을 '연속 블록면 주사 전자현미경 기술serial block face scanning electron microscopy', 줄여 SBFSEM이라 불렀다.* 전자가 뇌 조직의 블록에 부딪쳐 튀어나오게 함으로써, 그 표면의 2차원 이미지를 얻을 수 있다. 그다음에 초마이크로

---

* 초기의 연구자들은 조직의 얇은 슬라이스를 관통하여 전자를 보내는 투과 전자현미경 기술(TEM)을 이용했다. (이것은 사진 음화(필름)를 빛에 비추어보는 것과 유사하다.) 주사 전자현미경(SEM)은 대신에 이미지를 얻고자 하는 대상의 표면에 전자를 산란시킨다.

톰의 칼날로 뇌 조직 블록에서 얇은 슬라이스를 잘라내서 새로운 표면을 드러내고, 다시 그 표면의 이미지를 만든다. 이 과정은 일반적인 연속 전자현미경 기술로 얻을 수 있는 것과 유사한 2차원 이미지 더미가 생길 때까지 반복된다.

왜 슬라이스의 이미지를 만드는 것보다 블록 단면의 이미지를 만드는 것이 더 나을까? 슬라이스는 부서지기 쉽지만 블록은 단단하기 때문이다. 슬라이스를 잘못 다루어서 잃어버리지 않는다 해도 각 슬라이스는 서로 다른 방식으로 약간씩 모양이 망가진다. 이런 슬라이스의 이미지들을 쌓아놓으면, 변질된 3차원 영상이 생겨나게 된다. 이와 대조적으로, 단단한 블록은 형태가 쉽게 바뀌지 않기 때문에 블록면의 이미지는 왜곡이 적거나 거의 없어진다.

덴크는 블록면의 이미지를 만들기 위해 전자현미경 내부에 초마이크로톰을 설치하고, 자르기와 이미지화를 통합하는 자동 시스템을 만들었다. 이로써 슬라이스를 초마이크로톰으로부터 현미경까지 손으로 옮기는 과정에서 일어날 수 있는 실수가 없어지고 신뢰도가 증가했다. 슬라이스의 최소 두께는 손으로 자르고 모을 수 있는 50나노미터의 절반인 25나노미터 정도였다.*

과학자들은 등산가처럼 최초가 되기 위해 노력한다. 영광은 최초의 발견자에게 돌아가며, 그 뒤를 따르는 사람에게 주어지지 않는다. 그러나 과학은 투자와도 비슷하다. 너무 늦을 수도 있지만 너무 이를 수도 있다. 덴크는 2004년 논문에서 자신보다 먼저 비슷한 발명을 했던 스티

---

* 이 숫자는 쌓여있는 3차원 이미지의 수직 방향 해상도를 정해주기 때문에 중요하다. 전자현미경 기술은 측면의 두 방향으로는 (나노미터나 그보다 더 작은) 훨씬 세밀한 해상도를 갖는다. 수직 해상도는 훨씬 거칠다.

븐 레이튼Stephen Leighton에 대해 언급했다. 레이튼은 1981년에 덴크와 유사한 생각을 발전시켰지만 그의 발명은 실용화되기에는 너무 이른 것이었다. 왜냐하면 그의 발명은 그 당시에는 어느 누구도 처리할 수 없을 만큼 엄청난 양의 데이터를 생성해냈기 때문이다. 하지만 덴크가 독립적으로 그 생각을 발전시켰을 무렵에는 컴퓨터의 발전으로 많은 양의 데이터를 저장할 수 있었다.

어떤 생각에 적당한 시기가 실제로 도래했다는 것을 어떻게 알 수 있을까? 투자와 마찬가지로, 상승의 폭이 얼마 남지 않은 시점은 오직 돌이켜보는 순간에만 분명히 알 수 있다. 두 사람이 동시에 같은 발명을 하는 것이 때가 되었다는 한 가지 징후이지만, 그보다도 확실한 징후는 같은 문제에 대해 두 가지 다른 해결책이 발명되는 것이다. 공교롭게도 덴크의 연구와 동시에 더 작은 것을 보는 과정을 자동화하려는 또 다른 노력이 이루어지고 있었다.

하버드대학교의 노스웨스트 빌딩에는 담쟁이덩굴이 없다. 하버드의 첨단과학 연구가 이루어지고 있는 빌딩답게 유리로 된 매끈한 외관은 어떠한 역사적 느낌도 주지 않는다. 넓은 로비로 들어가서 지하에 있는 방을 둘러보면 눈이 휘둥그래질 정도로 복잡하게 생긴 루브 골드버그Rube Goldberg 식 기계를 발견할 수 있다그림 30. 아주 작은 플라스틱 블록의 느린 움직임이 당신의 주의를 끌 때까지 무엇을 쳐다보아야 할지도 분명치가 않다. 블록의 투명한 부분은 오렌지색을 띠며 까만 조각을 덮어 싸고 있는데, 이 조각은 염색된 쥐 뇌의 일부이다.

기계의 다른 부분은 천천히 회전한다. 1970년대 오픈릴reel-to-reel 식의 테이프 녹음기처럼, 플라스틱 테이프가 하나의 릴에서 풀려나와 다른

| 그림 30 | 하버드대학교의 초마이크로톰

릴에 감긴다. 기계 옆 책상 위에 릴이 하나 더 있다. 테이프의 일부를 풀어서 빛에 비추어보면 뇌 슬라이스들이 규칙적인 간격으로 떨어져 있는 것이 보인다. 결국 이 기계의 기능은 뇌 조각을 슬라이스로 계속 잘라 테이프 위에 놓음으로써 그 뇌 조각을 슬라이드 필름 같은 것으로 변환한 것임을 알 수 있다.

슬라이스로 자르는 것 자체도 상당히 어려운 일이지만 이것들을 모으는 것은 더 어렵다. 아마추어 요리사라면 누구나 알고 있듯이, 얇게 자른 슬라이스는 도마 위로 질서정연하게 떨어지지 않고, 칼에 들러붙는다. 일반적인 초마이크로톰은 수조water trough를 이용하여 이 문제를 해결한다. 칼은 수조의 가장자리 위에 장착되어 있으며, 잘린 슬라이스는 내부에 있는 물의 표면에 깨끗하게 펴진다. 그다음에 조작자는 슬라이스를 하나씩 물에서 건져내어 전자현미경으로 가져가 이미지를 만든다. 이 과정에서 실수로 슬라이스가 짜증나게 접혀버리거나 슬라이스 전체가 완전히 못 쓰게 될 수도 있다.

| 그림 31 | 물 위로 올라오는 플라스틱 테이프에 수집된 방금 자른 뇌 슬라이스들

하버드대학교에 있는 초마이크로톰은 일반적인 기계와 마찬가지로 수조를 이용하여 뇌 슬라이스를 칼에서 떼어놓는다. 이 장치에서 새로운 요소는 플라스틱 테이프이다. 이는 컨베이어 벨트처럼 물의 표면에서 위로 올라온다. (플라스틱 테이프를 보려면, 그림 31의 아래쪽을 보라. 테이프 위의 중앙에 수직으로 끝과 끝이 맞닿아 있는 두 조각의 뇌 슬라이스를 확인할 수 있다.) 각각의 슬라이스는 움직이는 테이프에 붙어서 물 밖으로 옮겨져 그곳에서 빠른 속도로 건조된다. 결과적으로 부서지기 쉬운 슬라이스들을 훨씬 두껍고 강력한 테이프에 붙여서 릴에 모으는 것이다. 여기서 중요한 점은 조작자가 슬라이스를 손으로 만질 필요가 없기 때문에 인간에 의한 실수가 발생할 가능성이 없다는 것이다. 게다가 플라스틱 테이프는 튼튼해서 손상될 염려도 거의 없다.

자동화된 테이프 수집 초마이크로톰the automated tape-collecting ultramicrotome, ATUM의 첫 번째 시제품은 더 소박한 환경, 수천 마일 떨어진 로스엔젤레스 근처의 알함브라 시에 있는 차고 안에서 만들어졌다. 그 발명자 켄 헤이워드Ken Hayworth는 키가 크고 마른 체형에 안경을 쓰고 있으며,

걸음걸이가 단호하고, 열정적으로 이야기를 한다. 나사NASA의 제트추진 연구소Jet Propulsion Laboratory의 기술자였던 헤이워드는 우주선의 관성 유도inertial guidance 시스템을 만들었다. 이후에 그는 직업을 바꾸어 사우스 캘리포니아대학교의 신경과학 박사과정에 들어갔다. 헤이워드가 너무나 열정적인 사람이라는 것은 그가 여기시간을 이용해 차고에서 뇌 슬라이스를 자르는 새로운 기계를 만들었다는 것으로 알 수 있다.

그 시제품은 10마이크론의 두께로 슬라이스를 잘랐는데, 이 슬라이스들은 전자현미경용으로 보기에는 너무 두꺼웠지만, 그의 기본적인 아이디어를 보여주었다. 어느 날 헤이워드는 난데없는 전화 한 통을 받았다. 하버드에 있는 시냅스 제거 분야의 전문가인 제프 리히트만이 합동 연구를 제안한 것이었다. 헤이워드는 하버드에 자리를 잡고 일반적인 초마이크로톰을 통해 얻을 수 있는 두께인 50나노미터로 뇌 조각을 자를 수 있는 또 다른 ATUM을 만들었다. 리히트만의 독려로 헤이워드는 그 기계로 30나노미터 두께로 슬라이스를 자를 수 있게 되었다.* 슬라이스의 이미지를 얻기 위해 헤이워드는 나라야난 바비 카스투리Narayanan Bobby Kasthuri와 팀을 이루었다. 두 사람은 매우 재미날 정도로 특별한 팀이 되었다. 실험실의 다른 연구원들은 카스투리는 요란한 머리털과 그보다 더 요란한 말투 때문에 미친 것처럼 보이지만, 실제로 미친 사람은 헤이워드라며 두 사람에 대한 농담을 했다. (내부 사람들의 농담에 대해서는 나중에 좀 더 이야기하기로 하자.) 이 두 사람과 또 하나의 연구원 리처드 샤렉

---

* 그림 30에 보이는 헤이워드의 최초 설계는 ATUM이 아니라 ATLUM으로 불렸다. 글자 L은 일종의 회전기계 도구인 선반을 나타낸다. 뇌 조직을 담고 있는 플라스틱 덩어리는 축 위에 장착되었다. 축을 한 바퀴 돌리면 그것은 다이아몬드 칼 쪽으로 덩어리를 밀어내고, 얇은 슬라이스 한 조각을 깎아냈다. 처음에 헤이워드는 회전운동이 슬라이스의 두께를 더욱 정확하게 제어할 것이라 생각했다. 그 이후로 그는 앞뒤로 움직이며 고기를 자르는 정육점 기계처럼, 일반적인 초마이크로톰의 전통적인 직선운동으로 다시 돌아왔다.

Richard Schalek은 이미지를 얻기 위해 주사 전자현미경scanning electron micro-scope을 사용했는데, 이것은 덴크가 변형한 것과 같은 기계였다.

덴크의 발명으로 얇은 슬라이스를 모을 필요가 없어졌고, 헤이워드의 발명은 믿을 만한 슬라이스를 수집할 수 있게 해주었다. 다른 발명가들도 자르기와 이미지를 얻는 방법을 개선하기 위해 각자의 계획에 따라 연구하고 있었다. 예를 들어, 그레이험 노트Graham Knott는 이온의 빔을 이용하여, 블록 상부의 몇 나노미터에 해당하는 부분을 증발시키는 법을 보여주었다. 이 기술은 덴크의 기술과 유사하지만 다이아몬드 칼은 사용하지 않는다.* 이런 모든 발명들은 연속 전자현미경 기술의 황금기에서 내가 기대하는 것들의 시작에 불과하다.

이러한 황금기는 너무 많은 정보를 제공하면서 신경과학을 위협하고 있다. 1제곱밀리미터의 뇌 조직에서 1페타바이트petabyte에 이르는 이미지 자료를 얻을 수 있게 되었다. 이는 십억 장의 사진이 들어 있는 디지털 액자에 버금가는 양이다. 쥐의 뇌 전체는 이보다 수천 배 더 크며, 인간의 뇌는 그것보다 수천 배 더 크다. 따라서 자르고 모아서 이미지를 만드는 방법을 개선하는 것만으로는 커넥톰을 찾기에 충분하지 못하다. 각각의 뉴런과 시냅스의 이미지를 만드는 것은 인간의 이해 능력을 압도할 정보의 홍수를 가져올 것이다. 커넥톰을 찾으려면, 이미지를 **만들어주는** 기계뿐 아니라 그 이미지들을 **보여주는** 기계 또한 필요하다.

---

* Knott et al.(2008)은 집속이온빔(FIB, focused ion beam)을 이용한 밀링(milling, 절삭)의 방법을 설명하고 있다. Bock et al.(2011)은 데이터 획득의 속도를 높이면서 더 넓은 시계(범위)를 갖는 이미지를 얻어내기 위해서 투과 전자현미경을 변형하는 방법에 대해 설명하고 있다.

그리스 신화의 미노스 왕은 아름다운 흰 황소를 자신이 갖기 위해 신들에게 제물로 바치기를 거절했다. 미노스 왕의 탐욕에 화가 난 신들은 그를 벌하기 위해 그의 아내를 황소를 향한 욕정으로 미치게 만들었고, 그녀는 두 다리와 두 개의 뿔을 가진 괴물 미노타우로스Minotaur를 낳았다. 미노스 왕은 도저히 살려둘 수 없는 아내의 자식을 미궁Labyrinth에 가두었다. 이 미궁은 뛰어난 기술자였던 다이달로스Daedalus가 정교하게 만든 미로 같은 구조물이었다. 결국 미노타우로스는 아테네에서 온 영웅 테세우스Theseus에 의해 죽음을 맞고, 테세우스는 미노스 왕의 딸이자 자신의 연인인 아리아드네Ariadne가 건네준 실을 따라서 미궁에서 빠져나오게 된다.

커넥토믹스connectomics는 나에게 이 신화를 떠오르게 한다. 신화 속의 미궁처럼, 뇌는 창의력이나 사랑과 같은 설레는 행동뿐만 아니라 탐욕이나 욕정과 같은 파괴적 감정의 결과도 다루어야 한다. 테세우스가 미궁의 구불구불한 통로를 따라 길을 찾아가듯이, 당신이 뇌의 축삭과 수상돌기를 따라간다고 상상해보자. 이때 당신은 분자 자동차에 앉아 분자 선로를 따라 달리는 단백질 분자라고 할 수 있다. 당신은 자신이 태어난 장소인 세포체에서 축삭의 외부 한계인 종착지까지 긴 거리를 이동 중이다. 그리고 끈기 있게 앉아서 옆으로 지나가는 축삭의 벽들을 지켜보고 있다.*

이 여행이 흥미롭게 들린다면, 가상의 뇌 여행에 참여해보라고 권하고 싶다. 이 여행에서는 실제 뇌가 아닌 뇌의 이미지 속을 여행하게 된다. 다시 말해 8장에서 설명한 기계들에 의해 수집된 이미지 더미들을 통해 축삭과 수상돌기의 경로를 따라가게 된다. 이 과정은 커넥톰을 찾는 데 필수적인 작업이다. 뇌의 연결지도를 그리기 위해서는 어떤 뉴런들끼리 시냅스로 연결되어 있는지를 보아야 한다. '전선'이 어디로 가는지를 모르고서는 이런 작업을 할 수가 없다.

전체 커넥톰을 찾기 위해서는 뇌에 있는 미로의 모든 통로를 탐험해보아야 한다. 1입방밀리미터의 뇌 지도를 그리기 위해 몇 마일에 이르는 신경돌기를 통해 여행해야 하며, 1페타바이트의 이미지들을 헤쳐나가야 한다. 이처럼 수고롭고 조심스러운 분석과정은 필수적이다. 이미지를 쳐다보는 것만으로는 아무것도 알 수 없다. 이런 과학적 방법은 갈릴레오가 목성의 위성을 관찰한 것이나 레벤후크가 정자를 발견한 것과는 거리가 멀어 보인다.

오늘날 '보는 것이 과학'이라는 개념은 현재 기술의 한계에까지 도달했다. 현재로서는 자동화된 시스템에 의해 수집되고 있는 모든 이미지를 이해할 수 있는 사람은 아무도 없다. 그러나 기술이 문제를 만들어냈

---

* 분자 자동차는 키네신(kinesin), 차도는 미세소관(microtubule)이라 불린다.

다면, 문제를 풀 수 있는 것도 기술일 것이다. 컴퓨터가 이미지들을 따라서 축삭과 수상돌기의 모든 경로를 추적할 수 있을지도 모른다. 만일 기계들이 대부분의 작업을 해준다면, 우리는 커넥톰을 볼 수 있게 될 것이다.

엄천난 양의 데이터를 처리하는 문제는 커넥토믹스만의 고유한 것이 아니다. 세계에서 가장 큰 과학 프로젝트는 강입자충돌기Large Hadron Collider, LHC(우주 탄생 직후 상황인 빅뱅을 재현하여 우주 탄생의 비밀을 알아내기 위한 실험 장치)이다. 이는 제네바 호수와 주라 산맥Jura Mountains 사이 지하 100미터 지점에 만든 27킬로미터 길이의 터널 내부에 건설된 원형 튜브이다. 강입자충돌기는 소립자들 간의 힘을 측정하기 위해 양성자를 높은 속도로 가속하여 서로를 충돌시킨다. 그 둘레의 한 지점에는 압축 뮤온 솔레노이드Compact Muon Solenoid라는 거대한 장치가 있다. 이것은 초당 10억 번의 충돌을 감지하도록 설계되었으며,[1] 컴퓨터는 데이터를 자동으로 걸러내어 그중 100개를 선택한다. 이렇게 선택된 흥미로운 사건들만 기록됨에도 불구하고, 각각의 사건이 1메가바이트 이상을 만들어내므로 데이터들은 여전히 엄청난 속도로 흘러가게 된다. 그리고 그 데이터들은 세계 전역의 슈퍼컴퓨터의 네트워크로 보내져 분석된다.

포유동물의 뇌 전체의 커넥톰을 찾으려면, 강입자충돌기보다도 더 빠른 속도로 데이터 이미지를 만들어낼 수 있는 현미경이 필요하다. 그 속도를 따라갈 수 있는 정도로 데이터를 빠르게 분석할 수 있을까? 예쁜 꼬마선충의 커넥톰을 작성한 과학자들도 유사한 과제에 직면했다. 놀랍게도 이미지를 수집하는 것보다 분석하는 데 더 많은 노력이 들었다.

1960년대 중반 남아프리카의 생물학자 시드니 브레너Sydney Brenner는 연속 전자현미경 기술을 사용하여, 작은 신경계의 모든 연결을 지도화할 수 있는 가능성을 보았다. 그 당시 **커넥톰**이란 용어는 아직 사용되지 않았었고,* 브레너는 이 작업을 '신경계의 재구성'이라 불렀다. 브레너는 영국 케임브리지대학교의 MRC 분자생물학 연구소에서 근무하고 있었다. 그 당시 그와 연구실의 동료들은 예쁜꼬마선충을 유전학 연구를 위한 표준적인 동물로 지정하고 있었다. 선충은 나중에 게놈의 염기서열이 밝혀진 최초의 동물이 되었으며, 오늘날 수천 명의 생물학자들이 예쁜꼬마선충을 연구하고 있다

브레너는 예쁜꼬마선충이 동물 행동의 생물학적 기반을 이해하는 데 도움이 될지도 모른다고 생각했다. 선충들은 음식 섭취, 짝짓기, 산란과 같은 표준적인 행동을 한다. 또한 특정한 자극에 대하여 미리 준비된 반응을 한다. 예를 들어 만약 머리를 만지면, 선충은 움찔하며 헤엄을 쳐서 도망간다. 그러면 이런 표준적 행동 중의 하나를 할 수 없는 선충을 발견했다고 가정하자. 만약 그 선충의 새끼도 같은 문제를 가지고 있다면, 그 원인을 유전적 결함으로 가정하고 그 결함을 찾아내기 위해 노력할 수 있다. 이런 종류의 연구는 유전자와 행동 사이의 관계를 설명해줄 것이며, 그것만으로도 가치 있는 일이다. 하지만 여기서 한 단계를 더 나아가 이런 돌연변이 선충의 신경계를 연구할 수도 있다. 그러면 아마도 결함 있는 유전자에 의해 손상된 뉴런이나 경로를 확인할 수 있을 것이다. 유전자, 뉴런, 행동과 같은 모든 단계에서 이 선충을 연구하려는 시도는 흥미진진하게 들렸다. 그러나 이 모든 계획은 브레너가 가지고

---

* 2007년 커넥토믹스에 대한 내 수업에서 브레너가 첫 번째 강연을 했을 때, 그는 커넥토믹스라는 용어에 대한 거부감을 표현했다. 그는 대신에 이 분야의 이름으로 '뉴로노미(neuronomy)'를 추천하면서, "뉴로노미와 신경학(neurology)의 관계는 천문학(astronomy)과 점성술(astrology)의 관계와 같다"고 농담을 했다.

있지 않은 어떤 것에 달려 있었다. 그것은 다름 아닌 정상적 선충의 신경계 지도였다. 그런 지도가 없이는 변이된 신경계의 어떤 부분이 정상 신경계와 다른지를 분간하기 어렵기 때문이다.

브레너는 20세기 초반의 독일계 미국 생물학자 리처드 골드슈미트 Richard Goldschmidt가 선충과는 다른 종인 회충Ascaris lumbricoides의 신경계 지도를 그리려고 했음[2]을 알고 있었다. 하지만 골드슈미트의 광학현미경은 뉴런의 가지들이나 시냅스를 분명히 관찰할 수 있을 정도로 해상력이 높지 않았다. 브레너는 전자현미경과 초마이크로톰이라는 더 뛰어난 기술을 사용하여 골드슈미트와 유사한 작업을 예쁜꼬마선충에 시도해보기로 했다.

예쁜꼬마선충의 길이는 불과 1밀리미터 정도로, 숙주인 인간의 장 속에서 30센티미터까지 자랄 수 있는 회충보다는 훨씬 작다. 아주 작은 소시지 같은 예쁜꼬마선충 전체를 몇천 번만 자르면, 전자현미경 기술로 볼 수 있을 정도로 얇은 슬라이스를 만들 수 있다. 브레너 팀의 일원인 니콜 톰슨Nichol Thomson은 선충 전체를 실수 없이 슬라이스로 자른다는 것이 불가능하다는 것을 깨달았다. 자르는 과정이 아직 자동화되지 못했기 때문에 발생한 기술적 문제 때문이었다. 그래도 그는 선충의 대부분을 잘랐다. 브레너는 여러 마리 선충의 부분 이미지들을 결합하기로 결정했다. 선충의 신경계는 상당히 표준화되어 있으므로, 이는 합리적인 전략이었다.

톰슨은 선충의 몸의 모든 영역이 최소한 한 번은 포함될 때까지 여러 마리의 선충들을 슬라이스로 잘랐다. 그리고 슬라이스들을 하나씩 전자현미경에 놓아 이미지들을 만들었다그림 32. 이 힘든 과정을 통해 마침내 예쁜꼬마선충의 신경계 전체를 나타내는 한 더미의 이미지들이 만들어

| 그림 32 | 예쁜꼬마선충의 슬라이스

졌다. 선충의 모든 시냅스도 그 안에 들어 있었다.

브레너와 그의 팀이 이 시점에서 모든 일을 마쳤다고 생각할 수도 있다. 커넥톰이란 단지 모든 시냅스의 총체가 아닌가? 하지만 사실상 그들은 그제서야 막 출발점에 섰을 뿐이었다. 시냅스들을 모두 볼 수는 있었지만, 그들의 조직 구조는 여전히 숨겨져 있었다. 결과적으로, 연구자들은 마구 뒤섞인 수많은 시냅스들을 모아놓은 셈이었다. 커넥톰을 찾으려면, 어떤 시냅스가 어떤 뉴런에 속하는지를 구분할 필요가 있었다. 뉴런들의 2차원적 단면만을 보여주는 한 개의 이미지로는 그런 구분을 할 수 없었다. 그러나 만약 뉴런 한 개의 연속적 단면을 일련의 이미지를 통해 추적할 수 있다면, 어떤 시냅스들이 그 뉴런에 속하는지 파악할 수 있다. 그리고 모든 뉴런에 대해 이 작업을 진행할 수 있다면, 커넥톰을 발견할 수 있다. 다시 말해, 브레너의 팀은 어떤 뉴런이 어떤 다른 뉴런과 연결되어 있는지를 알 수 있게 되는 것이다.

선충을 다시 한 번 아주 작은 소시지라고 생각해보자. 그러나 이번에는 소시지가 스파게티로 가득 차 있다고 상상해보자.* 스파게티 가닥들은 선충의 뉴런이고, 우리가 할 일은 각 뉴런의 경로를 추적하는 것이다. 우리에게는 X레이 같은 시력이 없으니까, 푸줏간 주인에게 소시지를 여러 개의 얇은 슬라이스로 잘라달라고 부탁한다. 그다음에 이 슬라이스들을 모두 바닥에 늘어놓고, 슬라이스별로 잘린 조각들을 맞추어 각각의 가닥을 추적한다.

실수 없이 추적할 수 있다는 희망을 갖기 위해서는 슬라이스의 두께는 스파게티 가닥의 직경보다 더 얇아야 한다. 마찬가지로 선충의 슬라이스들은 뉴런의 가지들보다 더 얇아야 하는데, 뉴런 가지의 직경은 100나노미터보다 더 작을 수 있다. 니콜 톰슨은 대부분의 뉴런 가지들을 안전하게 추적하는 데 충분한** 50나노미터의 두께로 슬라이스를 잘랐다.

이때 전기공학자로 훈련받은 존 화이트John White는 이미지의 분석을 컴퓨터화하려고 했지만, 이 기술은 아직 초기단계에 있었다. 어쩔 수 없이 화이트와 에일린 사우스게이트Eileen Southgate라는 기술자가 수작업으로 하는 분석에 의존할 수밖에 없었다. 그림 33의 두 이미지에서 볼 수 있듯이, 같은 뉴런의 단면들은 같은 숫자나 글자로 표시된다. 하나의 뉴런 전체를 추적하기 위해서 연구자들은 테세우스가 아리아드네의 실뭉치를 풀면서 미궁 속에서 길을 찾아간 것처럼, 연속적 이미지들의 적절

---

* 우리는 이탈리아 음식에 대한 비유를 너무 확장하고 있다. 월남쌈(summer roll)이 보통 국수를 포함하고 있으므로, 월남 음식에 대한 비유가 더 나을지도 모르겠다.
** 이상적인 슬라이스의 두께는 전자현미경이 만들어내는 2차원 화상의 공간 해상도와 동일할 것이다. 이 경우에 3차원 이미지는 모든 방향에서 동일한 공간 해상도를 가질 것이다. 그러나 그렇게 얇게 자르는 것은 불가능하며, 따라서 3차원에서 이미지는 불가피하게 낮은 해상도를 가질 수밖에 없다.

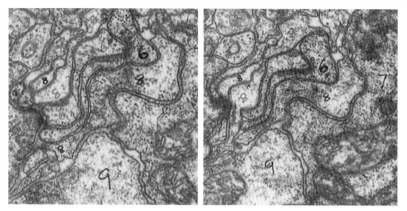

| 그림 33 | 연속적인 슬라이스들의 단면을 대조해 뉴런들의 가지 추적하기

한 단면에 같은 부호를 반복하여 표시했다.* 일단 뉴런들의 경로가 추적되고 나면, 이들은 각 시냅스로 돌아가서 그것에 연결된 뉴런의 글자나 숫자를 적었다. 이런 방식으로 예쁜꼬마선충의 커넥톰이 천천히 드러나게 되었다.

1986년 브레너의 팀은 몇 세기 전에 레벤후크를 회원으로 받아들였던 왕립학회의 학술지인 〈런던 왕립학회 철학 회보Philosophical Transactions of the Royal Society of London〉의 한 호 전체에 선충의 커넥톰에 관한 내용을 발표했다.

그 논문의 제목은 〈예쁜꼬마선충이라는 선충의 신경계 구조The Structure of the Nervous System of the Nematode Caenorhabditis elegans〉였다. 하지만 머리 제목은 더 간결하고 의미심장한 '선충의 정신The Mind of a Worm'이었다. 본문

---

* 그들은 원래의 사진 건판(photographic plate) 상단에 위치한 투명한 아세테이트지(acetate sheet) 위에 펠트펜으로 부호를 썼다. 때때로 서로 분리되어 시작했지만 분기점에서 병합되는 신경돌기들을 추적해야 했기 때문에 그 과정은 더욱 복잡해졌다. 두 개의 신경돌기가 같은 뉴런의 부분임을 깨닫는 순간, 다시 돌아가서 한 신경돌기의 모든 글자를 다른 신경돌기의 글자와 일치하도록 바꾸어야 했다.

은 62페이지에 걸친 전채요리였고, 주 요리는 277페이지의 부록이었다. 이 부록에는 선충의 뉴런 302개와 그 시냅스 연결들에 대해 설명되어 있다.*

브레너가 희망했던 대로, 예쁜꼬마선충의 커넥톰은 이 벌레가 하는 행동의 신경학적 기반을 이해하는 데 유용하다는 것이 판명되었다. 예를 들면, 선충의 머리를 건드리면 헤엄쳐 도망치는 것과 같은 행동[3]에 중요한 신경 경로를 확인하는 데 도움이 되었다. 그러나 이것은 브레너가 가졌던 원래의 야망 중 일부일 뿐이었다. 문제는 이미지의 부족이 아니었다. 니콜 톰슨은 여러 마리의 선충에서 충분한 이미지를 구했다. 그는 실제로 여러 유형의 유전적 결함을 가진 선충들로부터도 이미지를 얻었다. 하지만 이미지들을 분석해서 커넥톰 속에서 비정상이라고 추측되는 부분을 찾아내는 것은 너무 힘든 작업이었다. 브레너는 선충들의 커넥톰이 다르기 때문에 '정신mind'이 다르다는 가설을 조사하기 위해 연구를 시작했다. 그러나 그의 연구팀은 오직 하나의 커넥톰, 즉 정상 선충의 커넥톰만을 찾아냈을 뿐 브레너의 원래 가설을 검증할 수는 없었다.

하나의 커넥톰을 발견하는 것은 그 자체만으로도 기념비적 업적이다. 이미지를 분석하는 데 1970년대에서 1980년대까지 10여 년에 걸친 노력이 필요했으며, 이는 슬라이스를 자르고 이미지를 만드는 것보다 훨씬 더 많은 노동을 필요로 하는 일이었다. 선충 연구의 또 다른 개척자인 데이비드 홀David Hall은 이 이미지들을 인터넷상의 놀라운 저장소에

---

* 보다 정확히 말하면, 282개의 체성(somatic) 뉴런들에 대해 설명하고 있다. 또한 거의 독립적인 신경계를 형성하고 있는 20개의 인두(pharyngeal) 뉴런이 존재한다(Albertson and Thomson 1976). Chen, Hall, and Chklovskii(2006)에 의해 틀린 부분들이 교정되고, 좀 더 일관성 있게 되었으며, 공백이 메워졌다. 이것의 최신 버전은 wormatlas.org에 공개되었다.

올려놓아 여러 연구자들이 사용할 수 있도록 했다. (이들 중의 상당한 부분은 오늘날까지도 분석되지 않은 채로 남아 있다.) 브레너 팀이 겪었던 힘겨운 노고는 다른 과학자들에게 '이런 일을 절대 집에서 혼자 따라하지 마시오'라고 경고하는 듯한 선례가 되었다.

1990년대에는 컴퓨터의 가격이 내려가고 성능이 더욱 향상되면서 상황이 나아지기 시작했다. 존 피알라John Fiala와 크리스틴 해리스Kristen Harris는 뉴런의 형태를 사람 손으로 재구성하는 것을 도와줄 소프트웨어 프로그램을 만들었다.[4] 컴퓨터에서는 마우스를 이용해 화면에 나타난 이미지 위에 선을 그릴 수 있다. 컴퓨터로 그림을 그려본 사람이라면 누구나 할 수 있는 이 기본적 기능을 확장하여, 각 단면의 주위에 경계선을 그려서 한 더미의 이미지들을 쫓아 뉴런을 추적할 수 있도록 했다. 작업이 진행되면서 더미에 포함되는 각각의 이미지들은 여러 장의 경계선 그림으로 덮이게 된다. 컴퓨터는 각 뉴런에 속하는 단면의 경계들을 모두 추적하고 선 안쪽을 한 색깔로 채운 다음, 작업 결과를 화면에 표시한다. 따라서 각 뉴런은 서로 다른 색깔로 채워진다. 그 결과 이미지의 더미들은 3차원의 색칠하기 책과 유사하게 된다. 컴퓨터는 또한 그림 34에서처럼, 신경돌기의 부분들을 입체적(3차원)으로 그릴 수 있다.*

이 과정을 통해 과학자들은 브레너 팀보다 훨씬 더 효율적으로 연구할 수 있게 되었다. 이제 이미지들은 깔끔하게 컴퓨터에 저장되며, 연구자들은 더 이상 수천 개의 사진판을 다룰 필요가 없게 되었다. 마우스를 이용하는 것은 펠트펜을 사용해 손으로 직접 표시하는 것보다 간편했다. 그럼에도 불구하고 이미지를 분석하는 작업은 여전히 사람의 지능

---

* 더 두꺼운 것은 가시들이 돌출되어 있는 수상돌기의 짧은 조각이다. 더 얇은 것은 축삭의 부분들이다.

| 그림 34 | 손으로 재구성한 신경돌기 부위의 입체적 3차원 도면

을 필요로 하며 엄청난 시간이 소모되는 일이다. 자신들이 개발한 소프트웨어를 이용해 해마와 신피질의 작은 일부를 재구성한 크리스틴 해리스와 그녀의 동료들은 축삭과 신경돌기에 관한 여러 흥미로운 사실들을 발견했다. 그러나 그 조각들은 너무 작아서 뉴런의 아주 작은 부분만을 포함하고 있었다. 이 작은 부분들을 이용하여 커넥톰을 찾을 방법은 없었다.

이 연구자들의 경험을 고려할 때, 우리는 1입방미터의 피질을 손으로 재구성하는 데에 1백만 인년person-year이 걸릴 것으로[5] 추정할 수 있다. 이는 전자현미경 이미지들을 수집하는 데 걸리는 시간보다 훨씬 더 긴 시간이다. 우리를 주눅들게 하는 이 기간을 감안한다면 커넥토믹스의 미래는 이미지 분석의 자동화에 달려 있음이 분명하다.

각 뉴런의 경계를 그리는 데 사람보다 컴퓨터를 사용하는 것이 이상적일 것이다. 그러나 놀랍게도 오늘날의 컴퓨터는 경계를 식별하는 일에 그리 능숙하지 못하며 심지어 우리에게 아주 명백하게 보이는 경계선도 제대로 처리하지 못한다. 사실상 컴퓨터는 어떤 시각 작업도 훌륭하게 처리하지 못한다. 공상과학영화 속의 로봇은 일상적으로 주위를 둘러보고 대상을 인식한다. 그러나 인공지능AI 연구자들은 컴퓨터에게 이런 초보적 시각 능력을 부여하기 위해 아직도 힘겨운 노력을 하고 있다.

1960년대에 연구자들은 컴퓨터에 카메라를 연결하여 첫 번째 인공시각 시스템을 만들고자 했다. 이를 위해 우선 이미지를 선으로 된 그림으로 변환하는 프로그램을 만들려고 했다. 이것은 어느 만화가나 할 수 있는 일이었다. 연구자들은 경계의 윤곽에 기초해서 그림 속의 대상을 인식하는 것이 더 쉬울 것이라고 판단했다. 하지만 그제서야 그들은 컴퓨터가 윤곽을 파악하는 일에 얼마나 서툰지를 깨닫게 되었다. 심지어 아이들의 장난감 블록처럼 단순한 모양으로 이미지를 제한해도 컴퓨터가 경계를 식별하는 것은 쉽지 않았다.

왜 이 작업이 컴퓨터에게는 그렇게 어려운 것일까? 경계 식별의 몇 가지 미묘한 내용은 카니자Kanizsa 삼각형이라 불리는 잘 알려진 착시현상optical illusion에서 드러난다그림 35. 대부분의 사람들은 이 그림에서 검은 윤곽의 삼각형과, 세 개의 검은색 원 위에 하얀 삼각형이 중첩되어 있는 것을 본다. 하얀 삼각형이 착각인지는 논란의 여지가 있다. 만약 이미지의 대부분을 손으로 가리고 모서리 하나만을 본다면, 검은색 원보다는 일부분이 파인 파이 모양이 (혹은 1980년대의 비디오 게임을 기억한다면 팩맨이) 보일 것이다. 만약 이미지의 나머지를 손으로 가리고 V 모양 중의 하나를 본다면, 하얀 삼각형의 변이 보였던 곳에서 아무런 경계도 보이지 않을 것이다. 그 이유는 하얀 삼각형의 각 변은 배경과 같은 색

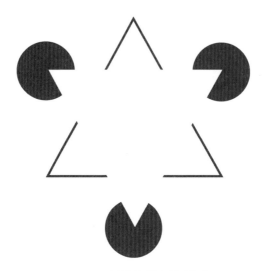

| 그림 35 | 카니자 삼각형의 '착시 윤곽'

이며, 밝기에는 큰 차이가 없기 때문이다. 당신의 정신은 다른 도형들이 함께 있는 맥락context 안에서만 변의 빠진 부분들을 채워넣고, 중첩된 삼각형을 지각할 수 있다.

이 착각은 너무 인위적이어서 정상 시각에는 중요해 보이지 않을 수 도 있다. 그러나 실제 물체의 영상에서도 맥락은 정확한 경계를 지각하는 데 중요한 요소임이 드러났다. 뉴런의 전자현미경 이미지의 일부를 확대한 그림 36의 첫 번째 사진에서는 분명한 경계가 보이지 않는다. 그 옆의 사진들에서는 주위의 픽셀이 더 많이 드러나면서 중앙의 경계가 점점 분명해진다. 경계를 식별하면 이미지를 올바르게 해석할 수 있지 만 (마지막 그림 바로 앞) 경계를 제대로 식별하지 못하면 두 신경돌기가 융합된 것처럼 잘못 해석될 수 있다(마지막 그림). 융합 오류merge error라 불리는 이런 종류의 실수는 아이가 그림책에서 두 인접 영역을 같은 색 의 크레용으로 칠하는 것과 같다. 반면 분할 오류(그림에는 없음)는 하나

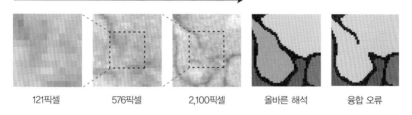

맥락의 증가

121픽셀　　　576픽셀　　　2,100픽셀　　　올바른 해석　　　융합 오류

| 그림 36 | 경계 식별을 위한 맥락의 중요성

의 영역을 두 가지 색으로 칠하는 것과 같다.

물론 이렇게 애매한 경우는 비교적 드물다. 그림의 사례는 아마도 염료가 조직의 어떤 위치에 침투하지 못했기 때문에 발생했을 것이다. 그러나 이 이미지의 나머지 대부분에서 경계가 있는지 없는지는 확장된 사진에서도 명백하다. 현재의 컴퓨터는 이처럼 쉬운 위치에서는 경계를 정확하게 식별할 수 있지만, 몇몇 어려운 곳에서는 여전히 실수를 한다. 컴퓨터는 맥락 안에서 정보를 사용하는 데 사람만큼 능숙하지 못하기 때문이다.

커넥톰을 찾는 데 있어서 컴퓨터가 능숙하게 처리하지 못하는 시각적 작업은 경계를 식별하는 것만이 아니다. 또 다른 작업은 인식recognition과 관련된 것이다. 많은 디지털 카메라들이 사진을 찍을 때 얼굴의 위치를 찾아 초점을 맞출 정도로 영리하다. 그러나 가끔은 배경에 있는 대상으로 초점을 잘못 맞추기도 한다. 이는 카메라가 아직 사람만큼은 얼굴을 잘 인식하지 못한다는 것을 보여준다. 커넥토믹스 연구과정에서 우리는 컴퓨터가 이와 비슷한 작업들을 문제없이 처리하기를 바란다. 그것은 바로 일련의 이미지들을 살펴보고, 모든 시냅스를 찾아내는 일이다.

왜 우리는 (지금까지) 사람처럼 잘 볼 수 있는 컴퓨터를 만드는 데 실패한 것일까? 내 생각에 그 이유는 우리가 너무 잘 보기 때문이다. 초기의 AI 연구자들은 체스를 두거나 수학적 정리를 증명하는 것처럼 인간에게도 엄청난 노력을 요구하는 능력들을 복제하는 일에 중점을 두었다. 놀랍게도 이 능력들은 컴퓨터에게 그리 어려운 일이 아니었다. 1997년 IBM의 슈퍼컴퓨터 딥블루Deep Blue는 체스 세계챔피언 개리 카스파로프 Garry Kasparov와의 경기에서 승리했다. 체스와 비교하면, 시각은 유치할 정도로 단순하게 보인다. 우리는 눈만 뜨면 그 즉시 주위의 세계를 인식할 수 있다. 이처럼 간단한 일이기 때문에, 초기 AI 연구자들은 시각자극을 인식하는 것이 기계에게 그렇게 어려운 일이라는 것을 예상하지 못했다.

때로는 어떤 일을 제일 잘하는 사람들은 가장 형편없는 선생님이다. 그들 자신은 무의식적으로 아무 생각 없이 그 일을 할 수 있으나, 자신이 한 일에 대해 설명을 부탁하면 아무런 답을 하지 못한다. 우리는 시각에 있어서 모두 대가들이다. 우리는 언제든 잘 볼 수 있기 때문에 보지 못하는 이유를 이해할 수 없다. 이러한 이유로 우리는 보는 것을 가르치는 데에 서툰 것이다. 다행스러운 것은 컴퓨터를 제외하고는 우리가 보는 것을 가르칠 대상이 없다는 사실이다.

최근에 일부 연구자들은 컴퓨터에게 보는 것을 가르치는 일을 포기했다. 컴퓨터가 스스로 가르치게 하면 어떨까? 사람이 하는 엄청나게 다양한 종류의 시각 작업의 사례를 수집한 다음에 컴퓨터가 이 사례들을 모방하도록 프로그램하는 것이다. 만약 이것이 성공한다면, 이는 구체적인 지시가 없이도 그 작업을 '배웠다'고 할 수 있다. 이 방법은 기계학습machine learning*으로 알려져 있으며, 컴퓨터 과학의 중요한 분야이다. AI의 다양한 성공 사례뿐만 아니라 얼굴에 초점을 맞추는 디지털 카메라도 바로 이 방법에 기초해서 만들어졌다.

내 연구소를 포함하여 세계의 여러 연구소들은 컴퓨터가 뉴런을 볼 수 있도록 훈련시키기 위해 기계학습을 이용하고 있다. 우리는 존 피알라와 크리스틴 해리스가 개발한 종류의 소프트웨어를 이용해서 기계학습을 시작했다. 사람들은 손으로 직접 뉴런의 형태들을 재구성하고, 이 예들을 컴퓨터가 모방하는 것이다. 우리가 연구를 시작했을 때, 박사과정 학생이었던 바이렌 제인Viren Jain과 스리니 투라가Srini Turaga는 컴퓨터와 사람의 수작업 사이에 일치하지 않는 정도를 측정하여 컴퓨터의 성적을 점수로 계산하고[6] '등급'을 매기는 방법을 개발했다. 컴퓨터는 사례들을 모방할 때 받는 '등급'을 최적화함으로 뉴런의 형태를 보는 것을 배우게 되는 것이다. 일단 컴퓨터가 이런 방식으로 훈련이 되면, 사람이 손으로 재구성하지 않은 이미지를 분석하는 작업이 컴퓨터에게 주어진다. 그림 37은 컴퓨터가 망막 뉴런을 재구성한 것이다. 이 접근방식은 아직 초기단계에 있지만, 이미 전례가 없을 정도로 정확하다는 것이 입증되었다.

이 정도로 향상되었어도 컴퓨터는 여전히 실수를 저지른다. 나는 기계학습을 적용하여 컴퓨터의 오류를 계속 줄여나갈 수 있으리라고 확신한다. 하지만 커넥토믹스 학계가 발전함에 따라 컴퓨터는 더욱 큰 이미

---

* 어떻게 컴퓨터가 학습을 하게 만들 수 있는가? 첫째, 작업을 수행하는 알고리즘을 고안하라. 그러나 그 안에 많은 수의 조절 가능한 매개변수(parameter)들을 포함시켜라. 매개변수를 어떻게 설정하느냐에 따라 그 알고리즘은 업무를 다르게 수행한다. 둘째, 수많은 사례들의 데이터베이스를 대상으로 컴퓨터와 인간 사이의 불일치에 대한 양적인 척도를 고안하라. 이러한 척도는 컴퓨터 프로그램에서 조절 가능한 매개변수들의 함수이다. 이것은 비용함수(cost function) 혹은 학습의 목표함수(objective function for learning)로 알려져 있다. 우리는 조절 가능한 매개변수에 대하여 이 함수를 최소화하고자 한다. 이를 위해 우리는 매개변수들의 최적 설정을 찾아내는 프로그램을 작성하는 마지막 세 번째 단계를 수행한다. 이는 종종 반복적인 방식으로 수행된다. 프로그램은 비용함수를 낮추는 매개변수들의 작은 변화를 찾게 되는데, 가능한 가장 낮은 값을 찾기 위해 반복적으로 이를 수행한다.

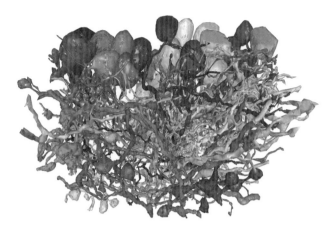

| 그림 37 | 컴퓨터에 의해 자동으로 재구성된 망막 뉴런들

지들을 분석하게 될 것이다. 그리고 설령 오류가 줄어든다 하더라도 절대적 오류(에러) 횟수는 여전히 많을 것이다. 이미지 분석은 가까운 미래 안에는 결코 100퍼센트 자동화되지 못할 것이며 언제나 인간 지능을 필요로 할 것이 분명하다. 하지만 이미지를 분석하는 과정은 상당히 빨라질 것이다.

• • •

마우스를 이용해 컴퓨터와 상호작용한다는 생각을 최초로 개발한 사람은 전설적인 발명자 더그 엔겔바트Doug Engelbart였다. 그러나 그의 생각이 무엇을 의미하는지는 1980년대 개인용 컴퓨터의 혁명이 전 세계를 휩쓴 다음에야 완전히 이해될 수 있었다. 엔겔바트는 1963년에 마우스를 발명했다. 당시에 그는 캘리포니아의 싱크탱크인 스탠포드 연구소Stanford Research Institute에서 연구팀을 이끌고 있었다. 같은 해에 마빈 민스키Marvin

Minsky는 미국의 반대편에 있는 메사추세츠 공과대학Massachusetts Institute of Technoloy, MIT에서 인공지능 연구실을 공동으로 설립했다. 이 연구자들은 컴퓨터를 볼 수 있게 만드는 문제에 처음으로 당면한 사람들 중 하나였다.

그 진위가 의심스럽긴 하지만, 과거의 컴퓨터 해커들[7]은 이 두 위대한 지성 사이에 있었던 일화를 좋아한다고 한다. 민스키가 자랑스럽게 선언했다. "우리는 기계에게 지능을 부여할 것이다! 우리는 기계를 걷고 말하게 만들 것이다! 우리는 기계에 의식을 갖게 할 것이다!" 엔겔바트가 이에 대답했다. "당신은 컴퓨터를 위하여 그런 일을 하려 합니까? 그렇다면 인간을 위해서는 무엇을 하겠습니까?"

엔겔바트는 '인간 지능 향상Augmenting Human Intellect'이라는 선언문에서 자신의 생각을 표명했으며, 지능의 확장Intelligence Amplification* 혹은 IA라는 분야를 정의했다. 그 목표는 AI의 목표와 미묘한 차이가 있었다. 민스키의 목표가 기계를 더 영리하게 만드는 데 있었다면, 엔겔바트의 목표는 **사람을** 더 영리하게 만드는 기계를 원했다.

내 실험실에서 진행되는 기계학습에 대한 연구는 AI의 영역에 속한다. 반면에 피알라와 해리스의 소프트웨어 프로그램은 엔겔바트가 가졌던 생각을 직접적으로 계승하고 있다. 이 프로그램은 자체적으로 경계를 파악할 수 있을 정도의 지능을 가지고 있지 못하기 때문에 AI가 아니다. 대신 이 프로그램은 인간이 전자현미경의 이미지를 더 효율적으로 분석할 수 있도록 도와주므로, 인간 지능을 증대시킨다고 볼 수 있다. 이제는 인터넷으로 수많은 사람들에게 작업을 '크라우드 소싱crowdsource

---

* 엔겔바트는 이 용어를 사이버네틱스 분야의 개척자인 로스 애쉬비(Ross Ashby)의 것으로 여겼다.

(전문가, 아마추어 등 다양하게 대중들을 참여시킴으로써 그들이 지닌 기술이나 도구를 활용하여 특정 문제를 해결하는 것)'하는 것이 가능해지면서* 과학에서 IA 분야의 중요성이 점점 커지고 있다. 예를 들어, 은하계 동물원 프로젝트Galaxy Zoo project는 일반 대중들이 천문학자들이 얻은 은하계의 이미지를 가지고 형태에 따라 은하세를 분류하게 하여 천문학자들의 일을 돕도록 하고 있다.

그러나 실제로 AI와 IA는 경쟁관계에 있지 않다. 최선의 접근방식은 이 둘을 결합하는 것이며, 이것이 지금 내 연구실에서 하고 있는 일이다. AI는 어떤 IA 시스템의 일부가 되야 한다. 쉬운 결정은 AI가 처리하고, 어려운 결정은 사람들이 맡으면 된다. 인간이 효율적으로 일할 수 있는 가장 좋은 방법은 사소한 일에 허비하는 시간을 최소화하는 것이다. 그리고 IA 시스템은 AI를 향상시키기 위한 기계학습에 사용될 수 있는 사례들을 수집하는 데 완벽한 플랫폼이다. IA와 AI의 결합은 시간이 지나면서 점점 더 영리한 시스템으로 발전하면서 점점 더 많은 요소들을 통해 인간 지능을 증폭시킬 수 있을 것이다.

사람들은 때때로 AI가 만들 미래에 대해 두려움을 느낀다. 기계로 인해 인간이 더 이상 쓸모없게 되어버리는 공상과학영화를 너무 많이 보았기 때문이다. 그리고 연구자들은 AI가 약속하는 미래에 정신을 빼앗겨 컴퓨터와 인간의 협력을 통해 더욱 효율적으로 이루어질 수 있는 일들을 완전히 자동화하려는 헛수고를 할 수도 있다. 따라서 우리의 궁극

---

* 나는 비록 컴퓨터보다 낮은 비율이기는 하지만 신경돌기를 추적할 때 사람들 또한 실수를 저지른다는 점을 언급하지 않았다. Helmstaedter, Briggman, and Denk(2011)는 정확성을 높이기 위해 여러 사람의 노력을 어떻게 결합시킬지를 보여주고 있다. 이것은 '대중의 지혜(wisdom of crowds)'의 한 가지 사례가 될 것이다.

적인 목적은 AI가 아나라 IA라는 것을 잊어서는 안 된다. 이런 면을 생각하면, 커넥토믹스가 직면한 어마어마한 계산적 도전을 다루는 데 있어서 엔겔바트의 메시지는 크고 분명하게 인식되어야 한다.

이미지 분석 분야에 있어서의 진전은 놀랍고 고무적이긴 하지만, 과연 커넥토믹스가 앞으로 얼마나 빠르게 발전하리라 기대할 수 있을까? 우리는 일생 동안에 믿기 힘든 기술적 발전을, 특히 컴퓨터 분야의 발전을 경험했다. 데스크 탑 컴퓨터의 핵심은 마이크로프로세서라는 실리콘 칩이다. 1971년에 공개된 최초의 마이크로프로세서에는 수천 개의 트랜지스터가 들어 있었다. 그 후, 반도체 회사들은 한 개의 칩에 더 많은 트랜지스터를 집어넣는 경쟁에 몰두했다. 발전 속도는 숨이 막힐 정도였다. 트랜지스터 가격은 2년마다 절반으로 떨어졌다. 거꾸로 생각하면, 고정된 가격에 한 개의 마이크로프로세서에 들어가는 트랜지스터의 수가 2년마다 두 배씩 증가한 셈이다.

지속적이고 규칙적으로 두 배씩 증가하는 것은 성장의 한 유형으로, 수학 함수의 이름을 따서 '기하급수적exponential(지수적)'이라고 한다. 컴퓨터 칩의 복잡성이 기하급수적으로 성장하는 것은 보통 무어의 법칙 Moore's Law이라고 알려져 있다. 고든 무어Gordon Moore는 1965년 〈일렉트로닉스the Electronics〉라는 잡지에 실린 기사에서 이 법칙을 예견했다. 이것은 그가 인텔의 설립을 돕기 3년 전의 일이었으며, 인텔은 그 후에 세계 최대의 마이크로프로세서 제조업체가 되었다.

기하급수적인 발전 속도는 컴퓨터 산업을 대부분의 다른 산업과 다르게 만들었다. 그의 예측이 입증된 지 몇 년이 지난 후에 무어는 다음과 같이 빈정거렸다. "만일 자동차 산업이 반도체 산업 정도로 빠르게 발전했다면, 롤스로이스는 휘발유 1갤런으로 50만 마일은 달릴 것이며,

그 차를 주차하기보다는 버리는 것이 더 싸게 먹힐 것이다." 우리는 몇 년에 한 번씩 새 컴퓨터를 사게 되는데, 그 이유는 대개 쓰던 컴퓨터가 고장이 나서가 아니라 구식이 되었기 때문이다.

흥미롭게도 유전체학도 자동차 산업이 아닌 반도체 산업처럼 기하급수적인 비율로 발전해왔다. 사실상 유전체학은 컴퓨터보다도 더 빠르게 앞으로 내달렸다. DNA 배열의 글자당 가격[8]은 반도체의 트랜지스터당 가격보다 더 빠른 속도로 절반으로 떨어졌다.

커넥토믹스도 유전체학과 같이 기하급수적으로 발전할 것인가? 장기적으로 보아 계산 능력이 커넥톰을 찾는 데 제일 중요한 요소가 될 가능성이 크다. 예쁜꼬마선충 프로젝트에서도 결국엔 이미지들을 만드는 것보다는 그것들을 분석하는 데 더 많은 시간이 걸렸다. 다시 말해, 커넥토믹스는 컴퓨터 산업에 의존하게 될 것이다. 무어의 법칙이 계속 유지된다면 커넥토믹스는 기하급수적으로 성장하겠지만, 실제로 그렇게 될 수 있을지는 아무도 장담할 수 없다. 한편으로는 한 개의 칩에 들어가는 트랜지스터 수의 증가 속도는 이미 주춤하기 시작했으며, 이는 무어의 법칙이 곧 무너질 징후일지도 모른다. 반면에 새로운 계산 방식이나 나노전자학nanoelectronics이 도입된다면 커넥토믹스의 성장은 유지되거나 심지어 더 빨라질 수도 있을 것이다.

만일 커넥토믹스가 기하급수적으로 계속 발전한다면, 인간의 커넥톰 전체를 찾는 일은 21세기가 끝나기 전에 쉽게 완성될 것이다. 현재 나와 동료들은 커넥톰의 발견을 가로막고 있는 기술적 장벽을 극복하는 일에 전념하고 있다. 만일 우리가 성공한다면, 무슨 일이 일어날 것인가? 커넥톰으로 무엇을 할 수 있을 것인가? 다음 몇 장에서 나는 몇몇 흥미진진한 가능성들을 탐색할 것이다. 거기에는 좀 더 나은 뇌의 지도를 만들

고, 기억을 비밀을 밝혀내며, 뇌 질환의 근본 원인을 파악하고 더 나아
가 커넥톰을 이용해 뇌 질환들의 새로운 치료법을 발견하는 내용들이
포함될 것이다.

잘라 나누기
CONNECTOME

내가 어렸을 때 하루는 아버지께서 지구본을 가져다주셨다. 나는 지구본 위에 울퉁불퉁 튀어나온 부분들을 손끝으로 더듬으며 히말라야 산맥의 모양을 느껴보았다. 밤에는 지구본의 스위치를 켜고 침대에 누워 어두운 방에서 빛나는 둥그런 지구본을 바라보았다. 이후에는 아버지의 커다란 2절 크기의 세계지도책에 매혹되었다. 지도책의 가죽 표지 냄새를 맡고 책장을 넘기면서, 나는 멀리 떨어진 나라와 해양의 낯선 이름들을 쳐다보았다. 수업시간에 메르카토르 도법을 배우면서 괴상하게 확대되어 있는 그린랜드를 보고 친구들과 짓궂게 킥킥거리기도 했다. 그때 우리의 반응은 유령의 집 거울이나 실리퍼티Silly Putty(장난감 찰흙의 일종)에 찍힌 신문만화를 보고 느끼는 심술궂은 즐거움과도 비슷했다.

이제 나에게 지도는 마법의 물건이 아니라 실용적인 물건이 되었다. 어린 시절의 기억이 희미해짐에 따라, 지도에 매혹되었던 경험이 내가 거대한 세계에 대한 두려움을 극복하는 데 도움이 되었던 것은 아닌지 생각될 때가 있다. 어렸을 때 나는 부모님 없이 동네 밖으로 나가본 일이 없었다. 저 너머에 있는 도시는 나에게 두려운 곳이었다. 하지만 전세계를 담고 있는 지구본이나 지도책은 세계를 유한하고 안전한 곳으로 인식하게 해주었다.

고대에는 세계의 광대함에 대한 두려움이 어린아이들에게 국한되지 않았다. 중세의 지도 제작자들은 지도를 그릴 때, 미지의 지역을 빈칸으로 남겨두지 않았다. 그들은 이 영역을 큰 바다뱀, 다른 상상의 괴물들, 그리고 '용들이 있다(Here be dragons)'라는 말로 채워놓았다. 시간이 흐르면서 탐험가들이 모든 대양을 건너고 모든 산을 오르게 되면서 지도의 빈 영역은 점차 실제의 땅으로 채웠겼다. 오늘날 우리는 우주 공간에서 찍은 아름다운 지구의 사진에 경탄한다. 그리고 통신 네트워크를 통해 지구촌을 만들어냈다. 그만큼 세계는 작아졌다.

세계와는 달리 뇌는 처음에는 작아 보였다. 두개골 안에 꼭 들어맞으니까. 그러나 수십억에 이르는 뉴런들이 들어 있는 뇌에 대해 알면 알수록 뇌는 더욱 크고 무섭게 보인다. 최초의 신경과학자들은 뇌를 여러 영역으로 나누고, 각각의 영역에 이름이나 숫자를 부여했다. 브로드만 역시 이와 같은 방식으로 피질 지도를 만들었다. 이 방식이 너무 조악하다고 생각한 카할은 다른 방식을 개발했다. 그는 식물학자처럼 뇌라는 숲*을 그 안에 있는 나무의 종류에 따라 분류함으로써 그 광활함을 극복하려 했다. 카할은 '뉴런 수집가'였다.

앞에서 우리는 뇌를 영역으로 나누는 것이 왜 중요한지를 살펴보았다. 신경학자들은 브로드만의 지도를 사용해 뇌 손상의 증상들을 해석

---

* 카할이 이 비유를 최초로 사용했을 수도 있었을 것이다. 그는 뇌를 "뚫고 들어갈 수 없는 덤불 속에서 많은 탐험가들이 길을 잃었던 정글"로 묘사하고 있다(Ramon y Cajal 1989).

한다. 모든 피질 구역은 이해나 말하는 능력과 같은 특정한 정신 기능과 연결되어 있으며, 그 구역이 손상되면 관련된 능력도 훼손된다. 그렇다면 뇌를 더욱 세밀하게 뉴런의 유형에 따라 분할하는 것은 왜 중요한 것일까? 한 가지 이유는 신경학자들이 그 정보를 이용할 수 있다는 것이다. 뇌의 특정 위치에 있는 모든 뉴런에 영향을 끼치는 뇌졸중이나 다른 손상과 같은 경우에는 이런 정보와 관련이 더 적은 편이다. 그러나 뇌의 어떤 질병은 특정 유형의 뉴런에만 영향을 끼치며 나머지 뉴런들은 건드리지 않는다.

파킨슨병은 운동 제어 능력이 손상되면서 시작된다. 가장 눈에 띄는 증상은 환자가 움직이려는 의도가 없을 때 나타나는 안정 시의 떨림이나 불수의적 사지 흔들림이다. 질환이 진행됨에 따라 지적 혹은 정서적 문제가 발생할 수 있으며, 심지어 치매를 유발할 수도 있다. 마이클 제이 폭스Michael J. Fox나 무하마드 알리Muhammad Ali의 사례는 이 질병에 대한 대중들의 관심을 불러일으켰다.

파킨슨병은 알츠하이머처럼 뉴런의 퇴행 및 사망과 관련되어 있다. 초기단계에서 손상은 기저핵basal ganglia이라는 영역에 한정되어 일어난다. 이 잡동사니 같은 구조는 대뇌 깊숙한 곳에 묻혀 있으며, 헌팅턴병Huntington's disease,[1] 뚜렛증후군Tourette syndrome, 강박장애obsessive-compulsive disorder 등의 질병과 관련이 있다. 기저핵은 그것을 둘러싼 피질보다 크기가 훨씬 작지만, 이런 질병들에서 중요한 역할을 하는 것으로 추정된다.*

---

* 이 책에서 나는 배타적(맹목적) 피질 중심주의(cortical chauvinism)의 입장을 취하고 있음을 인정한다. 단순화를 위해, 나는 정신 기능을 피질 구역 내에 국소화시키는 것에 대하여 설명했다. 그러나 이것은 분명히 너무 순진한 태도이다. 모든 다른 뇌 영역에 대해 왜 그 영역이 피질보다 더 작음에도 불구하고 매우 중요한지를 설명할 수 있는 열렬한 신봉자들이 존재한다. 기저핵의 팬들은 정신 기능의 수행을 위해 피질과 시상 영역이 어떻게 협력하는지를 이해하고자 이 영역들 사이의 연결을 지도로 나타내왔다(Middleton and Strick 2000).

파킨슨병으로 퇴행이 일어날 때 가장 크게 손상되는 부위는 기저핵의 한 부분인 **흑색질치밀부**substantia nigra pars compacta이다. 우리는 이 영역 안에 있는 특정 뉴런 유형으로 그 범위를 더 좁혀볼 수도 있는데, 바로 신경전달물질인 도파민을 분비하며 파킨슨병에 의해 점진적으로 파괴되는 뉴런들이다. 현재로서는 이 증상에 대한 완치법은 없고, 도파민의 감소를 보충해주는 방법으로 관리만 되고 있다.

뉴런의 유형은 질병뿐만 아니라 신경계의 정상적 작동에서도 중요하다. 예를 들면, 망막에서 광수용체photoreceptor, 수평세포horizontal cell, 두극세포bipolar cell, 무축삭세포amacrine cell, 신경절세포ganglion cell라는 크게 다섯 가지 부류에 속하는 뉴런들은 각기 다른 특정한 기능을 가지고 있다. 광수용체는 망막을 자극하는 빛을 감지하고 이를 신경신호로 변환한다. 망막에서의 출력은 신경절세포의 축삭을 따라서 뇌의 시신경optic nerve으로 이동하게 된다.

크게 다섯 가지인 뉴런의 부류는 그림 38에서 보는 것처럼 50개 이상의 유형으로 더 세분된다. 각각의 띠는 하나의 부류를 나타내며, 그 부류에 속하는 뉴런 유형들을 포함한다.* 망막 뉴런의 기능은 제니퍼 애니스톤 뉴런의 기능보다 훨씬 단순하다. 예를 들어 어떤 뉴런은 어두운 배경에 밝은 점light spot이나 혹은 반대로 밝은 배경에 검은 점에 반응하여 스파이크를 일으킨다. 지금까지 연구된 뉴런 유형은 모두 서로 다른 기능을 가지고 있는 것으로 밝혀졌으며, 모든 유형에 각각 기능을 할당하

---

* Masland 2001. 이 그림은 일반적인 포유류의 망막에 타당한 뉴런들의 분류를 나타내고 있다. 일부 크기가 더 큰 유형의 뉴런들은 누락되어 있다. 나는 분류체계의 두 단계를 나타내기 위해 부류와 유형이라는 용어를 사용했지만, 이것이 신경과학에서 결코 표준적인 것은 아니다. 식물과 동물들을 분류하기 위해 생물학자들은 종, 속, 과, 목 등의 공식적인 용어를 사용한다. 뉴런에도 유사한 체계가 필요하다.

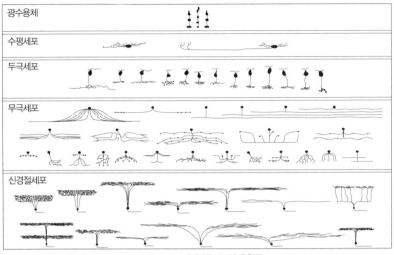

| 광수용체 |
| 수평세포 |
| 두극세포 |
| 무극세포 |
| 신경절세포 |

| 그림 38 | 망막에 있는 뉴런 유형들

려는 노력이 계속되고 있다.

　나중에 이 장의 뒷부분에서 더 설명하겠지만, 뇌를 영역이나 뉴런 유형으로 구분하는 것이 말처럼 쉽지는 않다. 현재 사용되는 방법은 브로드만이나 카할까지 한 세기를 거슬러 올라가며, 시간이 갈수록 점점 더 시대에 뒤떨어져 보인다. 커넥토믹스의 주요한 공헌 중의 하나는 새롭고 개선된 방법으로 뇌를 분할하는 것이다. 이 새로운 방법은 뇌의 정상적 작용뿐 아니라 뇌를 너무나도 자주 괴롭히고 있는 여러 병증들을 이해하는 데에도 도움이 될 것이다.

　원숭이 뇌의 최신 지도그림 39를 보면 아버지의 지도책에서 느꼈던 즐거운 기억이 떠오른다. 원숭이 뇌 지도의 색칠된 각 영역들에는 알쏭달쏭한 약자들이 쓰여 있고, 부드러운 곡선들 사이에 직선으로 나뉜 각진

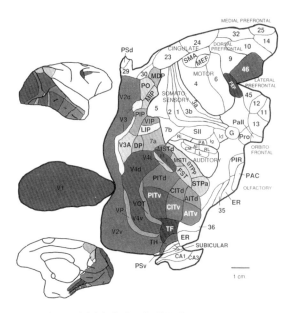

MEDIAL PREFRONTAL

| 그림 39 | 편평하게 펴놓은 붉은털원숭이(rhesus monkey)의 피질 지도

모서리도 있다. 그러나 지도가 언제나 매력적인 것만은 아니다. 지도 위에 그려진 경계선 위에서는 군대들이 맞부딪혀 왔다는 사실을 잊지 말자. 마찬가지로, 신경해부학자들은 뇌 영역의 경계문제로 격렬한 두뇌 싸움을 벌여왔다.

우리는 이미 브로드만의 피질 지도를 보았다. 그는 정확히 어떻게 그것을 만들었을까? 신경해부학자들은 골지 염색법으로 뉴런의 가지들을 명확히 볼 수 있게 되었다. 브로드만은 독일 신경해부학자 프란츠 니슬 Franz Nissl이 발명한 또 다른 중요한 염색법을 사용했는데, 이 방법으로 뉴런의 가지를 제외한 모든 세포체를 현미경으로 볼 수 있었다. 이 염색 법으로 피질그림 40 오른쪽은 마치 케이크처럼그림 40 왼쪽 층 구조로 되어 있음이 밝혀졌다. 세포체는 피질판cortical sheet 전체에 걸쳐 평행하게 층을

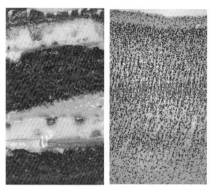

| 그림 40 | 피질의 층 구조 _ 케이크(왼쪽)와 브로드만 구역 17(오른쪽). V1 또는 일차 시각피질로도 알려져 있다.

이루고 있다. (세포체 사이의 흰 공간은 서로 얽혀 있는 신경돌기들로 채워져 있는데, 이 신경돌기들은 니슬 염색으로 표시되지 않는다.) 피질의 경계가 케이크의 층처럼 뚜렷하게 나뉘는 것은 아니지만 신경해부학의 전문가들은 그 층들을 여섯 개로 구분할 수 있었다.* 너비가 1밀리미터도 채 되지 않는 이 케이크 같은 피질 조각은 피질판의 특정 위치에서 잘라낸 것이다. 일반적으로 피질을 잘라낸 위치에 따라 그 층 구조layering도 달라진다. 브로드만은 현미경으로 면밀하게 조사하여 층 구조의 차이에 따라 피질을 43개의 구역으로 나누었다. 그는 같은 구역 안에서는 층의 구조가 동일하며,** 오직 구역 간의 경계에서만 구조가 변한다고 주장했다.

브로드만의 피질 지도가 유명하기는 하지만, 그것을 절대적인 진리로

---

* 표준적인 관례에 따르면, 피질의 대부분은 여섯 개의 층을 가지고 있으며, 신피질 혹은 등피질(isocortex)로 불린다. '신-(neo-)'은 여섯 층으로 된 피질이 가장 최신의 것이라고 주장하는 진화이론을 가리킨다. 이 이론을 믿지 않는 사람들은 '등-(iso-)'이라는 접두사를 선호한다. 이는 여섯 층으로 된 피질이 모두 유사한 외양을 가지고 있음을 강조한다. 피질의 다른 부위는 여섯 층보다 적은 (혹은 많은) 층을 가지고 있으며, 부등피질(allocortex)로 알려져 있다. 해마가 그 유명한 예이다.
** 세포체를 층으로 배열하는 것은 세포구축학(cytoarchitecture)으로 알려져 있다. 'cyto-'는 '세포'를 의미한다.

여겨서는 안 된다. 다른 경쟁자들도 많이 있다. 베를린에 있는 브로드만의 동료들인 오스카와 세실 포그트Oskar and Cécile Vogt 부부팀은 다른 종류의 염색법을 사용하여* 피질을 200개 구역으로 나누었다. 그리고 리버풀에서 연구하는 알프레드 캠벨Alfred Campbell, 카이로의 그래프톤 스미스 경Sir Grafton Smith,** 비엔나의 콘스탄틴 폰 에코노모Constantin von Economo와 게오르크 코스키나스Georg Koskinas도 다른 지도들을 제안했다. 어떤 경계들은 모든 연구자들의 인정을 받는 반면, 어떤 경계들은 논쟁을 불러일으켰다. 1951년에 발간된 책에서 퍼시벌 베일리Percival Bailey와 게르하르트 폰 보닌Gerhardt von Bonin은 이전 연구자들이 만들었던 경계의 대부분을 지워버리고, 커다란 영역 몇 개만을 남겨놓았다.***

뉴런들을 유형으로 분류하려는 카할의 프로그램에는 더 심한 논란이 따라붙었다. 19세기의 자연학자들이 나비의 종을 분류한 것처럼, 카할은 겉모양에 따라 뉴런의 유형을 분류했다. 그가 가장 좋아했던 뉴런들 중의 하나가 피라미드 뉴런pyramidal cell이었다. 그는 이것을 '심령세포psychic cell'라고 불렀는데, 그가 어떤 주술을 믿었기 때문이 아니라 이런 유형의 세포가 가장 높은 심령(정신) 기능에서 중요한 역할을 담당한다고 믿었기 때문이다. 카할이 직접 그린 그림 41을 보면 그런 세포 유형의 특징을 알 수 있는데, 대략 피라미드 모양을 하고 있는 세포체, 수상돌기에서 뻗어 나온 가시들spine, 세포체에서 먼 거리를 이동하는 축삭

---

* Zilles and Amunts 2010. 그들의 염료는 수초(myelin)라 불리는 여러 축삭을 둘러싸고 있는 지방성 물질을 표시했다. 이는 브로드만이 이용한 '세포 구조'가 아니라 '섬유 구조(myeloarchitecture)'를 드러냈다.
** 스미스는 신경해부학과 고고학 분야에 양다리를 걸치고 있던 흥미로운 인물이다. 그는 이집트 미이라의 뇌를 조사하고 그것을 X선으로 촬영했다.
*** 베일리와 폰 보닌은 피질 구역들이 세포구축학에 의해 신뢰성 있게 구분될 수 있는지를 알아보기 위해 '이중 눈가림' 방법을 이용했으며, 대부분은 부정적인 결과가 나왔다(Bailey and von Bonin 1951).

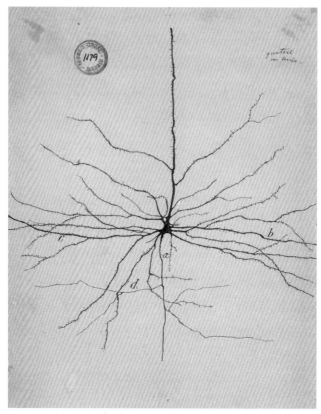

| 그림 41 | 카할이 그린 피라미드 뉴런

등이 그것이다. (축삭은 그림의 아래쪽으로 뇌를 향하여 내려간다. 가장 분명하게 보이는 '꼭대기apical'의 수상돌기는 피라미드의 꼭대기를 떠나서 피질의 표면 방향인 위쪽으로 올라간다.)

피라미드 뉴런은 피질에서 가장 흔한 유형의 세포이다. 카할은 짧은 축삭과 매끈한 (가시가 없는) 수상돌기를 가진 다른 피질 뉴런들도 관찰했다. 피라미드 모양 이외에도 뉴런들의 형태는 다양해서 더 많은 유형들로 구분될 수 있었고, 어떤 것들은 '이중꽃다발 뉴런double bouquet cell'

과 같은 멋진 이름을 얻기도 했다.

카할은 피질만이 아닌 뇌 전체의 뉴런들의 유형을 분류했다. 뇌의 모든 영역은 다양한 유형의 뉴런을 포함하고 있기 때문에 뇌를 분할하는 카할의 방법은 브로드만의 방법보다 더 복잡했다. 게다가 각 영역에 속하는 유형들은 같은 나라에 살고 있는 다른 인종 집단처럼 뒤섞여 있다. 카할은 그의 생전에 이 작업을 마치지 못했으며, 심지어 지금까지도 이 작업은 시작에 불과한 상태에 있다. 우리도 뉴런의 유형이 많다는 것은 알고 있지만, 아직도 정확히 몇 가지의 유형이 있는지는 알지 못한다. 뇌는 소나무 한 종으로만 이루어진 침엽수 숲이라기보다는 수백 종의 나무들을 포함하고 있는 열대우림과 비슷하다. 한 전문가는 피질 안에만 수백 가지 유형의 뉴런이 있으리라고 추정한다.[2] 신경과학자들 사이에서는 뉴런을 어떻게 분류할 것인가에 대한 논쟁이 계속되고 있다.[3]

이처럼 신경과학자들 간에 의견이 분분하다는 것은 더 근본적인 문제가 있다는 의미이기도 하다. 사실 '뇌 영역'이나 '뉴런의 유형'이라는 개념의 정의조차 분명하지 않다. 플라톤의 〈파이드로스Phaedrus〉 대화편에서, 소크라테스는 "서툰 푸주간 주인처럼 아무 곳이나 자르지 말고, 관절 같은 자연적 형태를 따라 잘라 나누라"고 조언한다. 이 비유는 분류학이 당면한 지적 도전을 고기를 자르는 보다 직접적인 활동과 뚜렷하게 비교하고 있다. 해부학자들은 문자 그대로 소크라테스를 추종하여, 신체를 뼈, 근육, 기관 등으로 이름을 붙여가며 구분한다. 그렇다면 소크라테스의 충고는 과연 뇌에도 적용될 수 있을까?

자연을 그 '관절에서 자르라'는 말은 연결이 가장 약한 곳을 자르라는 것을 의미한다. 뇌량을 잘라서 뇌를 두 개의 반구로 나누는 데는 전문가가 필요 없다. 그러나 대부분의 뇌 영역들 사이에는 분명한 경계가 없다. 피질판 안에는 피질 영역들 사이의 경계를 나타내는 관절과 같은 것이 보이지 않는다. 수많은 전선들이 경계를 가로지르며 양쪽에 있는 뉴런들을 연결하고 있다.*

물론 우리는 이미 뇌를 극히 작은 단위인 개별 뉴런으로 나누었다. 골지와 카할 사이의 논쟁이 해결된 지금은 그 누구도 이 구분을 객관적으로 정의할 수 있는지를 문제 삼지 않는다. 그러나 앞에서 파킨슨병의 연구와 관련하여 언급한 대로, 뇌를 좀 더 넓은 범주로—영역이나 뉴런의 유형과 같은—구분할 필요도 있다. 이런 구분을 어떻게 더 정확하게 할 수 있을까?

나는 커넥톰이 뇌를 구분하는 새롭고 더 나은 방법을 제공할 것이라 믿는다. 우리는 문자 그대로는 아니더라도 소크라테스의 충고를 받아들이면 된다. 가금류를 자를 때와는 달리, 커넥톰은 연결성에 따라 뉴런들을 분류하는 것과 같은 추상적인 방법으로 분류될 것이다.** 이 방법은 이전에 예쁜꼬마선충의 300여 개 뉴런을 100개 이상의 유형으로 나누는 데 사용되었다.[4] 연구자들은 두 개의 뉴런이 서로 비슷하거나 기능이 유사한 짝들과 서로 연결되어 있으면 둘을 동일한 유형으로 분류한다는 기본원칙을 따랐다. 어떤 유형은 오직 한 개의 뉴런과 신체 반대편에 있는 그 쌍둥이 뉴런으로만 이루어져 있는 간단한 형태를 가지고 있다. 오른쪽과 왼쪽에 각각 위치한 이 한 쌍의 뉴런은 마치 왼쪽 팔은 왼편 어깨

---

* 나의 진술을 제한할 필요가 있다. 피질의 고랑(sulci, 구)을 그것의 '관절'로 간주하는 것이 의미가 있을 수 있다. 한 고랑의 반대편에 있는 뉴런들은 동일한 이랑(gyrus, 회) 내에 있는 뉴런들보다 더 긴 축삭들로 연결되어 있다. 배선의 경제 원칙에 의해서, 고랑의 반대편에 연결하는 배선의 수가 더 적어야 한다. 고랑을 따라 자르는 것은 관절에서 자르는 것과 유사하다. 이는 MRI 연구자들의 관행을 정당화해준다. 이들은 브로드만이 의존하고 있는 층 나누기를 볼 수 없으므로, 고랑과 관련지어서 피질의 위치를 정한다.
** 소크라테스의 은유를 계속 유지하고자 한다면, 우리는 분류가 3차원이 아니라 고차적원인 특징의 공간 내에서의 절단을 통해 일어나는 것으로 생각할 수 있다.

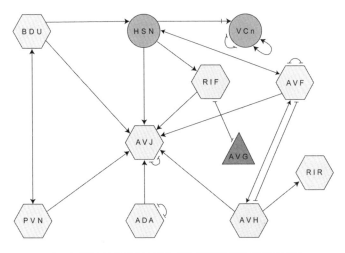

| 그림 42 | 예쁜꼬마선충의 '축소된' (뉴런을 유형으로 묶은) 커넥톰의 일부

에, 오른쪽 팔은 오른편 어깨에 연결되어 있는 것처럼 서로 유사한 뉴런들과 연결되어 있다. 하지만 또 다른 유형들은 그렇게 간단하지 않아서 이런 식으로 비슷하게 연결되어 있는 뉴런이 13개까지 포함되기도 한다.

뉴런 유형을 이용하여 서문에 나오는 예쁜꼬마선충의 커넥톰 도해그림 3를 단순화할 수 있다. 하나의 유형에 속하는 모든 뉴런을[5] 한 개의 노드node로 축약하고, 이 방법을 모든 유형에 반복해서 적용해보자. 그림 42(노드는 도형으로 표시되어 있다)는 그 결과의 일부를 보여준다. 세 글자로 이루어진 약자는 산란 행위와 관련된 뉴런 유형들을 나타낸다. 예를 들면, 'VCn'은 음문vulva의 근육을 제어하는 VC1에서 VC6에 이르는 뉴런들을 나타낸다. 노드 사이의 선은 개별 뉴런 간이 아닌 뉴런 유형 간의 연결을 의미한다. 따라서 이 도해는 **뉴런 유형 커넥톰**neuron type connectome이라 할 수 있다.

이 사례는 커넥톰을 잘라 나누는 일이 뉴런 유형뿐만 아니라 이들의 연결관계까지도 알려줄 수 있음을 보여준다. 신경과학자들은 이와 같은 일을 망막에서도 시도하려고 했다. 크게 나누어진 다섯 가지 부류의 뉴런들 사이의 연결은 이미 알려져 있다. 가령 수평세포는 광수용체로부터 흥분성 시냅스를 받아들이고 억제성 시냅스를 돌려보낸다. 이 세포들은 또한 서로 간에 전기 시냅스를 만들어낸다. 그러나 이 다섯 가지의 부류는 다시 50개 이상의 뉴런 유형들로 나누어져 있다. 그 유형들의 연결성은 대부분 아직 알려지지 않았지만, 망막의 뉴런 커넥톰neuronal connectome을 찾아낸다면 이들이 어떻게 연결되어 있는지 알 수 있을 것이다.

이런 접근방식이 고전적 방식과 다르다는 것을 알아둘 필요가 있다. 카할은 처음에 형태와 위치에 따라 뉴런의 유형을 정의한 다음에 그들 사이의 연결을 탐구했다. 하지만 이 책에서 나는 이 순서를 뒤집어서 연결에서 먼저 시작하여 뉴런의 유형을 정의할 것을 제안한다.

비록 차이가 있기는 하지만, 이 접근방식은 만일 형태와 위치를 연결성의 대용물로 생각한다면, 여전히 카할의 방법을 정교화한 것으로 볼 수 있다. 왜 그런지를 이해하기 위해 두 개의 뉴런을 상상해보자. 그 뉴런들은 서로 다른 영역으로 가지를 뻗치고 있다. 만일 두 영역이 유전이나 다른 이유로 완전히 분리되어 있다면, 두 뉴런이 연결될 수 있는 방법은 없다. 접촉은 연결의 선결조건이며, 위치와 형태에 의해 좌우된다.

만일 형태와 위치가 연결성과 그렇게 밀접한 관계가 있다면, 연결성을 뉴런의 형태나 위치보다 더 나은 접근방식이라고 할 수 있는 이유는 무엇일까? 그 대답은 '뉴런의 기능은 주로 다른 뉴런과의 연결로 결정된다'는 연결주의자들의 모토에서 찾을 수 있다. 형태와 위치는 기능과 간접적으로 연관되어 있는 반면에, 연결은 기능과 직접적인 관계가 있다.

이와 유사한 전략은 뇌를 뉴런의 유형으로 세부적으로 나누는 대신 좀 더 크게 영역별로 구분하는 데에도 적용할 수 있다. 재배선에 대해 논의하면서, 나는 각 피질 구역에는 피질 바깥뿐 아니라 다른 피질 구역과도 연결되는 독특한 패턴인 '연결지문'이 있다는 사실을 언급했다. 이를 뒤집어 생각하면, 연결지문을 이용해 피질 구역을 정의할 수도 있다. 다시 말해 만일 커넥톰을 인접한 뉴런들의 집단으로 나누어 각 집단이 같은 연결지문을 갖는다면, 이는 결국 뇌 영역을 구분한 것이 될 것이다. (이 과정에서 이 집단들이 공간상으로 중첩되지 않도록 제한을 두어야 한다. 그렇지 않으면 공간적으로 구분된 영역들이 아니라 서로 뒤섞여 있는 뉴런의 유형들로 끝나게 될 것이다.)

이 방법은 피질 구역을 정의하기 위해 브로드만이 층 나누기를 이용한 것과 어떤 관계가 있을까? 다시 한 번 말하지만, 층 나누기는 연결성을 대신하는 것으로 보아야 한다. 예를 들어 구역 17과 구역 18은 서로 다른 연결성 때문에 층 4layer 4의 두께에 차이가 있다. 구역 17의 층 4는[**] 눈에서 시작하는 경로에서 연결을 받는 여러 뉴런들로 인해 부풀어 있다. 하지만 인접해 있는 구역 18은 그런 축삭을 받지 않기 때문에 구역

---

[*] Nelson, Sugino, and Hempel(2006)에 의해 설명되었듯이, 특정한 유전자 혹은 유전자들의 표현과 같은 분자생물학적 기준에 의해 뉴런 유형을 정의하는 것 또한 중요하다. 멋진 한 가지 예가 Kim et al.(2008)에 의해 망막에서 제공되었다. 분자생물학적 정의는 뉴런 유형들을 조절하고 발달과정에서 그것들이 어떻게 생겨나는지를 이해하는 데 유용하다. 앞서 언급했듯이, 한 종류의 뉴런들은 스파이크 측정을 통해 드러나듯이 기능들도 비슷하게 공유해야 한다. 따라서 나는 분자, 연결성, 활동성에 기반한 뉴런 유형들의 세 가지 정의를 기대한다. 이상적으로는 이것들은 서로 일치할 것이다. 이러한 세 가지 정의는 골지가 노벨상 강연에서 묘사한 뉴런이라는 용어의 세 가지 의미에 상응한다. 그는 뉴런이 발생학적, 해부학적, 기능적 단위여야 함을 지적하면서 그 존재에 의문을 제기하기에 이른다.

[**] 구역 17의 층 4에 도달하는 축삭들은 외측시상핵에 있는 뉴런들로부터 오며, 외측시상핵의 뉴런들은 다시 망막으로부터 축삭을 받는다. 외측시상핵은 시각을 전담하는 시상의 아래 부분이다. 일반적인 규칙으로서, 감각 경로는 층 4에서 끝나는 시상의 축삭을 통해 신피질에 도달한다. 본문은 구역들 간의 연결에 초점을 맞추고 있다. 그러나 층에 입각한 연결의 규칙들 때문에, 층 나누기에서의 차이 또한 동일한 피질 구역의 뉴런들 사이의 연결을 반영한다. 예를 들어, 층 4의 흥분성 뉴런들은 층 2와 층 3의 피라미드 뉴런들에 시냅스를 만든다. 그리고 피라미드 뉴런들은 다시 층 5의 피라미드 뉴런들에 시냅스를 만든다. 따라서 각 층의 두께나 밀도가 달라지면, 연결성 또한 달라질 것이다.

18의 층 4는 그리 크지 않다.

층 나누기가 연결성과 밀접한 관련이 있다면, 왜 우리는 연결성에 입각한 정의를 선호는 걸까? 다시 한 번 말하지만, 층 나누기가 덜 근본적인 방법이기 때문이다. 시각 경로가 구역 17로 이어진다는 사실로 구역 17의 기능이 시각적인 깃임을 바로 알 수 있다. 하지만 구역 17의 층 4가 두껍다는 사실은 구역 17의 기능과 간접적인 연관이 있을 뿐이다.*

브로드만은 피질의 층 나누기에 의존했고, 카할은 신경의 형태와 위치에 의존했다. 이런 속성들은 크기보다는 더 정교하기는 하지만, 실제로 정말 중요한 기준인 연결성의 대체물일 뿐이다. 한 세기가 지난 지금 우리는 대체물은 집어치우고 커넥톰을 직접 이용할 수 있어야 한다.

나는 뇌를 나누는 이상적 방식은 그 커넥톰을 잘라 나누는 것이라 주장했다. 일종의 보너스로, 뇌의 구역들이 영역별 또는 뉴런 유형별 커넥톰**을 통해 서로 어떻게 연결되어 있는지도 살펴보았다. 이렇게 단순화한 뉴런 커넥톰이 뇌를 이해하는 데 어떤 도움이 될 수 있을까?

영역 간 연결의 중요성은 브로카가 브로카 영역과 베르니케 영역을 연결하는 긴 축삭들의 다발이 있다는 가설을 세운 19세기에 벌써 인정

---

* 더 나아가 층 나누기보다는 연결성에 잠재적으로 더욱 많은 정보가 존재한다. 층 나누기에서의 차이가 매우 미묘했기 때문에 브로드만과 그 동시대의 사람들은 서로의 지도들에 대해서 의견을 달리했다. 우리가 앞에서 보았듯이 피질의 층들은 처음부터 그렇게 뚜렷하게 구분되지 않으며, 변이가 있다면 원래보다 훨씬 덜 뚜렷하게 구분된다. 나는 연결성에서의 차이가 훨씬 더 뚜렷할 것이라고 예측한다.

** 당신은 아마도 내가 지금까지 세 종류로 커넥톰을 정의한 것이 혼란스러울 것이다. Lederberg and McCray(2001)에 따르면, 게놈이란 용어 또한 복수의 의미를 가지고 있다. 1920년에 그 용어가 처음 만들어졌을 때, 그것은 한 유기체의 염색체 전체를 가리켰다. (당신의 DNA는 염색체로 알려져 있는 23쌍의 분자들로 나누어지며, 이것은 마치 여러 권으로 이루어진 백과사전과 같다.) 나중에 이것은 유전자의 총체를 가리키게 되었으며, 오늘날에는 DNA 염기서열의 모든 글자들을 의미한다. 이와 유사하게, '커넥톰'의 가장 일반적 의미도 시간이 지남에 따라 제일 높은 해상도를 갖는 뉴런(neuronal) 커넥톰의 의미 쪽으로 변해갈 것으로 나는 예상한다.

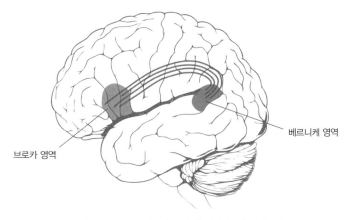

| 그림 43 | 브로카와 베르니케 영역을 연결하는 축삭의 다발들

되었다. 이 다발들이 손상되면 말을 하고 이해하는 기능에는 문제가 없으나 다른 사람의 말을 듣고 따라할 수는 없게 된다고 했다. 베르니케 영역이 단어들을 받아들일 수 있지만, 받아들인 단어들을 브로카 영역으로 중계할 수 없으므로, 들은 말을 소리 내어 따라할 수 없게 된다는 것이었다. 신호가 전달되지 못하기 때문에 생기는 이 가상의 장애를 베르니케는 전달성 실어증conduction aphasia이라고 불렀다.[6] 이후에 실제로 이런 증세를 가진 환자들이 발견되며 베르니케의 가설이 사실임이 확인되었다. 더 나아가 신경해부학자들은 브로카와 베르니케 영역 사이를 연결한다는 가상의 축삭 다발을 실제로 발견했고 그것을 활꼴다발arcuate fasciculus이라 이름붙였다 그림 43.

언어에 대한 브로카-베르니케의 모델은 영역 커넥톰regional connectome이 발견되면, 그것으로 무엇을 할 수 있는지를 보여준다. 우선 뇌의 모든 영역을 말을 하고 이해하는 것과 같은 기초적인 정신 기능과 연관시킨다. 그다음에 이런 기초적인 기능의 결합으로 말을 따라하는 것보다 복잡한 정신 기능을 설명할 것이다. 이런 기능은 여러 영역 간의 협력으로 이루어지며, 그 협력은 영역 간의 연결로 매개된다.

신경과 의사들은 이런 개념적 틀을 사용하여 뇌 손상 환자들을 진단한다. 어떤 영역이 손상되면 거기에 대응하는 기본 기능에 장애가 발생한다. 또 어떤 **연결**이 손상되면 영역들 사이의 협력이 필요한 복잡한 기능에 장애가 일어난다. 이 모델은 연결을 포함하고 있으며 분산된 기능을 허용하기 때문에 국소화를 넘어선다. 이는 앞서 소개된 신경 연결주의와 다른 느낌을 주지만,[7] 종종 연결주의라 불린다. 뉴런의 유형에 기반한 연결주의도 생각해볼 수 있다. 뉴런의 유형이나 이들 사이의 연결은 그 수가 너무나 많기 때문에 이러한 종류의 뇌 모델은 신경학자들의 모델보다 훨씬 더 복잡하고 구성하는 데에도 훨씬 더 큰 도전이 필요하다.

그러나 가까운 미래에 영역 커넥톰은 심리학자와 신경학자들에게 가장 유용하게 될 것이다. 올라프 스폰스Olaf Sporns와 그 동료들은 2005년 논문에서 처음으로 **커넥톰**이란 용어를 제안할 때 이 점을 지적했다.[*] 당신은 3,000만 불짜리 인간 커넥톰 프로젝트Human Connectome Project에 대해 들어보았을지도 모른다. 이 프로젝트는 2010년에 미국 국립보건원 National Institutes of Health, NIH에 의해 시작되었다. 대부분의 사람들은 이 프로젝트가 오직 영역 커넥톰에 관한 것이며, 뉴런 커넥톰과는 아무런 관계가 없다는 것을 모르고 있다.

나는 영역보다 뉴런에 집중하여 더 많은 시간을 보내지만, 영역 커넥

---

[*] Sporns, Tononi, and Kotter 2005. 비슷한 때에 패트릭 헤그만(Patric Hagmann)은 자신의 박사논문에서 이 용어를 독립적으로 고안했다.

톰을 발견하는 것이 중요하다는 점에서는 스폰스와 그 동료들의 의견에 동의한다. 이들과 나의 유일한 의견 차이는 방법에 있다. 나는 영역 커넥톰을 찾으려면 뉴런을 볼 필요가 있다고 생각한다. 달리 말하면, 나는 여전히 뉴런중심주의자neuronal chauvinist이지만, 그것은 목적이 아니라 단지 수단에 관한 문제이다.

나는 뉴런 커넥톰을 잘라 나누어 영역 커넥톰을 찾는 것이 최선의 방법이라고 믿는다. 물론 이것이 현재 단계에서의 이상적인 전략임을 인정한다. 가까운 시일 내에 이 방법은 인간 뇌와 같은 복잡한 뇌에는 아니라도 아주 작은 뇌에는 실용화될 수 있을 것이다. 인간 커넥톰 프로젝트에서 MRI를 이용하여 영역 커넥톰을 발견하는 것과 같은 더 빠른 방법을 찾으려 하는 것은 바로 이 때문이다. 나중에 설명하겠지만, 이 영상화 방법은 그 제한된 공간 해상도 때문에 어려움에 직면할 수밖에 없다. 12장에서 나는 영역 커넥톰을 찾는 더 빠른 대안에 대해 설명할 것이다. 이 방법은 가까운 미래에 여러 절차를 생략하지 않고 실현될 가능성이 있다. 유사한 지름길이 뉴런 유형 커넥톰을 찾는 데에도 사용될 수 있을 것이다.

모든 신경과학자들이 뇌를 나누는 일에 더 많은 노력을 기울여야 한다고 믿고 있는 것은 아니다. 어떤 이들은 우리가 갖고 있는 뇌의 지도가 이미 충분하다고 믿는다. 이 생각을 반박하기 위해, 브로카-베르니케 언어 모델을 자세히 들여다보자. 교과서에서는 이 모델이 매우 성공적인 것처럼 설명되어 있지만, 실제 이야기는 훨씬 더 복잡하다.

브로카의 원래 환자의 경우, 뇌의 병변은 피질 아래의 영역뿐 아니라 주위의 피질 구역으로 확장되어 브로카 영역보다 더 넓은 부분에 퍼져

있었다. 나중에 브로카 영역의 병변만으로는 브로카 실어증Broca's aphasia
이 생기지 않는다는 것과, 브로카 영역이 아닌 곳에 발생한 병변으로도
브로카 실어증이 나타날 수 있다는 것이 판명되었다.[8] 마찬가지로 베르
니케 실어증의 영역적 기초도 확실하지 않다. 게다가 말을 하고 이해하
는 기능의 이중해리double dissociation는 교과서에서 말하고 있는 것처럼
그렇게 깔끔하지 않다. 예를 들어 보통 브로카 실어증에는 문장의 이해
와 관련된 문제가 동반된다. 이러한 임상적 발견과 일관되게 최근의
fMRI 연구는 언어가 브로카 영역과 베르니케 영역 외에 피질 및 피질
하부 영역과도 연관되어 있으며, 이전에 생각한 것만큼 국소적이지 않
음을[9] 보여주었다. 임상 연구는 궁상다발의 손상에 의해 전도성 실어증
이 나타난다는 전통적인 설을 뒷받침하지 않았다. 더욱 당혹스러운 것
은 비록 우리가 한 세기 이상을 믿었음에도 불구하고 일부 연구자들은
궁상다발이 브로카 영역과 베르니케 영역을 연결한다는 것을 부인한다
는 사실이다.[10] 어떤 신경과학자들은 두 영역을 연결하는 다른 경로를
찾아냈다.[11]

이런 모든 이유로 언어 연구자들은 브로카-베르니케 모델[12]의 대체
모델을 공식화하려는 노력을 하고 있다. 새로운 모델은 피질 밖의 뇌 영
역뿐 아니라 추가적으로 다른 피질 구역들을 포함할 것이다. 그리고 이
모델은 말의 생성과 산출이라는 단순한 2인조보다 훨씬 복잡한 언어 능
력의 배열을 설명해줄 수 있어야 한다. 개선된 모델의 필요성에 누구나
동의하지만 그것을 찾는 방법에 대해서는 아직 합의된 바가 없다. 내가
주제넘게 안다고 할 수는 없지만, 보다 훌륭한 뇌 지도가 이에 도움이
될 것으로 나는 확신한다.

역사적으로 뇌를 나누는 일은 과학보다 기술에 가까웠다. 의사가 다

양한 증세로부터 질병을 진단하거나 판사가 여러 법적 사례들 사이에서 절충안을 이끌어내듯이, 뇌를 갈라 나누는 것은 간단한 공식으로 환원된 적이 결코 없었다. 뇌 영역들 사이의 경계 중 일부는 분명 역사적 우연과 신경해부학자들의 실수가 만들어낸 임의적인 결과이다. 지구본이나 지도책과 마찬가지로 우리의 뇌 지도는 영원한 객관적 진리를 나타내는 것이 아니다. 때로는 새로운 영역들이 만들어지고, 이들 사이의 경계가 바뀔 수도 있다. 경계에 대한 의견 대립으로 과학자들 사이의 격렬한 논쟁이 일어날 수도 있다. 하지만 이는 위원회의 지속적인 협상으로 평화롭게 해결되어야 할 것이다.

우리는 이러한 상태에 만족하며 머물러서는 안 된다. 뇌에 대한 현재의 지도는 현대인의 눈에 거의 터무니없어 보이는 몇 세기 전의 세계지도만큼 형편없지는 않다 해도 개선의 여지가 많이 있다. 지도 자체는 뇌의 영역들이 정신 기능에 어떻게 기여하는지를 말해주지 않는다. 하지만 뇌의 지도는 굳건한 토대를 제공함으로써 연구를 가속화할 것이다.

내가 뇌를 나누는 구조적 기준들을 강조하는 것이 현대의 신경과학자들에게는 이상하게 보일 수 있다. 이들은 구조적 기준을 기능적 기준과 결합하는 데에 익숙하기 때문이다. 그러나 이런 종류의 강조는 생물학의 나머지 영역에서는 상식이다. 신체의 기관은 그 역할이 이해되기 훨씬 이전부터 구조적 단위로 알려져 있었으며, 기능에 대한 지식이 전혀 없는 순진한 관찰자에 의해서도 확인될 수 있었다. 이와 유사하게, 세포 내의 세포소기관organelle이 현미경을 통해 관찰된 것은 세포핵이 유전정보를 포함하고 있다거나, 골지체가 단백질이나 다른 생체분자biomolecule를 적절한 목적지로 보내기 이전에 그것들을 포장한다는 것이 알려지기 훨씬 이전이었다.

일반적으로 생물학적 단위는 구조적이면서 동시에 기능적인 존재이다. 하지만 이것들은 대개 구조를 통해 처음 확인되며, 그 기능은 나중에 알려지게 된다. 뇌의 영역과 뉴런의 유형도 마찬가지이다. 브로드만과 카할을 따르는 신경과학자들은 뇌를 나누는 데 오랫동안 구조적 접근방식을 추구했지만 부분적 성공만 거두었을 뿐이다. 문제는 그 접근방식에 근본적 결함이 있어서가 아니라, 뇌의 구조를 측정하는 기술이 적절하지 못했다는 데 있었다. 어떤 식으로 뇌를 나누든 간에, 그 기초가 되는 데이터를 넘어설 수는 없다. 따라서 커넥토믹스는 구조에 대한 훨씬 나은 데이터를 제공함으로써 뇌에 대한 더욱 객관적인 구분을 가능하게 할 것이며, 더 나아가 정신에 대한 더욱 객관적인 구분도 가능하게 할 것으로 기대된다.

뇌 손상의 증세들을 조사함으로써 피질 영역들을 구분하는 것은 오스트리아의 수도사 그레고르 멘델Gregor Mendel이 1860년대에 유전자를 확인한 방식과 비슷하다. 식물의 이종교배에 대한 그의 실험으로 형질(지금은 멘델 형질이라고 불린다)의 유전이 단 한 단위의 변이로 통제된다는 사실이 발견되었으며, 그 한 단위는 이후 유전자라고 불리게 되었다. 그의 간단한 그림에서 형질과 유전자는 일대일로 대응한다. 그런데 우리는 이제 대부분의 형질들이 멘델 형질이 아니라는 것을 안다. 대부분의 형질들은 여러 유전자의 영향을 받을 수 있으며, 한 개의 유전자가 여러 형질에 영향을 끼칠 수도 있다. 그 이유는 유전자가 여러 가지 기능을 할 수 있는 단백질을 인코딩(부호화)하기 때문이다.

유사한 방법으로, 국소화주의localizationism는 정신 기능과 피질 구역 사이에 일대일 대응을 확립하려고 시도했다. 그러나 대부분의 정신 기능은 다수의 피질 구역들 간의 협력을 필요로 하며, 대부분의 피질 구역들은 다수의 정신 기능에 참여한다. 이 사실은 기능적 기준을 이용하여 피질 구역들을 정의하는 데에 문제를 일으킨다. 올바른 전략은 구조적 기준으로 구역들을 구별한 후에, 어떻게 구역들 간의 상호작용으로부터 정신 기능이 생기는지를 이해하는 것이다. 이런 접근방식은 우리의 기술이 개선됨에 따라 실현 가능해질 수 있을 것이다.

우리는 정상적인 모든 뇌에서 동일한 영역들과 뉴런 유형들을 발견할 수 있기를 기대한다. 영역과 뉴런 유형의 커넥톰은 정상적 개인들 간에 차이가 크지 않을 것이며, 유전자에 의해 상당 부분 결정될 것이다. 앞서 말한 대로 유전자는 뉴런 가지들의 성장을 안내하며, 그 결과 뉴런 유형 커넥톰에 영향을 끼친다. 과학자들은 또한 피질 구역의 형성[13]을 통제하는 유전자를 찾고 있다. 당신의 정신과 나의 정신은 우리의 뇌 영역들과 뉴런 유형들이 동일한 방식으로 연결되어 있기 때문에 비슷할지 모른다.

이와는 대조적으로 뉴런 커넥톰은 개인별로 큰 차이가 있을 것이며, 경험의 영향을 크게 받을 것이다. 우리가 인간의 개별성을 이해하려면 연구해야 하는 커넥톰이 바로 뉴런 커넥톰이다. 그리고 우리는 과거의 자취들로부터 뉴런 커넥톰을 조사해야 한다. 우리의 유일성에 있어 우리 자신의 기억보다 더 중요한 것은 없기 때문이다.

11
부호 해독하기
CONNECTOME

나는 커넥톰을 찾는 일을 크레타 섬의 미궁 속에서 길을 찾는 일에 비유하기를 좋아한다. 전설에 따르면 이 미궁은 크노소스에 있는 미노스 왕의 궁전 근처에 있었다. 크노소스에서는 1900년에 뇌에 비유할 만한 또다른 유물이 발견되었다. 고대 유적에서 수백 개의 점토판이 발굴된 것이다. 그 점토판에는 알 수 없는 언어가 새겨져 있었고, 이것을 발굴한 영국의 고고학자 아서 에반스Arthur Evans도 그 내용을 해독할 수 없었다. 수십 년 동안 점토판의 글은 이해되지 못한 채, 선형문자 BLinear B라는 이름으로만 알려져 있었다. 마침내 1950년대에 마이클 벤트리스Michael Ventris와 존 채드윅John Chadwick*이 선형문자 B를 해독하는 데 성공하면서 점토판의 내용이 알려졌다.

---

* Chadwick(1960)이 그들의 공동 작업에 관한 이야기를 해주고 있다. Kahn(1967)은 역사상의 여러 암호 해독 사례와 함께 더 짧은 버전의 이야기를 해주고 있다.

일단 우리가 커넥톰을 찾아내고 여러 부분으로 나눌 수 있다면, 그다음 도전할 일은 그 부분들을 해독하는 것이다. 우리가 그 각 부분들의 언어를 이해할 수 있을까? 아니면 연결 패턴들은 단지 우리의 애를 태우며 그 비밀을 드러내기를 거부할 것인가? 반세기의 시간이 걸리기는 했지만 최소한 벤트리스와 채드윅은 선형문자 B를 해독하는 데에 성공했다. 하지만 비슷한 방식으로 다른 잃어버린 언어들[1]을 해독하려 했던 많은 시도는 실패로 돌아갔다. 선형문자 B 이전에 고대 크레타에서 사용되었던 글자인 선형문자 A는 아직도 해독되지 못한 채로 남아 있다. 고대 파키스탄의 인더스Indus 글자, 고대 멕시코의 자포텍Zapotec의 문자 체계, 그리고 이스터 섬의 론고론고Rongorongo 상형문자도 아직 해독되지 못했다.

커넥톰을 해독한다는 것은 정확히 무엇을 의미하는 걸가? 때때로 어떤 개념을 이해하기 위해서는 그 개념의 가장 극단적인 형태를 생각해보는 것이 유용하다. 가상실험thought experiment으로 당신이 먼 미래에 살고 있다고 상상해보자. 의학은 매우 발전했지만, 안타깝게도 당신의 고조할머니가 결국 (213세에) 돌아가셨다. 당신은 고조할머니의 시신을 어떤 시설로 옮겨 그녀의 뇌를 슬라이스로 자르고 이미지화하여 커넥톰을 찾은 다음에 그 데이터를 작은 전자막대기에 담아가지고 온다. 집에 돌아온 후 가장 사랑했던 고조할머니와 이야기를 나누던 추억을 그리워하며 슬픔에 빠진 당신은 전자막대기를 컴퓨터에 연결하고 그녀의 기억 일부를 회상하라고 명령을 내린다.* 그러면 곧 당신은 기분이 좋아진다.

---

* 비슷한 시나리오가 앤서니 도어(Anthony Doerr)의 단편 〈메모리 월(Memory Wall)〉의 기초가 되었다.

커넥톰에서 기억을 읽어내는 일이 과연 실현될 수 있을까? 나는 이전에도 다음과 같은 질문을 하면서 비슷한 가상실험을 제안했다. 누군가 당신 뇌의 모든 뉴런의 스파이크를 측정하고 해독함으로써 당신의 지각이나 생각을 읽을 수 있을까? 일부 신경과학자들은 스파이크를 측정하는 기술이 충분히 발전하면 이것이 가능해지리라 믿고 있다. 그들은 어떻게 이런 일이 가능하다고 생각하는 걸까? 제니퍼 애니스톤 뉴런이 스파이크를 일으키는 것을 보고 우리는 이미 그 사람이 제니퍼 애니스톤을 지각하고 있음을 추측할 수 있다. 이 작은 성공을 통해 신경과학자들은 모든 뉴런이 일으키는 스파이크가 우리의 생각이나 지각에 대한 완전한 그림을 제공할 것이라고 추측한다.

마찬가지로, 이와 비슷한 작은 성공들이 계속 이루어진다면 우리는 커넥톰에서 기억을 읽어낼 수 있다고 믿을 수도 있다. 하지만 인간의 커넥톰 전체를 찾는 일은 아직 먼 미래의 일이다. 지금 당장은 뇌의 작은 조각에서 찾아낸 부분적인 커넥톰을 가지고 연구를 해야 한다. 아마도 우리는 인간 뇌의 작은 일부를 선택하여 거기에서 기억을 읽어내려 할 수도 있다. 혹은 동물의 뇌 조각으로도 같은 시도를 할 수 있지 않을까?

한 가지는 분명한 것은 커넥톰을 보는 것은 단지 첫 걸음에 불과하다는 사실이다. 책을 읽기 위해서는 글을 보는 것 이상의 일을 해야 한다. 책에 있는 글자와 철자는 말할 것도 없고 그 책에 사용되는 언어를 알아야 한다. 좀 더 전문적 용어로 말하자면, 종이에 적혀 있는 표식에 정보가 어떻게 **인코딩(부호화)**되어 있는지를 알아야 한다. 이 기호에 대한 지식이 없다면, 책은 단지 의미 없는 표식들의 묶음에 불과하다. 마찬가지로, 기억을 읽어내기 위해서는 커넥톰을 보는 것 이상이 필요하다. 즉 커넥톰에 들어 있는 정보를 해독하는 법을 배워야 한다.

그렇다면 우리는 뇌의 어느 영역에서 기억을 찾을 수 있을까? 이에 대한 중요한 단서를 2008년 코네티컷의 양로원에서 사망한 헨리 구스 타프 몰라이슨Henry Gustav Molaison의 삶에서 발견할 수 있다. 그는 일생 동안 사생활 보호를 위해 H.M.으로 세상에 알려져 있었다. 수많은 의사와 과학자들이 그를 연구하면서 H.M.은 브로카의 환자 탄 이후에 가장 유명한 신경심리학의 연구 사례가 되었다. 1953년 27세의 H.M.은 심각한 간질로 수술을 받았다. 의사는 H.M.의 간질이 내측측두엽MTL에서 발생했다고 생각하고, H.M.의 뇌 양쪽에서 이 영역들을 제거했다.

수술 후에 H.M.은 정상 같이 보였다. 그의 인성, 지성, 운동 능력 그리고 유머 감각에는 전혀 손상이 없었다. 그러나 그를 완전히 무능하게 만드는 중요한 변화가 있었다. 남은 일생 동안 그는 자신이 왜 그곳에 있는지를 전혀 기억하지 못한 채 매일 아침 병실에서 일어났다. 매일 만나는 간병인들의 이름도 익힐 수 없었다. 그는 당시 대통령의 이름도 몰랐고,[2] 현재의 사건들을 설명할 수도 없었다. 반면에 H.M.은 수술 이전에 일어났던 일들은 여전히 기억하고 있었다. 내측측두엽은 새로운 기억을 저장하는 데 핵심적이지만* 오래된 기억을 유지하는 데는 중요하지 않은 것으로 보였다.

앞에서 언급했듯이 이차크 프리드와 그의 동료들은 내측측두엽에서 제니퍼 애니스톤 뉴런과 할리 베리 뉴런을 발견했으며, 이 영역이 지각과 생각 모두에 관련되어 있음을 확인했다. 이후 추가적 실험들을 통해

---

* 전문적인 용어로, H.M.의 상태는 중증의 순행성 기억상실증(anterograde amnesia)으로 기술된다. '순행성(anterograde, 전향성)'은 그의 기억상실증이 오로지 수술 이후에 일어나는 사건들에만 적용됨을 의미한다. 아주 오래 전 사건들보다 수술 직전의 사건들은 더 손상되는 경향이 있지만, 수술 이전의 일들에 대한 기억은 대부분 보존된다. 따라서 그는 시간에 따라 그 정도가 달라지는 가벼운 역행성 기억상실증(retrograde amnesia)을 겪고 있다.

기억 회상에서 내측측두엽의 역할[3]에 대한 연구가 계속되었다. 어떤 환자에게 먼저 만화, 시트콤, 영화 등에서 가져온 (각 5초에서 10초 정도의) 여러 가지 짧은 동영상을 보여주면서 그동안 내측측두엽에서 일어나는 뉴런들의 활동을 기록했다. 그리고 이후에 그 환자에게 자유롭게 비디오 내용을 회상하게 하면서 그중의 하나기 떠오를 때마다 말로 보고하도록 했다. (실험의 두 번째 단계에서는 환자에게 비디오를 보여주지 않았다.)

어떤 환자가 톰 크루즈Tom Cruise의 비디오를 볼 때는 하나의 뉴런이 스파이크를 일으켰지만, 다른 유명인사나 장소 등에 대해서는 그 뉴런의 활동이 훨씬 더 적었다. 나중에 그 환자가 톰 크루즈를 회상할 때마다 같은 뉴런이 스파이크를 일으켰지만 다른 동영상을 떠올릴 때에는 스파이크를 일으키지 않았다. 다른 뉴런들도 특정한 동영상을 보거나 회상할 때에만 선택적으로 활성화되고 다른 동영상에 대해서는 전혀 반응을 나타내지 않는 등 톰 크루즈 뉴런과 유사한 방식으로 행동했다.

아마 톰 크루즈 뉴런은 내측측두엽에 있는 세포군에 속할 것이다. 톰 크루즈를 지각하거나 회상하는 것은 그 세포군을 활성화하며, 따라서 톰 크루즈 뉴런이 활성화된다. 그렇다면 커넥톰에서 기억을 읽어내려 할 때 내측측두엽에 있는 세포군들을 살펴보는 것에서 시작하면 되지 않을까? 하지만 불행하게도 내측측두엽은 매우 큰 영역이라서 현재의 기술로는 그 커넥톰을 찾는다는 것은 너무 어려운 일이다.

따라서 우리는 범위를 좁혀서 새로운 기억을 저장하는 데 핵심적인 역할을 하는 것으로 간주되어온, 내측측두엽의 일부인 해마에 초점을 맞춰볼 수 있다. 특히 해마의 CA3 영역은 서로 간에 시냅스를 형성하고 있는 뉴런들을 포함하고 있다. 아마도 이와 같이 연결되어 있는 CA3 뉴런들의 집단은 세포군을 형성하고 있을 것이다.* 그러나 인간의 CA3 영역은 여전히 크며,** 그 커넥톰을 찾는 일은 현재 우리의 능력 밖에 있다. 만일 기억을 읽어내고자 한다면, 뇌의 더 작은 부분을 찾아서 그것에서 시작하는 것이 좋을 것이다.

H.M.의 기억상실증은 오직 명시적으로 진술되거나 '서술'될 수 있는 정보와 관련된 **서술적** 기억declarative memory에만 적용된다. 이런 기억에는 세상에 관한 사실들(눈은 희다)뿐만 아니라 자전적 사건들(작년에 스키를 타다가 다리가 부러졌다)이 포함된다.*** 이것은 **기억**이란 용어의 가장 흔한 의미이다.

명백하게 서술되기보다는 암시적인 정보와 관련된 **비서술적** 기억non-declarative memory도 있다. 운동기술이나 습관 등이 여기에 해당한다. H.M.은 거울로 자신의 손을 보면서 연필로 그 모양을 따라 그리는 것과 같은 새로운 운동기술을 배울 수 있었다. 그의 사례와 다른 종류의 증거들을 토대로 신경과학자들은 서술적 기억과 비서술적 기억은 분명히 구분되는 능력이며 아마도 서로 다른 뇌 영역에서 담당하고 있으리라 결론내렸다.

그러나 이 두 종류의 기억에는 몇 가지 공통된 특징이 있다. 〈기억에 관하여On Memory〉라는 글에서 아리스토텔레스는 회상을 운동과 비교했다. "회상의 행위들이 경험에서 발생할 때, 하나의 운동이 자연스럽게

---

* 이 생각은 CA3의 세포군에 관해 처음으로 이론화를 했던 데이비드 마에 따른 것이다. 해마의 다른 부위에 있는 뉴런들은 이웃에 있는 뉴런이 아니라 다른 뇌 영역들에 있는 뉴런들에게로 시냅스를 만든다.

** 더 나아가 기억과 세포군들이 실제로 CA3에 국한되어 있는지 여부는 분명하지 않다. 일부 이론가들이 믿고 있듯이 새로운 기억이 처음에는 해마에 저장되고 나중에 신피질로 전달되는 것이라면, 이런 국한은 새로운 기억들의 경우에 사실일 수 있다. 대안으로, 처음부터 세포군들은 해마와 신피질 모두에 걸쳐 분포되어 있을 수도 있다. 해마가 더 많은 뉴런들을 가지고 기억을 시작하지만, 기억들이 공고해짐(consolidated)에 따라 신피질이 더 많은 뉴런들을 갖게 되는 것일지도 모른다.

*** 이것들은 각각 '일화적(episodic)' 기억과 '의미적(semantic)' 기억의 유형으로 불린다. H.M.의 의미적 기억은 그의 일화적 기억만큼 손상되지는 않았다.

다른 운동으로 규칙적 순서로 이어진다는 사실에 기인한다." 서술적이든 비서술적이든 간에 순차적 기억이 시냅스 사슬로 뇌에 간직되어 있다고 생각할 수 있다. 아마도 기억으로 피아노 소나타를 연주하는 손가락은 연주자의 뇌 어딘가에 있는 시냅스 사슬에 의해 움직이고 있을 것이다.

동물의 서술적 기억*을 연구하는 것은 어려운 일이다. 동물들이 무엇을 회상하고 있는지 알 수 없기 때문이다. 그러나 동물들은 암시적implicit 기억들을 완벽하게 저장할 수 있다. 그러면 동물들의 커넥톰에서 이런 기억을 읽어내보면 어떨까? 나는 새들의 뇌에서 시냅스 사슬을 찾아 이런 연구를 할 것을 제안한다.

새들은 인간과 같은 온혈동물이지만 진화론적으로는 인간보다는 설치류에 더 가까우며, 어린 새끼에게 젖을 먹이지 않으므로** 포유동물로 분류되지 않는다. 그러나 포유동물만이 지능을 가지고 있는 것은 아니다. '새머리'는 모욕적인 의미로 사용되지만, 실제로 새들은 꽤 영리하다. 흉내지빠귀나 앵무새는 소리를 흉내 내는 데 뛰어나며, 까마귀는 숫자를 셀 수 있고 도구를 사용할 수도 있다. 이러한 발달된 행동들 때문에 신경과학자들은 인간의 조류 친척들에게 점점 더 흥미를 갖게 되었다.

많은 사람들이 연구하고 있는 금화조zebra finch라는 작은 새는 호주가

---

* 서술적 기억(declarative memory)이란 용어는 회상이 '언명(declaring)'을 통해 일어난다는 것을 의미한다. 따라서 마치 서술적 기억이 언어에 의존하는 것처럼 들릴 수 있다. 하지만 그럼에도 불구하고 Eichenbaum (2000)은 이 용어가 동물에게 확장 적용되어야 한다고 주장한다. 왜냐하면 동물들도 인간의 서술적 기억에 포함된 기억 능력에 대응하면서 또한 유사한 뇌 영역에 의존하는 기억 능력을 가지고 있기 때문이다. 또한 앵무새나 일부 동물들은 발성이나 다른 소통 기술을 이용하여 기억을 '언명'할 수 있을지도 모른다.
** 당신은 알을 낳는 것이 조류를 포유동물과 구분시켜 준다고 생각할지 모르겠다. 그러나 오리너구리와 같이 소수의 포유동물 종들 또한 알을 낳는다.

| 그림 44 | 암컷에게 노래하는 수컷 금화조

원산지이며, 사랑스러운 애완동물로 전 세계에 퍼져 있다. 수컷의 뺨은 오렌지색이며, 신체의 나머지 부분에는 눈에 띄는 검고 흰 무늬가 있다. 그림 44의 수컷 금화조는 짝짓기를 하기 위해 노래로 암컷을 유인한다. 다른 종의 수컷들은 다른 수컷이 자신의 영역 안으로 들어오지 못하도록 경고를 하기 위해 노래를 하기도 한다.* 새들이 사람들에게 들려주기 위해 노래를 하는 것은 아니지만, 그 소리가 아름답게 들리는 것은 사실이다. 가령 카나리아와 같은 새들은 그 노랫소리 때문에 애완동물로서 인기가 높다. 모차르트는 찌르레기를 애완동물로 키웠는데,⁴ 자신의 협주곡 중 하나의 피날레에 나오는 주제부를 찌르레기가 지저귈 수 있도

---

* 새들이 내는 모든 소리가 노래로 간주되지는 않는다. 덜 복잡한 종류의 소리는 '울음소리(calls)'로 알려져 있다.

록 훈련시켰다. (새가 모차르트의 음악에 영감을 주었다는 상반된 주장을 하는 이들도 있다.) 새의 노래에는 음조, 운율, 되풀이가 이용되고 있기 때문에 이 노래를 '자연의 음악'이라 부르는 이들도 있다. 한편 어떤 이들은 이런 새들의 노래를 언어에 비교한다. 19세기의 거장 퍼시 비쉬 셸리Percy Bysshe Shelley는 자신의 예술에 관하여 다음과 같이 말했다. "시인은 어둠 속에 앉아서 달콤한 소리로 자신의 고독을 달래기 위해 노래하는 나이팅게일이다."

당신은 새들이 노래하는 것을 본능적 행동이라고 생각할지도 모른다. 알에서 깨어날 때 새들은 이미 노래하는 법을 알고 있을까? 사실은 그렇지 않다. 따라서 피아노 레슨을 받으면서 괴로워했던 사람들이라도 새들을 질투할 필요는 없다. 금화조는 아무런 노력 없이 노래하는 재능을 얻는 것이 아니다. 소리를 내기 전에 어린 수컷은 먼저 아빠 새의 노래를 듣는다. 그다음에는 마치 인간의 아기가 의미 없는 소리를 내는 것처럼, '옹알'거리기 시작한다.[5] 이후 몇 달에 걸쳐 어린 수컷은 수만 번의 노래 연습을 하고, 마침내 아빠 새의 노래를 따라하는 것을 배우게 된다.*

어른이 되면 금화조는 매번 기본적으로 같은 노래를 부른다. 재즈 피아노 연주자와 달리 금화조는 즉흥적으로 작곡을 하지 않으며, 마치 빙판 위에서 지정된 연기를 하는 피겨 스케이터처럼 노래를 한다. 그래서 그 노래는 '결정화crystallized'되어 있다고 한다. 금화조는 그 노래를 기억에 저장하고 언제든지 회상할 수 있다.

---

* 만약 어린 금화조가 어른 수컷의 노래를 듣지 못했다면, 성장했을 때 여전히 노래를 하기는 하지만 비정상적으로 노래하게 된다. 그러나 Feher et al.(2009)은 그렇게 단절된 새들을 여러 세대에 걸쳐서 기를 경우에, 각 세대는 그 전 세대에게서 배우게 되고 결국 노래가 다시 정상적으로 들리게 된다는 것을 보여주었다. 이 사례는 경험을 통해 배우는 선호 이외에 노래의 특정 속성들에 대한 선천적인 선호가 존재함을 보여준다.

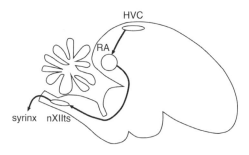

| 그림 45 | 새의 뇌에서 노래를 만들어내는 영역들

새들은 소리를 내기 위해 인간의 후두larynx와 유사한 울대syrinx라는 음성기관을 이용한다. 울대에 공기를 불어넣으면, 그 벽이 관악기처럼 떨리면서 소리가 나게 된다. 이때 나오는 소리의 높이나 기타 다른 속성들은 울대 주위의 근육에 의해 제어되는데,* 그 근육은 뇌에서 오는 지시를 받는다. 1970년 페르난도 노테봄Fernando Nottebohm은 새가 노래를 하는 것과 관련된 뇌의 영역들을 찾아냈다그림 45. 이 영역들의 이름은 길고 복잡해서 과학자들은 간단히 HVC, RA, nXII와 같은 약자를 이용한다.

이 영역들의 역할을 이해하기 위해 음악을 만드는 데 사용되는 인공시스템과 비교해보자. 아마 주위에 고급 스테레오 장비에 관심이 많은 친구가 있을 것이다. 그런 오디오 애호가들은 올인원시스템으로는 만족하지 못하고 여러 개로 분리된 컴포넌트를 가지고 싶어 한다. 값비싼 스테레오 시스템에서 CD 플레이어는 전기신호를 만들어내고, 그 신호는 프리앰프를 거쳐 앰프로 이동한 다음, 마지막으로 스피커에서 소리로 전환된다. 새의 뇌에서 전기신호는 HVC에서 RA와 nXII로 유사한 경로

---

* 호흡을 위한 근육들 또한 이와 관련되어 있다. 이 근육들은 울대를 통하는 공기의 흐름을 제어한다.

를 거쳐 이동하여, 최종적으로 울대에서 소리로 전환된다.* 스테레오 시스템에서 베토벤 교향곡 5번을 틀 때마다, 시스템의 부품에서 발생하는 전기신호와 스피커에서 나는 소리는 정확히 같은 순서로 반복된다. 마찬가지로, 새가 노래할 때마다 울대에서 나는 소리와 뉴런들의 스파이크는 같은 방식으로 반복된다.

 HVC를 자세히 들여다보자. 이 영역은 스테레오 시스템의 CD 플레이어처럼 새가 노랫소리를 내는 경로의 첫부분에 있다. HVC의 원래 이름은 '과선조체 배쪽 꼬리부hyperstriatum ventrale, pars caudale'이며, 약자로 'HVc'라고 했다. 노테봄은 나중에 이 이름을 고高발성 센터high vocal center, 약자는 'HVC'로 바꾸었는데, 2005년 한 신경과학자들의 위원회에서 그 글자들은 아무런 의미가 없는 것으로 결정해버렸다.[6] (이 상황은 SAT와 비슷하다. SAT는 한때 '학업적성 테스트Scholastic Aptitude Test'를 의미했지만 후에는 '학업평가 테스트Scholastic Assessment Test'를 의미하게 되었다. 현재 이 테스트의 소유자이자 개발자인 대학위원회College Board는 SAT라는 글자에 아무런 의미도 부여하지 않는다.)

 이런 이름의 변화는 뇌 구조 및 진화에 관한 전문가인 하비 카르텐Harvey Karten이 새의 뇌는 여태까지 생각했던 것보다도 우리의 뇌와 더 유사하다는 것을 그의 동료들에게 설득한 데서 비롯되었다. 이전의 신경과학자들은 HVC를 포유동물의 기저핵의 일부인 선조체striatum와 유

---

* RA와 nXII가 단순히 신호를 전달하고 증폭할 뿐이라고 하는 것은 분명 너무 단순하게 말한 것이다. 보다 정확한 설명을 위해서 과학문헌들을 참고할 수 있다. 또한 당신은 직선의 경로가 좋은 모형인지에 대해서 의문을 제기할 수도 있다. 새는 스스로의 노래를 듣기 때문에, 아마도 울대에서 뇌로 되돌아가는 추가적인 단계가 있을 것이다. 이는 경로를 원형의 고리(loop) 모양으로 바꿀 것이다. 이 견해에서 노래의 각 음은 새로 하여금 다음의 음을 산출하도록 자극하는 역할을 할 것이다. 이러한 고리는 19세기 미국의 심리학자 윌리엄 제임스와 같은 사람들에 의해서 반복 진행 생성 모델로 제안되었다. 이는 새의 노래를 위한 좋은 모델은 아닌 것처럼 보인다. 왜냐하면 어른 금화조는 귀가 멀어도 여전히 노래를 할 수 있기 때문이다.

사한 것으로 여겼으며, 새들에게는 신피질에 해당하는 기관이 결여되어 있다고 믿었다. 그러나 카르텐은 새의 등쪽 뇌실능선Dorsal ventricular ridge 이 신피질과 유사한 기능을 한다고 주장했다.[7] 이 기관에는 위에서 언급한, 새의 복잡한 행동에 중요한 여러 하위 영역들이 포함되어 있다. 이 하위 영역들 중의 하나가 HVC이다.

마이클 피Michale Fee와 그의 동료들은 살아 있는 새가 노래하는 동안에 HVC에서 발생하는 스파이크를 측정했다.[8] 일부 HVC 뉴런들은 축삭을 RA로 보내는데, 지금 우리가 주목하는 것은 바로 이 뉴런들이다. 왜냐하면 이 뉴런들에서 발생하는 신호가 노래 경로를 따라 이동하기 때문이다. 금화조의 노래에서는 한 개의 주제부motif가 몇 번씩 반복된다. 그 주제부는 0.5초에서 1초 정도 지속되는데, 그 시간 동안 뉴런들은 매우 정형화된 순서로 스파이크를 일으킨다. 그림 46은 세 뉴런에서 발생하는 스파이크를 그림으로 나타낸 것이다. 각 뉴런들은 주제부가 진행되는 동안 자기 순서를 기다리다 몇 밀리초 동안 스파이크를 일으키고 다시 조용해진다. 스파이크를 일으키는 시점은 주제부의 특정한 순간으로 고정되어 있다. 이런 종류의 순차적 스파이크가 바로 우리가 시냅스 사슬에서 기대하는 것이다.*

베토벤의 음악이 스테레오 시스템에서 '쾅' 하고 울려퍼질 때, 스테레오에서는 전기신호가 크게 요동치고, 스피커는 진동한다. 흘러 지나가는 신호와 달리 CD는 자체는 변하지 않는다. CD 상표 아래의 플라스틱 표면에는 수백만 개의 톱니 모양 자국이 있으며, 그 자국에 음악이 디지

---

* 실제 시냅스 사슬은 HVC를 위한 모델로는 약간 단순하다. 노래 주제부의 반복을 설명하려면, 사슬의 마지막 뉴런들은 첫 번째 뉴런들에게로 시냅스를 만들어야 할 것이며, 이는 직선 구조라기보다 원형 구조를 생성할 것이다. 그리고 몇 번의 반복 후에 반복 진행을 종료시키는 추가적인 메커니즘을 필요로 한다.

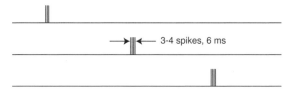

→|||← 3-4 spikes, 6 ms

| 그림 46 | 금화조 뇌의 HVC 구역에 있는 세 뉴런의 스파이크를 그린 그림

털 정보의 비트로 인코딩(부호화)되어 있다. 제조사가 보증하듯이 CD는 수십 년 동안 형태가 유지된다. 이러한 안정성 덕분에 CD로 베토벤의 음악을 여러 번 반복하여 재생할 수 있다. 다시 말해, 그 **물질적 구조**가 베토벤 음악이라는 '기억'을 유지할 수 있게 하는 것이다.

나는 HVC 뉴런들의 스파이크를 CD 플레이어의 전기신호에 비유했다. 이제 그 비유를 더 밀고 나가서, HVC 커넥톰은 CD와 비슷하다고 말하고 싶다. HVC 커넥톰 안에 시냅스 사슬이 포함되어 있고, 일단 어른 수컷에서 노래가 결정화되고 나면 더 이상 변하지 않는다고 가정해 보자. 이 가정에서 HVC 커넥톰은 노래의 기억을 유지하고 있다. 새가 노래할 때마다 그 기억은 순차적인 스파이크로 변환되어 회상된다. 이 신호들은 흘러 지나가지만, HVC 안에 있는 연결들의 물질적 구조는 변하지 않고 남아 있다.

HVC의 부피는 1입방밀리미터보다 작기 때문에 가까운 미래에 그 커넥톰을 찾는 일이 기술적으로 가능해질 수 있을 것이다. 그러고 나면 그 커넥톰을 조사하여 HVC가 시냅스 사슬과 같은 구조를 가지고 있는지를 알 수 있을 것이다.* 그러나 여기에는 약간의 분석이 필요하다. 뉴런

* 마이클 피와 그의 동료들은 노래를 하고 있는 모든 순간 동안에 RA로 투사하는 100개의 HVC 뉴런들이 스파이크를 일으키고 있다고 추정한다(Fee, Kozhevnikov, and Hahnloser 2004). 그리고 그들은 HVC가 각 링크에 100개의 뉴런들을 가지고 있는 하나의 시냅스 사슬을 포함하고 있다고 가설을 세운다.

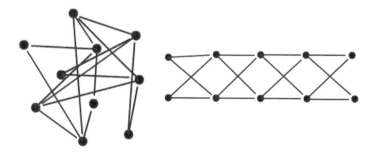

| 그림 47 | 시냅스 사슬_뒤섞인 것(왼쪽)과 정돈된 것(오른쪽)

들의 정확한 순서를 알고 있지 않으면 그 커넥톰이 사슬 구조를 가지고 있는지를 분명히 알 수 없기 때문이다. 그 이유를 분명히 이해하기 위해, 그림 47의 표를 살펴보자. 이 두 그림은 정확히 같은 연결성을 가지고 있다. 왼쪽의 뉴런들은 사슬을 숨기기 위해 뒤섞어 놓았다. 그 사슬을 드러내기 위해서는,* 뉴런들을 정돈하여 오른쪽의 형태로 만들어야 한다. 우리가 만든 작은 커넥톰의 경우에는 수작업으로도 이것을 시도해볼 수 있다. 그러나 실제의 HVC 커넥톰은 너무 복잡하여 컴퓨터가 필요할 것이다.**

HVC 커넥톰을 정돈하는 데 성공했다고 가정하자. 그 결과 도출된 사슬로부터 새들이 노래하는 동안에 뉴런들이 스파이크를 일으키는 순서

---

* 이상적으로는, HVC 커넥톰은 자연적으로 이미 올바르게 순서가 맞춰진 상태로 우리에게 주어지며, 추가적인 작업이 불필요해야 한다. 만약 HVC 뉴런들이 공간적으로 규정된 어떤 순서(가령 정면에서 후방으로)에 따라 스파이크를 일으키도록 배열되어 있다면, 이것이 사실일 것이다. 그러나 실제로 뉴런들은 스파이크 시간과는 무관하게 배열되어 있는 것처럼 보인다(Fee, Kozhevnikov, and Hahnloser 2004).

** 실제로 만약 사슬이 완전하다면 우리는 여전히 수작업으로 그것을 할 수 있을 것이다. 그러니 만약 뒤로 향하고 있는 시냅스와 같이 일부 '부적절한' 연결들이 존재한다면, 사슬을 발견하는 일은 어려워지며 컴퓨터를 필요로 하게 된다(Seung 2009). 뉴런들의 순서를 찾는 일은 컴퓨터 과학자들에 의해 '그래프 레이아웃(graph layout)'이라고 불리는 문제의 한 예이다.

를 추측할 수 있을 것이다. 다시 말해 새가 노래할 때 HVC에서 재생되는 활동의 순서를 추측할 수 있으며, 이것이 바로 노래의 기억을 읽은 것에 해당한다.

우리가 읽어낸 것이 올바른지를 어떻게 확인할 수 있을까? 벤트리스와 채드윅이 선형문자 B를 해독했다고 세계를 설득할 수 있었던 것은 그들이 점토판에서 읽어낸 내용이 의미가 통했기 때문이다. 만약 그들이 실패했다면, 해독된 글자는 의미 없는 횡설수설에 불과했을 것이다. 의미의 일관성보다 더 분명하게 문자의 해독을 확인 수 있는 방법은 그 점토판을 작성한 사람들을 관찰하고 그들과 대화를 나누어보는 것이겠지만, 시간 여행을 할 수 없으므로 그런 확인은 불가능하다.

이와 유사하게 HVC 커넥톰을 정돈하여 시냅스 사슬을 밝혀냈다면 그것으로 우리의 독해에 확신을 가질 수 있다. 더구나 우리는 벤트리스나 채드윅과 달리 시간 여행을 하지 않고도 더욱 확실하게 증명할 수 있다. 어떤 신경과학자가 새가 노래하는 동안에 HVC 뉴런들이 스파이크를 일으키는 시간을 측정했다고 가정하자. 그 학자는 우리를 테스트하기 위해 검사 결과를 공개하지 않는다. 우리는 HVC 커넥톰을 찾아내고, 그것을 읽어서 스파이크 시간을 추측한다. 심사관은 우리가 추측한 결과와 실제 측정한 스파이크 시간을 비교한다. 만약 이들이 일치하면, 우리의 커넥톰 독해는 올바른 것이다.

또한 심사관은 HVC 뉴런들의 스파이크 시간을 측정하기 위해 새로운 염색법을 발명한 화학자의 도움을 받을 수도 있다. 이 방법으로 염색된 뉴런들을 현미경으로 관찰하면 반짝이는 빛처럼 보이는데,* 스파이

---

* 불가시광선을 비추면 어둠 속에서 반짝이는 스티커처럼, 이 염료들은 조명을 받으면 형광빛을 낸다. 형광 발광의 양은 스파이크에 의해 조절되는 칼슘의 농도와 더불어 변화한다.

크를 일으킬 때에는 밝게 빛나고 그렇지 않을 때에는 희미해지기 때문이다. 또한 광학현미경에서 얻은 이미지들에서 HVC 뉴런들 세포체의 정확한 위치를 알 수 있으며, 나중에 이 위치들을 죽은 뇌의 전자현미경 이미지에 있는 세포체와 맞추어볼 수 있을 것이다. 이러한 대응관계가 확립되고 나면 심사관은 HVC 뉴런들의 실제 스파이크 시간과 커넥톰을 읽어 추측한 시간을 비교할 수도 있을 것이다.

물론 HVC 커넥톰을 정돈하는 일에 실패할 가능성은 언제나 존재한다. 우리는 모든 시냅스들이 다 연결의 순차적 규칙을 따르도록 뉴런들을 배열할 수 없을지도 모른다.* 다시 말해서 우리가 어떤 순서대로 뉴런들을 배열하든 간에 뒤로 가거나 너무 앞으로 점프하는** 연결들이 많이 있을 수 있다는 것이다. 이는 HVC의 커넥톰이 시냅스 사슬처럼 배열되어 있지 않다는 것을 의미한다. 하지만 이러한 실패조차도 발전의 과정이라 할 수 있다. 과학의 진보를 위해서는 모델을 확립하는 것만큼이나 틀린 모델을 배제하는 것도 중요하기 때문이다.

만약 HVC 커넥톰이 사슬 구조로 이루어져 있다는 것이 확인된다면, 이것은 새가 노래에 대한 기억을 유지하는 데 이 사슬이 도움이 된다는 증거가 될 것이다. 그런데 이와 같은 기억은 처음에는 어떻게 저장되는

---

* 실제로 이 결과에 모호성이 남아 있을 수도 있다. 아마도 일련의 질서가 존재함에도 불구하고 이를 풀어내는 우리의 알고리즘이 그것을 찾기에 너무 빈약할지도 모른다. 컴퓨터 과학자들은 만약 질서가 존재한다면 그 어떤 질서라도 찾아낼 수 있을 정도로 그들의 알고리즘이 충분히 좋다는 것을 확실히 하기 위해 열심히 연구해야 한다.
** 일련의 순서를 위반하는 일부 '부적절한' 연결들이 존재하는 것으로 드러난다 하더라도, 우리는 여전히 커넥톰이 시냅스 사슬에 가까운 것이라고 말할 수 있을 것이다. 그러나 만약에 그러한 연결들이 너무 많다면 우리는 사슬이 좋은 모델이 아니며, 왜 네트워크가 순차적 활동을 산출하는지를 설명할 수 없다고 말해야만 한다.

걸까? 일부 이론 신경과학자들은 어린 수컷의 HVC 뉴런들이 처음에는 다른 어떤 출처에서 무작위적으로 주어지는 입력에 의해 활동하기 시작한다[9]고 주장한다. 이 입력은 뉴런들을 임의의 순서로 활성화하는데, 그 중 일부가 헤비안 연결 강화로 강화된다. 이렇게 선택된 서열은 더 자주 활성화되기 시작하며, 그 결과 더욱 강화된다. 결국 어떤 하나의 서열이 너무 많이 강화되며 다른 모든 서열을 압도하게 되는데, 이 서열이 어른 수컷에 있으리라 추측되는 최종적인 시냅스 사슬에 해당한다.

이 주장에 따르면, 재가중으로 노래의 기억이 저장된다. 시냅스의 세기는 변하지만, 시냅스 자체는 생성되거나 제거되지 않는다. 시냅스의 세기에 관한 정보가 들어 있지 않는, 가중되지 않은 커넥톰은 기억에 대한 어떤 정보도 가지고 있지 않다. 그러므로 가중되지 않은 커넥톰에서 뉴런의 스파이크 시간을 읽어낼 가능성은 없다. 오직 강한 시냅스들이 사슬로 연결되어 있는, 가중된 커넥톰만을 읽을 수 있다. 다시 말해 커넥톰을 해독하려면 커넥톰에 시냅스 세기가 포함되어 있어야 한다. 원칙적으로 이것은 커넥토믹스에서 아무런 문제가 되지 않는다. 전자현미경으로 얻은 이미지의 형태에서 시냅스의 세기를 추산할 수 있을 것이기 때문이다. 앞에서 말한 대로 시냅스가 강해질수록 그 크기도 더 커지는 것으로 알려져 있다. 따라서 시냅스의 크기는 세기와 관련이 있다. 앞으로의 연구는 시냅스 세기를 추산하는 이러한 방법이 얼마나 정확한지 설명할 수 있어야 할 것이다.

또 다른 가능성은 노래 기억을 저장하는 데 있어 재연결도 또한 어떤 역할을 한다는 것이다.[*] 새가 노래를 배우게 되면서 여기에 연관되지 않

---

[*] 이것은 Jun and Jin(2007)에 의해 제안되었다.

는 시냅스 사슬은 약해져 마침내 제거될 것이다. 만약 재연결이 어떤 역할을 한다면, 가중되지 않은 커넥톰을 읽는 것도 가능할 것이다. HVC 커넥톰의 가중되지 않은 버전과 가중된 버전을 모두 읽으려고 시도함으로써, 기억의 순수한 재가중 이론과 재가중-더하기-재연결 이론을 구분할 수 있을 것이다.

신경과학자들은 커넥톰 변화의 또 다른 두 R들, 즉 재배선rewiring과 재생성regeneration도 기억의 저장에 어떤 역할을 한다는 가설을 세웠다. 그러나 어느 쪽이든 실험적 증거는 부족하다. 페르난도 노테봄과 그의 동료들은 카나리아와 다른 노래하는 새들의 뇌에서 일어나는 재생성을 연구했다. 이들은 카나리아가 노래를 부르지 않는 동안에 뉴런들이 제거되기 때문에 HVC가 줄어든다는 사실을 확인했다. 하지만 다시 노래를 부르는 계절이 오면, 새로운 뉴런들이 생성되어 HVC는 팽창했다. 재생성에 대한 노테봄의 연구는 이 주제에 대한 신경과학자들의 관심을 다시 불러일으키는 데 역사적으로 중요한 역할을 했다. 하지만 재생성의 기능은 분명하게 밝혀지지 않은 채로 여전히 남아 있다.

만약 HVC의 시냅스 사슬 모델이 올바르다면, 재배선과 재생성이 기억의 저장에 어떤 역할을 하는지는 여러 흥미로운 방식으로 탐구될 수 있다. 노래를 부르지 않는 시기 동안에 휴면기의 시냅스 사슬은 노래의 기억을 계속 저장하고 있을까? 새로운 뉴런들이 HVC에 들어오면, 이들은 기존의 시냅스 사슬에 통합되는 걸까? 만일 그렇다면 그 과정은 어떻게 진행되는 걸까? 신경다윈주의는 새롭게 생성된 뉴런들이 다른 뉴런들과 무작위로 연결된다고 예측한다. 이 예측은 새로 만들어진 뉴런들을 표시하는 특수 염색법의 도움을 받아 커넥토믹스에서 실험을 통해 검증될 수 있다.

비슷한 질문들이 뉴런의 제거에 관하여 제기될 수 있다. 뉴런의 자살이 발생하는 원인은 무엇일까? 사슬에 통합되지 못하는 뉴런에서 시냅스와 가지들이 제거되면서 뉴런의 자살이 일어나는 걸까? 이 가설은 뉴런이 죽어가는 과정을 찍은 스냅 사진을 바탕으로 커넥토믹스를 통해 검증될 수 있다. 휴면기를 준비할 때 뉴런들은 사슬이 끊어지는 것을 방지하는 방법으로 제거되는 걸까?

기술적 제약 때문에 신경과학자들은 뉴런 개수의 증가와 감소를 세는 것에 만족해야 했다. 이 연구들은 재생성이 중요하다는 것을 시사하지만, 기억에서 재생성이 정확히 어떤 역할을 하는지는 보여주지 않는다. 이 이상으로 발전을 하기 위해서는 새로운 뉴런들이 어떻게 기존의 조직에 배선되는지 그리고 뉴런들의 제거가 배선의 방식에 의존하는지 여부를 아는 것이 중요하다. 이런 종류의 정보는 커넥토믹스에서 제공할 수 있다. 뉴런 가지의 성장이나 수축이 어떤 방식으로 다른 뉴런과의 연결에 의존하는지를 탐구함으로써, 재배선의 기능도 HVC에서 연구될 수 있을 것이다.

지금까지 HVC 커넥톰에서 시냅스 사슬을 찾는 것과, CA3 커넥톰에서 세포군을 찾는 계획의 개요를 서술했다. 나는 이것을 커넥톰에서 '기억을 읽어내는 것'이라고 했다. 보다 정확하게 말하면, 나는 기억이 회상되는 동안에 재생되는 신경활동의 패턴을 추측하기 위해 커넥톰을 분석하는 방법을 제안했다. 그런데 분명히 알아두어야 할 점이 하나 있다. 패턴을 추측한다는 것은 기억이 **의미**하는 바를 아는 것과 같지 않다는 사실이다. HVC나 CA3을 분석한다고 해서 새의 노래가 어떤지 또는 피실험자가 어떤 내용의 동영상에서 보았는지를 알 수는 없다. 우리가 커넥톰을 분석해서 읽어내는 것은 실제 세계의 의미와 단절된, '근거 없는ungrounded' 기억이라 할 수 있다.

나는 기억을 현실과 연관짓는 한 가지 방법을 이미 제안했다. 그 방법은 새들이 노래하는 동안에 HVC의 활동을 측정하거나, 혹은 사람들이 자신이 경험한 것을 묘사하는 동안에 CA3의 활동을 측정하는 것이다. 이 경우 각 뉴런을 특정 행동이나 보고된 생각과 대응시킬 수 있다. 이런 종류의 접근방식을 통해 살아 있는 뇌에서 스파이크를 측정하여 뇌가 죽은 후 읽어낸 기억을 현실과 연관시킨다. 우리가 뇌의 작은 조각에서 부분적인 커넥톰만을 찾을 수 있는 현 시점에서 이 방식은 가까운 미래에 실현 가능한 유일한 방법이다.

하지만 나는 장기적으로는 죽은 뇌 전체의 커넥톰을 발견할 수 있으리라고 예상한다. 그러면 살아 있는 뇌의 스파이크를 측정하지 않고도 기억을 현실과 연관지을 수 있게 될 것이다. 이를 위해서 우리는 가령 CA3 뉴런이 제니퍼 애니스톤이나 다른 어떤 자극에 의해 선택적으로 활성화되는지를 알아내야 한다. 감각기관으로부터 CA3 뉴런으로 정보를 전달하는 경로를 분석하면 이것이 가능할까?

만약 우리가 감각뉴런들의 연결에 대하여, '전체를 감지하는 뉴런은 그 부분을 감지하는 뉴런들에서 흥분성 시냅스들을 받아들인다'와 같은 가설적 규칙을 채택한다면, 그것이 가능할 수도 있다. 제니퍼 애니스톤 뉴런은 '푸른 눈 뉴런', '금발 뉴런' 등에서 입력을 받을 수 있다.

최근 연구자들은 스파이크의 측정과 커넥토믹스를 결합하여 부분-전체 규칙을, 동물들을 이용해 테스트하기 시작했다. 첫 번째 단계는 제니퍼 애니스톤 실험에서와 같이, 다양한 종류의 자극에 대한 반응으로 일어나는 스파이크를 측정하여 뉴런의 지각 기능을 결정하는 것이다. 이것은 앞에서 말한 대로 활성화되었을 때 빛을 내도록 뉴런들을 염색하고 광학현미경으로 관찰하는 방법이다. 그다음에 연구자들은 뉴런들이 어떻게 연결되어 있는지를 관찰하기 위해 전자현미경으로 뇌의 특정 부위를 이미지화한다. 케빈 브리그만Kevin Briggman과 모리츠 헬름스태터 Moritz Helmstaedter는 빈프리트 덴크와 함께 망막뉴런에서 이러한 성과를 이루어냈다.[10] 일차 시각피질의 뉴런에 대한 연구는 데비 보크Davi Bock, 클레이 리드Clay Reid와 그들의 동료들에 의해 진행되었다.[11] 이 접근방식은 계속 발전해가면서 부분들과 전체를 감지하는 뉴런들 사이에 실제로 연결이 있는지를 알 수 있게 해줄 것이다.

앞으로 몇 년 동안 부분-전체의 연결 규칙은 이런 방식으로 테스트될 것이다. 논의를 좀 더 진행하기 위해 이 규칙이 참이라고 가정하고, 그 규칙을 커넥톰을 읽는 데에 어떻게 사용할 수 있는지를 추측해보자. 이 규칙의 기본이 되는 생각은 하나의 뉴런은 언제나 다른 뉴런의 어깨 위에 서 있다는 것이다. 이 규칙을 구조의 제일 아래쪽에 있는 뉴런들에게 적용하는 것으로부터 시작하여, 이것들이 어떤 자극을 감지하는지 추측할 수 있다. 이 뉴런들은 감각기관에서 단지 한 단계만 떨어져 있는 것들이다. 그다음에 위계를 따라 한 단계씩 올라가면서 매 단계별로 부분-전체 규칙에 따라 뉴런들이 감지하는 자극을 추측할 수 있다. 그리고 마침내 위계구조의 꼭대기에 있는 CA3 뉴런들에 도달하면 살아 있는 뇌에서 어떤 자극들이 CA3 뉴런을 활성화하는지 추측할 수 있다. (늘어진 귀, 슬픈 갈색 눈, 흔들거리는 꼬리, 크게 짓는 소리를 감지하는 뉴런들에서 연결을 받아들이는 뉴런이 바로 당신 고조할머니의 개를 감지한 뉴런이었다.*)

죽은 사람의 뇌로부터 기억을 읽어낸다는 것은 멋진 일처럼 들린다. 이런 아이디어를 모티브로 재미있는 영화를 구상할 수도 있을 것이다.

그러나 커넥토믹스을 통해 이런 일들이 실현되기를 기대하는 것은 시기상조이다. 대신에 기초적인 연구과제로 제안할 수 있는 것은 HVC의 커넥톰을 해독하는 일이다. 이는 뇌의 기능이 뉴런들 사이의 연결에 어떻게 의존하고 있는지를 더 잘 이해하는 방법 중의 하나라고 할 수 있다.

지금까지 커넥톰을 분석하는 몇 가지 방법, 다시 말해 뇌를 영역별로 혹은 뉴런의 유형별로 잘라 나누고 거기에서 기억을 읽어내는 방법에 대해 논의했다. 이런 방법들이 전혀 다른 것처럼 보일 수도 있다. 그러나 사실 이 모든 방법은 뉴런을 지배하는 연결법칙들**을 공식화하는 법이 다를 뿐이다. 앞에서 언급한 각각의 접근방식은 연결을 예측하는 정확도의 순서에 따라 열거했다. 그 이유는 그 규칙들이 보다 더 특정한 뉴런의 성질에 기초하고 있기 때문이다.

가령 새의 뇌를 영역으로 잘라 나누는 것은 '두 뉴런이 HVC 안에 있으면, 그들이 서로 연결되어 있을 가능성이 크다'와 같은 대략적인 규칙을 산출한다. HVC 뉴런과는 전혀 연결이 일어나지 않는 불스트Wulst라는 시각 영역의 뉴런이 HVC 뉴런과 연결될 가능성보다는 두 HVC 뉴런 사이에 연결이 일어날 가능성이 더 높다는 것은 분명한 사실이다. 그럼

---

* 새의 노래에 대한 기억을 현실에 연관짓는 일은 어떠한가? 만약 새의 커넥톰 전체를 발견한다면, 우리는 HVC의 각 뉴런에서 성대 근육으로 이르는 경로들을 조사할 수 있을 것이다. 이 경로들은 HVC의 추상적 순서를 실제 소리를 만드는 데 요구되는 특정한 운동 명령으로 변환하는 것으로 생각된다. (이러한 변환은 또한 연습을 통해 학습되는 것으로 보인다.) 이 경로들의 연결들을 분석하여 HVC의 각 뉴런들이 신호를 보내고 있는 운동이 무엇인지를 해독하게 될 수도 있다. 이 방법은 지각 뉴런의 부분–전체 규칙과 유사한, 운동제어와 관련된 뉴런들의 연결 규칙을 확인할 것을 필요로 한다. 일반적으로 기억을 현실에 근거짓는 일(grounding memories)은 뇌의 중심부에서부터 감각과 운동을 담당하는 주변부에 이르는 모든 경로들을 다 추적할 것을 요구한다.

** 연결의 법칙들은 수학적으로 그래프의 점(node)들에서 잠재변수(latent variable)에 입각한 그래프 생성의 확률적 모델로 공식화된다(Seung 2009).

에도 불구하고, 이 규칙으로는 임의의 두 HVC 뉴런들이 연결되는지 여부를 제대로 예측해낼 수 없다. 이런 예측은 거의 가능성이 없는 것으로 판명되었다.[12]

이 규칙을 더 정확하게 만들기 위해 HVC를 다수의 뉴런 유형으로 구분하는 것이 도움이 될 수 있다. 특별히 언급하지는 않았지만, 앞에서 논의된 내용은 실제로 RA에 축삭을 보내는 하나의 특정한 HVC 뉴런에 국한된 것이었다. 이 뉴런 유형이 관심을 끄는 이유는 시냅스 사슬의 특징 중 하나라고 할 수 있는 순차적 스파이크를 일으키기 때문이다. 이러한 점을 이용하여 다음과 같이 수정된 규칙을 만들어낼 수 있다. '만일 두 HVC 뉴런이 모두 RA로 축삭을 보내고 있다면, 이들은 서로 연결되어 있을 가능성이 크다.' 이와 같은 구체적인 규칙이 더 정확할 수 있다.

노래를 부르는 동안에 일어나는 스파이크 시간을 토대로 규칙을 만든다면 더욱더 좋을 것이다. '만일 두 HVC 뉴런이 모두 RA로 축삭을 보내고 노래를 부르는 동안 두 뉴런에서 스파이크가 연속적으로 일어난다면 이들은 서로 연결되어 있을 가능성이 크다.' 만일 시냅스 사슬 모델이 올바르다면, 이 규칙을 통해 정확하게 연결을 예측할 수 있을 것이다.

뇌가 어떻게 작동하는지를 실제로 이해하려면, 세 번째 규칙이 필요하다. 그 규칙은 스파이크의 측정으로 결정되는 뉴런의 기능적 속성에 의존한다. 영역이나 뉴런 유형에 의존하는 어설픈 연결 규칙들은 뇌가 어떻게 작동하는지를 실제로 이해할 수 있는 부분적인 길만을 알려준다. HVC에서 울대로 이어지는 영역의 연결을 아는 것은 HVC 뉴런이 왜 노래와 관련된 기능을 갖는지를 알려준다. 그러나 그것만으로 노래를 부르는 동안에 각각의 HVC 뉴런들이 왜 서로 다른 시간에 스파이크를 일으키는지를 설명할 수는 없다.

마찬가지로, 영역의 연결 규칙들을 알면 제니퍼 애니스톤과 할리 베리 뉴런이 왜 비슷한 기능을 하는지 알 수 있다. 이 두 뉴런은 모두 시각적 자극에 의해 활성화된다. 그러나 이 뉴런들이 정확히 동일한 일을 하고 있다고 주장하는 팬들은 없을 것이다. 우리는 제니퍼 애니스톤 뉴런이 왜 특별히 제니퍼 애니스톤에게만 반응하고, 할리 베리에게는 반응하지 않는지를 알고 싶어 한다. 그 반대도 마찬가지이다. 이를 위해서는 부분-전체의 연결 규칙과 유사한 어떤 규칙이 필요한데, 이 규칙 역시 뉴런의 기능적 성질에 의존한다.

가장 일반적인 의미에서, 커넥톰을 해독하는 것은 기억뿐 아니라 생각, 감정, 지각에서 뉴런들이 수행하는 역할을 읽어내는 것을 의미한다. 만약 커넥톰의 해독에 성공한다면, 우리는 마침내 뇌가 어떻게 작동하는지를 이해하는 데 필요한 정확한 연결 규칙들을 찾았다는 것을 알게 될 것이다. 그리고 나면 우리는 이 책의 동기가 되었던 우리의 처음 질문으로 돌아갈 준비가 된 것이다. 뇌는 왜 서로 다르게 작동하는가?

12
비교하기
CONNECTOME

초등학교 시절 내 친구와 나는 같은 반에 있던 일란성 쌍둥이 형제를 멍하니 바라보지 않으려고 노력했다. 그러나 그 둘을 구분하기 위해서는 빤히 응시하지 않을 수가 없었다. 샴쌍둥이의 사진은 훨씬 더 눈을 떼기 어렵다. 우리는 낡아빠진 기네스북the Guiness Book of World Records의 책들을 넘겨가며 샴쌍둥이의 사진을 열심히 오랫동안 쳐다보았다. 사진 속 쌍둥이들은 왠지 으스스해 보였다. 북미원주민이나 아프리카의 신화[1]는 쌍둥이 이야기로 가득 차 있다. 나바호 족의 조상은 변화의 여인Changing Woman이라는 여신으로까지 거슬러 올라간다. 햇살로 잉태한 그녀는 쌍둥이 아들을 낳았는데, 그들의 이름은 '괴물 살해자Monster Slayer'와 '물을 위해 태어난Born for Water'이었다. 두 아들은 12일 만에 성인에 되어 아버지인 태양을 찾기 위한 여행을 떠났고, 거인이나 괴물과 목숨을 건 전투를 벌이게 된다.

세계의 전설과 문학 속에는 더 많은 쌍둥이들이 등장한다. 이란성 쌍둥이는 언제나 특별해 보이고, 일란성 쌍둥이는 마법처럼 느껴진다. 우리는 왜 쌍둥이에게서 이런 느낌을 받는 걸까? 한 가지 이유는 일란성 쌍둥이들이 모든 인간은 유일무이하다는 우리의 기본적인 가정*bedrock assumption에 어긋나기 때문이다. 그래서 그들의 아주 비슷한 생김새를 보면 우리는 불안감을 느낀다. 하지만 자세히 보면 드러나는 약간의 차이에 매료되기도 한다.

그리스 신화를 보면 종종 어머니는 같지만 한 명은 신의 아들이고 다른 한 명은 인간의 아들인 쌍둥이가 등장한다. 아버지가 다르다는 점이 이 쌍둥이들의 성격과 운명의 차이를 설명해준다. 오늘날 우리는 유전자의 절반만을 공유하는 이란성 쌍둥이의 게놈으로 이 차이를 설명할 수 있다. 그러나 일란성 쌍둥이는 복제된 동일한 유전자를 가지고 있기 때문에 구분하기 힘들다. 나는 앞에서 자폐증이나 정신분열증의 유전학에 관해 이야기하면서 일란성 쌍둥이에 대해 이런 주장을 했지만, 여기에는 일정한 조건이 필요하다. 최근의 게놈 연구는 쌍둥이가 되는 과정, 즉 수정란이 두 개의 배아로 나누어지는 과정에서 DNA 서열에 아주 작은 일탈**이 생겨난다는 것을 증명했다. 이러한 일탈이 왜 일란성 쌍둥이가 약간 다르게 보이는지, 그리고 아마도 그들이 왜 꼭 같은 방식으로 생각하고 행동하지 않는지를 설명해줄 수 있을 것이다. 그러나 유전자는 학습

---

* 더욱 당황스럽게도 일란성 쌍둥이는 인간, 동물, 생명이 없는 대상, 즉 모든 것이 고유(unique)하다는 보다 광범위한 공리에 도전한다. 이 공리는 세상에 똑같은 눈송이는 없다는 매력적인 주장의 기저에 깔려 있으며, 모든 대상은 영혼을 가지고 있다는 원시사회의 물활론적인 믿음의 배후에 있었을 것이다. 공장에서의 대량생산으로 인해 우리는 거의 구분 불가능해 보이는 물질적 대상들에 대해 점점 심드렁해졌다. 그러나 산업사회 이전에는 그러한 예들은 매우 희귀했으며, 쌍둥이들은 지금의 우리들과 비교하여 우리의 원시조상들에게 훨씬 더 마술같이 보였을 것이다. 그러나 이러한 생각은 커넥토믹스보다 나노기술 과학자들을 위한 이야깃거리로 더 어울린다. 이들은 개별적 원자들의 배치에 이르기까지 진정으로 동일한 물질을 만들 것이라 약속한다. (그 예로 Drexler(1986)을 보라.)

** Machin(2009)은 일란성 쌍둥이의 유전적 차이와 후성유전학적 차이들을 논하고 있다.

에 의존하는 정신의 측면을 완전히 설명하지는 못한다. 외과적으로 분리되지 않고 결합되어conjoined(샴Siamese이란 표현을 대체한 말이다) 있는 쌍둥이들조차도 삶의 경험은 정확하게 일치하지 않는다. 이런 쌍둥이들은 문자 그대로 분리 불가능하지만, 그럼에도 그들의 기억은 동일하지 않다.

연결주의적으로 말하자면 일란성 쌍둥이는 주로 그들의 커넥톰이 나르기 때문에 다른 기억과 정신을 갖게 된다고 한다. 많은 사람들은 쌍둥이 형제자매가 있다면 어떨지 궁금해 한다. 나는 때때로 어떤 미친 과학자가 뇌의 배선이 나와 정확하게 일치하는 나의 '커넥톰 쌍둥이'를 만드는 상상을 하곤 한다. 커넥톰 쌍둥이를 만난다면 나는 정말 기쁠까? 내 여자친구는 우리들의 밀접한 관계를 질투하면서 내 자아도취적 경향에 대한 또 다른 증거라며 거기에 대해 불평을 늘어놓을까? 나는 나를 이해한다고 확신할 수 있는 내 커넥톰 쌍둥이에게 모든 비밀을 이야기할 수 있을 것이다. 하지만 한편으로는 나와 꼭 같은 생각을 하는 사람에게 내 고민을 털어놓는 것은 따분한 일일지도 모른다.

그러데 만약 서로를 알게 된 지 일주일 후에 총을 든 미친 사람들이 우리를 납치한다면 어떻게 될까? 그들이 우리들 중의 하나를 쏴 죽인 다음에 몸값을 요구하는 편지와 함께 납치의 증거로 시체를 보내기로 결정했다고 하자. 나는 총을 맞는 것을 두려워해야 할까? 아니면 커넥톰 쌍둥이를 위해 내가 죽음을 자처해야 할까? 내가 어떤 선택을 하든 상관없을지도 모른다. 내가 죽더라도 나의 모든 기억과 성격은 나의 쌍둥이에게 그대로 남겨져 있을 것이고, 그 반대 상황 역시 마찬가지이기 때문이다. 하지만 잠깐만! 미친 과학자가 나의 복제물에 생명을 불어넣은 후 일주일이 지났다. 그 이후에도 우리 둘의 커넥톰은 변하고 있었다. 그 둘은 복제가 끝난 순간부터 달라지기 시작했고 따라서 우리의 정신은 더 이상 완전히 동일하지 않다.

다행스럽게도 나는 이 괴로운 철학적 딜레마를 풀기 위해 고심하지 않아도 된다. 가까운 미래에 우리가 커넥톰 쌍둥이를 볼 수는 없을 것이기 때문이다. 그러나 선충의 경우는 어떨까? 머리말에서 나는 예쁜꼬마선충의 커넥톰 이야기를 하면서, 그들의 커넥톰은 같으니까 쌍둥이 같다는 인상을 주었다. 그런데 그것이 진실일까? 선충들의 뉴런들이 동일하다는 것은 분명하므로, 그들 커넥톰의 뉴런들을 일대일로 대응시켜 그들의 연결도 같은지를 알아볼 수 있다.

하지만 이러한 비교가 커넥톰 전체에 대해 이루어진 적은 없다. 이를 위해서는 예쁜꼬마선충의 완전한 커넥톰 두 개가 필요한데,* 그중 하나만 찾는 것도 너무나 어려운 작업이다. 데이비드 홀David Hall과 리처드 러셀Richard Russell은 좀 더 손쉬운 방법으로, 선충의 꼬리 끝부분의 커넥톰을 비교하는 방법을 택했다.[2] 두 선충의 커넥톰은 완벽하게 일치하지 않았다. 한 선충에서 두 개의 뉴런이 여러 개의 시냅스로 연결되어 있으면 다른 선충에서도 그럴 가능성이 많았다. 그러나 한 선충에서 두 뉴런이 한 개의 시냅스만으로 연결되어 있으면, 다른 선충에서는 이들 사이에 시냅스가 없을 수도 있었다.

무엇이 이런 차이를 가져오는 걸까? 이 선충들은 순종 개나 순종 말**

---

* 앞서 언급되었듯이, 연구자들은 실제로 여러 마리의 선충에서 얻은 이미지들을 이용하여 커넥톰을 끼워 맞추었다. 출간된 예쁜꼬마선충의 커넥톰은 선충 한 마리의 신경계의 통일적인 표상이 아니라 모자이크이다. 따라서 우리는 두 마리는 말할 것도 없고, 단 한 마리 선충의 완전한 커넥톰도 아직 가지고 있지 못하다.

** 일반적으로 실험실의 동물들은 유전적으로 거의 동일함을 보장하기 위해 이와 같은 방식으로 근친교배되며 이를 통해 실험이 좀 더 반복 가능하게 된다. 근친교배가 결함 유전자의 복사본을 두 개 가지게 할 가능성을 높인다는 것은 잘 알려져 있으며, '열성(recessive)' 상애는 '투 스트라이크 아웃(Two strikes and you're out)' 규칙에 의해 지배된다. 이것이 개의 여러 품종이 유전적 장애를 가지고 있는 이유, 그리고 유럽 왕족들이 혈우병을 앓은 이유이다. 근친교배는 아마도 실험실 동물들을 더욱 '멍청하게' 만들 것이므로, 이에 대한 연구는 야생의 동물들에게 적용될 수 없을지도 모른다.

을 만드는 방식을 더 극단적으로 적용하여 실험실에서 여러 세대에 걸쳐 고도로 근친교배된 것들이다. 이 과정을 통해 실험실의 모든 선충들은 유전체 쌍둥이로 만들어졌다. 그럼에도 불구하고 이들의 DNA 서열에는 약간의 차이가 남아 있었다. 이런 차이들이 커넥톰의 변이를 설명할 수 있을까? 혹은 그러한 변이는 선충들이 경험에서 학습을 한다는 증거일까? 아니면 유전자나 경험이 아니라 발달과정에서 선충들의 뉴런이 배선되는 방식이 무작위적이고 엉성하기 때문에 이런 변이가 발생했을 가능성도 있다. 이 설명들 모두 그럴듯하긴 하지만, 사실로 입증되기 위해서는 아직 연구가 좀 더 필요하다.

과연 커넥톰 변이는 선충들에게 독특한 '개성personalities'을 부여하고 행동에 영향을 미칠까? 홀과 러셀은 이 질문을 연구하지 않았고 우리도 그 답을 알지 못한다. 이 선충들은 근친교배로 번식되었다는 것을 제외하면 다른 점에서 정상이었다. 다른 연구자들은 유전적 결함이 있고 비정상적으로 행동하는 선충들을 발견했지만 이런 선충들의 커넥톰을 찾는 일은 아직 진행되지 않고 있다. 그것을 찾고 난 후에 뉴런들을 일대일로 대응시킬 수 있다면, 정상적인 선충과 비정상적인 선충의 커넥톰을 비교하는 것은 간단한 일일 것이다. 빠지거나 추가된 뉴런이 있다면, 커넥톰을 맞추어보는 일이 조금 더 어려워지긴 하겠지만 여전히 가능할 것이다. 예쁜꼬마선충의 커넥톰을 찾는 일이 쉬워진다면 이런 종류의 연구들도 시작될 것이다.

큰 뇌를 가진 동물들의 커넥톰을 비교하는 것은 훨씬 더 어려운 일이다. 머리말에서 말한 대로, 큰 뇌는 뉴런의 개수에 있어서 편차가 크다. 따라서 뉴런들을 일대일로 대응시킬 방법이 없다. 이상적으로 말하자면, 비슷하거나 유사한 연결을 가진 뉴런들을 맞추어보는 방법이 있을 것이다. 연결주의의 모토에 따르면, 그런 뉴런들은 유사한 기능을 가질 것이다. 예를 들어 한 사람 뇌에 있는 제니퍼 애니스톤 뉴런의 기능은 다른 사람 뇌에 있는 제니퍼 애니스톤 뉴런의 기능과 유사할 것이다. 하지만 제니퍼 애니스톤 뉴런들의 수는 개인마다 다를 수 있으므로 일대일 대응이 이루어질 수 없을 것이다. (제니퍼 애니스톤을 한 번도 본 적이 없는 사람의 경우에는 제니퍼 애니스톤 뉴런 자체가 없을 것이다.) 이런 종류의 대응관계를 발견하기 위해서는 좀 더 복잡한 계산방법*이 개발되어야 한다.

다른 접근방식은 커넥톰을 좀 간단하게 만든 다음에 비교하는 것이다. 앞서 설명한 것처럼, 우리는 뇌의 영역이나 뉴런 유형들로 단순화된 커넥톰을 정의할 수 있다. 그런 단순화된 커넥톰들은 모든 정상적 개인에게 존재할 것이므로 이것들을 일대일로 대응시키는 것은 언제나 가능할 것이다. 큰 뇌의 단순화된 커넥톰을 비교하는 것은 선충의 커넥톰을 비교하는 것 정도로 쉬워질 것이다.

앞에서 나는 영역 혹은 뉴런 유형 커넥톰만으로는 개인적 정체성의 가장 독특한 측면인 기억을 이해하는 데 불충분하다고 주장했다. 그러나 성격이나 수학적 능력이나 자폐증과 같은 두드러지는 정신적 특성은 자전적 기억보다 더 일반적인 것으로 보인다. 따라서 이러한 정신적 특성들은 단순화된 커넥톰 안에 인코딩(부호화)되어 있을 수도 있다.

---

* 유전체학의 가장 기본적인 계산적 문제는 두 DNA 염기서열 간의 매칭(matching)이나 정렬(alignment)을 찾는 것이다. 이것은 동적 프로그래밍에 대한 고속 근사화(fast approximations)에 의해 해결되었는데, 이는 일차원적이거나 나무 구조를 갖는 문제들을 해결하기 위해 1940년대와 1950년대에 처음 개발된 형식적 기법(formalism)이다. 이와 유사한 매칭 문제를 두 개의 커넥톰에 대해 해결하는 것은 커넥토믹스가 직면하게 될 중요한 계산적 도전이며, 게놈을 정렬하는 것보다 훨씬 더 어려운 일이 될 것이다. 두 커넥톰이 동일한지 여부를 결정하는 것은 그래프 구조 동일성(graph isomorphism)의 문제로 알려져 있는데 이를 위한 어떠한 다항시간 알고리즘(polynomial time algorithm)도 알려진 바 없다. 하나의 커넥톰이 다른 연결체의 부분인지 여부를 결정하는 것은 부분 그래프 구조 동일성(subgraph isomorphism) 문제로 알려져 있으며, 이는 NP 완전하다(NP-complete).

원칙적으로, 뉴런 커넥톰을 잘라 나누어 단순화된 커넥톰들을 찾을 수 있다. 그러나 설치류의 뇌라 하더라도 완전한 뉴런 커넥톰을 찾기까지는 가야할 길이 멀다. 한 가지 대안은 뉴런 커넥톰을 이용하지 않고, 단순화한 커넥톰들을 직접 찾는 지름길을 개발하는 것이다. 이 방법을 위해서는 그렇게 많은 이미지 데이터를 수집할 필요가 없기 때문에 기술적으로 더 수월할 것이다.

일부 신경과학자들은 카할이 개발한 광학현미경 기술을 사용하여 뉴런 유형 커넥톰을 찾으려 한다. 카할은 어떤 유형의 뉴런이 다른 유형의 뉴런의 수상돌기가 점유하고 있는 영역으로 축삭을 연장할 때, 두 뉴런 유형이 연결되어 있다고 결론내렸다. 그의 접근방식은 단편적이었지만, 현대의 기술을 이용하여 체계적으로 적용될 수 있다. 그러나 뉴런 유형 커넥톰을 찾기 위해서는 여러 뇌에서 이미지화된 뉴런들을 종합해야 한다. 광학현미경 기술이 보여줄 수 있는 것은 어떤 하나의 뇌에 속하는 뉴런들의 작은 일부에 불과하기 때문이다. 따라서 이 접근방식은 개별적 뇌 사이의 차이를 발견하는 데는 그다지 유용하지 않다.

광학현미경 기술은 또한 영역 커넥톰의 지도를 그리는 데에도 사용될 수 있다. 이 방식을 피질에 적용하려면, 우리가 아직까지 논의하지 않았던 대뇌의 일부인 대뇌 백색질cerebral white matter의 지도를 만들어야 한다. 앞에서 말했듯 뇌간의 끝에 얹혀 있는 대뇌의 모양은 마치 줄기 위에 매달린 과일과 같다. 그 과일, 즉 대뇌의 '껍질'이 회색질gray matter로도 알려져 있는 피질이다. 그 과일을 자르면 그림 48과 같이 백색질이라 불리는 '과육'이 보인다.

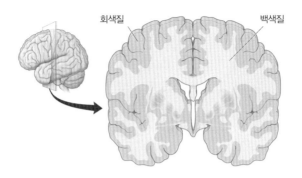

회색질　　　　　　　　　　　　백색질

| 그림 48 | 대뇌의 회색질과 백색질

　회색질과 백색질의 구분은 고대에도 알려져 있었으나,[*] 그들의 근본적 차이는 뉴런이 발견된 후에야 분명해졌다. 바깥의 회색질은 뉴런의 모든 부분들, 즉 세포체, 수상돌기, 축삭, 시냅스로 이루어져 있으며, 백색질은 축삭으로만 이루어져 있다. 다시 말해 내부의 백색질은 모두 '전선'인 것이다.[**]

　백색질을 구성하는 축삭의 대부분은 주변을 둘러싸는 대뇌피질의 뉴런들에서 나온다. 그 축삭들은 모든 피질 뉴런의 약 80퍼센트를 차지하는 피라미드 뉴런에 속한다. 앞에서 말했듯이 이 뉴런 유형은 삼각형 혹은 피라미드 모양의 세포체와 그 세포체에서 아주 먼 거리를 이동하는 축삭을 가지고 있다. 여기서 피라미드 뉴런에 대해 좀 더 자세히 살펴보자. 피라미드의 꼭대기 부분은 뇌의 바깥쪽을 향하고 있다. 축삭은 피라미드의

---

[*] 회색과 백색은 살아 있는 뇌 조직의 지언적인 색깔이 아니며, 보존된 뇌 조직의 색깔이다. 살아 있는 뇌 조직은 분홍색을 띤다.
[**] Kostovic and Rakic(1980)이 언급했듯이, 카할은 이미 이 규칙에 '간질 뉴런(interstitial neuron)'으로 알려진 예외가 있음을 관찰했다.

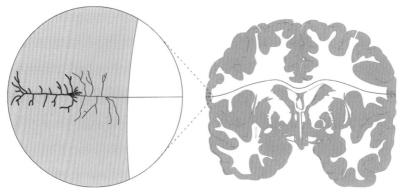

| 그림 49 | 피라미드 뉴런 축삭의 곁가지와 주가지

바닥에서 직선으로 뻗어 나와* 피질판과 수직을 이루어, 그림 49에서 보
듯이 백색질을 뚫고 들어간다.

축삭은 아래로 뻗어 내려가면서 옆으로 '곁가지collateral'를 치고 근처
의 뉴런들과 시냅스를 형성한다. 그러나 축삭의 '주가지main branches'는
최종적으로는 회색질을 떠나서 백색질로 들어가 다른 영역으로 가는 여
행을 시작한다. 주가지는 도달하는 모든 영역에서 많은 가지를 분기하
여 그 영역에 있는 뉴런들과의 연결을 형성한다.

어떤 축삭은 멀리 가지 못하고 출발했던 근처의 회색질로 다시 들어간
다. 그러나 피리미드 뉴런들의 축삭 대부분은 피질의 다른 영역으로 뻗
어 나가며, 일부는 뇌의 반대편까지도 간다. 일부 소수의 백색질 축삭은
피질을 소뇌나 뇌간 심지어 척수와 같은, 뇌의 다른 구조와 연결시킨다.
하지만 이런 축삭들은 백색질의 10분의 1에도 못 미친다. 피질은 극도로

---

* 이 그림은 약간 혼돈스럽다. 왜냐하면 세포체가 축삭을 따라 흐르는 정보의 흐름과 반대되는 방향을 가리
키고 있는 화살표처럼 보이기 때문이다.

자기중심적이며, 바깥 세상보다는 주로 자기 자신과 '이야기'한다.

이것을 다른 방식으로 생각해보면, 회색질의 축삭과 수상돌기가 지역 내의 도로라면 백색질의 축삭은 뇌의 고속도로와 같다. 축삭은 비교적 넓고 가지가 없으며 상당히 길게 뻗어 나간다. 실제로 축삭들의 총길이는 대략 150,000킬로미터로,* 지구에서 달까지 거리의 4분의 1을 넘는다. 여기에 바로 우리가 도전해야 하는 문제가 있다. 영역 커넥톰을 찾기 위해서는 백색질 내 모든 축삭의 경로를 추적해야 한다.

이것은 불가능한 일처럼 보이지만, 백색질을 슬라이스로 잘라 나누어 그것을 모두 이미지화하고, 컴퓨터를 사용하여 축삭이 여행하는 경로를 따라가면 가능할 수도 있다. 모든 경로의 시작점과 종착점이 피질의 두 위치 사이의 연결을 정의해줄 것이다. 이 방식은 현실화하기에는 너무 어려운 것일까? 어쨌든 대뇌 백색질의 부피는 회색질과 비슷한데, 우리는 아직도 회색질의 1입방밀리미터를 재구성하기 위해 고군분투하고 있다. 이 점을 생각한다면, 수백 입방센티미터의 백색질을 재구성하자는 제안은 터무니없는 말처럼 들릴 수 있다. 그러나 낮은 해상도에서도 백색질의 축삭들을 볼 수 있다는 것을 알게 되면, 나의 제안이 그렇게 무모해 보이지는 않을 것이다.

그 이유를 이해하기 위해, 그림 50의 단면 이미지를 살펴보자. 축삭들이 회색질에서 나올 때, 대부분의 축삭에서 중요한 변형이 일어난다. 회백질을 벗어나는 지점에서 다른 세포들이 축삭을 여러 번 휘감아 둘러싸는 것이다. 그 결과 뇌는 스스로를 배선할 뿐만 아니라 놀랍게도 '전

---

* 이러한 대략적인 추정은 대뇌 백색질 전체에 걸쳐 축삭의 밀도가 뇌량에서의 축삭 밀도와 동일하다고 가정한다. 이는 1제곱밀리미터당 380,000개의 축삭이 있다고 가정하는 것이다(Aboitiz et al. 1992). 이 추산은 또한 백색질의 전체 부피를 이용하고 있다. 그 전체 부피는 400입방센티미터이다(Rilling and Insel 1999).

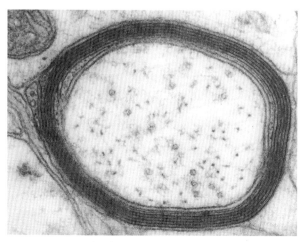

| 그림 50 | 수초화된 축삭의 단면

선'을 절연막으로 감싸게 된다. 이 절연막은 대부분 지방분자로 구성된 수초myelin라는 물질로 이루어져 있다. 백색질을 희게 만드는 것이 바로 이 분자들이다. [얼간이fathead(뚱뚱한, 즉 지방이 많은 머리라는 의미)라고 놀리는 말은 불쾌하게 들리지만, 실제로는 모든 사람들에게 다 정확히 맞는 표현이다.] 수초화myelination는 스파이크의 전파 속도를 높여주며* 큰 뇌에서 신호를 빠르게 전송하는 데 중요한 역할을 한다. 그래서 다발성 경화증multiple sclerosis과 같이 수초화와 관련된 질병은 뇌 기능에 재앙에 가까운 영향을 끼친다.

수초화된 백색질의 축삭은 회색질의 수초화되지 않은 대부분의 축삭들보다 상당히 두껍다.(1마이크로미터가 일반적인 두께이다.) 게다가 만약 우

---

* 수초의 지방은 축삭에서 전류의 누출을 방지하는 절연체 역할을 한다. 이것은 전기신호가 전파되는 속도를 끌어올리는 효과를 낸다. 전기신호는 수초화된 축삭에서 최고의 속도로 이동하며, 이는 수초화되지 않은 축삭에서보다 10배 혹은 그 이상의 빠른 속도이다. 수초의 외피는 비신경세포 혹은 신경교세포(glial cell)에서 자라난 것이다. 슈반세포(신경집세포; Schwann cell)는 말초신경계의 축삭을 수초화시키며, 희소돌기아교세포(oligodendrocyte)는 중추신경계의 축삭을 수초화한다.

리의 관심이 영역 사이의 연결들을 찾는 데만 있다면, 시냅스를 들여다 볼 필요가 없다. 축삭이 회색질 영역으로 들어가서 가지를 친다면[*] 거기에서 시냅스를 만든다는 것은 거의 분명한 사실이므로, 백색질의 '전선'을 추적하는 것만으로 영역 커넥톰을 찾는 데에는 충분하다. 만약 우리의 작업을 수초화된 축삭들로 국한한다면, 연속 전자현미경 기술과 유사하지만 더 두꺼운 슬라이스를 사용하여 더 낮은 해상도의 이미지를 산출하는 연속 광학현미경 기술로도 영역 커넥톰을 찾을 수 있을 것이다.

물론 인간의 뇌만큼 큰 뇌에서 백색질 축삭의 지도를 그리는 일에는 여전히 기술적 난제가 남아 있다. 따라서 설치류나 인간이 아닌 영장류와 같이 좀 더 작은 뇌의 백색질 연구에서 시작하는 편이 좋을 것이다. 우리는 그 연구 성과를 기존의 기술로 동물의 백색질 경로를 연구한 성과와 비교함으로써 그 결과를 확인할 수 있다.

이 기존의 기술들은 그림 51에서 보듯이, 원숭이 피질의 시각 영역들 사이의 연결을 찾는 데 사용되었다. (앞에서는 연결들이 아니라 영역들만 보여주었다.) 이 기술들은 인간의 뇌에는 적용할 수 없으므로 인간의 백색질은 지금까지 거의 연구되지 않았다.[**]

---

[*] 만약 축삭이 어떤 영역에서 가지를 치지 않는다면, 그 축삭은 아마도 시냅스를 만들지 않고 그 영역을 통과할 것이다.

[**] 역사적으로, 동물의 백색질은 트레이서(tracer, 추적자)를 주입하는 방법을 통해 연구되었다. 특정한 물질이 뇌 내부로 주입되어 그 위치의 뉴런들에 의해 취해지고 축삭을 따라 다른 뇌 영역들로 이송된다. 이런 트레이서 물질의 도착지를 시각화함으로써, 주입 위치와 연결된 영역을 확인하는 것이 가능하다. Felleman and Van Essen(1991)은 이러한 실험에서 얻은 데이터를 모아 편집하여 여기서 보여준 원숭이 뇌의 영역 커넥톰을 도표화했다(그림 51). 파르타 미트라(Partha Mitra)가 이끌고 있는 뇌 구조 프로젝트(Brain Architecture Project)는 설치류 뇌의 광범위한 연결들에 대한 완전한 지도를 만들기 위해 트레이서의 주입을 체계적으로 수행하고 있다. 그러나 트레이서의 운송이 살아 있는 뉴런들의 활동과정에 의존하므로, 뇌가 살아 있는 동안에 주입되어야 한다. 따라서 트레이서 주입은 침투적인 기술이며, 오직 동물 뇌에 대해서만 채택되어야 한다. 이 방법은 사후의 인간 뇌에서는 전혀 작동하지 않는다. (어떤 지방 친화적인 염료는 활동적인 운송에 의존하지 않지만, 너무나 느리게 이동하므로 사후의 뇌에서 트레이서로 사용하기 어렵다.) 연속 광학현미경 기술에 대한 나의 제안은 트레이서의 주입을 요구하지 않는다. 축삭의 작은 묶음만을 착색하는

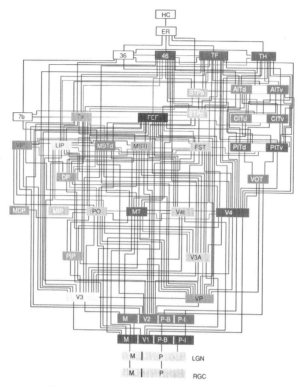

| 그림 51 | 붉은털원숭이 피질의 시각 영역들 간의 연결들(그림 39참조)

인간 커넥톰 프로젝트는 이미 현미경 기술이 아닌 확산 MRI dMRI, diffu-sion MRI를 이용하여 인간의 뇌에서 그림 51과 같은 지도를 찾으려는 노력을 하고 있다. dMRI는 뇌 영역의 크기를 찾는 데 사용되는 MRI나 뇌영역들의 활성화를 측정하는 데 이용되는 fMRI와는 다르다. 하지만 안타깝게도 dMRI는 다른 형태의 MRI들과 같은 기본적 제한을 가지고 있

대신에, 백색질의 수초화된 모든 축삭들이 착색되고 이미지화된다. 이 방법은 잠재적으로 사후의 인간 뇌에도 적용될 수 있을 것이다. 게다가 이 방법의 높은 공간 해상도는 dMRI나 육안 해부에서 나타날 수 있는 모호성을 방지해준다. 나의 제안은 여러 뇌에서 데이터를 모으는 것이 아니라 하나의 뇌에서 완전한 지도를 추출해내는, 조밀 복원(dense reconstruction)의 한 가지 사례이다.

다. 공간 해상도가 좋지 않다는 것이다. MRI는 대개 밀리미터 척도의 해상도를 산출하는데, 이는 단일한 뉴런이나 축삭을 보기에 충분하지 않다. 빈약한 해상도의 dMRI로 과연 백색질의 배선을 추적할 수 있을까?

백색질에는 회색질에 비하여 그 구조를 단순하게 만드는 흥미로운 특징이 있음이 밝혀졌다. 끓는 물에 스파게티를 넣은 뒤 휘젓는 것을 잊은 적이 있는가. 몇 분 후 스파게티 가닥 일부가 서로 엉겨 붙어서 덩어리가 된 것을 보고서야 실수를 했음을 깨닫게 된다. 이런 난처한 경험을 통해 만들어진 엉겨붙은 덩어리는 백색질과 비슷하다. 반면 회색질은 그릇 속에서 온전하게 뒤엉켜 있는 스파게티에 가깝다.

젓지 않아 뭉쳐버린 스파게티처럼 축삭들의 다발bundle이 만들어지면, 축삭 다발은 '섬유 경로fiber tract'나 혹은 '백색질 경로pathway'를 형성한다. 이 다발들은 뇌 내부를 지나간다는 점을 제외하면 신경과 유사하다. 축삭은 왜 다발을 형성하는 걸까? 글쎄, 그러면 왜 그렇게 많은 사람들이 잔디밭에 나 있는 같은 흙길을 계속 따라가는 걸까? 첫째로, 그것은 지름길이며, 조경 설계자가 설치한 포장된 인도보다 더 효율적이기 때문이다. 둘째로, '앞선 사람 따라하기follow the leader' 효과라는 것이 있다. 소수의 선구자가 풀을 약간만 밟아 놓으면, 나머지 사람들은 모두 그 길을 따라가면서 잔디를 완전히 밟아버린다. 마찬가지로 백색질이 배선의 경제성을 위해 진화했다고 가정하면, 축삭들은 백색질을 통해 효율적인 경로를 선택한다. 효율적인 해결책은 종종 하나밖에 없기 때문에 축삭들이 백색질의 배선과 동일한 경로를 취하기 위해 같은 출발점과 도착점을 공유한다고 예측할 수 있다. 또한 뇌의 발달과정에서 처음 자라는 축삭은 종종 길을 개척하면서 다른 축삭들이 그 뒤를 따라 올 수 있도록 화학적 단서를 제공한다고 알려져 있다.

하나의 축삭은 미세할 정도로 가늘지만 섬유 경로는 두꺼울 수도 있다. 가장 큰 섬유 경로는 그 유명한 뇌량으로, 좌반구와 우반구 사이를 오가는 축삭들의 커다란 집합체이다. 19세기의 신경해부학자들은 뇌를 해부하면서 다른 커다란 축삭 경로들을 육안으로 발견했다. 거기에 비하면 dMRI는 살아 있는 뇌에서 백색질 경로를 추석할 수 있는 놀라운 발전이다.* dMRI를 이용하면 백색질 경로의 모든 지점에서 화살표를 계산해낼 수 있는데, 각 화살표는 그 지점에 있는 축삭의 방향을 나타낸다. 이 화살표들을 연결하면 축삭 다발의 경로를 추적할 수 있다. dMRI로 브로카 영역과 베르니케 영역을 연결하는 백색질 경로들을 찾아낸 것은 놀라운 성공 사례이다. 이는 궁상다발의 고전적인 경로와는 다른 것이었다. 앞서 언급한대로, 이러한 발견들은 브로카-베르니케 언어 모델의 수정을 위한 기폭제가 되었다.[3]

이런 사례가 고무적이기는 하지만 dMRI에도 한계가 있다. 빈약한 공간 해상도 때문에 dMRI는 가는 섬유 경로를 추적하는 데 어려움이 있다. 두꺼운 섬유 경로의 경우에도 경로들이 교차하거나 축삭들이 뒤섞이면 문제가 발생할 수 있다. 이렇게 엉켜 있는 상태를 보행자, 자전거, 동물, 자동차로 가득 찬 혼잡한 교차로라고 생각해보자. 어떤 행인이 직진을 하는지 혹은 방향을 바꾸는지 여부를 알려면 그 사람을 잘 살펴봐야 한다. 마찬가지로, 축삭들이 일단 두 다발이 교차하는 영역으로 들어가면, dMRI를 사용하여 그것들이 어디에서 끝나는지를 찾는 것은 어렵다. 오류 없이 백색질의 지도를 그리는 유일한 방법은 내가 앞서

---

* 이 방법은 뇌에서 물 분자의 확산 속도가 갖는 방향 의존성을 측정함으로써 작동한다. 축삭의 축을 따라 이루어지는 확산은 수직 방향의 확산보다 빠르다.

제안한 것과 같이 개별적인 축삭들을 추적하는 방법밖에 없다.

dMRI로는 영역 커넥톰의 지도를 그리는 데에도 이미 문제가 있으며, 뉴런 커넥톰과 뉴런 유형 커넥톰에는 더욱 부적합하다. 물론 dMRI는 살아 있는 뇌에 사용할 수 있다는 큰 장점이 있다. 최소한 이 방법은 뇌량이 없는 것과 같은 중대한 연결이상증을 밝혀낼 수 있다. dMRI는 살아 있는 여러 뇌를 연구하는 데에 빠르고 편리하게 이용될 수 있기 때문에 정신질환과 뇌의 연결성 사이의 상관관계를 찾아낼 수 있을 것이다. 그러나 이러한 상관관계는 이전의 골상학적 상관관계와 마찬가지로 약한 상태로 남아 있을 것이다.

MRI 전문가들은 계속하여 해상도 향상을 위해 노력하고 있다. 하지만 향상 속도가 그리 빠르지 못하고 가야할 길은 멀기만 하다. 대략적으로 말하자면, 현재의 dMRI는 전자현미경 기술보다 천 배나 해상도가 낮은 광학현미경 기술에 비해서도 해상도가 천 배는 떨어진다. 발명가들이 MRI보다 더 향상된 비침투적인 이미지화 방법을 개발해낼 수도 있다. 그러나 두개골을 투과하여 살아 있는 뇌의 내부를 보는 것은 죽은 뇌를 잘라서 그 조각들을 현미경으로 검사하는 것보다 훨씬 더 큰 도전임은 분명하다. 현미경 기술은 이미 커넥톰을 찾는 데 필요한 해상도를 가지고 있다. 우리는 단지 더 많은 분량을 다루기 위해 그 규모를 키우기만 하면 된다. 이와는 대조적으로 MRI에는 훨씬 더 근본적인 돌파구가 필요하다. 그렇다면 예측 가능한 미래에는 현미경 기술과 MRI는 상호보완적 방법*으로 남아 있을 것이다.

---

* 우리는 현미경을 이용하여 서로 다른 개인들의 커넥톰을 비교하는 일에 초점을 맞추었다. 이는 여러 순간의 커넥톰의 정지샷들을 제공한다. 그러한 정지샷들을 비교하면, 인위적 간섭이 뇌를 어떻게 변화시키는지에 관하여 무엇인가를 알 수 있을 것이다. (환경을 풍부하게 하는 로젠즈베이그의 실험이나 V1의 단안박탈

연결이상증connectopathy을 찾기 위해 우리는 위에서 개략적으로 설명한 방법들을 사용해서 비정상적인 뇌와 정상적인 뇌의 간략한 커넥톰의 지도를 그리고, 이들을 서로 비교할 것이다. 어떤 차이는 dMRI로 발견할 수 있겠지만, 미묘한 차이를 찾아내기 위해서는 현미경 기술이 필요할 것이다. 우리는 또한 전자현미경 기술을 이용하여 뇌의 작은 부분에 있는 뉴런 커넥톰들을 비교할 것이다. 현미경 기술은 죽은 사람의 뇌*에만 사용될 수 있다는 점에서 어려움이 있다. 자신의 뇌를 과학에 기증하는 사람들이 있어(이것은 오랜 전통을 가지고 있다) 비록 우리가 죽은 뇌들을 많이 보유하고 있다고 하더라도 그중 다수에서 특수한 문제들이 제기된다.**

　한 가지 대안은 동물의 뇌에서 연결이상증을 찾는 것이다. 이런 연구는 치료법을 개발하는 데에도 중요하다. 치료법들은 보통 동물 테스트를 먼저 거친 후에 인간에게 적용된다. 전설적인 프랑스의 미생물학자

에 대한 안토니니와 스트라이커의 실험이 다른 동물이나 동물군의 비교에 의존하고 있음을 상기하자.) 그러나 우리는 또한 어떤 한 개인의 커넥톰들을 각기 다른 시간에 비교하고 싶어 한다. 불행히도 현재는 이것을 할 수 있는 좋은 방법이 없다. MRI와 같은 비침투적인 방법은 시간의 흐름에 따른 커넥톰의 변화를 추적할 수 있지만, 뉴런 단위의 현미경 관찰 해상도를 가질 수 없다. 그러나 커넥톰에 일어난 변화를 강조함으로써 현미경 관찰의 정지샷을 개선하는 방법들이 있다. 새롭게 생겨난 뉴런들이나 최근에 강화된 시냅스를 눈에 보이도록 만드는 염색방법들이 현재 존재한다. 최근에 만들어진 시냅스를 표시하는 것뿐 아니라 최근에 제거된 시냅스의 위치를 표시하는 방법을 발명하는 것이 중요하다. 이러한 이미지들을 통해 우리는 시냅스 생성과 제거의 총량을 수량화하는 것을 넘어서 더 나아갈 수 있다. 생성되고 제거된 모든 시냅스를 전체 네트워크의 맥락에서 볼 수 있기 때문이다. 시냅스의 총수와 같은 거친 척도와 대조적으로, 우리는 시냅스의 생성과 제거가 어떻게 연결성의 구조를 바꾸었는지를 정확하게 알게 될 것이다. 이는 우리로 하여금 보다 미묘한 커넥톰의 변화를 탐지하고, 그것들이 학습과 인과적으로 관련되어 있는지를 알 수 있게 해 줄 것이다.

* 나는 앞에서 살아 있는 뇌의 뉴런들을 관찰하기 위해 이광자현미경이 사용될 수 있음을 언급했다. 그러나 이를 위해서는 두개골을 열거나 얇게 만들 필요가 있다. 또한 광섬유를 깊이 삽입해서 들여다보는 더욱 침투적인 시술을 행하지 않는다면, 이는 뇌의 표면 근처에 있는 뉴런들에만 작동한다. 그리고 이것은 성기게 표시된 신경돌기만을 보이게 할 수 있다.

** 뇌는 사후에 잘 보존되지 않을 수 있다. 그것들은 뇌졸중에 의해 야기된 손상과 같이 실제 문제가 되는 정신장애와 무관한 여타의 비정상성을 가지고 있을 수 있다. 그리고 사망한 사람이 정신장애에 대한 치료를 받았다면, 그 뇌는 약물에 의해 변화가 되었을 수도 있다.

루이 파스퇴르는 먼저 토끼에게서 광견병 바이러스를 배양한 다음 그것을 약하게 만들어 첫 번째 백신을 만들었다. 이 백신은 개들에게 먼저 실험이 된 후에 미친 개에게 물린 9살 소년을 대상으로 최초로 인간에게 적용되었다.

동물을 통하여 인간의 정신질환을 연구하는 것은 쉬운 일이 아니다. 광견병 바이러스는 토끼나 개 혹은 인간 중 어느 것을 감염시켜도 모두 동일한 질병에 걸리게 된다. 그러나 자폐증이나 정신분열증 같은 질병에 걸리는 동물이 있을까? 동물에게서 이런 질병이 자연적으로 발생하는지는 분명하지 않다. 그러나 연구자들은 유전공학을 이용하여 이런 질병에 걸린 동물들을 만들려 시도하고 있다. 그들은 자폐증이나 정신분열증과 연관된 결함 있는 유전자를 동물들의(대개는 쥐) 게놈에* 집어넣은 후 동물에게서 유사한 질병의 발생하기를 기대한다. 이상적으로는 그런 동물들이 실재로 인간의 질병에 근접한 '모델'의 역할을 할 수 있을 것이다.

그러나 파스퇴르의 방법을 변형한 이 전략은 감염질환에서 실패할 때가 있다. 에이즈AIDS를 일으키는 인간 면역결핍 바이러스HIV는 여러 영장류를 감염시키지 못했고, 그 결과로 HIV 백신을 테스트하는 데 문제가 있었다. 원숭이들에게 에이즈를 발병하게 하는 것은 원숭이simian 면역결핍 바이러스SIV**로, 이는 HIV와 관련이 있지만 동일하지는 않다. 인간 에이즈 연구에 적합한 동물 모델이 없다는 점은 치유법의 발견을 더디게 만들었다. 이처럼 결함 있는 인간 유전자를 동물에게 집어넣어 보는 것은 자폐증이나 정신분열증을 일으키지 않을지도 모른다. 비슷하기

---

* Nestler and Hyman 2010. 일부 정신장애는 게놈 일부의 결실(deletion)과 연관되어 있다. 연구자들은 이러한 결실을 동물 게놈에서도 만들어낼 수 있다.
** 한 이론에 따르면, HIV는 SIV가 변이를 일으켜서 원숭이로부터 인간에게 옮겨온 것에서 유래한다고 한다.

는 하지만 이와 다른 어떤 유전적 결함이 필요할지도 모르기 때문이다.

이러한 불확실성 때문에 정신질환에 대한 동물 모델의 타당성을 증명하는 문제가 제기되었다. 무엇을 기준으로 삼아야 하는지는 분명하지 않다. 어떤 이들은 증상의 유사성을 강조하지만, 이 기준이 언제나 적용되는 것은 아니다. 심지어 감염성 질환의 경우에 동일한 세균이 동물이나 인간 모두를 감염시킬 수 있지만, 전혀 다른 증상이 나타나기도 한다. 어떤 동물은 거의 감염증상 없이 감염을 견뎌낼 수 있다. 그리고 만일 자폐증이나 정신분열증을 야기하는 인간 유전자가 쥐에게 전혀 다른 증상을 유발한다고 해도, 쥐 모델이 전혀 쓸모가 없는 것은 아니다. (어떤 이들은 정신질환은 인간만의 독특한 행동과 연관되어 있으므로 증상을 비교하는 것은 아무런 의미가 없다고 주장할 수 있다.)

다른 대안적 기준은 신경병리증의 유사성이다. 이 기준은 이미 알츠하이머와 같은 퇴행성 신경장애neurodegenerative에 대한 쥐 모델을 평가하는 데 적용되었다. 인간의 알츠하이머에는 뇌에 생기는 비정상적인 다발성 병변과 초로성 반점의 생성이 동반된다. 정상적인 쥐는 알츠하이머에 걸리지 않지만, 연구자들은 유전공학을 통해 알츠하이머에 걸리는 쥐 모델 몇 가지를 만들었다. 알츠하이머에 걸린 쥐들의 뇌에서 다수의 다발성 병변과 초로성 반점[4]이 나타났다. 연구자들은 이 모델들 중 알츠하이머를 연구하는 데 적당한 것이 과연 있는지를 두고 여전히 논쟁을 벌이고 있다. 그러나 그들에게는 모방을 해야 할 분명하고 일관된 신경병리증이라는 최소한의 목표가 있다.

더 나아가 연결이상증과의 유사성이 자폐증이나 정신분열증과 같은 질환에 대한 동물 모델의 좋은 기준이 될 수 있다. 물론 이를 위해서는 동물 모델에서 자폐증이나 정신분열증에 걸린 환자와 유사한 연결이상증을 확인해야만 한다.

　커넥톰들을 비교하려는 계획과 그것을 해독하려는 계획이 전혀 다르다는 것을 독자들이 알아차렸을지 모르겠다. 기억에 대한 연결주의 이론은 커넥토믹스를 이용하여 테스트할 수 있는 특정한 가설들을 제안하는데, 세포군과 시냅스 사슬이 그것이다. 이와 대조적으로, 연결이상증에 대한 생각은 한없이 열려 있다. 특정한 가설도 없이 연결이상증을 찾으려 하는 것은 부질없는 짓이 아닐까?

　인간 게놈 프로젝트를 이끌고 있는 사람 중 에릭 랜더Eric Lander는 인간 게놈 프로젝트가 완료된 이후의 10년을 다음과 같이 요약했다. "유전체학이 끼친 가장 큰 영향은 생물학적 현상을 포괄적이며 편견 없이, 가설에 구애되지 않는 자유로운 방식으로[5] 탐구하는 능력이었다." 이것은 학교에서 배운 과학적 방법과 비슷해 보이지 않는다. 우리는 학교에서 과학은 다음의 세 단계를 거쳐 진행된다고 배웠다. (1) 가설을 형성한다. (2) 가설을 토대로 예측한다. (3) 실험을 통해 예측을 테스트한다.

　때로 이 단계들은 잘 적용된다. 그러나 모든 과학적 성공의 뒤에는 가설을 잘못 선택했던 수많은 실패들이 있다. 가설을 테스트하는 데는 많은 시간과 노력이 필요하다. 하지만 가설이 잘못되었음이 밝혀지거나 심지어 아무런 관련이 없는 가설로 판명되는 경우도 있다. 후자의 경우는 완전히 시간 낭비에 불과한 것으로 결론이 나기도 한다. 하지만 불행히도 번뜩이는 영감이나 통찰*말고는 명백한 가설을 세우는 비결

---

* 때로는 가설을 유발하는 것은 사용 가능한 측정도구들이다. 가령 골턴은 지능이 머리 크기와 연관되어 있다는 가설을 세웠다. 그 주된 이유는 이것이 훌륭한 가설이어서가 아니라, 그가 머리 크기를 측정할 수 있었기 때문이다.

은 없다.

'가설 중심적hypothesis-driven' 혹은 연역적 연구에 대한 대안으로 '데이터 중심적' 혹은 귀납적 접근방식이 있다. 이 방법에도 세 단계가 있다. (1) 방대한 양의 데이터를 수집한다. (2) 데이터를 분석하여 패턴을 탐지한다. (3) 패턴을 이용하여 가설을 세운다.

어떤 과학자들은 이 두 가지 연구방법 중에서 자신들의 개인적 취향과 부합하는 한 가지 방법을 선택한다. 그러나 실제로 두 접근방식은 대립되는 것이 아니다. 데이터 중심적인 방식은 순전히 직관에 의존하여 세운 가설보다 더 탐구할 가치가 있는 가설을 형성하는 방법으로 간주되어야 한다. 그 뒤를 가설 중심적 연구가 따라갈 수 있다.

올바른 기술이 나타난다면 이러한 접근방식을 정신질환에 적용할 수 있을 것이다. 커넥토믹스는 신경의 연결성에 관해 더욱 정확하고 완전한 정보를 제공할 것이다. 그렇게 많은 정보들을 활용할 수 있다면, 더 이상 가로등 기둥 아래에서 열쇠를 찾을 필요가 없다. 일단 우리가 연결 이상증들을 확인하고 나면, 그것들이 정신질환의 원인 연구에 대해 탐구할 가치가 있는 훌륭한 가설들을 제안할 것이다.

뇌는 너무나 복잡하기 때문에 정신질환의 원인을 찾는 일은 건초더미에서 바늘을 찾는 것과 비교할 수 있다. 그렇다면 어떻게 성공할 수 있을까? 한 가지 방법은 바늘의 위치에 관한 믿을 만한 가설에서 시작하는 것이다. 그러면 건초더미의 극히 일부만을 조사하면 된다. 만약 당신이 운이 좋든가 믿을 만한 가설을 형성할 정도로 영리하다면, 곧 바늘을 찾아낼 수 있을 것이다. 또 다른 방법은 건초더미의 모든 물질들을 빠른 속도로 꼼꼼하게 살피는 기계를 만드는 것이다. 비록 운이 좋지 않거나 영리하지 않아도 이 기술을 사용하면 틀림없이 바늘을 찾을 수 있다. 이 방법이 커넥톰의 접근방식과 유사하다.

사람들의 정신이 왜 서로 다른지를 이해하려면, 우리는 뇌가 어떻게 다른지를 더 잘 관찰할 수 있어야 한다. 커넥톰을 비교하는 것이 중요한 이유는 바로 이 때문이다. 그러나 아무 차이나 찾아내는 것으로는 충분하지 않다. 많은 차이들은 흥미롭지 못한 결과로 귀결될 수 있다. 우리는 정신적 속성들과 **강한** 상관관계가 있는 중요한 차이들로 범위를 좁혀야 한다. 이것들이 결과적으로 골상학에 비해 연결주의가 더 많은 것을 설명할 수 있게 해주는 차이들이다. 또한 이 차이는 정상적인 사람들의 지적 능력을 정확하게 측정하게 할 뿐만 아니라 **개인**의 정신질환을 정확히 예측하도록 해줄 것이다. (현미경 기술을 이용하여 죽은 뇌에서 획득한 커넥톰의 경우, 그 테스트는 실제 예측이 아니라 '사후측postdiction'이며 사망자의 뇌를 근거로 과거의 정신질환이나 정신 능력을 추측하는 것이다.)

연결이상증을 인식하는 것은 정신질환을 이해하는 데 중요한 단계이다. 그러나 이해가 전부는 아니다. 이상적으로, 우리는 이해를 활용하여 질병들을 치료하는 더 나은 방법을 개발하고 결국에는 치료법까지 찾아내려 한다. 다음 장에서 이 부분에 대해서 좀 더 살펴보기로 하자.

13

변화시키기
CONNECTOME

오페라 〈마탄의 사수Der Freischütz〉*는 1821년에 초연된 작곡가 칼 마리아 폰 베버Carl Maria von Weber의 작품이다. 이 오페라에서 주인공 막스Max는 아가테Agathe와 결혼하기 위해 사격대회에서 우승을 하여 그녀의 아버지에게 깊은 인상을 남겨야만 한다. 사랑하는 연인을 잃을지도 모른다는 두려움에 필사적인 된 막스는 자신의 영혼을 악마에게 팔아 무조건 표적에 명중하는 마법의 탄환 일곱 개를 얻는다. 오페라는 막스가 아가테와 결혼하고 악마에게서 벗어나는 데 성공하면서 행복한 결말을 맺는다.

1940년 워너 브러더스사Warner Bros.는 독일의 의사이자 과학자인 폴 에를리히Paul Ehrlich의 삶을 영화화한 〈에를리히 박사의 마법 탄환Dr. Ehrlich's Magic Bullet〉을 개봉했다. 에를리히 박사는 면역체계에 관한 발견으로 1908년에 노벨상을 공동 수상한 후에도, 그 자리에 만족하지 않았

---

* 이는 문자 그대로는 '마음대로 쏘는 사람(The Freeshooter)'을 의미하지만, 대개는 '명사수(The Marksman)'로 번역된다.

다. 그의 연구소는 최초의 매독 치료약을 개발하여 수백만 명의 사람들을 고통에서 해방시켰다.[1] 에를리히는 질병 치료를 위한 최초의 인공약품을 개발함으로써 사실상 제약산업 자체를 발명했다. 그는 자신의 '마법 탄환' 이론을 따랐는데, 그 이론의 이름은 베버의 유명한 오페라에서 영감을 받아[*] 지었을 것이다. 에를리히는 박테리아만을 죽이고 다른 세포들은 전혀 손상시키지 않는 화학물질을 상상한 다음 그런 물질을 발견했다. 그런 약은 한치의 오차도 없이 과녁을 향해 날아가는 마법 탄환과 같은 것이었다.

탄환의 비유는 의약품뿐만 아니라 모든 의학 치료에 적용되는 두 가지 중요한 원칙을 분명히 보여준다.

첫째, 특정한 목표물이 있어야 한다. 둘째, 이상적인 치료는 그 목표물에만 선택적으로 영향을 끼쳐야 한다. 다시 말하면 부작용이 없어야 한다는 것이다. 안타깝게도 이 원칙들은 아직도 원시적인 단계에 머물러 있는 뇌 질환 치료법에서는 적용되지 않는다. 외과의사의 칼은 뇌의 복잡한 구조를 변경시키기에는 실망스러울 정도로 투박하지만, 때로는 다른 대안이 없다. 종종 신경외과의가 발작을 일으키는 뇌 부위를 제거하여 심각한 간질을 치료했다는 이야기를 들을 수 있다. 그러나 H.M.의 사례에서 보듯이, 수술에 지나치게 의존하는 것은 재앙을 가져올 수 있다. 부작용을 최소화하기 위해서는 가장 작은 영역을 목표로 삼는 것이 중요하다.

간질 수술은 커넥톰에서 단순히 뉴런들을 제거하는 것일 뿐이다. 다른 수술들은 뉴런들을 죽이지 않고 그들의 배선을 끊으려고 한다. 20세

---

[*] Strebhardt and Ullrich 2008. 에를리히는 또한 수용체 분자들에 대한 발상을 해냈다.

기 전반에 외과의사들은 전두엽과 뇌의 다른 부분들을 연결하는 백색질을 파괴함으로써 정신병을 치료하려 했다. 하지만 이 악명 높은 '전두엽 절제술frontal lobotomy'은 결국 신뢰성을 잃고 항정신병 약물로 대체되었다. 오늘날에도 정신외과수술psychosurgery이 실행되는 경우가 있지만, 그것은 다른 치료법들이 실패한 경우에 선택하는 마지막 수단이다.*

다른 치료법을 고려하기 전에, 한 걸음 물러서서 이상적인 경우를 상상해보자. 나는 어떤 정신질환은 연결이상증 때문에 발생할 수 있다고 말했다. 만약 그것이 사실이라면 진정한 치료를 위해서는 정상적인 연결패턴으로 돌려놓아야 한다. 만약 커넥톰 결정론자라면 그것은 실현가능성이 없는 방법이라고 생각할 수 있다. 제아무리 낙관적인 사람이라도 뇌 구조의 복잡성에 압도되지 않을 수 없다. 단순히 커넥톰을 보는 것만도 쉽지 않은 일인데, 그것을 고치는 것은 더욱 어려워 보인다. 현재 우리의 기술 중에서 그 도전에 적합한 것이 있는지는 분명치 않다.

하지만 뇌는 재가중, 재연결, 재배선, 재생성이라는 커넥톰 변화의 메커니즘을 자연적으로 갖추고 있으며, 이들은 또한 절묘하게 제어되고 있다. 이 네 가지 R은 유전자와 다른 분자들에 의해 조절되기 때문

---

* 포르투갈의 의사 에가스 모니즈(Egas Moniz)에게 1949년에 노벨상을 안겨준 정신외과수술의 현황과 '전두엽 절제술'의 역사는 Mashour, Walker, and Martuza(2005)에 설명되어 있다. 뇌엽 절제술은 정신병의 증세들을 완화시켜줄 수 있는 반면에, 또한 환자들을 정신적인 불구로 만들었다. 부작용이 질병 자체보다 더 심각하다는 것이 분명해졌다. 정신외과수술의 오용 때문에 많은 이들은 모니즈에게 수상을 한 것이 노벨상 위원회의 수치라고 생각한다. 그러나 어떤 역사학자들은 항정신병 약물이 있기 전의 시대에는 정신외과수술이 정당화될 수 있었다고 주장한다. 당시에 유일한 대안은 정신병원에 감금하는 것이었다. 이 수술이 갖는 오명의 많은 부분은 미국인 의사 월터 프리먼(Walter Freeman) 때문이다. 그는 자신이 '경안 뇌엽 절제술(transorbital leucotomy)'이라 불렀던 시술의 한 형태를 발전시켰다. '얼음송곳 뇌엽 절제술(ice pick lobotomy)'이란 별명이 붙은 섬뜩한 이 기술은 얼음송곳을 닮은 날카로운 도구를 나무망치를 이용해 눈을 지나 안와(눈구멍)를 관통시킨 뒤 뇌로 집어넣는다. 이는 송곳의 끝을 앞뒤로 움직임으로써 전두엽의 조직들을 파괴했다. 프리먼의 혁신은 시술을 매우 빠르고 간편하게 만들었으며, 외과의가 아니거나 심지어 의사가 아닌 사람들도 그것을 수행할 수 있었다.

에 약품의 목표가 될 수 있다. 이 책을 지금까지 읽어온 당신에게는 커넥톰이 약물 치료의 목표라는 생각 자체가 놀랍지는 않겠지만 이 생각이 당신이 다른 자료를 통해 알고 있는 사실과 일치하는지 궁금할 수 있을 것이다.

1960년대로 거슬러 올라가는 잘 알려진 이론에 따르면, 일부 정신질환은 신경전달물질의 과잉이나 결핍 때문에 발생한다.[2] 따라서 뇌 속 신경전달물질의 레벨을 변화시키는 약을 통해 그 질환들을 완화시킬 수 있다고 설명했다. 예를 들면, 우울증은 세로토닌의 부족으로 생기며, 흔히 프로작이라고 알려진 플루옥세틴과 같은 항우울제로 치료될 수 있다고 알려져 있다. (이 약물들은 뉴런이 분비한 분자를 다시 흡수하는 것을 방지함으로써 세로토닌의 수치를 증가시킨다. 신경전달물질이 시냅스 간극에 오래 머무는 것을 방지하는 여러 가지 유지 메커니즘이 있다는 것을 기억하자.)

그러나 이 이론에 문제가 있다. 플루옥세틴은 세로토닌 수준에 직접적인 영향을 끼치지만, 우울증 치료 효과가 나타나기까지는 몇 주가 걸린다. 이렇게 시간이 지연되는 이유는 무엇일까? 추측컨대 세로토닌의 증가는 장기적으로 뇌에 다른 변화들을 야기하는데, 아마도 우울증을 완화시키는 것은 이 변화들일 것이다. 그러나 정확히 어떤 변화가 우울증에 효과를 가져오는 것일까? 신경과학자들은 플루옥세틴이 네 가지 R에 끼치는 영향*을 찾으려 했고, 그 결과 플루옥세틴이 해마에서 새로운 시냅스, 가지, 뉴런들의 생성을 증가시킨다는 사실을 발견했다. 게다가 재배선에 대한 설명에서 언급했듯이, 플루옥세틴은 아마도 피질의

---

* Hajszan, MacLusky, and Leranth(2005)은 시냅스 생성의 징후인, 수상돌기 가시의 밀도의 증가를 발견했다. Wang et al.(2008)은 새로 태어난 뉴런들에서 수상돌기의 성장이 증가함을 증명했다. 해마에서의 뉴런 생성과 우울증에서의 그 역할에 관한 방대한 문헌들이 Sahay and Hen(2008)에서 검토되고 있다.

재배선을 자극하여 성인의 눈 우세ocular dominance 가소성을 회복시키는 것 같다. 이것이 플루옥세틴의 항우울 효과가 커넥톰의 변화에 의해 일어났음을 증명하는 것은 아니지만, 분명 신경과학자들이 이런 견해에 마음을 열도록 했다.

이 장에서는 정신질환의 치료를 위해 커넥톰을 목표로 삼는* 새로운 약물의 발견 전망에 대해 중점적으로 설명할 것이다. 그러나 다른 종류의 치료법도 중요하다는 것을 잊어서는 안 된다. 약물은 단지 **변화의 가능성**만을 증가시킬 수 있다. 실제로 긍정적 변화를 일으키기 위해서는 행동이나 생각을 교정하는 훈련요법으로 약물을 보완할 수 있다.** 이두 가지 방법을 결합하여 커넥톰이 더 나은 형태가 되도록 네 가지 R을 조절할 수 있다. 내 의견으로는 뇌를 변화시키는 가장 좋은 방법은 뇌가 스스로 변화하도록 도와주는 것이다.

• • •

약물이 정신질환의 치료에 큰 발전을 가져온 것은 의심할 여지가 없다. 항정신병 약물은 정신분열증의 가장 심각한 증상인 망상과 환각의 치료에 사용된다. 항우울제는 자살 충동을 느끼는 사람들이 정상적 생활을 할 수 있도록 해준다. 그러나 현재의 약물에는 한계가 있다. 그보

---

* 뇌 장애에 대한 다른 치료법은 신경활동을 조작하는 것과 관련이 있다. 전기충격요법(electroconvulsive therapy, ECT)에서는 두피의 전극을 통해 가해지는 충격이 간질성 발작을 유도한다. 발작은 비선택적으로 뇌 전체에 퍼지므로, 전기충격요법은 마법 탄환과는 거리가 멀다. 하지만 알려져 있지 않은 어떤 이유로, 전기충격요법은 우울증과 다른 정신장애의 증세들을 완화시킬 수 있다. 뇌 속에 외과적으로 삽입된 전극을 이용하여 보다 목표를 좁힌 전기적 자극이 가해질 수 있다. 가령, 파킨슨병의 증세들은 기저핵의 부위들을 자극함으로써 완화될 수 있다. 일부 연구자들은 광유전학(optogenetics)에 입각한 더욱 정확한 치료법을 개발하고 있다. 이는 빛에 민감하도록 유전적으로 변경된 어떤 한 뉴런 유형의 활동을 빛으로 자극하는 방법이

다도 더욱 효력이 뛰어난 새로운 약물을 발견할 수 있을까?

현재까지 가장 성공적인 약물은 감염성 질병의 치료제들이다. 페니실린과 같은 항생제는 감염을 일으키는 박테리아의 외벽에 구멍을 뚫어 죽이는 방식으로 질병을 치료한다. 백신은 면역체계가 박테리아나 바이러스를 더 경계하도록 만드는 분자들로 이루어져 있다. 간단히 말해, 항생제는 감염을 치료하며 백신은 감염을 예방한다.

이 두 가지 전략은 뇌 질환에도 적용된다. 먼저 예방의 측면을 생각해 보자. 뇌졸중이 일어나는 동안 대부분의 뉴런들은 살아남기는 하지만 손상을 입으며,[3] 나중에는 퇴화되어 죽게 된다. 신경과학자들은 뇌졸중이 발병한 직후에 뉴런에 가해지는 손상을 최소화할 수 있는 '신경 예방(보호)neuroprotective'제를 찾으려 노력 중이다. 이와 같은 전략은 분명한 이유 없이 뉴런들을 손상시키는 질병에도 확대되어 적용될 수 있다. 예를 들면 파킨슨병에서 도파민을 분비하는 뉴런들이 퇴화되어 죽는 원인은 분명하게 밝혀지지 않았다. 연구자들은 뉴런들이 모종의 스트레스를 받는다고 가정하여 스트레스 감소를 위한 약물을 개발하려 한다.

파킨슨병은 파킨parkin이라 불리는 단백질을 인코딩(부호화)하는 유전자에 결함이 있는 경우에 발생하기도 한다. 이를 치료하는 분명한 방법은 잘못된 유전자를 대체하는 것이다. 이를 위해 연구자들은 바이러스 안에 정상적인 유전자를 집어넣은 다음, 이를 환자의 뇌에 주입한다. 그

다. 신경전달물질의 수준들을 변경하는 것처럼, 신경활동을 조작하는 것은 커넥톰의 변화를 촉진하는 것과 완전히 다른 것처럼 들리지만 실제로는 그렇지 않다. 예를 들어, 전기충격요법에 의한 발작은 헤비안 가소성을 통해 커넥톰을 변화시킬 수도 있으며, 그러한 변화가 전기충격요법의 치료적 효과들(그리고 기억상실증과 같은 부작용)을 초래할 가능성이 꽤 있다.

** 약물과 '대화 요법(talk therapy)'을 결합하는 것이 그중 하나만을 사용하는 것보다 더 효과적일 것임은 직관적으로 그럴듯해 보인다. 우울증의 치료에 있어서 이런 생각을 지지하는 증거가 Keller et al.(2000)에 의해 주어졌다.

러면 바이러스가 도파민을 분비하는 뉴런에 감염되어 정상 유전자를 발현해 뉴런의 퇴행을 방지하기를 기대하고 있다. 이 파킨슨병의 '유전자 치료'[4]는 지금까지 쥐나 원숭이에게는 실험되었을 뿐이며 아직 사람에게 시도되지는 않았다.

뉴런의 죽음은 오랜 시간에 걸쳐 진행되는 뉴런 퇴행degeneration* 과정의 최종단계일 뿐이다. 뉴런이 죽음에 이르는 과정은 사람이 질병으로 천천히 쇠약해지는 과정과 비교할 수 있다. 처음에는 약하게 시작되지만 점점 더 고통스러운 질환들이 단계적으로 진행된다. 실마리를 찾기 위해 연구자들은 의사들이 질병에 걸린 환자들의 단계별 증상을 관찰하듯이 뉴런 퇴행의 여러 단계를 조심스럽게 살펴보았다.

이러한 관찰은 신경 예방 약물의 잠재적 목표물이 되는 분자 수준의 퇴행 원인에 대한 조사 범위를 좁히는 데 도움이 된다. 뿐만 아니라 이런 관찰은 퇴행의 첫 단계를 정확하게 알려줄 수 있다. 세포의 죽음을 막기 위해서는 시기를 놓치지 않는 것은 무엇보다 중요하며, 초기에 치료하는 것이 훨씬 더 효과적이다. 조기 치료는 뉴런들이 많이 죽기 훨씬 전부터 일어나는 인지장애의 치료에도 중요하다. 이런 인지장애 증상들은 뉴런들이 실제로 죽기 오래 전에 그 연결들이 끊어져[5] 발생했을 수 있다.

일반적으로 말해, 퇴행을 보다 분명히 볼 수 있는 것 그리고 그것을 가장 초기단계에서 보는 것이 중요하다. 이 작업에는 커넥토믹스의 도구들로 얻은 이미지들이 도움이 될 것이다. 연속 전자현미경 기술은 뉴

---

* 일부 연구자들은 뉴런이 여러 질병들에서 '거꾸로 죽어간다'고 보고했다. 달리 말해서, 퇴행은 먼저 시냅스와 축삭의 끝단에 영향을 주고, 그 다음에 축삭을 따라 거꾸로 이동하여 세포체에 이르게 된다. 축삭의 쇠약은 그다음 차례로 프로그램화된 세포 죽음인 자살 메커니즘을 뉴런이 시작하도록 유발할지도 모른다. Coleman(2005)과 Conforti, Adalbert, and Coleman et al.(2007)을 보라.

런이 실제로 어떻게 퇴행하는지를 보여줄 것이다. 또한 어떤 뉴런 유형들이 언제 퇴행하기 시작하는지에 관한 좀 더 정확한 정보를 얻을 수 있을 것이다. 이 모든 것들이 신경 퇴행을 방지하는 방법을 찾는 일에 분명 도움이 될 것이다.

신경발달장애를 방지하는 방법도 발견할 수 있을까? 이를 위해서는 잘못된 방향으로 뇌 발달이 너무 많이 진행되기 전에 가능한 한 빨리 진단을 해야 한다. 태아가 자궁 안에 있는 동안에도 나중에 자폐증이나 정신분열증과 같은 장애가 발생할 가능성을 예측하는 유전적 테스트를 해볼 수 있다. 그러나 정확한 예측을 위해서는 유전적 테스트와 뇌 검사를 결합할 필요가 있다.

나는 앞에서 뇌 질환이 연결이상증에 의해 발생하는지를 확인하기 위해서는 죽은 뇌에 대한 고해상도의 현미경 관찰이 필요할 것이라고 주장했다. 이러한 방법은 과학을 위해서는 좋겠지만, 그것 자체만으로는 의사의 진단에 아무런 도움이 되지 않는다. 그렇다 해도 죽은 뇌의 현미경 관찰을 통해 일단 연결이상증의 특징이 완전히 밝혀진다면, dMRI를 사용하여 살아 있는 뇌를 진단하기는 더 쉬울 것이다. 일반적으로 무엇을 찾고 있는지를 정확하게 알고 있으면 그것을 발견하는 것은 더 쉬워지는 법이다.

어떤 장애의 경우에는 행동의 징후에서 정보를 얻을 수도 있다. 일부 정신분열증 환자들은 진짜 정신병이 처음으로 발병되기 전,[6] 어린아이 시절에 가벼운 행동의 징후를 보인다. 이러한 세심한 관찰로 초기 징후를 발견했다면 유전자 테스트와 뇌 이미지화를 결합하여 정신분열증을 정확하게 예측할 수 있을 것이다.

신경발달장애를 초기에 진단하는 것은 그 예방을 위한 길을 열어줄 수도 있다. 커넥토믹스는 뇌 발달의 어느 과정이 이와 관련되어 있는지를 확인하는 데 도움을 줄 것이며, 그 결과 연결이상증이나 다른 비정상적 발달이 진행되기 전에 방지할 수 있는 약품이나 유전자 치료법의 개발을 용이하게 만들어줄 것이다.

예방(보호)이라는 목적은 충분히 야심차 보인다. 하지만 이미 손상을 입은 뇌를 바로 잡는 것은 더욱 어려운 일이다. 손상이나 퇴행으로 뉴런이 죽은 후에도 의지할 만한 다른 수단이 과연 있을까? 커넥톰 결정론의 한 형태인 재생 부인regeneration denial은 이에 대한 비관적 답을 내놓는다. 성년기에 새로운 뉴런이 추가되지 않는다는 것이 일반적으로 사실이기 때문에, 뇌가 손상된 후에 스스로를 치유하는 능력에는 한계가 있다는 것이다. 이것을 극복할 방법이 있을 것인가.

도마뱀과 같은 다른 종의 동물들은 상처를 입은 후에도 그 신경계의 상당 부분을 재생할 수 있다.[7] 어린아이들에게서는 성인들보다 재생이 더 활발하게 이루어진다. 1970년대에 의사들이 어린아이들의 손가락 끝이 도마뱀의 꼬리처럼 재생된다는 것을 알게 되고, 잘려진 손가락 끝을 다시 붙이려는 수술을 중단했다. 현재 의사들은 그냥 손가락 끝이 다시 자라나도록 그대로 둔다.[8] 성인에게도 이와 같은 재생력은 잠재되어 있을 수 있다. 재생의학이라는 새로운 분야는 이 숨겨진 능력을 깨우려는 시도를 하고 있다.

성인의 뇌에서 손상은 자연적으로 재생과정을 활성화한다.[9] 뉴런을 생성하는 주요 장소는 뇌실하영역subventricular zone으로 알려져 있다. 신경모세포neuroblast(신경아세포)로 알려진 성숙하지 못한 뉴런들은 보통 이곳에서부터 냄새에 특화된 후각망울olfactory bulb이라는 뇌 영역으로 이동한다. 뇌졸중이 발병하면 신경모세포의 생성이 증가하며, 그 세포들의 이동

방향을 후각망울 대신 손상된 뇌 영역으로 변경할 수 있다.[10] 이러한 자연적인 과정이 뇌졸중 이후의 회복에 도움이 될 수 있으므로, 일부 연구자들은 이 과정을 촉진하는 인공적 수단을 개발하려 노력하고 있다.

재생을 위한 또 다른 방법은 새로운 뉴런을 손상된 영역에 직접 이식하는 것이다. 이는 뇌실하영역과 같이 멀리 떨어진 영역에서 뉴런들을 이동시키는 것보다 더 잘 작용할지 모른다. 앞에서 언급했듯이, 파킨슨병은 도파민을 분비하는 뉴런들의 죽음과 관련되어 있다. 연구자들은 태아의 건강한 뉴런들을 이식하여 이 뉴런들을 대체하려 했다. 이식이 증세를 완화시키는 데 실제로 많은 역할을 했는지는 분명하지는 않지만[11] 놀랍게도 일부 뉴런은 피이식자의 뇌에서 10년 이상을 생존했음이 밝혀졌다.[12] 유산된 태아에서 분리된 세포로 이루어진 이 실험은 골치 아픈 윤리적 문제를 불러일으켰다. 이식과 관련된 또 다른 복잡한 문제는 환자의 면역체계가 새로운 세포를 이질적인 것으로 여겨 거부할 가능성이 있다는 것이다.

이제는 특정 환자에 맞추어 새로운 뉴런을 배양할 수 있는 최근의 기술 발전 덕분에 이런 문제들을 걱정할 필요가 없게 되었다. 피부세포는 '디프로그램deprogram'으로 '줄기세포stem cell'가 될 수 있으며, 변경된 세포는 피부세포로서의 이전 삶을 잊어버리게 된다. 새롭게 얻은 애매한 정체성 덕분에 이 줄기세포는 이제 **시험관 안에서**in vitro 분할하여 뉴런을 생성하도록 '재프로그램reprogram'될 수 있다.* ('유리 안에서'를 의미하는 라틴어 'in vitro'는 유기체에서 분리된 분자, 세포, 조직들을 배양하는 데 사용되는 인위적인 환경을 가리킨다. 처음에 그 환경은 대부분 유리 용기였지만, 이제는 플

---

* 이는 환자에게서 유래하는 유도 만능 줄기세포(induced pluripotent stem cell, iPSC)로 알려져 있다.

라스틱 용기가 더 흔히 사용된다.) 연구자들은 이 방법을 이용하여, 파킨슨병 환자의 피부세포에서 도파민을 분비하는 뉴런을 생성해냈다.[13] 그리고 이 뉴런들을 환자의 뇌에 이식해 치료할 계획을 세우고 있다.

자연적으로 생성되었든[14] 혹은 이식으로 추가되었든 간에,[15] 대부분의 새로운 뉴런들은 죽는다. 추정컨대 새로운 뉴런들은 '뿌리를 내리지' 않고서는 생존할 수 없다. 따라서 재생 치료에서는 새로운 뉴런들을 커넥톰에 통합하는 과정을 증진시킬 필요가 있다. 이 과정은 나머지 세 가지 R, 즉 재배선, 재연결, 재가중을 촉진하는 데 달려 있다.

성인의 뇌에는 아직 개발되지는 않았지만 이런 변경을 일으킬 수 있는 잠재력이 있을 수 있다. 앞에서 나는 대부분의 회복은 뇌졸중 이후 3개월 동안에 일어난다고 말했다. 한 가지 추측에 따르면, 이 기간은 뇌 발달과정에서와 유사한 결정적 시기이며, 가소성을 촉진시키는 것과 유사한 분자를 생성한다.[16] 일단 이 창(결정적 시기)이 닫히고 나면, 가소성은 급격하게 떨어지고 회복의 속도도 더뎌진다. 아마도 뇌졸중의 치료법은 이 창을 계속 열어둠으로써 자연적인 회복과정을 연장하는 것을 목표로 삼아야 할 것이다.

앞에서 보았듯이 성인의 뇌에서 재배선이 일어나기는 어려울지도 모른다. 그러나 손상된 뉴런에서는 새로운 축삭 가지가 보다 쉽게 성장하는 것으로 보인다.[17] 만일 연구자들이 분자 수준에서 그 이유를 확인할 수 있다면, 인공적 수단으로 성인의 뇌 재배선을 촉진하는 것이 가능할지도 모른다. 이는 새로운 뉴런들이 뇌에 통합되는 것에 도움이 될 뿐만 아니라 기존 뉴런들의 기능을 변화시키는 것도 가능하게 할 것이다. 이와 유사하게, 손상된 뇌에서는 새로운 시냅스의 생성이 더 빠른 속도로 일어나므로, 이런 자연적 과정*을 조작하여 재연결을 촉진할 수 있는 분자과정을 찾을 수도 있을 것이다.

그렇다면 배선이 적절치 못하게 된 이후에도 이를 바로잡아 신경발달장애를 교정할 수 있을까? 만약 당신이 커넥톰 결정론자라면, 교정은 소용 없는 일로 간주하고 대신 예방에 초점을 맞추어 모든 노력을 기울일 것이다. 하지만 신경발달장애에 대한 완벽하고 정확한 초기 진단이 가능한지가 분명하지 않으므로, 우리는 교정에 관해서 생각을 할 수 밖에 없다. 이런 교정을 위해서는 가장 광범위한 커넥톰의 변화가 필요하며, 따라서 네 가지 R에 대한 가장 진보된 조절이 요구될 것이다.

여태까지 나는 가장 변화를 필요로 하는 커넥톰이라는 이유로 비정상적인 뇌의 처치를 우선적으로 강조했지만, 사람들은 또한 정상적 뇌의 기능 향상을 위한 약물도 원한다. 많은 대학교 학생들은 공부하는 동안에 커피를 마신다. 카페인은 깨어 있는 데 도움을 줄 수 있지만, 학습이나 기억에는 효과가 거의 없다.[18] 니코틴은 흡연자의 정신 능력을 향상시키지만, 그것은 담배가 없을 때 그들이 보여주는 기준 이하의 수행력과 비교한 상대적인 결과일 뿐이다.[19] 우리가 이런 커피나 담배보다 더 효과적인 약품을 발견할 수 있을까? 예를 들어 우리는 새로운 정보나 기술을 배우고 기억하는 데 필요한 커넥톰의 변경을 촉진시키는 약물을 절실하게 원한다. 잊는 것을 도와주는 약물도 유용할 것이다. 이런 약이

---

* Carmichael 2006. 또한 재가중은 관련된 시냅스의 강화를 통해 이전에는 기능하지 않았던 경로들을 드러냄으로써, 뇌졸중에서 회복하는 데 중요한 역할을 할 수 있다. 아마도 재가중에 포함되어야 할 또 다른 유형의 변화 또한 새로운 경로들을 드러낼 수 있다. 이는 스파이크를 생성하는 역치에 있어서의 변화이다. (가중투표 모델에서 역치는 뉴런이 활동전위를 일으키기 위해 시냅스전(presynaptic)의 '조언자(advisor)'들에게서 필요로 하는 '예'와 '아니오' 투표 간 표의 차이를 규정한다.) 역치를 낮추는 것은 뉴런들을 보다 더 쉽게 활성화되게 함으로써, 즉 스파이크를 언제 일으킬지에 대한 기준을 덜 까다롭게 만듦으로써, 경로들을 드러낼 수 있다. 이는 뇌졸중으로부터의 회복에 특히 중요할 수 있다. 왜냐하면 뉴런들의 죽음은 살아남은 뉴런들이 활용할 수 있는 시냅스전 조언자들의 수를 줄이기 때문이다. 살아남은 뉴런들은 더 적은 '예' 표를 받을 것이며, 결과적으로 역치가 낮춰지지 않는다면 스파이크를 일으키지 않게 될 것이다.

개발된다면 정신적 외상을 초래한 사건 이후에 형성된 세포군이나 시냅스 사슬, 혹은 나쁜 습관이나 중독과 연관된 세포군이나 시냅스 사슬의 제거를 촉진할 수 있을 것이다.

뇌 질환의 예방이나 교정을 위해 개발되기를 기대하고 있는 약품의 종류는 수없이 많다. 하지만 불행하게도 이런 약품의 개발 속도는 더디기만 하다. 새로운 약들이 매년 대대적인 광고와 함께 시장에 출시되기는 하지만, 실제로 새로운 것은 거의 없다. 대부분은 예전 약품들의 변형에 불과하며 효능 면에서 큰 차이가 있어 보이지는 않는다. 대부분의 항정신병 약물과 항우울제도 반세기 이전에 우연히 발견된 약품의 변형들이다. 실제로 새로운 약은 거의 없으며, 극소수의 약품들만이 최근 신경과학의 발전을 이용해 개발되었을 뿐이다.

물론 약품 개발이 직면한 도전은 정신질환에만 해당하는 것은 아니다. 신약을 개발하는 것은 엄청난 위험이 따르는 사업이다. 후보 약품을 개발하는 데에만 몇 년이 걸릴 수도 있다. 그중에서 성공할 가능성이 가장 높은 것들만 환자들에게 테스트되지만 열에서 아홉은 이 마지막 단계에서 독성이 있거나 효과가 없는 것으로 판명되어 실패한다.[20] 시장에 새로운 약물을 도입하는 데 소요되는 투자금액의 대부분은 임상실험에 사용되는데, 이는 엄청난 비용의 낭비이다. (전체 비용은 백만 달러에서 10억 달러* 사이로 추산된다.) 환자와 환자들을 치료하는 사람, 치료법 개발에 엄청난 돈을 투자한 사람들, 이 모두가 더 나은 약품을 필사적으로 원한

---

* Morgan et al. 2011. 재정적 정보는 사적 소유재산의 문제이므로, 이러한 추정들은 불확실하다. 또한 제약회사들은 자신들이 탐욕적으로 제품들에 과도한 가격을 매기고 있다는 비판에 대응하기 위해 비용을 과장하는 일에 관심을 가지고 있다.

다. 어떻게 이런 약품의 개발을 가속화할 수 있을까?

역사적으로 대부분의 약품들은 우연에 의해 발견되었다. 최초의 항정신병 약물은 미국에서 소라진Thorazine이라는 상표명으로 알려진 클로르프로마진chlorpromazine이다. 이것은 페노티아진phenothiazine 분자 계열에 속하며, 가장 초기의 것들은 원래 19세기 섬유산업의 염료를 만들려고 했던 화학자들에 의해 합성되었다. 1891년 폴 에를리히는 그들 중의 하나가 말라리아를 치료하는 데 사용될 수 있다는 것을 발견했다. 2차 세계대전 동안에 오늘날의 사노피-아벤티스Sanofi-Aventis의 전신인 프랑스 제약회사 롱-플랑Rhone-Poulenc은 더 많은 말라리아 약을 찾기 위해 여러 페노티아진을 테스트해보았다. 효과 있는 약을 찾는 데 실패하자, 그들은 항히스타민제antihistamines를 찾기 시작했다. (당신은 알레르기 때문에 이런 종류의 약을 먹었을지도 모른다.) 그다음에 한 의사가 페노티아진이 수술 마취제의 효과를 향상시킨다는 사실을 발견했다. 롱-플랑의 연구자들은 이 새로운 용도를 테스트하는 것으로 연구방향을 전환했으며, 그 결과로 클로르프로마진의 효력을 발견했다. 의사들은 이 약물을 정신병자들에게 진정제로 준 다음에야 이 약이 정신병의 증세를 완화한다는 것을 알게 되었다. 1950년대 말에 이르러 클로르프로마진은 전 세계의 정신병원을 휩쓸었다.*

첫 번째 항우울제인 이프로니아지드proniazid와 이미프라민imipramine도 비슷한 시기에 이와 유사한 과정으로 발견되었다.** 이프로니아지드는

---

* 항정신병 약의 뜻밖의 재미있는 역사가 Shen(1999)에서 검토되고 있다. 일세대 혹은 '표준적인' 약들은 클로르프로마진의 분자 구조를 변화시켜서 만들어졌다. 이세대 혹은 '비표준적인' 약들은 보다 다양한 분자 구조를 가지고 있다.

** Lopez-Munoz and Alamo 2009. 이프로니아지드는 최초의 모노아민산화효소(monoamine oxidase) 억제제였다. 그리고 이미프라민은 여러 삼환계 항우울제(tricyclic antidepressant) 발견의 시작이었다.

원래 결핵약으로 개발되었지만, 아무런 이유 없이 환자를 행복하게 만드는, 기대치 않았던 부작용이 있었다. 정신과 의사들은 급기야 그 약으로 우울증에 걸린 환자들을 치료할 수 있다는 것을 깨닫게 되었다. 그와 동시에, 노바티스Norvartis의 전신인 스위스 회사 J.R. 가이기Geigy는 클로르프로마진에서의 롱-플랑의 성공 소식을 듣고 자신들만의 항정신성 약을 만들어서 롱-플랑을 따라잡으려 했다. 그들은 화학자들이 페노티아진을 수정하여 합성한 이미프라민을 테스트했다. 이 약물은 정신병을 치료하는 데는 실패했지만, 운 좋게도 우울증 증상을 완화시키는 것으로 밝혀졌다.

그러니까 연구자들은 첫 번째 항정신병 약과 항우울제의 개발을 의도하지 않았다. 이들은 다만 1950년대의 황금시대*에 우연히 이러한 약물을 발견을 할 정도로 운이 좋고 민첩했을 뿐이다. 최근 들어서는 생물학과 신경과학의 현대적 지식에 기초하여 약품을 개발하려는 '합리적인' 방법에 관한 기대감이 커지고 있다. 그렇다면 이런 방법들이 새로운 약품의 개발에 어떻게 이용될 수 있을까?

세포들은 지극히 다양한 생물학적 분자들로 구성되어 있다. 또한 세포들은 여러 종류의 생명 과정에 관련되어 있다. (앞에서 나는 유전자에 인코딩되어 있는 청사진을 기초로 하여 합성되는 단백질이라는 중요한 생체분자들에 대해 설명했다.) 약은 세포 속의 자연적 분자들과 상호작용하는 인공적 분자**이다. 마법 탄환의 원칙을 따르면, 이상적인 약은 특정한 유형의 생

---

* 1950년대 이래로 유일하게 중요한 성공담은 플루옥세틴(fluoxetine)이었다. 이것은 우연에 의해서가 아닌 합리적인 수단에 의해 발견되었다. 첫 번째 항우울제들에 대한 연구로부터, 과학자들은 우울증이 신경전달 물질인 세로토닌을 분비하는 뇌 시스템과 모종의 연관이 있다는 이론을 공식화했다. 1970년대 초반에 일라이 일리(Eli Lilly) 사는 이미프라민과 같이 삼환계 항우울제의 부작용이 없으면서도 세로토닌 시스템에 작용하는 분자를 찾고자 했다. 이러한 탐색으로 플루옥세틴을 찾아냈으며, 이것은 1987년 미국 정부에 의해 최

체분자와만 상호작용하고 다른 유형의 분자들과는 상호작용을 하지 않아야 한다.

따라서 합리적인 약품의 발견은 병에 걸린 동안 오기능을 하는 과정과 관련된 생체분자들에서 시작된다. 연구자들은 치료의 목표물이 될 수 있는 여러 생체분자들을 이미 확인하기 시작했다. 이 과정은 유전체학의 발달과 함께 속도를 내기 시작했으며, 합리적 방법으로 새로운 약품을 개발하는 데에 대한 기대감을 증가시켰다.

일단 약품의 목표물이 정해지면, 첫 번째로 할 일은 자물쇠에 맞는 열쇠처럼 그들과 결합할 인공분자를 찾는 것이다. 연구자들은 연구에서 나오는 추측을 기반으로 다양한 후보 물질들을 만들어 실험적으로 테스트했다. 어떤 후보물이든 일단 목표물을 맞히면, 연구자들은 그 후보 물질의 구조를 변화시켜 그 목표물과의 결합을 점진적으로 개선해나간다. 이와 같은 약물 개발의 첫 단계는 화학자들에 의해 이루어진다.

여기서 잠깐 사람을 대상으로 테스트를 하는 마지막 단계로 건너뛰어 보자. 이 단계는 의사들이 관리하며, 이들은 환자들에게 약물을 투여하고 증상이 개선되는지를 관찰한다. 약물이 안전하고 약효가 있으리라 믿을 만한 이유가 없다면, 그 약을 사람에게 테스트하는 것은 경제적으로, 윤리적으로 부당하다. 심지어 충분히 성공 가능성 있는 약물만을 환자들에게 테스트한다고 해도 열에 아홉은 이 단계에서 실패한다. 특히 중추신경계 장애와 관련된 약물의 경우 탈락율은 더욱 높다.[21] 이런 우

종적인 승인을 받았다. Lopez-Munoz and Alamo(2009)을 보라.

** '생물제제(biologics)'에 의해 인공적인 것과 자연적인 것의 경계가 흐려졌다. 백신이 이에 대한 고전적인 사례이며, 새로운 예들로는 신체에서 자연적으로 발생하는 것과 동일하거나 유사한 단백질들이 있다. 이것들은 합성되거나 비자연적 수단에 의해 도입된다는 의미에서 여전히 인공적인 것으로 간주될 수 있다. 생물제제는 더 적은 수의 원자를 포함하며 고전적인 종류의 약인 '저분자 의약품(small molecules)'과는 구분된다.

울한 통계는 약물 개발의 첫 번째 단계와 마지막 단계 사이[22]에 뭔가 잘못되었음을 나타낸다. 사람에 대한 테스트를 시작하기 전에, 어떻게 하면 연구자들은 후보 약물이 시험관 내에서 그 목표물인 생체분자와 결합할 뿐 아니라, 질병을 치료하는 데에도 효과가 있음을 더욱 확신할 수 있을까? 이에 대한 더 많은 증거나 더욱 신뢰할 만한 증거를 찾는 것은 새로운 약의 개발을 보다 빠르고 경제적으로 만들 것이다.

한 가지 방법은 동물들에게 먼저 테스트해보는 것이다. 그러나 정신질병에 대한 동물 모델을 만드는 일은 다른 종류의 질병보다 더 어렵다. 앞에서 말한 대로 연구자들은 자폐증과 정신분열증의 유전학을 이용해 쥐 모델을 개발하고 있다. 그러나 쥐는 이런 장애들을 가질 만큼 인간과의 유사성이 크지 않을 수가 있다. 따라서 일부 연구자들은 비인간 영장류에 기초한 모델을 개발할 계획을 세우고 있다.

약물은 또한 시험관 내부의 질병 모델로도 테스트될 수 있다. 한 가지 흥미로운 접근방식은 환자의 피부세포로부터 생성되어 뉴런으로 분화되도록 재프로그램된 '줄기세포'를 이용하는 것이다. 앞서 나는 그런 줄기세포를 환자의 뇌에 이식하여 퇴행성 신경장애를 치료하는 방법에 대해 설명했다. 또 다른 방법은 그런 뉴런을 살아 있는 상태로 시험관 속에 저장해두고 약물의 효과를 검증하기 위해 사용하는 것이다. 배양된 뉴런은 뇌에서와 같이 스파이크를 일으키며 시냅스를 통하여 메시지를 전송하므로 약물이 이런 기능들에 미치는 효과를 검증하는 데 사용될 수 있다. 하지만 시험관 속의 뉴런들은 뇌 안의 뉴런과 매우 다르게 배선되기 때문에 시험관 모델은 연결이상증으로 야기되는 정신질환에 대해서는 그다지 소용이 없을지도 모른다.

마지막으로, 줄기세포에서 사람의 뉴런을 길러 동물의 뇌에 이식함으로써 동물 모델을 '인간화'할 수 있다. 이 방법으로 결함 있는 인간 유전자를 동물에 주입하는 것보다 더 나은 동물 모델을 만들 수 있을지도 모른다. 연구자들은 이미 정신질환 이외의 질환들에 대한 인간화된 쥐 모델[23]을 만들기 위해 이와 비슷한 전략을 채택하고 있다.

더 나은 시험관 모델이나 동물 모델을 만드는 일과 함께, 우리는 그 모델을 사용해 후보 약물을 테스트할 때에 성공을 평가하는 방법을 고려해야 한다. 동물 모델에 적용할 수 있는 명백한 접근방식은 약을 투여한 다음에 거기서 생기는 행동의 변화를 수량화하는 것이다. 이를 위해 우리는 인간의 정신질환 증세와 유사한 동물의 행동[24]을 관찰할 필요가 있다. 그러나 그러한 행동을 정의하는 것은 쉬운 일이 아니다. (정신병에 걸린 쥐란 정확히 어떤 것일까?) 동물들의 행동을 테스트하여 약물의 효과를 평가하는 것이 정확하지 않은 이유가 바로 여기에 있다.

그렇다면 다른 어떤 방법이 있는가? 파킨슨병과 같은 퇴행성 신경질환에 대한 약물의 효과는 이 질환들의 동물 모델에서 뉴런의 죽음을 방지하는 데 효과가 있느냐 없느냐로 확인할 수 있다. 마찬가지로, 자폐증이나 정신분열증에 대한 약물의 효과는 행동적 증상보다는 신경병리증에 미치는 결과를 살펴봄으로써 평가하는 것이 더 나을지도 모른다. 하지만 이런 접근방식은 분명하고 일관된 신경병리증이 나타나지 않으면 막혀버린다. 만약 자폐증과 정신분열증이 연결이상증으로 발생한다는 사실이 밝혀지면, 동물 모델에서 그와 유사한 잘못된 배선을 확인하는 일이 중요할 것이다. 그다음에 그러한 잘못된 배선을 방지하거나 교정하는 일에 대한 약물의 효과를 테스트할 수도 있다. 이 접근방식을 현실화하려면 커넥토믹스 기술들의 속도를 향상시켜 여러 동물들의 뇌를 빠르게 비교할 수 있어야 한다.

앞에서 나는 커넥토믹스 없이 정신질환을 연구하는 것은 현미경 없이 감염질환을 연구하는 일과 같다고 주장했다. 나의 주장은 치료법의 연구에도 확장될 수 있다. 만약 연결이상증을 볼 수 없다면, 그것을 방지하거나 교정하는 치료법의 발견은 더욱 어려울 수밖에 없다. 게다가 네 가지 R의 커넥톰 변화와 관련된 분자들의 연구는 약물의 목표물을 확인하는 가장 중요한 길이 될 수 있다. 나는 유전체학이 일반적인 제약 연구에서 중심적인 위치를 차지하듯이, 커넥토믹스도 정신질환의 치료법 개발에서 중심적인 역할을 하리라고 예상한다.

· · ·

정신질환을 치유하는 일은 가치 있는 목표처럼 보인다. 전쟁에서 정신적 외상을 입은 병사의 뇌나 심각한 학대를 겪은 아이의 뇌를 재배선하는 것도 가치 있어 보인다. 그러나 내가 주장했던 동물이나 인간의 유전자나 뉴런을 조작하는 방법들은 공포의 전율을 유발하지도 모른다. 생명공학에 대한 불안감은 오랜 시간을 거슬러 올라간다. 영국의 작가 올더스 헉슬리Aldous Huxley는 1932년에 발표한 소설 《멋진 신세계Brave New World》에서 신체와 뇌의 변화를 통해 이루어지는 디스토피아적 미래를 상상했다. 사람들은 국가에서 통제하는 공장에서 태어나서 생물학적으로 설계된 다섯 계급으로 구분되며, 종교를 대신하여 마음을 조정하는 '소마soma'라는 약물이 제공된다.

나는 생명공학이 남용될 가능성에 대해서 경계는 해야겠지만, 두려워할 필요도 없다고 생각한다. 생명체는 너무 복잡해서 재설계reengineer하기가 매우 어렵다는 것이 증명되었다. 그것이 불가능하지는 않겠지만,

일반적으로 기우가 심한 사람들이 예상하는 것보다 더 오랜 시간이 걸릴 것이다. 하지만 진보는 느리게 진행되므로 인간 사회가 진보에 어떻게 대처할지를 생각할 수 있는 여유는 충분하다.

생명공학에 대한 낙관주의도 비관주의만큼이나 오래되었다. 헉슬리와 동시대를 살았던 아일랜드 출신의 생물학자 J. D. 버널Bernal은 1929년에 쓴 〈세계, 육체, 그리고 악마The World, the Flesh, and the Devil〉라는 수필에서 긍정적인 견해를 나타냈다. 그는 인류의 역사를 세 종류의 통제control에 대한 추구로 보았다. (인간이) '세계'를 통제하는 힘은 이미 커지고 있으며, 이것은 물리학과 공학의 목표였다. '육체'의 통제는 많이 뒤떨어져 있는 듯 보이지만, 버널은 미래의 생물학자들이 유전자와 세포의 조작법을 배우게 되리라고 예측했다. 그의 가장 예언적인 발언은 세 번째 도전에 대한 것이었다.

> 왜 세계의 무기적 힘과 우리 신체의 유기적 구조에 대한 제일선의 공격이 의심스럽고 공상 같은 유토피아처럼 보일까? 왜냐하면 먼저 악마를 추방한 경우에만, 우리는 세계를 버리고 육체를 정복할 수 있기 때문이다. 그리고 악마는 개인성individuality을 상실했음에도 불구하고 여전히 강력하다. 악마는 모든 것 중에서 가장 다루기 힘들다. 그 이유는 악마는 우리 자신 안에 있지만, 우리에게 보이지 않기 때문이다. 우리의 능력, 우리의 욕망, 우리의 마음속의 혼란은 현재로서는 이해하거나 극복하기 거의 불가능하며, 그것들의 미래가 어떨지를 예측하기는 더욱 어렵다.

버널은 정신적 결함('악마')이 우리의 진보에 궁극적 장애가 될 것을 두려워했다. 인류의 세 번째이자 마지막 도전은 정신psyche의 모습을 바꾸는 일이라고 했다.

우리가 얼마나 멀리 왔는지를 알고 나면 버널은 행복해할까? 우리는 핵무기에 의한 멸종의 위기에서 살아남았다(적어도 지금까지는 그렇다). 그리고 20세기의 전쟁과 같은 끔찍한 전쟁이 결코 다시 일어나서는 안 된다는 교훈을 받았다. 그러나 버널은 우리 욕망의 결과를 조절하기 위해 어느 시대보다 힘겹게 싸워야 한다고 말할 것이다. '세계'에 대한 인류의 통제는 부족scarcity의 문제를 해결하는 활로를 개척했다. 그러나 풍부함 또한 위험한 것으로 드러났다. 자기 통제의 결여로 환경은 오염되고 과소비로 인해 우리의 신체는 병들었다.

아마 우리는 경제적 보상의 제도를 새롭게 구성하고, 정치 시스템을 개혁하며, 윤리적 이상을 완성함으로써 '악마'에 저항할 수 있을 것이다. 이것이 바로 우리의 뇌를 개선하는 전통적인 방식들이다. 그러나 마침내 과학이 다른 방식을 발명할 것이다. 버널은 그가 '이성적 영혼'의 세 가지 적이라고 불렀던 세계와 육체 그리고 악마와 싸워 인류가 승리하기를 바랐다. 그의 꿈을 다르게 표현하면 원자, 유전체, 커넥톰의 지배를 추구하는 것이다.

물리학자 프리먼 다이슨Freeman Dyson은 다음과 같이 말했다. "과학은 나의 영토이다. 하지만 공상과학은 내 꿈의 풍경이다." 이 책의 마지막 부분에서, 나는 우리가 집단적으로 꿈꾸고 있는 두 가지 공상을 살펴볼 것이다. 하나는 발전된 미래문명에 의해 부활하기를 기대하며 시신을 냉동시키는 인체냉동보존cryonics이며, 다른 하나는 컴퓨터 시뮬레이션을 통해 영원히 행복하게 살고자 하는 업로딩uploading이다.

버널은 예언적 선언으로 그의 수필을 시작하고 있다. "욕망의 미래와 숙명의 미래라는 두 가지 미래가 있다. 그리고 인간의 이성은 그 둘을 분리하는 것을 결코 배우지 못했다." 많은 사람들이 영원히 살기를 소원하고 있으므로 우리는 인체냉동보존과 업로딩에 대하여 의심을 해야 한다. 단순한 희망사항wishful thinking은 '욕망의 미래'이며, '숙명의 미래'로부터 우리의 주의를 분산시키는 신기루에 불과하다. 이러한 꿈들을 비판적으로 검토하기 위해서 우리는 단지 소원하기보다는 그 근거를 따져보아야 한다. 그러면 우리의 생각은 분명 커넥톰으로 향하게 될 것이다.

5

인간의
한계를 넘어서

CONNECTOME

얼리거나 절이거나
CONNECTOME

나는 라스베이거스라고 불리는 사막에 있는 이상한 도시를 지금까지 두 번 방문한 적이 있다. 매일 아침 나는 호텔 침대의 부드러운 시트가 주는 호사를 누렸다. 매일 저녁에는 카지노 게임장의 화려한 광경이 나를 사로잡았다. 나는 위스키 몇 잔의 맛을 보고, 카지노의 높은 천장을 향해 시가 연기를 내뿜었다. 하지만 블랙잭 테이블과 룰렛 바퀴는 나를 지루하고 무기력하게 만들었다.

나는 운에 의존하는 게임에는 관심이 없지만 예외가 하나 있다. 정말로 중요한 단 하나의 도박이라 할 수 있는 그것은 바로 파스칼의 내기이다. 1654년 프랑스의 천재 블레이즈 파스칼은 확률이론[*]으로 알려진 수학 분야의 기틀을 확립했다. 같은 해에 그는 또한 신을 발견했다. 혹독한 종교적 환영[**]을 경험한 후에, 그의 삶의 초점은 과학이나 수학에서

---

[*] 확률이론의 발견은 파스칼과 다른 유명한 수학자인 피에르 드 페르마(Pierre de Fermat) 사이에 오간 일련의 편지에 기록되어 있다. Devlin(2010)을 보라.

철학과 신학으로 옮겨갔다. 이 기간 동안 그가 가장 중점을 두었던 작업은 기독교를 옹호하는 것이었다. 그가 서른아홉의 나이로 일찍 죽었을 때, 그 작업은 여전히 미완성이었다. 그의 노트는 사후에 《팡세(생각)Pensee》라는 이름으로 출간되었다. 이 책의 서두에서 나는 《팡세》를 언급했다. 이제 결론에 가까워진 지금 시점에서 다시 한 번 《팡세》의 생각으로 되돌아가보자.

앞에서 인용된 구절에서 추측할 수 있듯이, 《팡세》의 내용은 두려움으로 가득 차 있다. 파스칼에게는 두려움이 허무한 결말이 아니라 종교적 믿음으로 가는 전주곡이었다. 파스칼은 믿는 자에게 가장 큰 괴로움은 회의라는 것을 잘 알고 있었다. 신이 존재한다는 것을 어떻게 확신할 수 있는가? 많은 철학자와 신학자들은 신의 존재를 논리나 이성으로 증명할 수 있다고 주장했다. 파스칼은 그런 증명을 잘 알고 있었지만 설득되지는 않았다.

그래서 그는 근본적으로 다른 접근방식을 제안했다. 그는 회의주의를 몰아내려는 시도를 포기하고, 이성적인 사람이라면 결코 신의 존재를 확신할 수 없다는 것을 인정했다. 우리는 신의 존재에 대해 오직 그 확률만을 추산할 수 있을 뿐이다. 그럼에도 불구하고 파스칼은 신을 믿는 것이 타당한 일이라고 주장했다. 그가 고안해낸 방법은 신앙을 도박의 공식으로 표현하는 것이었다. 당신은 믿을 것인가, 안 믿을 것인가의 두 가지 선택에 직면해 있다. 실재로도 두 가지 가능성이 있다. 신은 존재하거나 그렇지 않다. 그림 52의 표는 당신의 선택에 대한 네 가지 가능

** 2시간 동안의 환영은 1654년 11월 23일 저녁에 일어났으며, 이는 파스칼의 '불의 밤(night of fire)'으로 알려지게 되었다. 이 사건은 파스칼이 문서로 기록해두었기 때문에 알려지게 되었다. 이 문서는 파스칼의 외투에 꿰매어져 있었고 그의 사후 가정부에 의해 발견되었다. O'Connell(1997)을 보라.

		신	
		존재한다.	존재하지 않는다.
당신	믿는다.	어머나! 모든 것을 얻는다.	글쎄… 조금 잃는다.
	믿지 않는다.	망한다! 모든 것을 잃는다.	재미 조금 얻는다.

| 그림 52 | 파스칼의 내기

한 결과를 보여준다.

만약 당신이 신을 믿지 않는다면 당신은 가톨릭 학교의 수녀님들이 삼가하라고 가르친, 죄가 되는 쾌락을 즐길 것이다. 그러나 당신은 또한 지옥에서 영원히 불타게 될 위험을 감수해야 한다. 한편, 당신이 신을 믿기로 선택한다고 가정하자. 믿음에는 매주 일요일 아침마다 잠을 자거나 테니스를 치는 대신에 교회의 딱딱한 의자에 앉아 있어야 하는 것과 같은 대가가 따른다. 그러나 만약 신이 존재한다면, 이것은 충분한 가치가 있는 일이다. 천국에서의 영원한 삶이라는 엄청난 상을 받게 될 테니 말이다.

위의 표는 모든 가능한 결과에 따르는 보상과 처벌을 나타낸다. 만약 수학적 재능이 있다면, 당신은 교회를 얼마나 싫어하는지, 지옥이 얼마나 끔찍하다고 상상하는지 등을 수치화하여 이 표 안에 채워넣을 수 있다. 당신은 신이 존재할 확률을 추산하고, 그 결과에 따라 당신의 의심이나 믿음을 수치화해야 할 수 있다. 그리고 나서 믿는 것과 믿지 않는 것의 기대수익을 계산하고, 그에 따라 선택을 할 것이다.

그런데 파스칼은 실제로 계산을 해보지 않아도 그 결과가 너무나 명백하다는 점을 지적함으로써, 열심히 계산해야 하는 짐을 덜어주었다.

영원한 삶은 무한히 지속되므로, 천국의 가치는 무한대이다. 무한에다 어떤 수를 곱하면 그 결과는 역시 무한이다. 따라서 신이 존재한다는 확률이 0보다 크다면 신을 믿는 데서 나오는 기대수익은 무한이다. 다른 숫자의 정확한 값은 중요하지 않다. 간략히 말하면, 교회에 가는 것은 복권을 사는 것과 같다. 만약 상금이 무한대라면 얼마를 지불하더라도 그 복권에는 그만한 가치가 있다.

파스칼 이후로 수 세기가 지났다. 시대는 변했고 새로운 천 년에는 새로운 도박이 생겨났다. 현대의 도박꾼들을 보려면, 아리조나의 스코츠데일Scottsdale에 있는 이상한 창고를 찾아가야 한다. 그 건물에 들어서면 우리는 사람의 키보다 약간 큰 금속용기가 열을 지어 늘어서 있는 것을 볼 수 있다. 듀어dewar라고 불리는 이 용기들은 거대한 보온병처럼 내용물을 단열 보관하고 있다. 듀어에는 한 여름에 도보여행을 할 때 필요한 상쾌한 음료 대신 액체질소가 저장되어 있으며, 얼음 대신에 인간의 시신 네 구 혹은 인간의 머리 여섯 개가 담겨 있다.

그곳은 알코어 생명연장재단Alcor Life Extension Foundation의 본부이다. 이 재단은 대략 1천 명의 살아 있는 회원과 1백 명의 사망한 회원을 보유하고 있다.* 20만 달러를 지급할 것을 확약하면 당신은 이 클럽에 가입할 수 있고, 당신에게 법적 사망진단이 내려지면 그 돈을 지불해야 한다. 그 대가로 이 재단은 당신의 시신을 영하 196도에서 영원히 보관할 것을 약속한다(모든 온도는 섭씨이다). 머리만 보관하는 것을 선택할 수도 있는데, 이 경우 가격은 8만 달러로 떨어진다. 알코어 재단은 듀어 안에

---

* 알코어의 웹페이지에 따르면, 2011년 7월 31일을 기준으로 955명의 회원과 106명의 냉동 보존된 '환자'들이 있다.

있는 사람들은 죽은 것이 아니고, '생기가 빠져나갔다'고 자신들만의 언어로 표현한다. 냉동된 머리들은 '신경 보존'되어 있으며, 이 시술은 '인체냉동보존술cryonics'이라 불린다.

〈무한한 미래The Limitless Future〉라는 28분짜리 홍보 비디오를 보면 분명하게 알 수 있듯이, 알코어의 회원들은 낙관주의자들이다. 그들은 장기적으로 과학과 기술의 진보는 인간으로 하여금 지금은 불가능해 보이는 것들을 성취할 수 있게 해줄 거라 믿는다. 미래에는 물질을 통제하는 인류의 능력이 상당히 정교한 수준까지 발달하게 되고, 급기야 죽은 신체를 '다시 살려내는reanimate' 것이 가능하게 될 것이다. 그러면 알코어 재단의 창고에 냉동된 시신들을 되살리는 것뿐만 아니라 그들의 질병과 노화도 되돌릴 수 있을 것이다. 그래서 다시 살아난 사람들은 젊은 날의 활력을 되찾게 되리라 믿는다.

대중들이 인체냉동보존이라는 생각에 처음으로 관심을 갖게 만든 사람은 물리학자 로버트 에틴거Robert Ettinger였다. 텔레비전 출연과 1967년의 베스트셀러《영생의 전망The Prospect of Immortality》(국내에서는《냉동인간》으로 출간되었다)으로 그는 어느 정도 유명인사가 되었다. 하지만 인체냉동보존술은 초반에 몇 차례 시행착오를 거쳤고, 몇 년이 지나서야 현실화될 수 있었다. 초기에는 냉동된 신체가 사고로 해동되어서 다른 죽은 이들의 시체와 마찬가지로 매장되어야 했던 곤란한 사건들도 있었다. 마침내 1993년 알코어 생명연장재단은 시신을 냉동상태로 오랜 기간 동안 안전히 보존할 수 있어 보이는 시설을 스코츠데일에 마련했다.

에틴거는 자신의 생각을 대중화하는 데 성공했으나 조롱도 받았다. 실제로 알코어 회원들을 사기꾼에게 속아 거액의 돈을 빼앗긴 어리석은 사람들이라고 경멸하고 싶은 생각이 들 수도 있다. 그러나 이런 반응은 너무 성급한 것이다. 죽은 이들을 다시 살려내는 것이 불가능하다는 것을 실제로 증명할 수 있을까? 다시 살아날 확률이 적긴 하지만 0은 아니라고 말하는 것이 더 합리적으로 보인다. 이는 파스칼 식의 논증을 가능하게 한다. 알코어 회원권의 기대가치는 다시 살아날 확률에 영원한 삶의 기치를 곱힌 것과 같다. 영원한 삶의 기치는 무한히므로 알코어 회원권의 기대가치도 무한하다. 따라서 이는 20만 달러의 대가를 지급할 만한 충분한 가치가 있다. 기독교와 마찬가지로, 인체냉동보존술은 영원한 삶이라는 상금을 바라보고 벌이는 도박이다. 파스칼의 내기가 당신에게 신에 대한 믿음을 요구한다면, 에틴거의 내기는 기술에 대한 믿음을 요구한다.

20세기 프랑스의 작가 알베르 카뮈Albert Camus의 수필《시지프스의 신화》는 다음과 같은 도발적인 주장으로 시작된다. '진정으로 심각한 단 하나의 철학적 문제가 있다. 그것은 자살이다.' 나는 거기에 대응하여 다음과 같이 응수하겠다. '진정으로 심각한 과학과 기술의 문제는 오직 하나밖에 없으며, 그것은 영생이다.'《시지프스의 신화》의 극적인 도입부에서 카뮈는 인생은 살 만한 가치가 있는가, 인생에 의미가 있는가와 같은 질문을 던진다. 자살에는 실질적 장벽이 존재하지 않으므로, 그것은 순전히 철학적 문제라는 그의 말은 주목할 만하다. 만약 당신이 스스로 자신의 생명을 끊고 싶다면, 당신은 운이 좋은 편이다. 총, 밧줄, 높은 빌딩, 독약을 찾는 것은 쉬운 일이다. 그러나 영원한 삶이란 기술적인 문제이다. 만일 당신이 영원히 살기를 원한다고* 해도 현재에는 그 선택에 가능한 대안이 없다.

영원한 젊음에 대한 추구는 인류의 역사만큼이나 오래되었다. 스페인의 탐험가 폰세 데 레온Ponce de Leon이 청춘의 샘을 찾으려다 플로리다를 발견했다는 이야기를 나는 학교 선생님들에게서 들었다. 이 매력적인 이야기는 지금 사실이 아닌 것으로[1] 밝혀졌다. 그러나 BC 3세기에 진시황이 불로초를 찾기 위해 두 차례에 걸쳐 원정대를 보냈다는 기록을 역사가들은 여전히 사실로 믿고 있다. 궁중 마법사 서복徐福[2]은 여러 척의 함대와 3천 명의 소년 소녀로 이루어진 대원들과 함께 몇 년 동안 동쪽 바다를 헤매었지만 성공하지 못했고, 두 번째 원정을 떠나서는 다시 돌아오지 않았다.

오늘날에도 사람들은 여전히 열정적으로 영원한 삶을 추구하고 있다. 판매원들은 비타민, 항산화제, 반反노화 크림을 퍼뜨리고 다닌다. 이 같은 현대판 불로초들은 실재보다는 희망사항에 더 가깝다. 그러나 과학이 마침내 생명 연장의 문제를 돌파하기 직전의 단계에 들어섰다고 생각하는 사람들이 있다. 오브리 드 그레이Aubrey de Grey는 그의 저서《노화 끝내기Ending Aging》에서 '무시할 수 있는 노화를 설계하는 전략Strategies for Engineered Negligible Senescence, SENS'에 관한 그의 생각을 내놓았다. 그는 노화과정에서 일어나는 7가지 종류의 분자 및 세포의 손상을 나열하고, 결국에는 과학이 이 모든 손상을 방지하거나 고칠 수 있게 되리라 예측했다. 드 그레이는 쥐를 기록적인 수명까지 살아 있게 한 연구자에게 상금을 수여하는 메두셀라Methuselah라는 재단을 공동 설립했다.

한편으로는, 오늘날 노화와 장수에 대한 진정한 과학적 탐구가 벌어

---

* 내 친구들 몇몇은 영생을 원하지 않는다고 말했다. 이러한 입장은 또한 철학자들, 특히 찰스 하트숀 (Charles Hartshorn)에 의해 주장되었다. 나는 이것이 역설적으로 느껴졌는데, 왜냐하면 내가 텍사스대학교에 있는 아버지 연구실에서 몇 번 그를 보았을 때, 그는 실제적으로 죽지 않을 것처럼 보였기 때문이다. 그는 80대까지 자전거를 잘 타고 다녔으며, 103살까지 살았다. 그러나 어찌 되었건 영생이 현실적인 가능성으로 보이지는 않기 때문에, 나는 자살이 더욱 흥미로운 철학적 문제라는 점에 관해서는 카뮈에게 동의한다.

지고 있으며, 이런 종류의 연구를 비판하는 것은 바보 같은 짓이다. 생명 연장의 분야에는 사기꾼들도 있지만, 그들 때문에 실제 과학적 탐구가 방해를 받아서는 안 될 것이다. 지금 당장 노화와 죽음의 문제를 해결할 가능성이 없다고 하더라도, 이것은 도전해봄 직하다. 누가 알겠는가? 충분한 시간이 주어진다면 인류는 영원한 삶을 얻을 수 있을지도 모른다.

또 다른 한편으로, 나는 이런 문제에 대하여 극단적으로 낙관적인 전망을 갖는 것에는 회의적이다. 발명가인 레이 커즈와일Ray Kurzweil은 그의 책《영원히 살려면 충분히 오래 살아라Live Long Enough to Live Forever》에서, 몇십 년 안에 영원한 삶이 이루어질 수 있으리라 예측한다. 만약 그 때까지 살아남을 정도로 충분히 오래 살 수 있다면, 당신은 영원히 살 수 있으리라는 것이다. 하지만 개인적으로 나는 이 책을 읽고 있는 친애하는 독자 여러분들 모두 죽음을 맞으리라 확신하며, 나 자신도 마찬가지이다.

만약 당신이 장기적으로는 낙관주의자이고 단기적으로는 비관주의자라면, 무엇을 해야 할 것인가? 왜 알코어 재단에 가입하여 죽음을 준비하지 않는가. 당신의 시신을 액체질소로 채워진 타임캡슐에 집어넣어라. 그러면 당신의 신체는 인류가 영생의 기술뿐만 아니라 부활의 기술을 완성할 때까지 수 세기 혹은 수억겁 년 동안 보존될 수도 있다. 그러나 인체냉동보존술은 영원한 삶을 보장할 정도는 아니고, 액화질소를 만들 만큼만 발달된 문명에서 미래를 내다보는 사람들이 실천하는 일시적인 방안일 뿐이다. 이쯤 되면 모든 사람들이 인체냉동보존술 이야기를 들어보았을 것이다. (어떤 사람들은 '극저온학cryogenics'이라고 하지만 이 용어는 영원한 삶을 위한 기술이 아닌 낮은 온도에 대한 일반적 연구를 의미한다.) 대중들의 인식이 전환된 시점은 아마도 야구 선수 테드 윌리엄스Ted Williams가 사망한 2002년이었을 것이다. 그가 세 번째 결혼으로 낳은 아들과 딸은 그의 시신을 보존하기 위해 알코어 재단으로 보냈다. 그가 첫 번째 결혼에서 낳은 딸은 윌리엄스가 유서에서 화장을 부탁했다며 소송을 제기했다. 기이한 법정분쟁이 이어지는 동안 알코어 재단은 제3자로서 판결을 기다리고 있었으며, 윌리엄스의 잘려진 머리와 신체는 냉동이 아닌 냉장 상태로 알코어 재단의 창고에 보관되었다. 결국 알코어 재단은 나머지 요금을 받았고, 이 운동선수의 시신은 지금 액화질소 속에 잠들어 있다.*

내가 접한 대중들의 의견에 따르면, 이제 사람들은 최소한 인체냉동 보존술의 주장에 대해 고려하기 시작했다. 알코어 재단의 회원들은 더 나아가서 이 주장을 확신하며 냉동에 돈을 투자하고 있다. 오랜 기간 동안 종교는 믿기 어려운 것을 믿도록 사람들을 성공적으로 설득해왔다. 1917년 세 명의 목동들이 성모 마리아와 나머지 성가족을 보았다고 공언했고, 이를 증명하기 위해 태양의 색깔이 변하면서 하늘에서 요란하게 춤추리라 예언했다. 이를 목격하기 위해 7만 명의 군중이 포르투갈의 파티마라는 마을 근처에 모여들었다. 1930년에 로마 가톨릭 교회에서는 이 사건을 '태양의 기적Miracle of the Sun'**이라고 공식적으로 인정했고, 매년 수백만 명의 순례자들이 그 장소를 찾고 있다.

여론 조사에 따르면 미국인의 80퍼센트가 기적을 믿는 것[3]으로 알려져 있다. 나는 일부 기독교인들이 기적을 믿는 것은 원시적이며 천박하

---

* 테드 윌리엄스의 이야기는 Johnson and Baldyga(2009)에서 찾을 수 있다.
** 이 기적에 관한 여러 책들이 있다. Bertone and De Carli(2008)은 추기경에 의해 쓰여졌고, 교황이 승인한 책이다. 성모 마리아의 환영은 어린 목동들에게 세 가지 비밀을 알려주었다. 바티칸은 이것들을 모두를 세상에 공개했다고 주장하지만, 세 번째인 '파티마의 마지막 비밀'의 일부를 감추고 있다는 비난을 받고 있다.

다고 비웃는 것을 보았다. 그러나 기독교는 예수의 부활이라는 가장 유명한 기적에 대해 떠들어대고 있다. 로마 가톨릭의 화체설transubstantiation 교리에 따르면 기적은 제병과 포도주가 그리스도의 살과 피로 변하는 매주 일요일마다 모든 교회에서 계속 일어난다고 한다. 만약 당신이 종교를 믿는다면, 기적을 계속 주장하는 것은 합리적이며 일관적이다. 초자연의 힘에 대해 다른 어떤 증거가 있을 수 있는가.

오늘날 우리는 다른 기적의 근원과 사랑에 빠져 있다. 2007년 6월 29일을 앞두고 미국 전역에 걸쳐 수천 명의 광신자들이 며칠 전부터 애플사의 기술을 숭배하기 위해 성지 앞에 모여들었다. 아이폰이 출시되고 하루 반 만에 27만 명의 고객들이 개종했다.[4] 그 해가 끝나기 전에 수백만 명의 사람들이 그 뒤를 따랐다. 10년간에 가장 기대되었던 신상품의 출시를 맞이하는 그 광란 속에서 일부 블로거들은 그것을 '예수의 전화기'라 이름 붙이기도 했다.

그 열풍으로 판단컨대, 아이폰은 분명 특별한 것이었다. 누군가는 이 것을 현대판 기적이라고 불렀을지도 모른다. 이것이 과장이라고 생각된다면, 19세기에 살던 사람들이 아이폰을 어떻게 보았을지 상상해보라. 클라크의 세 번째 예측 법칙Clarke's Third Law of Prediction에 따르면,[*] '충분히 진보한 기술은 마술과 구분될 수 없다'고 한다. 끊임없는 기적을 이루어내며 기술은 우리들에게 그 놀라운 능력에 대한 믿음을 심어주었다. 기술적 낙관주의에 대한 새로운 추종이 시대정신 속에 깊숙이 자리

---

[*] Clarke(1973)는 세 가지 법칙을 제시하고 있다. 첫 번째와 두 번째는 다음과 같다. (1)저명하고 나이든 과학자가 어떤 것이 가능하다고 진술한다면, 그가 거의 확실히 옳을 것이다. 그가 어떤 것이 불가능하다고 진술한다면, 그가 틀릴 가능성이 매우 높다. (2)가능한 것의 한계를 발견하는 유일한 방법은 그 한계선을 지나 불가능의 영역으로 과감하게 조금 들어가보는 것이다.

잡았다.

세례 요한은 메시아가 강림할 것이며, 신의 왕국이 멀지 않았다고 예언했다. 기술의 예언자는 레이 커즈와일이며, 그의 복음서는 2005년에 발표된 책 《특이점이 온다The Singularity Is Near》이다. 나는 앞에서 지난 40년 동안 우리를 놀라게 했던 계산 능력의 기하급수적 성장을 설명한 무어의 법칙에 대해 언급했다. 커즈와일은 이 영광스러운 과거를 미래 그리고 컴퓨터 이외의 기술들까지로 확대하여 추정함으로써 무한한 미래에 대한 전망을 보여주었다.

커즈와일의 무한한 낙관주의는 라이프니츠를 떠올리게 한다. 앞에서 우리는 지각에 관한 그의 견해를 살펴보았다. 라이프니츠는 우리가 모든 가능한 세계들 중에서 최상의 세계에 살고 있다고 가르쳤다. 그에 대한 간단한 논증은 다음과 같다. 신은 완전하고 전능하므로 신은 최상의 세계보다 못한 것을 결코 창조하지 않았을 것이다. 라이프니츠의 낙관주의는 주로 프랑스 철학자 볼테르의 풍자를 통해 기억되고 있다. 풍자소설 《캉디드Candide》에서 유식한 팡글로스 박사Dr. Pangloss는 어디를 가든 그를 둘러싸고 있는 악과 혼란을 알아채지 못한 채 세계가 완벽하다는 것을 남들에게 설득하려 한다.

물론 우리는 모든 가능한 세계들 중에서 가장 최상의 세계에 살고 있지 않다. 그러나 잠시만 기다려보라. 기술이 우리를 그곳으로 데려다줄 것이다. 이것이 커즈와일의 팡글로스 식 약속이다. 그 가능성의 조짐이 사람들을 인체냉동보존술로 끌어들였다. 내 견해로는 사람들이 그들의 의심을 묻어두는 것은 기계론('기계관' 또는 '기계주의')을 인정한다는 증거이다. 기계론은 뇌를 포함한 신체가 단지 기계에 불과하다는 철학적 이론이다. 물론 우리 신체는 우리가 만드는 기계들보다 훨씬 복잡하지

만, 기계론에 따르면 둘 사이에는 결국엔 근본적인 차이가 없다

우리는 이 이론에 오랫동안 저항해왔다. 19세기만 하더라도 일부 생물학자들은 물리학이나 화학의 법칙에는 결여되어 있는, 살아 있는 유기체 안에 존재하는 '생기력'이란 생각에 집착했다. 20세기에 들어서 분자생물학의 발전으로 '생기론vitalism'은 폐기되었다. 하지만 아직도 많은 사람들이 정신 현상은 영혼과 같은 비물리적인 존재에 의존한다는 일종의 이원론을 고수하고 있다. 그러나 신경과학의 발견을 통해 수많은 사람들이 '기계 안의 유령'이 존재하지 않는다는 것을 확신하게 되었다. ('기계 안의 유령'은 인간의 신체와 정신과의 관계를 설명하며 정신을 기계 안에 들어 있는 유령으로 비유하여 표현한 것이다.)

만약 신체가 기계라면 왜 수리를 할 수 없는가. 기계론을 인정한다고 가정하면, 신체 수리의 가능성이 논리학이나 물리학의 법칙을 침해하는 것처럼 보이지는 않는다. T. H. 화이트White는 아서 왕의 전설에 대한 그의 저서 《아서 왕의 검The Sword and the Stone》에서 '금지되지 않은 모든 것은 강제적이다'라는 슬로건으로 모든 입구가 장식된 개미집 속에 사는 개미 군집을 묘사함으로써 전체주의 사회를 풍자했다. 커즈와일은 라이프니츠를 현대화하여 '가능한 것은 모두 불가피하다'고 말한다.

그러나 모든 몽상가들은 기억하기 싫겠지만, 우리가 결코 추구할 수 없는 많은 가능성들이 존재한다. 모든 의사결정에는 비용과 이익이 저울질된다. 죽은 사람을 되살리는 것이 가능할지는 모르지만 그 대가는 과연 무엇일까? 인간의 생명은 가격을 매길 수 없을 정도로 귀중하지만 인체냉동보존술을 위해 지불할 만한 돈이 없다면 어떻게 될까? 예를 들어 죽은 사람을 되살리는 것이 원칙적으로 가능하지만 이를 위해서 우리에게 알려진 우주 안의 모든 에너지보다 더 많은 양의 에너지가 필요

하다고 가정해보자. 어느 순간 유한하고 값비싼 자원들의 제약으로 문제가 발생하기 시작할 것이다.

죽은 사람을 되살리는 데 따르는 어려움은 알코어 재단의 회원들에게도 중요한 문제가 되는데, 이는 그 어려움이 회원들에게 주어진 시간의 한계time horizon를 결정하기 때문이다. 인체냉동보존술이 주목을 받을 수 있는 가장 큰 장점은 액체질소 속에 담겨 있는 동안 당신은 영원히 기다릴 수 있으며 결코 지루해지지 않는다는 것이다. 그런데 당신의 휴식처가 온전하게 남아 있을 것이라 어떻게 확신할 수 있는가? 만일 재생의 기술이 발달하는 데 백만 년이 걸린다면, 그때까지 알코어 재단이 존재할 가능성은 어느 정도인가?

인체냉동보존술을 믿는 사람들 중에는 현실적으로 고려해야 할 사항들을 외면해버리는 이들도 있을 수 있다. 그러나 성격상 회의적인 사람들은 에틴거의 내기에 대해 진지하게 고려해봐야 할 것이다. 파스칼은 자신의 내기에는 무한한 상금이 걸려 있으므로 계산이 필요 없다고 주장했다. 그러나 실제로 우리의 우주에 진정으로 무한한 것은 없다. 합리적 의사결정자는 결국 실제로 확률을 계산할 수밖에 없다. 어느 누구도 계산해야 할 숫자를 정확하게 알지는 못하지만, 최소한 추정은 할 수 있을 것이다. 어떤 정보에 입각하여 이런 추정을 하려면 관련된 과학적, 의학적 쟁점에 대한 연구가 필요하다. 어떤 기계든 고장난 부속을 대체하면 끝없이 작동할 수 있다. 2007년 세계에서 가장 오래된 작동 가능한 자동차가 경매에 붙여졌다. 내부 연소엔진이 아니라 증기기관을 가진 '라 마르키스La Marquise'라는 이름의 이 차는 1884년에 당시 세계에서 가장 큰 자동차 제작사였던 드 디옹-부통&트레파르도De Dion, Bouton et Trepardoux에서 생산되었다. 이 차가 320만 달러에 팔렸다는 사실은 매우 오래된 자동차가 작동하는 상태로 남아 있다는 것이 얼마나 희귀한지를 알려준다. 자동차는 일반적으로 대략 12년 동안 견딜 수 있도록 설계된다. 생산된 지 25년이 지난 자동차는 골동품으로 간주된다. 만약 운송이 유일한 목적이라면, 자동차를 그 이상 유지하는 것은 비용 대비 효율이 높지 않다. 소량으로 교체 부품을 제작하여 하나씩 설치하는 데는 비용이 많이 든다. 자동차를 영원히 작동하도록 유지하는 것은 오직 미학적이거나 감상적인 면에서 가치가 있을 뿐이다.

물론 인간을 계속 살아가게 하는 데에는 더 나은 이유들이 있다. 때로는 높은 비용을 지불하고 부품을 교체하여 신체를 수리하기도 한다. 장기이식은 약물을 통해 피이식자의 면역체계를 억제하여 이식받은 장기에 대한 공격을 방지할 수 있게 되면서 가능해졌다. 하지만 피이식자의 장기와 유전적으로 동일한 세포로 만들어진 장기를 사용하여 면역반응을 완전히 차단하는 편이 더 나을 것이다. 지금 당장은 일란성 쌍둥이의 장기를 다른 쌍둥이에게 이식하는 경우에만 이것이 가능하다. 그러나 조직공학자tissue engineer들은 임시 골격 구조에서 세포를 길러 시험관 안에서 장기를 배양하는 꿈을 꾸고 있다. 만약 그들이 성공한다면, 사람의 세포를 떼어내 시험관 안에서 장기를 길러내서 다시 그 사람에게 이식하는 것이 가능하게 될 것이다. 그러면 기증자가 필요 없게 된다.

그러나 우리가 장기 이식의 미래를 낙관적으로 본다고 해도 거기에는 근본적인 제한이 있다. 뇌는 대체할 수 없는 장기이다. 뇌 이식의 기술적 문제점에 대해 얘기하려는 것이 아니다. 내가 말하고 싶은 것은 개인의 정체성personal identity 문제이다. 이를 위해 소니Sonny와 테리Terry의 실화를 살펴보자.

1995년에 소니 그레이엄Sonny Graham은 자살한 테리 코틀Terry Cottle이 기증한 심장을 이식받았다.[5] 이 사건의 놀랄 만한 반전은 9년 후에 소니가 테리의 미망인인 세릴Cheryl과 결혼을 한 것이다. 그리고 결혼생활 4년 만에 소니는 테리와 같은 방법으로 자신의 머리를 총으로 쏴서 자살했다. 타블로이드 신문들은 '자살이 한 개의 심장을 공유한 두 사람의 목숨을 앗아갔다'와 같은 제목의 기사를 실으며 난리를 쳤다.

기자들과 블로거들은 터무니없는 추측과 질문들을 쏟아냈다. 소니가 세릴을 사랑하게 만든 기억이 이식된 심장 안에 있었을까? 테리에게 그랬던 것처럼 그 심장이 소니를 자살로 몰아넣었을까? 이 이야기는 세릴이 다섯 번이나 결혼했으며,[6] 전 남편들 모두를 자포자기의 상태로 몰고 갔다는 사실을 경찰이 발견해내면서 그 신비감이 훨씬 줄어들었다. 테리의 심장을 받은 후에도 소니는 여전히 소니였다. 그의 정체성은 바뀌지 않았다. 소니를 세릴과 사랑에 빠지게 만든 것이 이식된 심장인지도 의심스럽다. 그보다는 세릴의 매력에 소니가 끌렸을 가능성이 훨씬 더 크다. (어찌 되었건 그녀는 남편이 다섯이나 있었으니 말이다.)

이와 대조하여, 가상의 뇌 이식을 살펴보자. 오늘날 그런 수술은 불가능하지만, 흥미로운 가상실험을 해볼 수는 있다. 테리의 뇌를 소니에게 이식했다고 가정하자. 소니가 테리의 뇌를 이식받았다고 하는 것은 말이 되지 않는다. 뇌 이식 후의 소니는 그의 친구들이 알았던 소니가 아닐 것이기 때문이다. 만약 그들이 소니에게 '소니, 우리가 그때에 ⋯⋯ 했던 시간을 기억해?'라고 묻는다면, 그에게서는 멍한 시선만이 돌아올 것이다. 대신에 우리는 테리가 소니의 신체를 받았다고 말할 수 있다. 다시 말해 우리는 그것을 뇌 이식이 아니라 신체 이식이라 부를 수 있다. 그러면 세릴이 자살한 남편과 두 번째로 대면한 것을 달리 설명할 수 있을 것이다.

소니와 테리의 괴상한 이야기는 인체냉동보존술에 대해서 중요한 점을 보여준다. 그 핵심적인 문제는 뇌의 보존이다. 대부분의 알코어 회원들은 머리만을 냉동시키는 저렴한 방법을 선택했다. 짐작컨대 그들은 자신들을 부활시킬 정도로 미래 문명이 발달한다면, 신체 또한 새로운 것으로 내체할 수 있으리라 믿기 때문일 것이다. 하지만 과연 미래 문명은 그들의 냉동된 뇌를 되살려낼 수 있을까?

알코어 재단과 계약을 하려는 사람은 누구든 이 질문에 직면한다. 이것은 알코어 재단에 전혀 관심이 없는 사람에게도 상당히 흥미로운 것이라고 나는 생각한다. 죽은 사람을 되살려내는 것은 기계론이 마주해야 할 궁극적인 도전이다. 철학자들은 지쳐 쓰러질 때까지 논쟁을 할 수 있으며, 과학자들은 모든 증거를 찾아낼 수 있다. 그러나 이들은 우리에게 신체와 뇌가 기계라는 확신을 결코 주지 못할 것이다. 궁극적 증명은 오직 공학자들이 인간의 뇌 같이 복잡하고 기적적인 기계를 만들거나, 혹은 죽은 신체와 뇌를 자동차처럼 수리하여 다시 살아나게 할 수 있을 때에만 이루어질 것이다.

좀 더 현실적인 차원에서 우리는 알코어 재단에 던지는 질문을 병원에서 가끔 묻게 되는 질문의 극단적인 형태라고 볼 수도 있다. 혼수상태로 누워 있는 환자의 친구와 가족들은 이런 질문에 대한 답을 듣고 싶어 한다. 그녀는 과연 깨어날 수 있을까? 혼수상태에 빠진 뇌처럼, 알코어 재단에 보관된 뇌는 손상을 입었다. 이 두 종류의 뇌는 삶과 죽음의 경계를 흐리고 있다. 손상된 뇌를 되살리는 데 있어서 근본적 한계는 어디까지인가? 다시 한 번 얘기하지만, 커넥톰을 고려하지 않고는 이 질문에 적절히 대처할 수가 없다.

알코어 재단의 시술 절차는 저온생물학cryobiology이라고 알려진 분야에 기반하고 있다. 당신은 아마도 불임전문의들이 나중에 사용하기 위해 정자, 난자, 수정란을 냉동시킨다는 사실을 알고 있을 것이다. 혈액은행에서는 몇 년 뒤의 수혈을 위하여 희귀한 유형의 혈액을 냉동시켜 보관한다. 고전적 방법은 세포를 글리세롤이나 다른 결빙억제제cryopro-tective agent 속에 담근 다음, 가령 1분에 1도 정도로 천천히 온도를 낮추는 것이다. 결빙억제제는 세포들의 생존율을 높여준다. 그러나 이 방법은 결코 완전하지 않다. 정자가 가장 잘 살아남으며[7] 난자와 수정란은 정자보다 생존률이 떨어진다. 저온생물학자들은 장기 전체를 얼리기를 원한다. 단지 즉각적인 이식이 가능하지 않다는 이유로 장기를 버리는 것은 낭비이기 때문이다.

천천히 냉동하는 방법은 주로 시행착오로 발견되었다. 그 방법을 개선하기 위해 저온생물학자들은 그 방법이 어떻게 작동하는지를 이해하려 연구했다. 냉동되는 동안에 세포 내부에서 일어나는 복잡한 현상을 밝혀내는 것은 쉽지 않은 일이다. 한 가지 확실한 것은 세포 내부에 형성되는 얼음은 치명적[8]이라는 사실이다. 세포 내부의 얼음이 왜 세포를 죽이는지는 잘 알려져 있지 않지만, 저온생물학자들은 무슨 수를 써서라도 세포 안에 얼음이 생기는 것은 막아야 한다는 것을 알고 있다. 천천히 냉각시키면 세포 밖의 물은 얼지만 그 내부의 물은 얼지 않게 하면서 세포를 냉각할 수 있다.

어떻게 이것이 가능할 수 있을까? 만약 당신이 추운 지역에 살고 있다면, 겨울에 눈이 내리는 동안에 사람들이 인도에 소금을 뿌리는 것을 보았을 것이다. 이는 얼음이 어는 것을 방지해 사람들이 넘어지지 않도록 해준다. 소금물은 순수한 물보다 더 낮은 온도에서 얼기 때문이다.

물의 염도가 높을수록 어는점은 낮아진다. 세포들이 천천히 냉각되면, 삼투압에 의해 세포 내부의 물은 점진적으로 밖으로 빠져 나온다. 그 결과 세포에 남아 있는 물은 염도가 점점 더 높아지면서 쉽게 얼지 않게 된다. 하지만 만약 세포들이 너무 빨리 냉각되면, 세포 내부의 염도가 충분히 높아지지 못해 세포들은 냉동되고 치명적 결과가 발생한다.

천천히 냉각하는 것에 이점만 있는 것은 아니다. 왜냐하면 세포 내의 염도가 높게 오래 지속되는 것은 얼음이 생기는 것만큼 치명적이지는 않지만 세포들을 손상시킬 수 있기 때문이다.* 게다가 천천히 냉각하는 것이 세포 외부에 얼음이 생기는 것을 막아주지는 못하기 때문에 어떤 경우에는 조직이나 전체 기관에 손상을 일으키기도 한다. 이 문제들을 해결하기 위해 일부 연구자들은 천천히 냉각하는 대신에 액체 상태의 물을 유리와 같은, 즉 '유리질화vitrified'된 특이한 물질 상태로 변화시키는 특정한 조건 속에서 세포들을 냉각시킨다. '유리질화'는 '유리vitum'라는 라틴어에서 유래했으며, 유리질화된 상태는 고체이지만 결정 구조가 아니다. 이 상태에서 물 분자들은 무질서한 상태로 있으며, 얼음 결정에서 보이는 것과 같은 규칙적인 격자 형태로 배열되어 있지 않다.

정상적인 상황에서는 유리질화는 급속한 냉각을 필요로 하는데, 세포들의 경우에는 이것이 가능하지만 장기 전체를 빠른 속도로 냉각하는 것은 불가능하다. 그 대안으로 극도로 고농축된 결빙억제제를 추가하면 천천히 냉각하는 것과 같은 속도로 물을 유리질화할 수 있다. 불임연구자들은 이미 이 방법을 난모세포oocyte나 수정란에 적용하고 있으며[9] 일

---

* 나는 여기서 편의성을 위해 염도(소금기)라는 표현을 사용하고 있다. 그러나 실제로 소금 이온 이외의 다른 용질들 또한 중요하다.

부는 성공을 거두었다.

'21세기 의료21st Century Medicine'라는 회사에서 일하는 그렉 파에이Greg Fahy는 몇십 년 동안 장기의 냉동보존 문제를 연구했다. 파에이는 전자 현미경을 이용하여 유리질화된 조직을 검사했다. 이 과정은 세포막에 상대적으로 거의 손상을 입히지 않으면서 세포 구조를 보호하는 것처럼 보인다. 그러나 실망스럽게도 유리질화된 장기들은 몇 년에 걸친 엄격한 테스트에서 계속 실패했다. 유리질화된 장기들을 해동하여 이식했지만 살아서 제대로 기능하지 못했던 것이다. 하지만 놀라운 발전이 이어지며 마침내 파에이 팀은 성공을 거두었다. 최근 이들이 유리질화되었던 신장을 토끼에게 이식한 이후,[10] 실험이 끝날 때까지 그 신장이 몇 주 동안 기능이 유지되었음을 입증한 것이다. 파에이의 연구로 고무된 알코어 재단은 이제 유리질화를 이용하여 회원들의 시신을 보존하고 있다.

그렇다면 시신들은 손상되지 않고 얼마나 오랫동안 냉동상태로 유지될 수 있을까? 누구나 알고 있듯이 냉장고의 물건도 언제까지나 보존되지는 않는다. 그러나 이것은 인체냉동보존과 아무런 관련이 없다. 영하 196도의 액체질소는 냉장고가 내려갈 수 있는 최저온도보다 훨씬 더 낮은 온도이다. 이는 가능한 가장 낮은 온도인 '절대영도', 영하 273도에 가깝다. 낮은 온도는 분자들의 원자 구조를 변경하는 화학적 반응을 늦추어 보존작용을 한다. 액체질소의 극히 낮은 온도는 화학적 반응을 거의 완전하게 중지시킨다. 따라서 액체질소 속에서 냉동된 시신의 분자들은 우주선cosmic ray이나 기타 유형의 전리 방사선ionizing radiation에 부딪히는 경우를 제외하고는 변화하지 않는다. 이러한 충돌이 일어나는 경우는 극히 드물기 때문에 물리학자 피터 마주르Peter Mazur[11]는 세포들이 액체질소 속에서 수천 년은 지속될 것이라 추산했다. 알코어 회원들에게도 시간은 흐르고 있지만 그들의 시간이 소진되기까지는 최소한 수천 년의 시간이 남아 있다.

그러나 더욱 근본적인 문제들이 있다. 알코어 회원들은 모두 유리질화되기 선에 몇 시간 혹은 며칠 동안 죽은 상태로 있었다. 그 정의에 따르면 죽음은 불가역적인 것이 아닌가? 만약 그렇다면, 어떻게 죽은 사람을 되살릴 수 있을까?

불가역성은 분명 죽음에 대한 정의에서 핵심적인 부분이다. 그러나 이 점이 죽음의 정의에 문제를 일으킨다. 불가역성은 영구적인 개념이 아니며, 현재 사용 가능한 기술에 따라 변할 수 있다. 지금은 되돌릴 수 없는 일이 미래에는 되돌릴 수 있게 된다. 대부분의 인간 역사에서 호흡과 심장 박동이 멈추면 그 사람은 죽었다고 여겼다. 그러나 이제 이런 변화는 때때로 되돌릴 수 있다. 지금은 호흡을 회복시키고 심장을 다시 뛰게 하며, 심지어는 결함 있는 심장을 건강한 심장으로 대체하는 일도 가능하다.

그와는 반대로, 심장박동이나 호흡은 계속되어도 심각한 뇌 손상을 입은 사람은 현재 법적으로 죽은 것으로 간주된다. 이러한 새로운 정의는 1960년대에 인공호흡기mechanical ventilator의 도입으로 생겨났다. 인공호흡기는 사고 희생자들의 심장을 계속 뛰게 하여 의식을 회복하지 못하더라도 생명을 유지할 수 있게 만들었다. 하지만 결국에는 심장이 멈추거나 가족들이 인공호흡기의 제거를 요구했다. 부검을 했을 때, 그 신체의 장기들은 육안이나 현미경으로 보아도 완전히 정상으로 보였다. 그러나 뇌는 변색이 일어나고, 부드러워지거나 부분적으로 액화되었으며, 꺼낼 때 종종 부서져버렸다. '인공호흡기 뇌respirator brain'[12]라고 불리는 이런 상태를 보고 병리학자들은 신체의 나머지 부분보다 뇌가 훨씬 전에 죽었다는 결론을 내렸다.

1970년대에 미국과 영국은 죽음의 선고를 결정하는 새로운 법률을 제정하기 시작했다.[13] 호흡/순환의 실패라는 전통적인 기준에 덧붙여 미국은 뇌간을 포함한 뇌 전체의 사망이라는 대안적인 기준을 추가했다. 영국에서는 뇌간 하나만의 사망으로도 충분히 죽음의 기준이 되었다. 미국의 정의는 때때로 '전뇌사 whole-brain death'라고 불리며, 영국의 정의는 '뇌간사 brainstem death'라고 한다.

뇌간은 호흡과 의식 모두에 중요한 역할을 한다. 뇌간의 뉴런들은 호흡 근육을 통제하는 신호를 생성한다. 만일 이들이 활동하지 않으면 호흡은 중지되고, 환자는 인공호흡기 없이 생명을 유지할 수 없다. 뇌간사를 호흡/순환과 관련된 전통적인 심폐사와 거의 동등하게 만드는 것은 호흡에서 뇌간이 차지하는 역할이다. 이보다 더 중요한 뇌간의 또 다른 역할은 뇌 전체의 의식을 일깨우는 것이다. 우리의 의식 수준은 언제나 오르내리며, 그 변동은 수면-활동의 순환기에 가장 극적으로 일어난다. 집합적으로 망상활성계reticular activating system로 불리는 뇌간의 여러 뉴런 군들은 축삭을 뇌 전체에 걸쳐 내보낸다. 이 뉴런들은 신경조절물질neuromodulator로 알려진 특수한 신경전달물질을 분비하는데, 이것은 시상thalamus과 대뇌피질을 '깨우는' 화학물질들이다. 이 물질들이 없다면 뇌에 아무런 손상이 없어도 환자는 의식이 없다.

이 상황을 다음과 같이 요약할 수 있다. '만약 뇌간이 죽으면[14] 뇌가 죽은 것이고, 뇌가 죽으면 그 사람이 죽은 것이다.' 이것이 영국의 뇌간사 개념의 근거이다. 뇌간은 보통 뇌의 다른 부분보다 더 오래 기능을 하므로 뇌간사의 개념은 합당해 보인다. 뇌의 손상은 뇌 부종cerebral edema이라는 액체의 비정상적 축적을 일으킨다. 이는 두개골의 압력을 높이고 혈액이 제대로 순환되지 않고 정체되게 만든다. 그 결과 더 많은 세포들이 죽게 되고, 이는 또 다시 더 심한 부종과 혈액 흐름의 중지까지 일으키게 된다. 이런 악순환은 계속되며,[15] 결국에는 압력에 의해 뇌간이 뭉개지게 된다. 따라서 만약 뇌간이 기능을 하지 못하면, 뇌의 나머지도 이미 망가졌을 가능성이 크다.

이상이 뇌간이 손상되기까지의 정상적인 과정이다. 그러나 드물기는 하지만 뇌의 대부분이 손상되지 않고 남아 있는데도 뇌간 전체가 파괴되기도 한다. 이런 환자는 인공호흡기 없이는 결코 호흡을 할 수 없으며, 의식을 다시 회복할 수도 없다. 그러나 기억, 성격, 지능 등이 대뇌에 보존되어 있다고 가정하면, 그 환자가 여전히 살아 있다고 주장할 수 있다. 개인의 정체성에 있어서는 이런 속성들이 호흡이나 혈액 순환이나 뇌간의 기능보다 더욱 근본적으로 보인다.

이런 구분은 순전히 이론적인 것인데, 현재로서는 뇌간이 완전히 손상된 환자는 다시 의식을 회복할 수 없기 때문이다. 그러나 의사들이 뇌간 내 뉴런들의 재생을 유도하고, 손상을 되돌릴 수 있는 미래 의학을 상상해보자. 그러면 환자가 다시 의식을 찾고 기능을 회복하는 것이 가능할지 모른다. 이 경우 뇌간의 정지가 곧 그 사람이 죽었음을 의미한다는 생각은 되돌릴 수 있는 호흡/순환이 정지된 이후 그 사람이 죽었다고 간주하는 것만큼이나 시대에 뒤떨어진 생각으로 보일 것이다.

이러한 미래의 발전이 억지스럽게 들릴 수도 있지만, 지금 우리의 목표는 예언이 아니다. 대신에 이런 가상실험들은 보다 본질적인 죽음의 정의를 찾도록 우리에게 동기를 부여하고 있다. 이상적으로 말하자면 죽음의 정의는 미래의 의학이 아무리 발달하더라도 타당하게 죽음을 설명할 수 있어야 한다. 이 책에서 나는 '당신은 당신의 커넥톰이다'라는 가설을 테스트하는 여러 가지 방법에 대해 설명했다. 이 가설이 참이라면, 죽음에 대한 근본적인 정의 한 가지를 바로 도출할 수 있다. 죽음은 커넥톰의 파괴이다. 물론 우리는 아직 커넥톰에 개인의 기억, 성격, 지성이 포함되어 있는지 여부를 알지 못한다. 따라서 이런 생각들을 테스트하는 일은 아주 오랫동안 신경과학자들의 관심을 끌 것이 틀림없다.

단기적으로 우리가 할 수 있는 것은 추측뿐이다. 커넥톰이 개인의 기억에 있는 대부분의 정보를 포함하고 있을 수 있다. 그러나 그것이 사실이라도 커넥톰에 그 모든 정보가 포함되지 않을 수 있다. 모든 요약들이 그렇듯이 커넥톰은 일부 상세한 내용을 생략한다. 이렇게 버려진 정보˙의 일부가 개인의 정체성과 관련이 있을 수 있다. 나는 **커넥톰의 사망**이 개인의 기억상실을 함축한다고 추측한다. 그러나 그 반대는 참이 아닐 수 있다. 커넥톰이 완전히 보존된다고 해도 개인의 기억에 있는 정보 중 일부는 상실될 수 있다. (다음 장에서 **완전성** 문제를 취급하겠다.)

커넥톰의 사망은 뇌의 **구조**를 강조한다는 점에서 뇌 기능에 입각한 전통적인 죽음의 정의에서 벗어난다. 법적인 의미에서 죽음은 뇌 전체나 뇌간의 **기능**이 손실되어 회복이 불가능한 상태라고 정의된다. 그러나 앞에서 언급했듯이 불가역적이란 용어에는 문제가 있다. 뱀에 물리거나 어떤 약물을 사용했을 때 뇌간사와 유사한 증상이 나타날 수 있지만 이때 발생하는 기능 상실은 회복될 수 있다. 잠깐 인공호흡을 하고 나면 환자는 완전히 회복된다.[16] 따라서 전문가에게도 기능의 상실이 언

˙ 역으로, 커넥톰(연결체)에 있는 일부 정보는 발달과정에서 뇌가 스스로를 배선하면서 생겨난 단순히 무작위적인 '잡음(noise, 노이즈)'일 수 있기 때문에, 인격 동일성과 무관할 것일 수도 있다.

제 영구적인지를 결정하는 것은 까다로운 문제일 수 있다.

다른 한편으로 커넥톰의 사망은 (그것이 기억의 상실을 함축한다고 가정하면) 진정으로 돌이킬 수 없는 기능의 상실을 함축하는 구조적 기준을 바탕으로 하고 있다. 하지만 안타깝게도 이 정의는 현실적으로 병원에서는 아무런 소용이 없다. 현재 우리는 살아 있는 환자에서 뇌간에 의해 매개되는 반사작용, 뇌파EEG, fMRI를 통해 뇌의 기능을 측정할 수 있다. 하지만 살아 있는 뇌의 뉴런 커넥톰을 찾는 방법은 전혀 알지 못하기 때문이다.

나는 커넥톰의 사망이란 생각을 실용적으로 적용할 수 있는 단 한 가지 방법을 생각해냈다. 아마 이것도 실제로는 그리 실용적이지 않을 수 있으나 여전히 매력적이다. 왜 인체냉동보존술의 주장을 비판적으로 검토하는 데 커넥토믹스를 사용하지 않는가. 나는 알코어 회원들의 뇌가 순환/호흡 사망이나 유리질화로 손상될 수 있는 방식들을 길게 설명했다. 알코어의 주장대로, 그런 손상을 되돌릴 수 있을까? 이를 확인하기 위해 나는 유리질화된 뇌의 커넥톰을 찾아볼 것을 제안한다. 만일 커넥톰 내의 정보가 삭제된 것으로 밝혀진다면, 커넥톰의 사망을 선언할 수 있다. 이 경우 미래의 더 발달된 문명에 의해 신체는 되살아날 수 있을지 몰라도 정신은 살아날 수 없을 것이다. 그러나 만약 정보에 손상이 없다면, 기억을 되살리고 개인의 정체성을 회복할 가능성을 부인할 수 없다.

나는 이런 실험을 유리질화된 인간 뇌에는 시행해서는 안 된다고 생각한다. 그런데 알코어 재단은 애완동물을 사랑하는 회원들의 요청으로 개나 고양이의 뇌도 유리질화했다. 이 회원들 중의 일부가 과학을 위해 애완동물의 뇌를 기꺼이 희생해줄 수 있을지도 모른다.

이런 과학적 테스트가 시행되기 전에는 무엇을 발견하게 될지를 추측할 수밖에 없다. 뇌가 산소 결핍에 지극히 예민하다는 것은 잘 알려져 있다. 산소가 결핍되면 몇 초 후에 의식을 잃게 되고, 몇 분이 지나면 영구적 뇌 손상이 발생한다. 뇌졸중에서 볼 수 있듯이 혈액 공급의 중단이 뇌에 치명적 영향을 끼치는 이유가 여기에 있다. 얼핏 생각하기에 이것은 알코어 회원들에게 나쁜 소식처럼 보인다. 시신이 알코어에 인도될 무렵이면 뇌는 최소한 몇 시간 동안 산소 결핍 상태에 있었으며, 살아 있는 세포는 하나도 남아 있지 않으리라. (물론 세포의 생사를 정의하는 일은 신체 전체의 생사를 정의하는 것만큼이나 어려울 수 있다.) 죽었든 살았든 간에 세포들은 심하게 손상된다. 전자현미경 연구를 통해 호흡/순환 사망 후 몇 시간이 지나 뇌 조직에 나타난 손상 유형들[17]의 특징이 드러났다. 여러 변화들이 관찰되었는데, 그중에는 미토콘드리아가 손상되었고, 세포핵 내의 DNA가 비정상적으로 뭉쳐 있는 것이 확인되었다.

그러나 이와 같은 세포상의 비정상성은 커넥톰의 사망과 무관하다. 중요한 것은 시냅스와 '배선'들의 온전함이다. 시냅스에는 문제가 더 적어 보인다. 이들은 전자현미경의 이미지상으로 여전히 손상 없이 남아 있으며,* 죽은 뇌에서도 안정되어 보인다. 축삭과 수상돌기의 상태는 판단하기가 더 어렵다. 공개된 2차원 이미지로는 그들의 단면이 대개 손상을 입지 않은 것처럼 보이지만, 일부 위치에서는 손상이 발견되기도 했다. 중요한 점은 이 손상으로 인해 실제로 뇌의 '배선'이 깨졌는지 여부이다. 이에 대한 대답은 3차원 이미지에서 신경돌기를 추적하는 과

---

* 그러나 많은 시냅스들은 신경전달물질을 담고 있는 소포들이 고갈된다. 시냅스의 세기는 그 크기와 연관되며, 크기의 한 가지 척도가 소포들의 수임을 상기하자. 따라서 커넥톰의 일부로 간주될 수 있는 정보인, 시냅스의 세기에 관한 정보는 복원하기 어려울지도 모른다.

정에서 찾을 수 있다. 끊어진 부분이 얼마 없으면, 추적은 여전히 가능할 것이다. 분명하게 연결되어 있던 두 선이 끊겨 있다면, 그들 사이의 간극을 이어서 고립된 절단면을 이어줄 수 있을 것이다. 그러나 인접한 여러 개의 절단면들이 무리를 이루고 있다면, 풀려 있는 끝단들 중에서 어느 것들이 서로 결합되어 있었는지를 알아내는 것은 불가능할 것이다. 이런 경우에는 아무리 발달된 기술이 있다고 해도, 그 연결성에 관한 정보는 손실되어 결코 회복될 수가 없다. 이것이 바로 진정한 커넥톰의 죽음이다.

현재 인체냉동보존술은 과학보다는 종교에 가깝다고 볼 수 있다. 이는 냉동보존술이 증거보다는 믿음에 입각하고 있기 때문이다. 그 회원들은 기술의 진보가 끝없이 이어지리라는 믿음에 기초하여, 미래의 문명이 그들을 부활시켜줄 것이라 확신한다. 내가 제안하는 테스트는 결국 에틴거의 내기에 과학의 일부를 결부시키는 방법이다. 설령 유리질화된 신체가 손상되지 않은 커넥톰을 포함하고 있어도, 이것이 부활의 가능성을 증명하지 못한다. 하지만 커넥톰이 이미 사망했다면, 부활은 거의 확실히 불가능한 것이다.

많은 알코어 회원들은 그러한 테스트의 결과를 열렬하게 보고 싶어 하지 않을 수도 있다. 그들은 임박한 죽음에 대한 위안을 얻기 위해 맹목적인 믿음을 더 선호할지도 모른다. 만약 과학적 테스트를 통해 그들의 믿음과 어긋나는 사실이 밝혀질 가능성이 있다면, 그들은 테스트를 바라지 않을지도 모른다. 그러나 믿음보다 증거를 원하는 다른 회원들이 있을 수 있으며, 그들은 커넥톰의 건실성에 대한 테스트를 요청할 것이다.

액체질소 속에 저장되어 있는 알코어 회원들의 뇌에서는 이미 커넥톰 사망이 일어났을 수도 있다. 만일 그렇다고 해도 알코어 재단이 끝난 것은 아니다. 그들은 커넥토믹스를 이용하여 뇌를 준비하고 유리질화하는 자신들의 방법을 개선할 수 있다. 그 회원들을 실제로 부활시키기에는 부족하지만, 그들의 처리과정을 질적으로 평가하는 방법 중 내가 상상할 수 있는 것은 이것뿐이다. 현재의 방법으로 커넥톰의 사망을 방지할 수는 없다고 해도, 궁극적으로는 그들이 그러한 방법을 발견할 수도 있을 것이다.

인체냉동보존술이 미래를 위해 신체나 뇌를 보존하는 유일한 방법은 아니다. 1986년 나노기술 선언문이라 할 수 있는 《창조의 엔진Engines of Creation》에서, 에릭 드렉슬러Eric Drexler[18]는 화학적 방법으로 뇌를 보존할 것을 제안했다. 1988년 찰스 올슨Charles Olson[19]도 〈죽음에 대한 가능한 치유A Possible Cure for Death〉라는 조심스러운 제목의 논문에서 독립적으로 동일한 방법을 제시했다.

드렉슬러와 올슨이 제안한 것은 새로운 처리방법이 아니라, 플라스티네이션plastination이라는 오래된 처리방법의 새로운 사용법이라 할 수 있다. 당신은 플라스틱 속에 보존된 인간 신체를 전시한 전시장에 가본 적이 있을 것이다. 전자현미경 관찰을 위해 조직을 준비하는 과정에서 이와 유사한 방법이 오랫동안 사용되었다. 그 목적은 단순히 육안으로 보이는 조직의 외형을 보존하는 것을 넘어선다. 연구자들은 개별 시냅스의 구조에 이르기까지, 세포의 모든 세부적 사항들을 손상 없이 유지하려고 노력한다. 먼저 혈관을 통해 포름알데히드 같은 특수 화학물질을 순환시켜 세포들에게 전달한다. 이 물질은 고정액fixative이라 불리며, 세포를 구성하는 분자들 사이에 고리를 만들어 분자들을 제 위치에 고정하는 역할을 한다.* 일단 이런 방식으로 강화되면, 세포의 구조는 붕괴되지 않고 보존된다. 그다음에는 뇌에 있는 물이 알코올로 대체되며, 이는 다시 오븐에서 경화되는 에폭시 수지로 대체된다. 그 결과 얻을 수 있는 최종 산물은 뇌 조직을 포함하고 있는 플라스틱 덩어리이다 그림 53 왼쪽.** 이 덩어리는 키넥톰을 발견하려 할 때와 같이 다이아몬드 칼로 얇게 자를 수 있을 정도로 딱딱하다.

플라스티네이션의 첫 번째 단계인 알데히드 고정은 장의사가 신체를 보존할 때에도 사용된다. 이런 관습은 방부처리embalming라고 불리며, 장례식에서 잠시 동안 시신을 공개하기 위해 준비할 때 사용된다. 드물기는 하지만, 장례식이 끝난 이후에도 시신이 공개되는 경우가 있다. 예를 들어 러시아의 혁명가 블라디미르 레닌Vladimir Lenin의 시신은 1924년 그의 사후에 방부처리*** 되었으며, 모스크바에 있는 묘지에서 그의 시신을 여전히 볼 수 있다. 방부처리된 신체가 얼마나 오랫동안 그대로 남아 있을지는 분명하지 않다. 그리고 외형은 정상처럼 보여도, 그 미시적 구조의 보존상태는 점점 더 악화되고 있을지도 모른다. 플라스티네이션의 완전한 시술은 생물학적 구조를 영원히 보전할 수 있다. 그 결과는 화석화된 호박amber 안에 갇힌 곤충과 유사하다 그림 53 오른쪽. 이것들 중의 일부는 수백만 년이 지난 것이다.

---

* 포름알데히드와 글루타르알데히드가 단백질 분자들을 결합시키기 위해 사용된다. 보다 독성이 강한 고정액인 사산화오스뮴(osmium tetroxide)은 지방 분자를 함께 결합시키고 거기에 속하는 세포막을 착색시키는 이중적인 기능을 갖는다.

** 조직은 에폭시 수지의 하나인 에폰(Epon)에 끼워 넣어져 있으며, 오스뮴 착색 때문에 검은색으로 보인다.

*** 근대적인 방부처리 방법은 17세기와 18세기에 발달하기 시작했다. 가장 악명 높은 사례로, 1775년 런던의 괴짜 치과의사 마틴 반 버첼(Martin van Butchell)은 죽은 아내를 방부처리했으며, 그의 사무실 창가에 그녀를 전시했다. Dobson(1953)을 보라.

| 그림 53 | 플라스티네이션 _에폭시 안에 보존된 뇌 조각(왼쪽)과 호박(amber) 안의 곤충(오른쪽)

플라스티네이션은 액체질소의 지속적인 공급에 의존하지 않으므로, 인체냉동보존술보다 더 안전할 수 있다. 만일 알코어 재단이 파산하거나 어떤 재앙으로 그 창고가 손상되면, 보관된 신체나 뇌들이 위험하게 될 수 있다. 그러나 플라스티네이션된 뇌는 특별히 유지될 필요가 없다. 찰스 올슨은 '뇌의 화학적 보존chemopreservation에 드는 비용은 일반 장례식의 비용보다 더 적을 수 있다'고 예측한다. 그러나 여기에는 중요한 장애물이 있다. 현재 플라스티네이션은 오직 뇌의 작은 조각에만 적용할 수 있다. 여러 가지 기술적 문제 때문에 지금까지 커넥톰을 손상시키지 않고 인간의 뇌 전체를 보존하는 데 성공한 사람은 없었다.

켄 헤이워드는 최근에 이 문제에 손을 대기로 결정했다. 앞에서 말했듯이 그는 뇌를 슬라이스로 얇게 잘라 이미지화하고 분석하기 위해 플라스틱 테이프에 수집하는 기계를 발명했다. 많은 신경과학자들은 호기심뿐 아니라 야망에 의해서도 움직기도 한다. 어떤 이들은 책을 출간하거나 승진을 하기 위해 뇌에 관한 무언가를 발견을 하기를 원한다. 또 어떤 이들은 노벨상을 간절히 원하기도 한다. 그러나 헤이워드는 이 모든 사람들의 야망을 평범한 것으로 만든다. 그의 목표는 영원히 사는 것이다. 우디 알렌Woody Allen이 말하듯이, '나는 나의 작품을 통해 영원한 삶을 얻기를 바라지 않는다. 나는 죽지 않는 것으로 영원한 삶을 이루기를 바란다.'

헤이워드와 그의 동료들은 커넥톰을 전혀 손상시키지 않고 커다란 뇌를 성공적으로 보존하는 팀에게 10만 달러를 수여하는 브라이언 뇌 보존상Brain Preservation Prize을 설립했다. 쥐의 뇌를 보존하면 상금의 4분의 1을 받을 수 있다. 이 과정은 쥐의 뇌에 비해 부피가 1,000배나 되는 사람의 뇌로 가는 길에 디딤돌로 간주된다.

헤이워드는 자신의 뇌를 플라스티네이션하려는 계획을 세우고 있다. 그는 자연적 원인으로 죽기 훨씬 **이전에**, 자신의 뇌가 완전히 건강할 때 이 계획을 실현하려 한다. 이것은 미래를 위해 그의 뇌를 가장 잘 보존할 수 있는 방법이겠지만 일반적 정의로도 그가 죽어야 가능한 일이다. 따라서 이 과정에서 도움을 줄 수 있는 사람을 찾기는 어려울 것이다. 그런 행동은 조력자살로 간주될 수 있기 때문이다. 헤이워드는 자신의 뇌를 플라스티네이션하는 것은 자살이 아니라 구원이라고 주장한다. 영원한 삶을 위해 그가 할 수 있는 유일한 방법이기 때문이다.

그렇다면 플라스티네이션된 뇌를 어떻게 다시 살려낼 수 있을까? 온도가 올라가면 냉동 보존된 정자는 다시 살아난다. 우리는 알코어 재단의 창고에 있는 신체를 해동하는 것을 상상할 수 있다. 그러나 알데히드 고정과 에폭시 삽입을 되돌리는 것은 훨씬 어려워 보인다. 하지만 또 한편으로는, 만약에 미래의 문명이 충분히 발달하여 죽은 자를 부활시킬 수 있다면, 그들은 또한 플라스티네이션을 되돌릴 수도 있을 것이다. 에릭 드렉슬러는 신체와 뇌의 플라스티네이션을 되돌리고 그 손상을 치료하는 데 분자만큼 작은 로봇인 '나노봇nanobot' 한 무리를 사용할 가능성을 상상했다. 그가 자신의 저서에서 이런 주장을 펼친 지 25년이 넘게 지났지만 나노기술이 그의 꿈의 실현에 더 가까이 다가간 것 같지는 않다.

헤이워드는 그의 계획에 대해 신중하게 고민했다. 만약에 플라스티네이션된 그의 뇌가 다시 살아날 수 없다면, 더 나은 대안이 있을 수도 있다. 그는 큰 뇌, 즉 그의 뇌를 처리할 수 있을 정도로 규모가 큰 미래의 ATUM을 상상했다. 일단 아주 얇은 슬라이스로 자르고 나면, 그의 뇌는 커넥톰을 찾기 위해 이미지화되고 분석될 것이다. 그 정보를 사용하여 헤이워드처럼 느끼고 생각하는 컴퓨터 시뮬레이션을 만들 수 있을 것이다. 하지만 이 계획은 인체냉동보존보다 더 어처구니없어 보인다. 과연 이런 계획이 정말로 실현 가능할까?

15

……으로 저장(혹은 구원)하기
CONNECTOME

천국에 대해 알려진 바가 거의 없다는 것은 안타까운 일이다. 우리는 최소한 천국의 문을 상상할 수 있다. 진주로 장식된 그 문들은 구름 위에 놓여 있다. 성 베드로가 그 앞에 지켜서서 어려운 질문을 던져 죄인들에게 진땀을 흘리게 할 준비를 하고 있다. 그렇다면 그 문의 내부는 어떤 모습일까? 모두가 흰 옷을 입고 있다. (내가 왜 그렇게 느끼는지는 잘 모르겠다.) 그곳에는 많은 천사들이 있으며, 유일한 장식물은 하프이다. 이런 토막 정보로는 천국에 대해 알 수 있는 것이 많지 않다. 최근에 와서야 나는 종교가 왜 모호한 것을 좋아하는지를 깨닫게 되었다. 사람들은 누군가에 의해 주입된 천국의 이미지보다는 스스로 상상해낸 천국의 이미지를 더 좋아하기 때문이다.

전 세계의 문화와 종교 속에서 천당에 대한 개념은 역사적으로 천천히 진화해왔다. 2000년대 후반에 기존의 것과는 전혀 다른 새로운 천국의 개념이 등장했다.

천국이란 사실 아주 강력한 컴퓨터일 뿐이다.

　나는 노트북을 애지중지하면서 그 안에서 무아지경에 빠지는 괴짜들에 대한 이야기를 하는 것이 아니다. 그런 물질 숭배fetishism를 영적인 깨달음의 징후로 오인하지는 말자. 하지만 이 사람들은 깨어 있는 그 많은 시간을 왜 온라인에서 소비하는 걸까? 이들이 초월을 갈망하며 육체와 현실세계의 불완전함에서 벗어나기를 동경한다고 말하는 것은 너무 억지스러운 것일까? 온라인에 있는 동안에 십대 청소년들은 자신의 여드름투성이 얼굴과 왜소한 체격을 잊어버릴 수 있다. 사람들은 가명을 사용하고, 나이를 속이며, 자신들이 기르는 개의 사진을 대신 온라인에 올려놓고, 그 뒤에서 가면무도회를 한다. 네티즌들에게는 실제 자신이 아니라 그들이 되고 싶은 사람이 될 수 있는 자유가 있다.

　컴퓨터에 묶여 있는 몸, 번쩍이는 화면을 쳐다보는 흐리멍덩한 눈, 자판을 두드리는 손가락. 이는 분명 물질적으로는 약간 부족하지만, 나는 이것을 연옥purgatory이라 부를 것이다. 하지만 이것도 내가 천국에 대한 새로운 개념이라는 말로 의미하고자 한 바는 아니다. 어떤 괴짜들은 더 많은 것을 원한다. 그들은 자신의 신체를 완전히 버리고 정신을 컴퓨터로 이전하기를 원한다. 공상과학 소설에서는 컴퓨터 시뮬레이션으로 살아간다는 생각을 기꺼이 받아들였으며, 이를 '정신 업로딩mind uploading'* 혹

---

* 프레드릭 폴(Frederik Pohl)은 자신의 1955년 소설《세상 아래의 터널(The Tunnel under the World)》에서 다음과 같이 쓰고 있다. "각 기계는 전자적인 뒤엉킴을 통해 한 인간의 실제 기억과 마음을 재현하는 일종의 컴퓨터에 의해 통제된다. … 그것은 한 사람의 습관 패턴을 단지 뇌 세포들로부터 진공관 세포로 이전하는 것의 문제일 뿐이다"(Pohl 1956). 이와 같은 것을 최초로 언급한 과학적인 문헌은 Martin(1971)일 것이다. "우리는 신경생물학, 생물공학 그리고 관련된 분야들의 발전이 … 궁극적으로는 저온생물학적으로 보존된 뇌에서부터, n세대 컴퓨터[대뇌 뉴런들 작용의 동적인 행태화(dynamic patterning)를 훨씬 능가할 능력이 있는]로 저장된 정보를 '읽어내는' 적절한 기술을 제공할 것이라고 가정할 것이다."

은 간단히 '업로딩uploading'이라 부른다.

이 생각은 아직 실현 가능하지 않지만, 아마 우리가 앞으로 해야 할 일은 단지 컴퓨터가 더 강력해지기를 기다리는 것뿐일지도 모른다. 비디오 게임은 컴퓨터가 물리적 세계를 시뮬레이션할 수 있다는 사실을 훌륭하게 증명해준다. 비디오 게임의 상년들은 해마나 너욱 상세해지고 풍부해지며, 그 안에 있는 인물들은 더욱 살아있는 것처럼 움직인다. 만약 컴퓨터가 이런 것을 할 수 있다면, 왜 정신을 시뮬레이션할 수 없겠는가.

업로딩을 천국으로의 승천에 비교하는 것은 과장이 아니다. 단어 자체만을 생각해보자. 천국은 높은 곳에 있다는 것에 대다수가 동의하므로, '업로딩Uploading'은 방향을 바로 잡았다고 할 수 있다. 일부 추종자들은 '정신 다운로딩mind downloading'이라 말하기를 좋아하지만, 그런 이들은 소수이다. 왜 그런지를 이해하는 것은 어렵지 않다. '다운로딩'은 지옥으로 내려가는 것처럼 미심쩍게 들리기 때문이다.

천국에 대한 전통적 생각처럼, 업로딩에 대한 믿음은 우리가 죽음의 공포를 극복하는 데 도움이 된다. 일단 업로드가 되면, 우리는 영원한 삶을 얻게 될 것이다. 그러나 그것은 시작에 불과하다. 가상세계virtual world에서 우리는 컴퓨터 시뮬레이션을 재프로그램하여 우리의 신체를 아름답고 강하게 만들 수 있다. 헬스클럽에 가서 고생할 필요가 없다. 혹은 우리는 그런 피상적인 걱정을 넘어서, 우리의 정신을 개선하는 일에 열중할 수도 있다. 단순한 업로드가 아니라, 업그레이드를 하자!

당신은 업로딩으로 우리가 물질세계에서 정말로 해방될 수는 없다고 이의를 제기할지도 모른다. 시뮬레이션을 하는 컴퓨터는 여전히 잘못 기능을 하거나 낡아버릴 수 있다. 그러나 기독교인들은 천국에서도 불멸의 영혼이 육체 없이 존재하는 것은 아니라고 가르친다. (죽음에서 심판의 날까지만 영혼은 신체가 없이 방황한다.) 천국에서도 육체는 여전히 존재하며 다행히도 부패하지 않는, 더 향상되었거나 완벽하게 변한 육체이다.

이와 비슷하게, 육체보다 컴퓨터 안에서 사는 것이 당신에게 훨씬 더 나을 수 있다. 알코어 재단의 회원들이 운 좋게 육체적 부활의 수혜자가 되어 미래 의학이 제공하는 영원한 젊음의 혜택을 누린다 하더라도 이들은 자신들의 뇌가 우연한 사고로 고칠 수 없는 손상을 받을 수 있다는 것을 걱정해야 한다. 이와 대조적으로 업로드된 사람은 무사하고 안정적이라고 느낄 수 있다. 만약 하드웨어의 고장 혹은 모든 사람들이 흠잡기를 좋아하는 미래 컴퓨터 운영체계의 버그 때문에 우연히 업로드된 정신이 완전히 파괴되더라도 이들은 언제나 백업 복사본에서 복원될 수 있을 것이다.

어떤 이들은 분명히 이 모든 논의가 요점을 놓치고 있다고 말할 것이다. 천국에 가는 것은 단순히 육체적 존재에서 벗어나는 것만이 아니다. 그것은 신과의 결합을 의미한다. 업로더들은 기독교의 신을 만날 수는 없지만, 새로운 영적 차원에 들어가기를 기대한다. 업로드된 사람들은 하늘에 있는 거대한 컴퓨터 안에서 '하이브 마인드hive mind(무리 마음)', 즉 집단의식을 형성하기 위해 그들의 코드code 라인을 뒤섞을 수 있다. 그리하여 그들은 불교에서 가르치는 대로 마침내 모든 악과 고통의 뿌리인 자아와 타자의 구분을 해소하게 될 것이다. 실패한 것을 제외한 인류의 모든 기억을 마음대로 이용할 수 있게 된 이 새로운 초자연적 존재는 지상에서는 볼 수 없는 지혜, 그야말로 신의 지혜를 가지고 있다고 볼 수 있다. 여기서 우리는 서로 간의 결합에서 영적인 지속성을 발견할 것이다. 업로딩은 히피족flower children들이 나이가 들면서 BMW를 몰고 더 낮은 세금을 위해 투표하기 전인 사랑의 여름Summer of Love과 물병자리 시대Age of Aquarius(1960년대 말 미국에서 젊은이와 히피족들을 중심으로 공동체적 삶, 성 평등 등의 움직임이 일어나던 시기-옮긴이)를 훨씬 능가할 것이다.

업로딩의 장점에 관해서는 충분히 설명했다. 천국은 정말 멋진 곳 같다. 하지만 과연 내가 어떻게 거기로 갈 수 있을까? 이것은 어려운 문제이다. 앞으로 이 장에서 설명하겠지만, 아직은 실현 가능성이 높지 않은 한 가지 방법만이 제안되었을 뿐이다. 우리 뇌에 있는 뉴런들의 네트워크를 돌아다니는 전기신호를 시뮬레이션하는 것이다. 이런 시뮬레이션을 할 수 있을 정도로 강력한 컴퓨터가 이번 세기의 말까지는 개발될 수 있다고 한다. 컴퓨터 시뮬레이션에서 뉴런 모델들을 적절하게 배선하려면 커넥톰을 발견하는 것이 필수적이다. 지금으로서는 뇌를 파괴하지 않고 그 커넥톰을 발견한다는 것은 상상조차 할 수 없다. 이는 걱정스럽게 들리기는 하지만, 기독교의 천국이라는 것도 이보다 더 낫지는 않다. 천국에 가기 위해서도 우선 죽어야 한다.* 그리고 파괴적인 업로딩에는 추가적인 보상이 수반되는데, 그것은 업로딩 후에 과거의 자아를 어떻게 처리할 것인가 하는 골치 아픈 문제가 없어지는 것이다.

논의를 진전시키기 위해, 이런 쟁점들을 무시하고 간단히 당신의 커넥톰을 발견할 수 있다고 가정해보자. 그렇다면 업로딩이 가능하게 될

---

* 부활한 이후에 예수는 다시 죽지 않고 하늘로 올라갔다고 말해진다. Shoemaker(2002)는 성모 마리아 또한 먼저 죽지 않고 하늘로 들어갔는지의 여부에 대해 기독교인들이 어떻게 천 년 동안 논쟁을 해왔는지를 설명하고 있다. 신에 의해 하늘로 올라가는 것은 '피승천(Assumption)'이라고 불린다. 스스로의 힘에 의해서 일어난 예수의 '승천(Ascension)'과 그것을 구분하기 위해서이다. 1950년 교황 피우스 12세는 '지극히 관대하신 하느님(Munificentissimus Deus)'이란 칙령을 공포했다. 이는 마리아가 "세속의 삶의 과정을 완성했고, 육신과 영혼이 영광스러운 하늘로 승천되어졌음"을 선언하고 있다. 이 도그마(dogma)는 피승천의 중요성을 인정했지만, 실제로 논쟁을 종식시키지는 못했다. 왜냐하면 그 표현들이 모호했기 때문이다. 기독교인들은 또한 구약성서의 인물인 엘리야와 에녹이 먼저 죽지 않고 승천했는지의 여부에 대하여 오랫동안 논쟁을 해왔다.

것인가? 뇌 전체를 시뮬레이션하는 일은 당장에는 공상과학 소설에 불과하지만, 뇌의 일부만을 시뮬레이션하는 것은 최소한 1950년대 이후로 과학적으로 가능하게 되었다. 2부에서 설명한 지각, 사고, 기억의 모델들은 수학 공식으로 성립되었고, 컴퓨터에서 시뮬레이션이 되어왔다. 물론 그 목적은 업로딩까지 기대할 만큼 원대한 것은 아니었다. 시뮬레이션들의 목적은 뇌 기능의 아주 작은 일부를 재생하고, 신경과학 실험에서 뉴런이 일으키는 스파이크를 측정하는 것 정도였다.

4부에서 언급했듯이, 잘라 나누기, 부호 해독, 커넥톰 비교하기 등의 작업들은 많은 양의 데이터를 분석하는 컴퓨터에 의존하기는 하지만, 뉴런의 스파이크를 시뮬레이션할 필요는 없다. 일부 시뮬레이션을 직접 해본 입장에서, 나는 이것이 장점이라고 생각한다. 데이터 분석은 잘못된 방향으로 쏠릴 가능성이 더 적다. 왜냐하면 데이터에서 출발해서, 최소한의 가정들만을 가지고 얻을 수 있는 지식을 뽑아내는 것이기 때문이다. 이와는 반대로, 시뮬레이션은 흥미로운 현상을 재생하려는 의도에서 출발하여, 거기에 필요한 데이터를 찾으려고 노력한다. 그 의도가 현실에 기반하지 않는다면 위험할 수 있다. 과거에 우리는 실험적 데이터에 의해 뒷받침되지 않는 모든 종류의 가정들을 우리의 모델에 통합시켜야 했다. 그러나 커넥토믹스나 실제 뇌를 측정하는 다른 방법들은 더욱 복잡해지고 있다. 더 나은 데이터가 있다면, 우리는 실제와 더욱 가까운 뇌의 모델을 만들 수 있을 것이다. 시뮬레이션이 신경과학을 하는 강력한 방법임을 부인할 수는 없지만, 여기에는 우리가 시뮬레이션을 올바르게 할 수 있다는 전제가 필요하다.

앞에서 나는 훗날 언젠가 시냅스 사슬을 찾아 뉴런들을 순서대로 정렬함으로써 커넥톰에서 기억을 읽어낼 수 있는 방법에 대해 설명해보았다. 그 방법을 통해 순차적 기억을 회상하는 동안 뉴런들이 일으키는 스파이크의 순서를 추측할 수 있을 것이다. 대안으로는 커넥톰을 사용해 네트워크 내 뉴런들이 일으키는 스파이크의 컴퓨터 시뮬레이션을 만든 다음, 시뮬레이션을 작동시켜 기억을 회상하는 동안 스파이크가 일어나는 순서를 살펴보는 방법이 있다. 이런 접근방식을 뇌 전체로 확대하려는 것은 자연스러운 순서이다. 업로딩은 '당신은 당신의 커넥톰이다'라는 가설을 테스트하는 궁극적 방법인 것이다.

연구자들은 뇌를 시뮬레이션하는 적절한 방법에 대하여 오랫동안 논쟁을 벌여왔다. 이 장에서 살펴볼 업로딩에 대한 논의에서는 지금까지 제기되었던 모든 개념적 어려움들을 (저자로서 바라건대) 더욱 생생하게 제시할 것이다. 그러면 모델을 만들기 위해서는 누구나 대답해야 하는 첫 번째 질문부터 살펴보도록 하자. 과연 무엇을 성공으로 볼 것인가?

알코어 재단이 약속하는 부활과 영원한 젊음은 쉽게 상상할 수 있다. 그러나 업로딩은 이와는 다른 이야기이다. 컴퓨터 내부에서 시뮬레이션으로 산다는 것은 어떤 것일까? 지루하고 외롭다고 느끼게 될까?

이 질문은 공상과학 소설과 대학 철학과목의 주요 내용인 '통 속의 뇌brain in a vat'**라는 가정을 통해 탐구되어왔다. 어떤 미친 과학자가 당신을 잡아서 뇌를 추출한 다음, 그것을 화학물질이 담긴 통 속에 넣어 계속 살아서 기능하도록 만들었다고 가정하자. 신경활동은 여전히 지속되지만, 당신의 뇌는 육체에서 이탈되어 외부 세계와는 어떤 관계도 맺고

---

* Dennett(1978)의 "나는 어디에 있는가?"의 이야기가 뛰어난 예이다. 실제로 기니피그의 분리된 뇌를 살려두고 그것을 계속 기능하게 하는 것을 시도한 사례에 대해서는 Llinas, Yarom, and Sugimori(1981)을 보라.

있지 않다. 이런 고립은 침대에 누워 눈을 감고 있는 상태를 훨씬 뛰어넘는다. 감각기관과 근육으로부터 단절된 채 가장 어둡고 가장 외로운 감금 상태에 놓여 있다고 해야 할 것이다.

이것은 아름다운 그림은 아니지만 업로더들이 걱정할 필요는 없다. 뇌 시뮬레이션을 창조할 정도로 발전된 미래 문명이라면 그 입력과 출력도 마음대로 조절할 수 있을 것이다. 뇌와 외부 세계 사이의 연결들은 그 수가 뇌 **내부의** 연결보다 훨씬 적기 때문에 실제로 입력과 출력을 시뮬레이션하는 것은 비교적 쉬울 것이다. 눈과 뇌를 연결하는 시신경은 1백만 개에 이르는 축삭을 통해 시각적 입력을 전달한다. 이는 많은 것 같지만, 훨씬 더 많은 축삭들이 뇌의 내부를 지나간다. (1,000억 개에 이르는 뇌 속의 뉴런 대부분은 축삭을 가지고 있다.) 출력으로는, 추체로pyramidal tract가 운동피질에서 척수로 신호를 전달하며, 그 결과 뇌가 신체의 움직임을 조절할 수 있다. 시신경과 마찬가지로 추체로에도 100만 개의 축삭이 존재한다.* 따라서 우리의 미래 문명은 컴퓨터 시뮬레이션을 카메라나 센서 혹은 인공 신체에 연결할 수 있을 것이다. 만약 이런 '주변장치peripheral'들이 잘 만들어진다면 업로드된 사람은 장미의 향기를 맡고 실제 세계의 모든 즐거움을 누릴 수 있을 것이다.

그런데 왜 뇌를 시뮬레이션하는 데서 그치는가. 왜 세계의 시뮬레이

---

* Lassek and Rasmussen 1940. 다른 방식으로 숫자를 집계해보면, 신경계의 뉴런들을 그것들과 외부 세계의 연결을 통해 범주화해보자. 감각뉴런들은 외부의 자극을 신경신호로 변환한다. 예를 들어, 망막의 광수용체는 빛에 의해 자극을 받으면 전기신호를 산출한다. 운동뉴런은 근육들에게로 시냅스를 만들며, 신경신호를 운동으로 변환한다. 나머지 것들은 감각뉴런과 운동뉴런의 중간에 놓여있기 때문에 사이뉴런(interneuron, 연합뉴런)으로 불린다. 예쁜꼬마선충의 신경계에서, 감각뉴런과 운동뉴런, 그리고 사이뉴런은 비슷한 수로 발견되었다. 그러나 감각뉴런과 운동뉴런은 우리 신경계의 극히 일부에 불과하다. 어떤 뉴런이 사이뉴런이라고 말하는 것은 어떤 큰 차이도 만들어내지 않는다. 거의 모든 뉴런이 사이뉴런이기 때문이다. 우리 뇌에서는 극히 소수의 뉴런들만이 외부 세계와 '대화'를 한다. 대부분의 뉴런들은 서로 간에만 대화를 한다.

션을 시도하지 않는가. 업로드된 사람은 가상의 장미 향기를 맡고, 시뮬레이션된 다른 뇌들과 교제할 수 있을 것이다. 컴퓨터 게임에 소비하는 엄청난 시간과 돈을 보면, 오늘날의 많은 사람들은 어쨌든 가상세계를 더 좋아하는 듯하다. 그리고 누가 알겠는가? 어쩌면 우리의 물질세계가 사실은 가상세계일지도 모른다. 만약 그렇다면 우리는 어떻게 그 사실을 알아낼 수 있을까? 일부 물리학자와 철학자 그리고 영화감독으로 알려진 오늘날의 현자들은 우리와 우주 전체가 실제로는 거대한 컴퓨터에서 돌아가는 시뮬레이션이라고 말한다.[1] 이런 생각이 터무니없다고 일축할 수도 있지만 논리적으로는 이런 추론을 완전히 배제할 수는 없다.

만약 시뮬레이션이 실재와 정확히 동일하게 느껴진다면, 시뮬레이션으로 사는 것은 물질세계에서 사는 것과 똑같이 재미있을 것이다. (혹은 실재의 삶을 그렇게 좋아하지 않는 사람들에게는 시뮬레이션으로 사는 것이 더 나쁘지는 않을 거라고 말할 수 있다.) 오디오 애호가들은 라이브 음악공연을 충실하게 재생하는 전자장비로 '하이파이high fidelity' 수준의 음질을 얻으려 한다. 업로더들은 훨씬 중요한 종류의 '사실 같음verisimilitude'에 집착하게 될 것이다. 그들은 정확한 복제품이 아닌, 기껏해야 아주 가까운 근접성만을 기대할 수 있다. 그렇다면 얼마나 정확해야 충분히 정확하다고 할 수 있을까?

대부분의 컴퓨터 과학의 문제들은 직접적으로 정의할 수 있다. 만일 두 수를 곱하려고 한다면, 성공이 무엇인지는 분명하다. 하지만 인공지능AI의 목표는 정확하게 진술하기가 더 어렵다. 1950년에 수학자 앨런 튜링Alan Turing은 이에 대한 조작적 정의operational definition를 제시했다.[2] 그는 조사자가 인간과 기계를 심문하는 테스트를 상상했다. 조사자에게 주어진 과제는 심문 대상 중 누가 인간이고 누가 기계인지를 구별하는 것이다. 이는 쉬운 일처럼 들리지만 여기에는 함정이 있다. 심문은 인터넷 '채팅'처럼 타자를 치고 문서를 읽으면서 진행된다. 이는 조사자가 튜링이 지능과 무관하다고 여겼던 외형이나 소리 혹은 여타의 속성들로 대상을 구분하는 것을 방지한다. 이제 여러 조사자들이 이 과제를 시작했다고 가정하자. 만약 이들의 모임이 올바른 의견일치에 도달할 수 없으면, 우리는 그 기계가 AI의 성공적인 사례*라고 선언할 수 있을 것이다.

튜링은 AI를 평가하는 일반적인 기준으로 자신의 테스트를 제안했다. 우리는 이를 쉽게 정교화하여 특정한 사람을 시뮬레이션하는 데 성공했는지 여부를 측정할 수 있다. 그 사람을 가장 잘 알고 있는 친구나 가족들로 조사자를 제한한다. 만약 그들이 실제 그 사람과 시뮬레이션을 구분할 수 없으면, 업로딩은 성공한 것이다.

일반적 테스트에서처럼, 특정한 튜링 테스트에서도 보는 것이나 소리 내는 것을 금지해야 할까? 당신은 이 질문에 망설일지도 모른다. 목소리와 미소는 누군가를 사랑하는 경험과 떼려야 뗄 수 없는 요소이기 때문이다. 그러나 사람들은 서로 만나기도 전에 인터넷 채팅이나 이메일을 통하여 사랑에 빠지기도 한다. 호흡 방해를 완화하기 위해 호흡기관에 외과적으로 구멍을 내는 기관 절개술tracheotomy에는 목소리가 손상되는 부작용이 뒤따른다. 그러나 이 수술 이후에도 환자가 여전히 같은 사람이라는 것에 모든 사람들이 동의한다. 이 테스트에서 신체를 배제하는 마지막 이유는 업로더들 스스로가 자신의 신체에서 벗어나기를 바라

---

* 이 실험에서 튜링의 원래 설정에는 약간 다른 점들이 있다. 관심이 있는 독자는 튜링의 논문(꽤 읽기 쉽게 쓰여졌다)을 찾아보도록 하라.

기 때문이다. 그들이 보존하고 싶은 건 오직 그들의 정신뿐이다.

친구와 가족들은 시뮬레이션과 실제 사람 간의 모든 차이를 탐지할 정도로 빈틈이 없을까? 신분을 사칭하는 사기꾼의 역사적 사례들은 이 질문에 확신을 가질 수 없게 한다. 16세기 프랑스의 아르티가Artigat라는 마을에 자신이 지난 8년간 실종되었던 마틴 기어Martin Guerre라고 주장하는 한 남자가 나타났다. 그는 기어의 아내가 사는 집에 들어와 함께 살았으며, 그녀와의 사이에서 아이들까지 낳았다. 결국 사기꾼으로 기소된 이 '새로운' 기어는 1심에서 무죄를 선고받았지만, 2심에서 유죄가 인정되었다. 그가 항소심에서 승소하기 직전에 또 다른 남자가 극적으로 나타나 자신이 진짜 기어라고 주장했다. 가족들은 재판을 받고 있던 '새로운' 기어가 사기꾼이라고 갑작스럽게 의견일치를 보았다. 그는 유죄 판결을 받았고, 처형되기 얼마 전에 자신의 죄를 고백했다.

'새로운' 기어는 모방에 탁월했으며, 오직 실제 기어와 나란히 세워두고 비교했을 때만 두 사람을 구분할 수 있었다. 진짜 기어도 자신의 결혼생활을 잘 기억하지 못하고 있었으므로 가짜 기어는 보는 것이나 목소리 없이 이루어지는 적절한 튜링 테스트*를 통과했을 것이다.

이 사례나 다른 사기꾼들의 사례는 친구나 가족들이 개인의 정체성을 판단하는 데 완벽하지 못하다는 것을 보여준다. 그런데 그 차이가 알아보기에 너무 미묘한 것들이라면, 아마도 크게 문제가 되지 않을 것이다. 설령 알아볼 수 있다 해도 시뮬레이션을 완전한 실패로 간주할 수는 없다. 뇌가 손상된 사람들은 그 전과 결코 같은 사람이 아니다. 그럼에도

---

* 나탈리 제몬 데이비스(Natalie Zemon Davis)는 기어의 아내가 새로운 기어가 가짜임을 매우 잘 알고 있었지만 그와 사랑에 빠졌고 함께 음모를 꾸몄다고 주장한다(Davis 1983, 1988). 그러나 어떤 역사학자도 기어의 여자 형제와 친구들 일부가 진짜로 속았다는 것은 의문시하지 않는다.

다른 사람들은 여전히 그들을 같은 사람이라고 인정한다. 만약 업로딩의 '고객'이 업로더 당사자가 아닌 그 친구나 가족이라면 그들의 만족시키는 것으로 충분할 것이다.

하지만 또 한편으로는 실제 고객은 업로드되기를 원하는 바로 당신 자신이다. 물론 당신의 친구나 가족이 디지털화된 당신을 환영하는 것도 중요하다. 그러나 **당신**이 만족하는 것이 더욱 중요하다. 이 쟁점은 우리를 불확실한 근거로 이끌지만 그것을 피할 수는 없다.

당신이 컴퓨터에 업로드되었다고 가정하자. 내가 처음으로 컴퓨터의 전원을 켠다. 그러자 시뮬레이션이 작동하기 시작한다. 나는 분명히 당신이 깊은 잠이나 혼수상태에서 깨어나기라도 한 것처럼, '기분이 어떻습니까?'라고 물을 것이다. 당신은 어떻게 대답할까?

튜링 테스트는 외부의 조사자를 통해 객관성을 추구하려 했지만, 주관적 평가를 무시하는 것은 어리석은 짓이다. 분명 나는 업로드된 당신에게 '당신의 시뮬레이션에 만족합니까?'라고 묻고 싶을 것이다. 우리는 화학적 반응이나 블랙홀의 모델에 관한 방정식에 대해서는 결코 이런 질문을 하지 않을 것이다. 그러나 이는 뇌 시뮬레이션에 대해서는 아주 적절한 질문이다.

동시에 내가 당신의 반응을 믿어야 할지는 분명하지 않다. 만약 당신의 뇌 시뮬레이션이 오작동을 한다면, 당신은 뇌 손상을 입은 사람처럼 행동할 것이다. 신경학자들은 뇌 손상을 입은 환자들이 종종 자신들의 문제를 부정한다는 사실을 알고 있다. 예를 들어 기억상실증 환자는 때때로 기억을 잃어버렸을 때, 다른 사람들이 자신을 속인다고 비난한다. 뇌졸중 환자가 언제나 자신의 마비를 인정하는 것은 아니며, 자신이 어떤 일을 할 수 없는 이유를 상상으로 만들어낼 수도 있다. 간단히 말하면, 당신의 주관적 의견을 신뢰할 수 없을 수도 있다.

또 한편으로 가장 중요한 것은 당신의 의견이라고 주장하는 이들도 있을 것이다. 당신의 친구와 가족의 만족은 당신의 행동에 대한 그들의 기대에 당신의 시뮬레이션이 얼마나 부응하는지에 달려 있을 것이다. 이러한 기대는 이들이 몇 년간 당신의 행동을 관찰하면서 구성한 당신의 모델에 입각할 것이다. 그러나 당신은 또한 자기관찰과 내성에 입각한 자아-모델을 가지고 있다. 당신의 자아-모델은 당신에 대한 다른 사람들의 모델보다 훨씬 더 많은 데이터를 기반으로 하고 있다.

당신이 '오늘은 마치 내가 아닌 것 같아'라고 생각될 때가 분명 있었을 것이다. 사소한 일에 화를 냈을 수도 있고, 평소답지 않게 다른 식으로 행동했을 수도 있다. 그러나 당신은 보통 당신이 기대하는 방식으로 행동한다. 추정컨대 당신의 자아-모델도 당신의 다른 기억들과 함께 업로드될 것이다. 당신은 당신의 행동과 자아-모델이 예측하는 바를 계속 비교하여 시뮬레이션의 정확도를 점검할 수 있을 것이다. 시뮬레이션이 더 정확할수록,* 일관성은 더 커질 것이다.

이제 업로딩이 객관적으로나 주관적으로 모두 성공이라고 판단되었다고 가정하자. 당신의 친구와 가족은 만족한다고 할 것이다. 당신도 (말하자면, 당신의 시뮬레이션도) 만족한다고 말할 것이다. 그러면 이제 우리는 업로딩이 성공했다고 공표할 수 있을까? 마지막으로 한 가지 문제가 더 남아 있다. 누구도 당신의 느낌에 직접 접근할 수 없다는 것이다.

---

* 다시 한 번 말하지만, 자아-모델은 종종 그렇게 정확하지 않다. 연구자들은 대부분의 사람들이 자신들의 능력에 대해 부풀린 의견을 가지고 있음을 보여주었다. 이는 유머 작가 게리슨 케일러(Garrison Keillor)의 가상마을의 이름을 따서 워비곤 호수 효과(Lake Wobegon effect)로 불린다. 이 마을에서는 "모든 여인들이 강하고, 모든 남자들은 잘 생겼고, 모든 아이들은 평균 이상이다."

비록 당신은 기분이 좋다고 말했다고 해도 당신에게 느낌이 있다는 사실을 우리가 어떻게 알 수 있을까? 당신은 단지 계속 움직이고 있는 것뿐인지도 모른다. 만일 업로딩이 당신을 좀비로 만들어버렸다면 어떻게 할 것인가?

일부 철학자들은 컴퓨터에서 의식을 시뮬레이션하는 것은 근본적으로 불가능하다고 믿는다. 이들은 물의 시뮬레이션은 그것이 아무리 정확하다고 해도 실제로는 축축하지 않다고 말한다. 마찬가지로 당신의 시뮬레이션에 우리가 의식이라고 부르는 주관적 경험이 없어도, 그것은 친구나 가족에게 정확하게 보일 수 있으며 심지어 그들은 만족한다고 말할 수도 있다. 시뮬레이션이 나빠 보이지 않을지 모르지만, 그것은 분명 영원한 삶으로 가는 길처럼 보이지는 않는다.

주관적 느낌을 측정하는 객관적 방법이 없기 때문에, 좀비처럼 될지도 모른다는 생각에 반박할 수 있는 방법은 없다. 사실상 이 생각은 너무나 강력해서 시뮬레이션뿐만 아니라 실제 뇌에도 적용될 수 있다. 당신도 잘 알고 있듯이, 당신의 개는 좀비일지도 모른다. 개는 배고픈 것처럼 행동하지만 실제로 배고픈 느낌을 갖지는 않는다. (프랑스의 철학가 르네 데카르트René Descartes는 동물에게는 영혼이 없기 때문에 동물은 좀비라고 주장했다.) 내가 아는 한, 당신도 또한 좀비이다. 그렇지 않다는 증거는 없다. 어떤 사람도 다른 사람의 느낌을 직접 경험할 수 없으니까. 그러나 대부분의 사람들, 특히 동물애호가들은 동물들이 통증을 느낄 수 있다고 믿는다. 그리고 사실상 모든 사람들도 다른 사람들이 통증을 느낀다고 믿는다.

나는 이러한 철학적 논쟁을 해소할 방법을 알지 못한다. 당신과 나의 직관이 대립할 뿐이다. 개인적으로 나는 충분히 정확한 뇌 시뮬레이션에는 의식이 있으리라고 생각한다. 그러나 진짜 문제는 철학적인 지점이 아니라 현실적인 부분에서 발생한다. 그런 수준의 정확성은 실제로 실현될 수 있을 것인가?

헨리 마크람Henry Markram은 세계에서 가장 값비싼 뇌 시뮬레이션의 창조자로 명성을 얻었다. 그러나 신경과학자들에게 더 잘 알려진 것은 시냅스에 대한 그의 선구적 실험이다. 마크람은 시냅스 가소성을° 유도하는 동안 두 뉴런이 일으키는 스파이크 사이의 지체 시간을 변화시켜, 최초로 헤비안 규칙의 순차적 버전을 체계적인 방식으로 탐구한 사람들 중의 한 명이다. 마크람의 강연을 처음 들은 학회에서, 나는 줄담배를 피우는 매력 있는 알렉스 톰슨Alex Thomson도 만났다. 이 저명한 신경과학자는 입에 거품을 물고 시냅스에 관한 강연을 했다. 그녀는 시냅스와 사랑에 빠져 있었고, 우리도 그러기를 바랐다. 이에 비하여 마크람은 마치 시냅스의 복잡함과 신비함에 대해 우리에게 경외심과 존경심을 불러일으키려는 시냅스교의 고위 사제 같은 인상을 주었다.

2009년의 강연에서 마크람은 10년 이내에 인간 뇌의 컴퓨터 시뮬레이션이 이루어질 것이라 장담했다. 그 강연의 음성 파일은 세계 전역으로 퍼졌다. 그의 강연 비디오를 온라인으로 보면 잘생긴 그의 조각 같은 얼굴은 약간은 사납게 보이지만, 그가 말하는 방식은 부드럽고 유혹적이며, 선지자의 조용한 확신이 묻어난다는 것을 느낄 수 있을 것이다. 하지만 그 해 말에 그는 그렇게 차분하지 못했다. 그의 경쟁자인 IBM의

° 그는 또한 피질 시냅스의 세기가 각 스파이크에 따라 변동하는 것을 보여주었다. 이 현상은 단기 시냅스 가소성으로 알려졌으며, 마크람은 이론학자들과의 공동 연구로 이 현상을 기술하는 수학적 모델들을 도입했다.

연구자 다멘드라 모드하Dharmendra Modha가 2007년에 쥐의 뇌 시뮬레이션을 주장한 데 이어 이번에는 고양이의 뇌의 시뮬레이션[3]을 완성했다고 발표했기 때문이다. 마크람은 화가 나서 IBM의 최고기술경영자에게 편지를 보냈다.

친애하는 버니에게

지난번 모드하Mohda가(원문 그대로임) 쥐의 뇌를 시뮤레이션하는 데 관한 멍청한 진술을 했을 때에 당신은 이 친구를 발가락으로 매달겠다고 했습니다.

나는 IBM이 보고한 것이 사기라는 것을, 즉 고양이 뇌 크기의 시뮬레이션에는 근처에도 가지 못한 것을 언론인들이 알아차릴 수 있을 것이라 생각했습니다. 하지만 어찌된 일인지 언론은 이 터무니없는 진술에 완전히 속아넘어갔습니다.

나는 이 발표에 엄청난 충격을 받았습니다.

대중을 노골적으로 속이는 이 사건의 '비밀을 폭로하는' 일이 나에게 달려있다고 생각합니다.

경쟁은 위대한 것입니다. 하지만 이번 사건은 수치스러운 일이며, 우리 연구 분야에 극히 해로운 것입니다. 모드하는 다음에는 분명 자신이 인간의 뇌를 시뮬레이션했다고 주장하려 할 것입니다. 나는 누군가가 이 친구에 대한 과학적이며 윤리적인 조사를 하기를 진실로 희망합니다.

안녕히 계십시오.

헨리

마크람은 자신의 분노를 공공연하게 표현했다. 그는 이 편지의 사본을 여러 기자들에게 보냈다. 그중 한 사람이 '고양이 뇌에 관한 고양이 싸움이 일어나고 있다Cat Fight Brews Over Cat Brain'*라는 재치 있는 제목으로 이 논란을 블로그에 올렸다.

이 편지는 IBM과 마크람의 관계가 다시 최악의 상태가 되었음을 나타내는 것이었다. 이들은 2005년에 IBM이 스위스 로잔에 있는 공과대학교École Polytechnique Fédérale의 마크람의 연구소와 협약을 체결하면서 협력관계를 맺었다. 공동 프로젝트의 목표는 당시 세계에서 가장 빠른 슈퍼컴퓨터인 IBM의 블루 진/LBlue Gene/L을 사용하여 뇌를 시뮬레이션함으로써 그 슈퍼컴퓨터를 소개하는 것이었다. 마크람은 IBM의 별칭인 빅 블루Big Blue를 따서 이 프로젝트의 명칭을 '블루 브레인(푸른 뇌 Blue Brain)'이라고 했다. 그러나 모드하가 IBM의 알마덴Almaden 연구센터에서 '블루 브레인'과 경쟁이 되는 시뮬레이션 프로젝트를 시작하자, 그들의 관계는 틀어지게 되었다.

마크람은 자신의 연구를 지키기 위해 자신의 경쟁자가 연구 내용을 조작했다고 비난했다. 그러나 실제로 그는 그런 기획 자체에 대해 의구심을 표하고 있는 셈이었다. 누구든 엄청나게 많은 방정식을 시뮬레이션하고는 그것이 뇌와 유사하다고 **주장**할 수는 있다. (요즘은 슈퍼컴퓨터도 필요 없다.) 하지만 그것을 어떻게 증명할 것인가? 마크람이 사기꾼이 아니라는 것을 우리가 어떻게 알 수가 있는가?

우리는 화려한 그의 슈퍼컴퓨터에 시선을 빼앗겨 그의 연구에 잠재된 치명적인 결함을 놓쳐서는 안 된다. 그것은 다름 아닌 성공을 판단하는

---

* Adee(2009)에는 또한 편지 본문 전체가 실려 있다.

데 필요한 분명한 기준이 없다는 것이다. 미래에는 앞에서 설명한 특정 튜링 테스트를 이용하여 블루 브레인을 평가할 수 있을 것이다. 그러나 이 테스트는 시뮬레이션이 실제에 근접했을 때만 유용하다. 쥐나 고양이 뇌의 시뮬레이션이라고 하는 것들은 어림짐작으로도 실제에 근접하기에는 아직 멀었다. 어떤 '마우스 마틴 기어'가 당신을 속이는 일은 한동안 일어날 수 없을 것이다. 튜링 테스트를 통해 우리가 목표를 달성했는지 알 수가 있을 것이다. 그러나 그 날이 올 때까지 우리가 올바른 방향으로 가고 있는지를 알 수 있는 방법이 필요하다.

이 연구자들은 실제로 진보를 하고 있는 걸까? 마크람의 편지 전문은 너무 길어 이 책에 모두 실을 수 없다. 따라서 나는 그의 독설의 배경이 되는 과학적인 내용만을 요약하겠다. 간략히 말해서 블루 브레인은 전기나 화학적 신호를 고도로 복잡하게 처리하는 모델 뉴런들로 구성되어 있다. 이것들은 모드하의 시뮬레이션에 사용된 모델 뉴런들보다 실제 뉴런에 더 가깝다. 그리고 모드하의 시뮬레이션은 앞에서 논의된 가중투표 모델보다 더 현실적이다.

가중투표 모델이 여러 뉴런들에 매우 가깝다는 것에 대한 실험적 증거는 많이 있다. 그러나 우리는 그 모델이 완벽하지 않으며 어떤 뉴런에 대해서는 기대에 상당히 못 미친다는 것 또한 알고 있다. 실제의 뉴런에는 간단한 모델로는 포착할 수 없는 복잡성이 있다는 마크람의 주장이 옳다. 단 한 개의 뉴런은 그 자체가 하나의 세계인 것이다. 다른 세포와 마찬가지로, 뉴런은 여러 분자들로 이루어진 고도로 복잡한 조립품, 다시 말해 분자라는 부품으로 만들어진 기계이다. 이 각각의 분자들도 원자들로 이루어진 아주 작은 기계이다.

앞에서 말했듯이 **이온채널**은 뉴런에서 전기신호를 맡고 있는 중요한 종류의 분자들이다. 축삭, 수상돌기, 시냅스는 다른 유형의 이온채널들을 포함하거나 혹은 최소한 가지고 있는 이온채널의 수가 다르다. 이 때문에 이 부분들이 서로 다른 전기적 성질을 갖게 되는 것이다. 원칙적으로, 모든 뉴런이 저마다 독특한 것은 그들이 가지고 있는 이온채널들이 서로 녹특하기 때문이다. 이는 가중투표 모델과는 판이하게 다르다. 가중투표 모델에 따르면 모든 뉴런은 본질적으로 동일하다. 하지만 이런 사실은 뇌 시뮬레이션을 하기에 나쁜 소식처럼 들린다. 만약 뉴런들이 무한히 다양하다면, 어떻게 그 모든 모델을 만드는 데 성공할 수 있겠는가. 어떤 뉴런의 속성을 측정하는 것이 다른 뉴런을 아는 데 아무 소용이 없을 테니 말이다.

무한한 변이의 늪에서 탈출할 수 있는 한 가지 희망은 바로 뉴런 유형들이다. 카할이 위치와 형태에 따라 뉴런의 유형을 분류했다는 것은 앞에서 이미 설명했다. 이 속성들은 동물의 서식처나 외형과 같다고 볼 수 있다. 어떤 신경과학자가 신피질의 이중꽃다발 뉴런에 대해 이야기할 때면, 동물학자가 북극곰에 대해 말하는 방식이 떠오른다. 동물학자는 북극곰은 모두 바다표범을 사냥한다는 점에서 갈색곰과 다르다고 말할 수 있다. 이와 마찬가지로, 동일한 유형의 뉴런들은 일반적으로 비슷한 전기적 행동을 보인다.* 이는 아마도 그들의 이온채널이 동일한 방식으로 분포되어 있기 때문일 것이다.

만일 이것이 사실이라면, 신경적 다양성은 실제로 유한하다. 우리는 뇌의 '부품 목록'인 모든 뉴런 유형의 목록을 모은 다음에, 각 유형의 모

---

* 예를 들어, 신경과학자들이 신피질의 어떤 억제성 뉴런에 전류를 주입했을 때, 그 뉴런은 오랫동안 약해지지 않고 스파이크를 일으킬 수 있다(Connors and Gutnick 1990). 그러나 피라미드 뉴런을 자극했을 때는, 처음에 몇 번의 스파이크를 일으킨 뒤, 마치 '피로해진' 것처럼 스파이크를 일으키는 속도가 떨어졌다.

델을 만들면 된다. 모든 저항기가 어떤 전기장치에서도 똑같이 작동한다고 가정하듯이, 우리는 각 모델이 정상적인 뇌에서 그 유형에 속하는 모든 뉴런에 적용된다고 가정할 것이다. 일단 모든 뉴런 유형들의* 모델을 만들고 나면, 뇌를 시뮬레이션할 준비가 된 것이다.

마크람의 실험실에서는 시험관 실험을 통해 여러 신피질 뉴런 유형의 전기 속성을 기술했다. 이 데이터를 토대로 그들은 각 뉴런 유형을 수백 개의 전기 '구역compartment'이 상호작용하는 모델로 나타냈다. 이는 한 뉴런에 있는 수백만 개의 이온채널**을 시뮬레이션하는 것과 비슷하다. 블루 브레인에 사용된 다구역multicompartmental 모델 뉴런들***의 사실성에 대해서 마크람은 높은 평가를 받을 만하다.

그러나 블루 브레인은 한 가지 측면에서 심각한 결함이 있다. 아직 신피질 커넥톰은 전혀 밝혀지지 않았기 때문에 모델 뉴런들을 어떻게 서로 연결할지가 분명하지 않은 것이다. 마크람은 연결성은 무작위적이라

---

* 시냅스를 유형으로 분류하는 것 또한 필수적이다. 여기서 나는 뉴런 유형들이 시냅스 유형에 관한 모든 정보를 포함하고 있다는 견해를 취하고 있다. 데일의 원리에 따르면, 한 뉴런은 다른 뉴런들에 대해 만들고 있는 모든 시냅스에서 동일한 신경전달물질(혹은 신경전달물질들의 집합)을 분비한다. 피라미드 뉴런에서 바깥으로 뻗어 나가는 모든 시냅스가 글루타메이트를 분비하는 것은 바로 그 때문이다. 글루타메이트 수용체 분자들의 여러 다른 형태들이 존재한다. 어떤 시냅스에서 발견되는 특정한 형태가 그 수용 뉴런이 속하는 뉴런 유형의 성질일지도 모른다. 달리 말해서, 시냅스의 유형은 그것과 연결된 뉴런의 유형에 의해서 결정될지도 모른다. 만약 이것이 사실이 아닌 것으로 밝혀진다면, 커넥톰은 뉴런 유형 외에 시냅스 유형에 관한 독립적인 정보를 포함해야 할 것이다.

** 이러한 수치적 추정은 마이클 하우저(Michael Hausser)와 안드 로스(Arnd Roth)가 제공해주었다. 다구획 모델(multicompartmental model)은 많은 군(群)의 이온채널들의 총체적 행동에 기본을 두고 있다. 이는 여론 조사원들이 어떤 후보를 지지하는 유권자들의 비율을 추적(기록)하는 방식과 일부 유사하다. 각 구획은 뉴런의 세포막의 일부를 표상하는데, 여러 군의 이온채널들을 포함하며, 각 이온채널 유형에 하나의 군이 대응한다. 따라서 만약 하나의 뉴런이 100개의 구획으로 나누어지고 10가지 유형의 이온통로가 존재한다면, 이 모델은 이온채널들의 상태를 규정하기 위한 1,000개의 변수들을 포함하게 된다. 이는 매우 많은 개수의 변수처럼 들릴 수 있지만, 여전히 그 뉴런에 있는 전체 이온채널들의 수보다 훨씬 적다.

*** 한 뉴런의 다른 부분들이 독립적으로 기능한다면, 다구획 모델이 필수적이다. 예를 들어, 망막에 위치한 별모양의 아마크린 세포(amacrine cell)는 한 뉴런의 수상돌기들이 시각적 움직임의 여러 방향들을 감지하고 다른 뉴런들에게 서로 다른 신호를 보낸다(Euler, Detwiler, and Denk 2002).

고 보는 이론적 원칙인 피터의 규칙Peters's Rule*을 따르고 있다. 뇌 속에 얽혀 있는 '스파게티'에서 축삭과 수상돌기가 우연히 충돌하면 접촉점이 생긴다. 마치 한쪽으로 치우친 동전을 던진 결과처럼, 그 접촉점에서 어떤 확률로 시냅스가 형성된다.

피터의 규칙은 앞서 언급했던 신경다윈주의에서 무작위적인 시냅스 생성이란 주장과 개념적으로 연관되어 있다. 그러나 이 생각들이 서로 같지는 않다. 신경다윈주의는 활동에 기반한 시냅스 제거를 포함하므로, 결국 살아남는 연결은 무작위적이지 않게 된다. 피터의 규칙과 어긋나는 현상은 이미 발견되었으며, 앞으로 더 많이 발견될 것이다. 이 규칙이 살아남을 수 있었던 이유는 커넥톰에 대한 우리의 무지함 때문이었다고 생각한다.

컴퓨터 과학자들이 말하듯이, '쓸데없는 것이 입력되면, 쓸데없는 것이 출력된다.' 블루 브레인의 신경연결이 잘못되었다면, 그 시뮬레이션 또한 잘못되었을 것이다. 그러나 지나치게 비판하지는 말자. 언젠가 마크람은 커넥톰에서 나온 정보를 언제든지 블루 브레인에 넣을 수 있을 것이다. 그렇다면 그의 시뮬레이션이 정말로 실현될 수 있지 않을까?

이 질문에 대답하기 위해 회충인 예쁜꼬마선충을 다시 살펴보자. 신피질과 달리 선충의 커넥톰은 이미 알려져 있다. 그 신경계의 아주 작은 부분들만이 시뮬레이션되었다는 것이 놀라울 수도 있다. 이 모델들은 몇 가지 단순한 행동을 이해하는 데에 도움이 되었지만, 단편적인 노력일 뿐이었다 그 누구도 아직 신경계 전체를 시뮬레이션하는 데는 가까

---

* 이것의 일반적인 형식은 Braitenberg and Schuz(1998)에 의해 처음 서술되었으며, 이 규칙의 특수한 경우를 공식화한 알란 피터스(Alan Peters)에게 경의를 표하기 위해 그 이름이 지어졌다.

이 가지도 못했다.

불행히도, 예쁜꼬마선충의 뉴런에 대한 좋은 모델이 없다. 앞서 언급했듯이 대부분은 심지어 스파이크도 일으키지 않기 때문에 가중투표 모델은 적용할 수도 없다. 뉴런들의 모델을 만들려면 뉴런들을 직접 측정해야 하는데, 예쁜꼬마선충의 뉴런을 측정하는 것은 쥐나 인간 뉴런을 측정하는 것보다 더 어렵다는 사실이 밝혀졌다.[6] 또한 우리는 예쁜꼬마선충의 시냅스에 관한 정보도 없다. 선충의 커넥톰에서는 시냅스들이 흥분성인지 억제성인지도 확인할 수 없다.

따라서 블루 브레인에는 커넥톰이 없고, 예쁜꼬마선충에는 뉴런 유형 모델이 없다. 뇌나 신경계를 시뮬레이션하기 위해서는 커넥톰과 뉴런 유형 모델, 두 가지 요소가 모두 필요하다. 따라서 앞에서의 주장은 다음과 같이 수정되어야 한다. "당신은 당신의 커넥톰 더하기 뉴런 유형의 모델들이다." (커넥톰의 정의에 각 뉴런의 유형이 명시되어 있다고 가정하자.) 그러나 대부분의 과학자들이 뉴런보다 뉴런 유형의 개수가 훨씬 적다는 것에 동의하듯이, 뉴런 유형의 모델들은 커넥톰보다 훨씬 적은 정보를 포함할 가능성이 크다. 이런 의미에서, '당신은 당신의 커넥톰이다'는 여전히 훌륭한 근사치로 남아 있을 것이다. 게다가 위에서 우리는 모든 북극곰들이 정상적인 상황에서 바다표범을 사냥하듯이, 한 유형에 속하는 모든 뉴런들은 모든 정상적인 뇌에서 같은 방식으로 행동한다고 가정했다. 만약 우리가 많은 사람들을 업로드한다면, 모든 시뮬레이션들은 뉴런 유형에 대해서 동일한 모델들을 공유할 수 있을 것이다. 한 사람에 대한 고유하고 유일한 정보*는 그의 커넥톰일 것이다.

---

* 보다 사실적으로, 각 뉴런 유형의 속성들은 각 (정상적인) 사람에 따라서 약간씩 변화할 것이다. 이러한

예쁜꼬마선충에서는 정보 내용의 균형이 사람과는 매우 다르다는 것에 주의를 기울여보자. 선충에 있는 300여 개의 뉴런은 대략 100개의 뉴런 유형으로 분류되는데,[5] 이는 뉴런의 개수보다 많이 적다고 할 수 없다. 기본적으로 선충의 모든 뉴런은 몸 반대편에 있는 자신의 쌍둥이 뉴런과 함께 하나의 유형으로 분류될 수 있다. 만약 뉴런마다 자신의 모델이 필요하다면, 모든 모델에 포함된 전체 정보는 커넥톰에 있는 정보를 초과할지도 모른다. 따라서 '당신은 당신의 커넥톰이다'라는 말은 사람에게는 거의 완벽하지만, 선충에게는 전혀 들어맞지 않는다.

바꾸어 말하면, 예쁜꼬마선충의 신경계는 독특한 부품들로 만들어진 기계와 같다. 부품들의 개별적 작동은 그들의 조직만큼이나 중요하다. 이와는 정반대로 단일 유형의 부품으로 만들어진 기계들도 있다. (기억하는 사람들이 있을지 모르겠지만, 예전에는 오직 한 종류의 레고 블록만이 들어 있는 레고 세트가 있었다.) 이러한 기계의 기능은 대부분 그 부품들이 어떻게 조직되어 있는지에 의존한다.

전기장치들은 저항기, 콘덴서, 트랜지스터와 같은 오직 몇 가지 유형의 부품들로만 이루어져 있으므로 단일 유형의 부품으로 이루어진 기계에 가깝다. 라디오 배선도가 라디오 기능의 많은 부분을 결정하는 것도 바로 이런 이유 때문이다. 인간 뇌의 부품 종류는 라디오보다 훨씬 많다. 따라서 인간 뇌에 있는 뉴런 유형들 모두에 대한 모델을 만드는 데는 여러 해에 걸친 노력이 필요할 것이다. 그러나 부품의 종류는 여전히 전체 부품의 개수보다 훨씬 적다. 그러므로 부품들의 조직이 그토록 중

변이는 그들의 게놈들로부터 예측 가능할 수도 있다. 만약 그렇다면, 다음과 같이 말해야 할 것이다. "당신은 당신의 커넥톰 더하기 뉴런 유형들의 모델을 더하기 당신의 게놈이다." 그러나 다시 말하지만, 게놈은 커넥톰보다 훨씬 적은 정보를 포함한다. 따라서 "당신은 당신의 커넥톰이다"는 여전히 훌륭한 근사치이다.

요한 것이며, 따라서 '당신은 당신의 커넥톰이다'는 매우 좋은 근사치가 될 것이다.

뇌 시뮬레이션에 포함되어야 하는 커넥톰의 중요한 측면이 또 하나 있다. 그것은 바로 변화이다. 변화가 없다면, 업로드된 자아는 새로운 기억을 저장하거나, 새로운 기술을 배울 수 없을 것이다. 마크람과 모드하는 헤비안 시냅스 가소성의 수학적 모델을 사용하여 뇌 시뮬레이션에 재가중을 포함시켰다. 그러나 재연결, 재배선, 재생성을 포함시키는 것 또한 중요하다. 일반적으로 네 가지 R의 모델들은 뉴런의 전기신호의 모델만큼 정교하지 않다. 이 모델들을 향상시킬 수 있겠지만, 그러기 위해서는 여러 해의 연구가 더 필요할 것이다.

이들은 모두가 중요한 위험부담 요소들이지만, 뉴런 유형과 커넥톰 변화에 대한 모델들은 여전히 커넥톰을 기반으로 하는 뇌 시뮬레이션의 전반적 시스템에 잘 들어맞는다. 그렇다면 이 시스템과 맞지 않는 어떤 것이 뇌에 존재하는가? 한 가지 난점은 뉴런들이 시냅스의 범위 밖에서 상호작용할 수 있다는 점이다. 예를 들어 신경전달물질 분자들은 한 시냅스에서 빠져 나와 확산되어서, 더 멀리 떨어진 뉴런에 의해 감지될 수 있다. 이로 인해 시냅스로 연결되지 않는 뉴런들 사이나, 실제로 서로 접촉하지 않는 뉴런들 사이에서 상호작용이 일어날 수 있다. 이런 상호작용은 시냅스 밖에서 이루어지므로 커넥톰에 포함되지 않는다. 이렇게 시냅스 외부에서 일어나는 일부 상호작용에 대해서는 모델을 아주 간단하게 만들 수 있을지도 모른다. 그러나 또한 뉴런들 사이의 비좁고 꼬인 공간에서 일어나는, 신경전달물질 분자의 확산에는* 복잡한 모델이 필

---

* 전자회로는 때때로 그 시뮬레이션과 다르게 행동한다. 시뮬레이션에서는 구성요소들이 오직 배선에 의해

요할 수도 있다.

시냅스 밖에서 일어나는 상호작용이 뇌 기능에 핵심적인 것으로 밝혀지면, '당신은 당신의 커넥톰이다'라는 가설을 배척해야할지도 모른다. 그보다 약한 진술인 '당신은 당신의 뇌이다'를 여전히 옹호할 수는 있겠지만, 이를 업로딩의 기초로 사용하는 것은 훨씬 더 어려울 것이다. 커넥톰으로의 추상화abstraction를 버리고 더 하위 단계인 원자 수준까지 내려가야 할 수도 있다. 물리학의 법칙을 이용하여 뇌에 있는 모든 원자에 대한 컴퓨터 시뮬레이션을 만드는 것을 상상해볼 수 있을 것이다. 이는 커넥톰을 기반으로 하는 시뮬레이션을 만드는 것보다 훨씬 더 실재에 충실할 것이다.

숨어 있는 문제점은 원자들이 너무 많기 때문에 그만큼 많은 수의 방정식이 필요하다는 것이다. 여기에 소요되는 방대한 양의 계산 능력을 고려하는 것만으로도 어리석은 일처럼 보이며, 만약 당신의 먼 후손이 은하계의 시간 척도에서 계속 살아남아 있지 않는다면 이는 완전히 불가능한 일이다. 지금 현재로는 분자라 불리는 원자들의 작은 조립품을 시뮬레이션하는 것조차 어려우며, 뇌 속의 모든 원자들을 시뮬레이션하는 것은 거의 상상도 할 수 없는 일이다.* 계산 능력의 한계가 유일한 장벽이 아니다. 시뮬레이션을 시작할 만한 정보를 얻는 데도 어려움이 있

연결되어 있는 경우에만 상호작용을 할 수 있다. 하지만 실제의 회로는 배선이 아니라 '공기(thin air)'에 의해 매개되는 상호작용도 포함한다. 가령 하나의 배선이 인근의 배선에 의해 느껴질 수 있는 전기장을 유발할 수 있다. 이는 '부유 용량(stray capacitance)'이라 알려진 현상으로서, 뇌에서 시냅스 외부에서 일어나는 상호작용과 유사한 것이다. 모델에서 벗어나는 이런 유형의 일탈을 확인하고, 고장의 원인을 찾는 것은 극단적으로 어려울 수 있다.
* 만약 당신이 그런 시뮬레이션에 관하여 생각하는 엄청난 일에 매우 관심이 있다면, 그것이 이 우주에서 가능할 수 있음을 증명하고 있는 Tipler(1994)를 참조할 수 있다.

다. 뇌 속 원자들의 모든 위치와 속도*를 측정하는 것이 필수적일지도 모르는데, 이는 커넥톰에 있는 정보보다 그 양이 훨씬 더 많다. 그런 정보를 어떻게 수집할 것인지, 혹은 적절한 시간 안에 그 많은 정보를 수집할 수 있는지도 분명하지 않다.

따라서 만약 당신이 업로더라면 당신의 유일한 희망은 커넥톰을 기반으로 하는 방법이다. 앞으로 몇 년 이내에, 우리는 4부에서 논의된 유형들의 연구를 통해 '당신은 당신의 커넥톰이다'가 참인지, 혹은 최소한 그에 상당히 근접했는지 여부를 알 수 있을 것이다. 이런 과학적 연구는 보다 단기적인 목표에 중점을 두겠지만, 업로딩이 실제로 작동할 가능성에 대한 생각하게 해줄 것이다.

인간으로서 우리는 오랫동안 생명에는 물질적 존재 이상의 무언가가 있다고 믿어왔으며 혹은 그렇게 믿기를 원했다. 그리고 '나는 육신 이상이다. 나는 영혼을 가지고 있다'라고 생각해왔다. 신체를 벗어나는 꿈으로서 업로딩은 인간이 끊임없는 추구했던 소망의 가장 최신 형태에 지나지 않는다.

지난 몇 세기동안 과학은 영혼에 대한 우리의 믿음을 흔들어놓았다. 우리는 처음에 '당신은 한 뭉치의 원자들이다'라는 말을 들었다. 이런 유물론에 따르면, 우주는 거대한 당구대이며 원자들은 물리학의 법칙에 따라 운동하면서 서로 충돌하는 당구공과 유사하다. 당신의 원자들도 이 규칙에서 예외가 아니며, 우주에 있는 다른 모든 원자들과 마찬가지

---

* 나는 뇌가 기능함에 있어서 양자역학이 중요한지 여부의 문제를 피하고 있다. Tegmark(2000)는 이 주제에 대한 약간의 통찰을 제공한다.

로 동일한 법칙을 따른다. 그다음에 생물학과 신경과학은 '당신은 기계이다'라고 말하고 있다. 기계론의 학설에 따르면, 당신의 기계부품들은 세포나 DNA와 같은 특수한 분자들이다. 당신의 신체나 뇌는 인간이 만들어낸 인공적 기계들과 근본적으로 다르지 않으며, 단지 훨씬 더 복잡할 뿐이다.

그러나 컴퓨터는 우리에게 유물론과 기계론을 재검토하게 만들었다. 업로더들은 '당신은 정보의 뭉치이다'라고 믿는다. 당신은 기계도 아니고 물질도 아니다. 기계나 물질은 실제로 당신의 존재 즉, 정보를 저장하는 수단에 불과하다. 컴퓨터와 관련된 일상의 경험에서, 우리는 정보와 그 정보가 물질적으로 구현incarnation된 것 간의 차이를 배우게 되었다. 내가 당신의 노트북을 가져 가서 격렬한 분노에 휩싸여 당신의 노트북을 산산이 부숴버렸다고 가정하자. 당신은 그 파편들을 찾은 다음, 아직 훼손되지 않은 하드 드라이브를 꺼내올 수 있다. 오랫동안 애도할 필요도 없이 단지 하드 드라이브 속의 정보를 다른 노트북에 옮기기만 하면 된다. 그리고 우리는 아무 일도 일어나지 않았던 것처럼 지낼 수 있는 것이다.

업로더들은 인간과 노트북 사이의 근본적 차이를 알지 못한다. 그들은 개인의 정체성을 구성하는 정보를 다른 물질적인 형태로 전송할 수 있어야 한다고 생각한다. 업로더들은 '당신은 당신의 원자들이 아니라, 그들이 배열되어 있는 패턴이다'라고 말하며 유물론자들을 비난한다. 그리고 '당신은 당신의 뉴런들이 아니라, 그들이 연결되는 패턴이다'라며 기계론자들을 질책한다. 패턴이 구현되기 위해서는 물질이 필요하지만, 그것은 구체적인 물질세계가 아닌 추상적인 정보세계에 속한다.

실제로 업로더들은 당신의 새 노트북이 옛날 노트북의 **환생**이라고 말할지도 모른다. 하드 드라이브의 정보를 옮긴 것은 노트북의 영혼이 다른 육체에서 다시 태어난 것과 같다. 이렇게 우리는 **정보가 새로운 영혼**이라는 생각에 이끌린다. 그리고 한 바퀴를 완전히 돌아서, 자아는 물질보다 더 영적인 어떤 것, 즉 비물질적 실재에 기반하고 있다는 생각으로 되돌아왔다.

이 비유는 완벽하지 못하다. 보통은 영혼은 불멸이라고 간주되지만, 정보는 영원히 상실될 수 있다. 나노기술학자 랄프 머클Ralph Merkle*은 뇌에 저장된 개인의 정체성에 관한 정보의 파괴를 **정보 이론적 사망**Information theoretic death라고 정의했다. 앞의 노트북의 사례를 통해 그의 생각을 좀 더 살펴보자. 손상된 컴퓨터의 원래 하드 드라이브가 복구되었다고 가정하자. 그러나 내가 행패를 부리는 동안 모터가 손상되었다. 당신의 능력으로는 그 정보를 다른 노트북으로 옮길 수 없다. 그런데 뛰어난 컴퓨터 능력을 가진 사람이 모터를 고칠 수 있다면, 하드 드라이브 안의 정보를 옮길 수 있다. 다른 한편으로, 내가 정말로 비열해서 당신의 컴퓨터를 박살내는 대신 강력한 자석을 하드 드라이브 위로 지나가게 만들었다고 하자. 그러면 자기 패턴으로 저장되어 있는 하드 드라이브의 정보는 지워질 것이다. 이런 경우 원래의 정보는 아무리 기술이 발전한다 하더라고 복구할 수가 없다. 이는 근본적으로 불가능한 것이다.

죽음에 대한 머클의 정의는 실용적으로보다는 철학적으로 더 중요하다. 이것을 적용하려면, 우리는 기억, 개성, 개인의 정체성에 관한 다른

---

* Merkle 1992. 커넥톰이란 용어는 나중까지 만들어지지 않았지만, 커넥토믹스에 관한 초기 글들의 일부는 인체냉동보존과 업로딩 지지자들에 의해 쓰여졌다. 랄프 머클은 1989년 자신의 기술적 보고서인 'The Large Scale Analysis of Neural Structures'에서 최신식의 연속 전자현미경 기술을 검토하고 있다. 그는 예쁜꼬마선충의 커넥톰 지도가 작성됐다는 것을 알았으며, 그 규모를 인간 뇌까지 키우는 것에 관하여 추측하고 있다.

측면들이 어떻게 뇌에 저장되는지를 정확하게 알 필요가 있다. 만약 이 정보가 커넥톰 안에 포함되어 있다면, 정보이론적 사망은 커넥톰의 사망에 불과할 것이다.

영원한 삶을 얻으려는 모든 노력은 정보를 저장하려는 시도로 간주될 수 있다. 대부분의 인간은 죽기 전에 아이들을 낳고 싶어 한다. 그들의 DNA에 있는 정보의 일부는 아이들의 DNA에 살아남으며, 다른 종류의 정보는 아이들의 기억 속에 살아남는다. 어떤 인간들은 미래 세대에 기억될 노래나 책을 써서 영원한 삶을 얻으려 한다. 이것 역시 다른 이들의 정신 속에 자신들에 관한 정보를 새겨 넣으려는 또 다른 시도이다.

인체냉동보존술과 업로딩은 뇌에 있는 정보를 보존하려 한다. 이것은 인간 종의 변형을 모색하는 트랜스휴머니즘이라 불리는 더 넓은 운동의 일환으로 간주될 수 있다. 트랜스휴머니스트들은 더 이상 다윈식의 더딘 진화 과정을 기다릴 필요가 없다고 말한다. 우리는 기술을 이용하여 우리의 신체와 뇌를 변화시킬 수 있다. 혹은 신체와 뇌를 완전히 버리고 컴퓨터로 이주할 수도 있다고 한다.

트랜스휴머니즘은 '괴짜들의 황홀경'이라는 조롱을 받아왔다. 어떤 사람들은 여러 끔찍한 문제들이 오늘날의 세계를 위협하고 있는 상황 속에서 미래의 영원한 삶을 꿈꾸는 것은 이상한 일이라고 생각한다. 그러나 트랜스휴머니즘은 인간 이성의 힘을 찬양하는 계몽주의 사상이 논리적으로 확장되면서 나온 불가피한 결과이다. 수학과 과학에서의 성공으로 대담해진 유럽의 사상가들은 전통이나 신의 계시에 호소하기보다는 이성적 사고에 의해 도출된 원칙들을 토대로 법과 철학을 확립하고자 했다. 철학자 라이프니츠는 심지어 모든 의견의 충돌이 추론 과정의 실수에서 비롯된다고 믿었으며, 기호 논리학으로 논증을 형식화하여 그

충돌을 해소할 수 있다고 제안했다.

그러나 20세기에는 이성의 한계가 뼈아프게 명백해졌다. 논리학자 쿠르트 괴델Kurt Gödel은 참이지만 증명불가능한 명제가 존재하므로 수학은 불완전하다는 것을 증명했다. 양자역학을 개척한 물리학자들은 어떤 사건들은 진정으로 무작위적이며, 무한한 정보와 계산능력으로도 예측할 수 없음을 발견했다. 이성이 수학이나 과학에서도 실패한다면, 어떻게 다른 곳에서 성공할 것을 기대할 수 있는가. 실제로 여러 철학자들은 이성으로 도덕성을 도출할 수 없다는 것을 확신하게 되었다. 그들은 그런 시도를 '자연주의적 오류'라고 부른다.

트랜스휴머니스트들은 더 이상 이성이 모든 질문에 대답할 수 있으리라 믿지 않는다. 그럼에도 불구하고, 그들은 끊임없이 기술을 발전시켜나가는 원동력이라는 점에서 이성의 최고 우월성을 믿는다. 계몽주의의 주요한 문제점은 과학적 세계관에 입각하여 많은 사람들에게서 목적의식을 박탈해버린다는 데 있는데, 트랜스휴머니즘은 이런 계몽주의의 문제점을 해결해준다. 만약 물리적 실재가 이리저리 튀어 돌아다니는 원자의 무리에 불과하고, 유전자는 복제를 위한 경쟁밖에 모른다면, 삶이 무의미하게 보일지도 모른다. 빅뱅에 관한 그의 책 《최초의 3분The First Three Minutes》에서 이론물리학자 스티븐 와인버그Steven Weinberg는 다음과 같이 말했다. "우주는 더욱 이해 가능한 것처럼 보일수록 더 무의미하게 보인다." 이러한 관점은 파스칼의 《팡세》에 더욱 시적으로 표현되어 있다.

나는 나를 둘러싼 우주의 무시무시한 공간을 본다. 그리고 광막한 우주의 한 구석에 묶여 있는 나 자신을 발견하지만, 무슨 이유로 내가 다른 곳이 아닌 이곳에 놓여 있는지, 무슨 이유로 나에게 허용된 짧은 시간이 나를 앞선 모든 영원과 나의 뒤를 이을 모든 영원 사이에서, 다른 시점이 아닌 바로 이 시점에 할당되었는지를 모른다. 어느 곳을 둘러보아도, 보이는 것은 오직 무한뿐이고, 이 무한은 다시는 돌아오지 않을 한순간 지속될 뿐인 하나의 원자, 하나의 그림자와도 같은 나를 덮고 있다. 내가 아는 모든 것은 내가 곧 죽으리라는 것, 그러나 무엇보다도 내가 모르는 것은 피할 수 없는 이 죽음 그 자체이다.

'삶의 의미'는 우주적 차원과 개인적 차원 두 가지를 포함한다. 우리는 다음과 같은 두 가지 질문을 할 수 있다. '우리가 존재하는 이유는 무엇인가.' '내가 존재하는 이유는 무엇인가.' 트랜스휴머니즘은 다음과 같이 대답한다. 첫째, 인간에게 주어진 한계를 초월하는 것은 인간의 운명이다. 이것은 단지 앞으로 일어날 일이 아니라, 일어나야 하는 것이다. 둘째, 알코어 재단에 등록하고 업로딩을 꿈꾸거나 다른 방식으로 자신을 개선하기 위해 기술을 이용하는 것은 개인의 목표일 수 있다. 이두 방식으로, 트랜스휴머니즘은 과학에게 빼앗겨 버린 의미를 삶에 부여하고 있다.

성경에 따르면 신이 자신의 모습에 따라 인간을 만들었다고 한다. 독일 철학가 루드비히 포이에르바하Ludwig Feuerbach는 인간이 자신의 모습에 따라 신을 만들었다고 한다. 트랜스휴머니스트들은 인류가 스스로를 신으로 만들 것이라 말하고 있다.

에필로그

이제 현실로 돌아올 시간이다. 우리는 각자 하나의 삶과 하나의 뇌를 가지고 있다. 결국, 인생의 모든 중요한 목적은 우리의 뇌를 변화시키는 것으로 귀결된다. 우리는 변화를 위한 자연의 메커니즘이라는 축복을 받았지만 그 한계에 좌절한다. 단순히 호기심과 경외감을 자극하는 것을 넘어서, 신경과학은 우리 자신을 변화시키기 위한 새로운 통찰과 기술을 줄 수 있을까?

나는 우리 시대의 가장 중요한 생각 중의 하나가 연결주의라고 주장했다. 이 학설은 정신 기능에 연결이 중요하다는 것을 강조한다. 연결주의의 역사는 19세기로 거슬러 올라가지만, 그 주장을 실험적으로 입증하기는 어려웠다. 마침내 최근에 등장한 커넥토믹스의 기술에 힘입어 우리는 이 학설을 테스트할 수 있게 되었다. 커넥톰이 달라서 정신이 다르다는 것은 사실일까? 만약 우리가 이 질문에 대답할 수 있다면, 우리는 또한 뇌의 배선에서 무엇을 변경해야 할지도 알 수 있을 것이다.

다음 단계는 재가중, 재연결, 재배선, 재생성의 네 가지 R을 일으키는 분자 수준의 개입에 기초하여, 그런 바람직한 변화를 촉진할 수 있는 새로운 방법을 고안하는 것이다. 이 방법들은 또한 네 가지 R이 긍정적 변화를 일으키도록 유도하는 훈련 요법을 활용하게 될 것이다.

이 모든 발전을 실현하려면, 우리는 계속하여 필요한 기술을 개발해 나가야 한다. 과학의 역사를 살펴보면 제아무리 뛰어난 연구자들도 극복할 수 없었던 개념적 장애물들이 여럿 있었으며, 그것들은 올바른 기구의 발명으로 극복되었다. 만약 동굴에 살던 원시인이 스크루드라이버를 가지고 있지 않다면, 우리는 그들이 옛날 기계식 시계의 작동방식을 알아내리라 기대할 수 없을 것이다. 같은 맥락에서 신경과학자들이 아주 복잡한 도구 없이 뇌를 이해할 수 있으리라 기대하는 것은 비현실적이다. 우리의 기술은 그 작업을 감당할 정도의 단계에 올라섰다. 하지만 그 기술을 몇 배나 더 강력하게 만들 필요가 있다.

우리는 이러한 기술적 발전을 장려하는 연구 환경을 만들 필요가 있다. 한 가지 가능성은 '원대한 도전', 즉 우리의 상상력을 자극하고 우리의 지적 노력을 결집시키는 야심찬 프로젝트에 착수하는 것이다. 우리는 전자현미경 기술로 쥐 뇌의 뉴런 커넥톰 전체를 찾거나, 혹은 광학현미경 기술로 인간 뇌의 영역 커넥톰 전체를 찾는 목표를 세울 수 있다. 두 프로젝트에는 유사한 양의 데이터를 획득하고 분석하는 과정이 필요하므로, 그 난이도 역시 비슷할 것이다. 이 두 과제에는 각각 10년간의 치열한 노력이 필요하리라고 나는 추정한다. 게놈이 생물학자들에게 필수불가결하게 되었듯이, 그 두 가지 커넥톰은 신경과학자들에게 가치를 매길 수 없을 정도의 자산이 될 것이다.

이 프로젝트들은 어마어마하게 어려운 작업이겠지만, 우리는 지름길을 추구할 수도 있다. 이미 개발되어 있는 기술들로 조그만 커넥톰들을 빠르고 값싸게 발견할 수 있을 것이다. 앞에서 말한 원대한 도전에 비교한다면, 1입방밀리미터 뇌의 뉴런 커넥톰을 찾거나, 쥐 뇌의 영역 커넥톰을 찾는 일은 천 배는 빠를 것이다. 작은 커넥톰 여러 개를 찾는 것은 개별적인 차이들이나 변화를 연구하는 데에 중요하다.

지금 당장 정신질환에 대한 더 나은 치료법을 찾는 것이 필요한 때에, 왜 우리는 미래 기술에 투자를 해야 하는가? 나는 우리가 두 가지를 모두 함께 진행해야 한다고 생각한다. 앞으로 몇 년 동안 우리의 치료법은 분명 개선되겠지만, 진정한 치료법을 발견하는 데에는 몇십 년이 걸릴 것이다. 이런 장기적인 싸움에서 보상을 거두기 위해서는 지금 합리적인 투자를 할 만한 가치가 있다.

당신은 빠르고 값싸게 커넥톰을 발견할 정도로 기술이 발전한다는 데에 회의적일 수 있다. 인간 게놈 프로젝트가 시작되기 전에는 인간의 게놈 전체를 배열하는 것은 거의 불가능하다고 여겨졌다. 커넥토믹스도 어려워 보일 수 있으나, 어떤 의미에서는 신경과학의 더 큰 과업에 비교하면 사소한 편이다. 커넥토믹스의 목표는 잘 정의되어 있으므로, 우리는 어떤 것이 성공인지, 그리고 어떻게 진보를 수량화할 수 있는지를 정확히 알고 있는 것이다. 이와 반대로, 뇌가 어떻게 작동하는가를 이해하려는 신경과학의 더 넓은 목표는 단지 모호하게 정의되어 있을 뿐이다. 심지어 전문가들도 그것이 정확히 무엇을 의미하는지에 대해 동의하지 않는다. 일단 목표가 명확히 정의되고 나면, 시간, 돈, 노력은 진보를 가져올 것이다. 이것이 바로 커넥토믹스가 아무리 야심차 보인다 하더라도 결국은 그 목표를 성취할 것이라고 내가 확신하는 이유이다.

어린 소년이 물속에서 첨벙거리며 깔깔 웃는다. 아이가 밖으로 나와서 묻는다. "스승님, 개울은 왜 흐르나요?" 노인은 조용히 어린 제자를 바라보며 대답한다. "땅이 물에게 움직이는 것을 가르친단다." 사원으로 돌아오는 길에 그들은 위태로운 다리를 건넜다. 제자가 노인의 손을 꽉 움켜쥐었다. 그는 저 아래에 있는 개울을 보면서 물었다. "스승님, 협곡은 왜 서렇게 깊을까요?" 그들이 안전한 반대편에 도달하자, 노인이 대답했다. "물이 땅에게 움직이는 것을 가르친단다."

나는 우리 뇌 안에 있는 개울도 거의 비슷한 방식으로 움직인다고 믿는다. 커넥톰을 통한 신경활동의 흐름은 현재 우리 경험을 움직이며, 과거에 대한 우리의 기억이 될 인상들을 남겨둔다. 커넥토믹스는 인간 역사에서 전환점에 해당한다. 인류가 아프리카 대초원의 유인원 선조로부터 진화하는 동안에 인류를 특별하게 만든 것은 다른 종에 비해 커다란 뇌였다. 우리는 이 큰 뇌를 사용해 우리에게 더욱 놀라운 능력을 선사해 준 기술들을 만들어냈다. 결국에는 이 기술들이 더욱 강력하게 되어 우리 자신을 아는 데 사용될 뿐 아니라, 우리 스스로를 더 향상시키는 데에도 사용될 것이다.

감사의 말

데이비드 반 에센David van Essen이 2007년 신경과학학회 모임에서 내가 강연을 하도록 초청한 것이 이 책의 씨앗이었다. 수천 명의 청중 앞에서 강연을 하면서, 나는 그 결론으로 커넥톰을 찾는 것에 도전할 계획을 내놓았다. 그에 뒤따른 웅성거림을 들은 후에, 밥 프라이어Bob Prior가 나에게 책을 쓸 것을 권했다. 나는 이 제안을 받아들였지만, 일반 대중을 그 대상으로 삼기로 결정했다. 어떠한 지식도 가정할 수 없었으므로, 나는 첫 번째 원칙에서부터 논의를 시작하고 나의 모든 믿음에 의문을 가져야만 했다. 나는 '컵이 채워질 수 있도록 먼저 컵을 비워라'라는 처방을 따르고 있었다.

2009년에 초고를 끝냈을 때, 캐서린 칼린Catharine Carlin이 짐 레바인Jim Levine을 알려주었고, 댄 애리얼리Dan Ariely가 소개를 해주었다. 내 에이전트로 일하겠다는 짐의 열광적인 제안은 엄청난 동력이었다. 그는 명석한 아만다 쿡Amanda Cook을 채용했으며, 그녀는 '왜 우리가 그것에 신경을 써야 하나요?'라는 질문을 가지고 나를 반복적으로 자극했다. 내가 쓴 글을 편집하고 내가 한 이야기를 개선시키는 것을 넘어서서, 그녀는 내 사고의 형태를 만들었다. 나는 그녀의 안내를 통해 이 책이 이렇게 철저하게 변할 것이라고 전혀 예상치 못했다. 그렇게 바뀌게 된 것은 나에게 행운이라고 생각한다.

과학계의 삶에는 똑똑하고 흥미로운 동료들을 만날 수 있는 기회라는 경이로운 부가적 혜택이 따라온다. 다른 신경과학자들과의 여러 환상적인 토론이 이 책을 풍부하게 만들었다. 데이비드 탱크David Tank의 현명한 조언은 나를 커넥톰의 길로 들어서게 만들었다. 이 책의 두 가지 초고를 비판했던 빈프리드 뎅크Winfried Denk의 격려는 내가 책을 계속 쓰도록 만들었다. 제프 리히트만Jeff Lichtman은 시냅스 제거와 신경다윈주의에 관하여 끈기를 가지고 가르쳐 주었다. 켄 헤이워드Ken Hayworth는 그의 자르는 기계를 설명해 주었고, 트랜스휴머니즘을 열렬히 옹호했다. 대니얼 버거Daniel Berger는 이 책을 개선하는 많은 제안을 해주었다.

예쁜꼬마선충에 관한 정보에 대해서 스콧 에몬스Scott Emmons와 데이비드 홀David Hall, 파리의 뇌에 대해 악셀 보스트Axel Borst, 캘리포니아 삼나무에 대해 케빈 오하라Kevin O'Hara, 연상 기억 모델에 대해 미샤 쵸다익스Misha Tsodyks와 하임 솜폴린스키Haim Sompolinsky, 재연결과 재배선에 대해 에릭 크누센Eric Knudsen과 스티븐 스미스Stephen Smith, 재생에 대해 카를로스 루이스Carlos Lois와 파티 야닉Fatih Yanik, 배선의 경제학에 대해 미트야 치콜로프스키Mitya Chklovskii와 알렉스 쿠라코프Alex Koulakov, 순차적 전자 현미기술에 대해 크리스틴 해리스Kristen Harris, 반도체 전자공학에 대해 구연 웨이Guyeon Wei, 뉴런 유형들에 대해 딕 마스란드Dick Masland와 조쉬 사네스Josh Sanes, 피질 해부학에 대해 캐시 록랜드Kathy Rockland와 알무트 슈에츠Almut Schuez, 뇌의 진화에 대해 하비 카르텐Harvey Karten과 제리 슈나이더Jerry Schneider, 새의 노래에 대해 마이클 피Michale Fee, 신경장애에 대해 리-후에이 차이Li-Huei Tsai와 파벨 오스텐Pavel Osten, 생물학에 대해 밤지 무사Vamsi Mootha, 신경학에 대해 니코 쉬프Niko Schiff, 철학과 심리학에 대해 드라젠Drazen과 데니카 프렐렉Danica Prelec, 수상돌기의 생물물리학에 대해 마이클 하우저Michael Hausser와 안드 로스Arnd Roth에게 감사를 표한다.

마이크 서Mike Suh와 존 숀John Shon은 이 책의 최초 제안서에 도움을 주었다. 자넷 최Janet Choi와 줄리아 쿨Julia Kuhl과 더불어, 그들은 또한 최종 버전에 대해서도 논평을 해주었다. 스콧 헤프틀러Scott Heftler는 몇몇 재미있는 비교들을 제안했다. 동료 저자들인 수 코르킨Sue Corkin, 마이크 가자니가Mike Gazzaniga, 알란 홉슨Allan Hobson 그리고 리사 랜들Lisa Randall은 결정적인 순간들에 조언을 해주었다. 기쁘게도 카트야 라이스Katya Rice의 꼼꼼한 편집과 흠잡을 데 없는 논리가 문체에 윤기를 더해 주었다.

여러 번의 대중 강연 경험이 나를 시대정신에 맞게 조율해주었다. 우테 메타 바우어Ute Meta Bauer가 MIT의 시각예술 프로그램에서 강연하도록 나를 초청해주었고, 수잔 호크필드Susan Hockfield는 세계경제포럼에 나를 데려가주었으며, 사라 캐딕Sarah Caddick은 2010년 TED 강연을 통해 내 생각을 퍼뜨리도록 도와주었다.

마지막으로 커넥톰학에 대한 나의 연구에 재정적 지원을 해준 개츠비 자선재단Gatsby Charitable Foundation, 하워드휴즈 의학연구소Howard Hughes Medical Institute, 그리고 인간 프론티어 과학 프로그램Human Frontiers Science Program에 감사를 드린다.

주

머리말

1 팡세 72.

2 팡세 206.

3 Beard 2008.

1장 천재성과 광기

1 Galton 1889.

2 McDaniel 2005.

3 Micale 1985.

4 Harris 2003.

5 Abraham 2002; Paterniti 2000.

6 Witelson, Kigar, and Harvey 1999.

7 Burrell 2004.

8 Gall 1835.

9 Jung and Haier 2007.

10 Maguire et al. 2000.

11 Mechelli et al. 2004.

12 Kessler et al. 2005.

13 Frith 2008.

14 Frith 1993.

15 Kanner 1943.

16 Carper et al. 2002.

17 BGW 2002.

18 Steen et al. 2006.

19 Plum 1972.

2장 경계 논쟁

1 Voigt and Pakkenberg 1983.

2 Draganski et al. 2004; Boyke et al. 2008.

3 Draganski et al. 2006.

4 Cramer 2008.

5 Cramer 2008.

6 Nicolelis 2007.

7 Finger and Hustwit 2003.

8 Reilly and Sirigu 2008.

9 Ramachandran and Blakeslee 1999.

10 Penfield and Boldrey 1937.

11 Elbert and Rockstroh 2004.

12 Glahn et al. 2005.

13 Lashley and Clark 1946.

14 Lashley 1929.

3장 뉴런은 섬이 아니다

1 Russell 1978.

2 Kolodzey 1981.

3 Sherrington 1924.

4 Bradley 1920.

4장 밑바닥까지 모두 뉴런

1 Quiroga et al. 2005.

5장 기억의 조립

1 Petrie 1883.

2 Plato, Theaetetus.

3 Draaisma 2000.

4 Greenough, Black, and Wallace 1987.

5 Miller 1996.

6   Purves 1990.

7   Yates 1966.

8   Gilbert et al. 2000.

6장 유전자의 숲 관리

1   Bouchard et al. 1990.

2   Cardno and Gottesman 2000.

3   Kullmann 2010.

4   Miles and Beer 1996; Leroi 2006.

5   Mochida and Walsh 2001.

6   Leroi 2006; Mochida and Walsh 2001.

7   Mochida and Walsh 2004.

8   Guerrini and Parrini 2010.

9   Kolodkin and Tessier-Lavigne 2011.

10 Lewis and Levitt 2002; Rapoport et al. 2005.

11 Courchesne and Pierce 2005; Geschwind and Levitt 2007.

12 Huttenlocher and Dabholkar 1997.

13 Ehninger et al. 2011; Guy et al. 2011.

7장 잠재력 쇄신하기

1   Bruer 1999.

2   Draganski et al. 2004; Boyke et al. 2008.

3   Meyer and Smith 2006; Ruthazer, Li, and Cline 2006.

4   Schuz et al. 2006.

5   Sadato et al. 1996; Cohen et al. 1997.

6   Jones 1995.

7   Rymer 1994.

8   Greenough, Black, and Wallace 1987.

9   Stratton 1897a, 1897b.

10 Bock and Kommerell 1986.

11 Knudsen and Knudsen 1990.

12 Schneider 1979.

13 Yamahachi et al. 2009.

14 Vetencourt et al. 2008; He et al. 2006; Sale et al. 2007.

15 Linkenhoker and Knudsen 2002.

16 Carmichael 2006.

17 Gould et al. 1999.

18 Blakeslee 2000.

19 Taub 2004.

10 Kempermann 2002.

21 Lledo, Alonso, and Grubb 2006.

22 Flatt 2005.

23 Cowan et al. 1984.

24 Buss, Sun, and Oppenheim 2006.

25 Carmichael 2006.

8장 보는 것이 믿는 것이다

1 Denk and Horstmann 2004.

9장 자취를 따라서

1 CMS Collaboration 2008.

2 White et al. 1986.

3 Chalfi e et al. 1985.

3 Fiala 2005.

5 Helmstaedter, Briggman, and Denk 2008.

6 Jain, Seung, and Turaga 2010.

7 Kelly 1994.

8 Shendure et al. 2004.

10장 잘라 나누기

1 Utter and Basso 2008.

2 Stevens 1998.

3   Nelson, Sugino, and Hempel 2006.

4   White et al. 1986.

5   Ibid.

6   Eling 1994.

7   Catani and ffytche 2005; Mesulam 1998; Geschwind, 1965a, 1965b.

8   Mohr 1976.

9   Lieberman 2002; Poeppel and Hickok 2004; Rilling 2008.

10 Bernal and Altman 2010.

11 Friederici 2009.

12 Hickok and Poeppel 2007.

13 Fukuchi-Shimogori and Grove 2001.

11장 부호 해독하기

1   Robinson 2002.

2   Corkin 2002.

3   Gelbard-Sagiv et al. 2008.

4   West and King 1990.

5   Doupe and Kuhl 1999.

6   Jarvis et al. 2005.

7   Karten 1997.

8   Hahnloser, Kozhevnikov, and Fee 2002.

9   Jun and Jin 2007; Fiete et al. 2010.

10 Briggman, Helmstaedter, and Denk 2011.

11 Bock et al. 2011.

12 Mooney and Prather 2005.

12장 비교하기

1   Davis 2005.

2   Hall and Russell 1991.

3   Friederici 2009.

4   Oddo et al. 2003.

5 Lander 2011.

13장 변화시키기

1 Bosch and Rosich 2008.

2 Schildkraut 1965.

3 Lipton 1999.

4 Yamada, Mizuno, and Mochizuki 2005; Mochizuki 2009.

5 Selkoe 2002.

6 Baum and Walker 1995.

7 Lledo, Alonso, and Grubb 2006.

8 Illingworth 1974.

9 Carmichael 2006.

10 Zhang, Zhang, and Chopp 2005.

11 Olanow et al. 2003.

12 Mendez et al. 2008.

13 Soldner et al. 2009.

14 Zhang, Zhang, and Chopp 2005; Buss 2006; Lledo 2006.

15 Brundin 2000.

16 Murphy and Corbett 2009.

17 Carmichael 2006.

18 Nehlig 2010.

19 Newhouse, Potter, and Singh 2004.

20 Kola and Landis 2004.

21 Kola and Landis 2004.

22 Markou et al. 2008.

23 Legrand et al. 2009.

24 Nestler and Hyman 2010.

14장 얼리거나 절이거나

1 Peck 1998.

2 Howland 1996.

3   Pew Forum on Religion 2010.

4   Markoff 2007.

5   Dudley 2008.

6   Wigmore 2008.

7   Woods et al. 2004.

8   Mazur, Rall, and Rigopoulos 1981.

9   Woods et al. 2004.

10 Fahy et al. 2009.

11 Mazur 1988.

12 Towbin 1973.

13 Laureys 2005 ; President's Council on Bioethics 2008.

14 Laureys 2005.

15 President's Council on Bioethics 2008.

16 Agarwal, Singh, and Gupta 2006.

17 Rees 1976 ; Kalimo et al. 1977.

18 Drexler 1986.

19 Olson 1988.

15장 ……로 저장(혹은 구원)하기

1   Bostrom 2003 ; Lloyd 2006.

2   Turing 1950.

3   Ananthanarayanan et al. 2009.

4   Lockery and Goodman 2009.

5   White et al. 1986.

참고문헌

Abeles, M. 1982. Local cortical circuits: An electrophysiological study. Berlin: Springer.

Aboitiz, F., A. B. Scheibel, R. S. Fisher, and E. Zaidel. 1992. Fiber composition of the human corpus callosum. Brain Research, 598 (1-2): 143-153.

Abraham, Carolyn. 2002. Possessing genius: The bizarre odyssey of Einstein's brain. New York: St. Martin's Press.

Adee, S. 2009. Cat fight brews over cat brain. IEEE Spectrum Tech Talk Blog. Nov. 23.

Agarwal, R., N. Singh, and D. Gupta. 2006. Is the patient brain-dead? Emergency Medicine Journal, 23 (1): e05.

Albertson, D. G., and J. N. Thomson. 1976. The pharynx of Caenorhabditis elegans. Philosophical Transactions of the Royal Society of London, Series B, Biological Sciences, 275 (938): 299-325.

Amari, S. I. 1972. Learning patterns and pattern sequences by self-organizing nets of threshold elements. IEEE Transactions on Computers, 100 (21): 1197-1206.

Amit, D. J. 1989. Modeling brain function. Cambridge, Eng.: Cambridge University Press.

Amit, D. J., H. Gutfreund, and H. Sompolinsky. 1985. Spin-glass models of neural networks. Physical Review A, 32 (2): 1007.

Amunts, K., G. Schlaug, L. Jancke, H. Steinmetz, A. Schleicher, A. Dabringhaus, and K. Zilles. 1997. Motor cortex and hand motor skills: Structural compliance in the human brain. Human Brain Mapping, 5 (3): 206-215.

Ananthanarayanan, R., S. K. Esser, H. D. Simon, and D. S. Modha. 2009. The cat is out of the bag: Cortical simulations with 10^9 neurons, 10^{13} synapses. In Proceedings of the Conference on High Performance Computing Networking, Storage, and Analysis, p. 63. ACM.

Andersen, B. B., L. Korbo, and B. Pakkenberg. 1992. A quantitative study of the human cerebellum with unbiased stereological techniques. Journal of Comparative Neurology, 326 (4): 549.

Antonini, A., and M. P. Stryker. 1993. Development of individual geniculocortical arbors in cat striate cortex and effects of binocular impulse blockade. Journal of Neuroscience, 13 (8): 3549.

_____. 1996. Plasticity of geniculocortical afferents following brief or prolonged monocular occlusion in the cat. Journal of Comparative Neurology, 369 (1): 64–82.

Azevedo, F. A., L. R. Carvalho, L. T. Grinberg, J. M. Farfel, R. E. Ferretti, R. E. Leite, F. W. Jacob, R. Lent, and S. Herculano-Houzel. 2009. Equal numbers of neuronal and nonneuronal cells make the human brain an isometrically scaledup primate brain. Journal of Comparative Neurology, 513 (5): 532–541.

Bagwell, C. E. 2005. "Respectful image": Revenge of the barber surgeon. Annals of Surgery, 241 (6): 872.

Bailey, A., A. Le Couteur, I. Gottesman, P. Bolton, E. Simonoff , E. Yuzda, and M. Rutter. 1995. Autism as a strongly genetic disorder: Evidence from a British twin study. Psychological Medicine, 25 (1): 63–77.

Bailey, P., and G. von Bonin. 1951. The isocortex of man. Urbana, Ill.: University of Illinois Press.

Bamman, M. M., B. R. Newcomer, D. E. Larson-Meyer, R. L. Weinsier, and G. R. Hunter. 2000. Evaluation of the strength–size relationship in vivo using various muscle size indices. Medicine and Science in Sports and Exercise, 32 (7): 1307.

Barlow, H. B. 1972. Single units and sensation: A neuron doctrine for perceptual psychology. Perception, 1 (4): 371–394.

Basser, L. S. 1962. Hemiplegia of early onset and the faculty of speech with special reference to the effects of hemispherectomy. Brain, 85: 427–460.

Baum, K. M., and E. F. Walker. 1995. Childhood behavioral precursors of adult symptom dimensions in schizophrenia. Schizophrenia Research, 16 (2): 111–120.

Bear, M. F., B. W. Connors, and M. Paradiso. 2007. Neuroscience: Exploring the brain, 3rd ed. Baltimore: Lippincott, Williams, and Wilkins.

Beard, M. 2008. The fires of Vesuvius: Pompeii lost and found. Cambridge, Mass.: Harvard University Press.

Bechtel, W. 2006. Discovering cell mechanisms: The creation of modern cell biology. Cambridge, Eng.: Cambridge University Press.

Benes, F. M., M. Turtle, Y. Khan, and P. Farol. 1994. Myelination of a key relay zone in the hippocampal formation occurs in the human brain during childhood, adolescence, and adulthood. Archives of General Psychiatry, 51 (6): 477-484.

Bernal, B., and N. Altman. 2010. The connectivity of the superior longitudinal fasciculus: A tractography DTI study. Magnetic Resonance Imaging, 28 (2): 217-225.

Bertone, T., and G. De Carli. 2008. The last secret of Fatima. New York: Doubleday.

BGW. 2002. Graduate student in peril: A first person account of schizophrenia. Schizophrenia Bulletin, 28 (4): 745-755.

Bhardwaj, R. D., M. A. Curtis, K. L. Spalding, B. A. Buchholz, D. Fink, T. Bjork-Eriksson, C. Nordborg, F. H. Gage, H. Druid, P. S. Eriksson, et al. 2006. Neocortical neurogenesis in humans is restricted to development. Proceedings of the National Academy of Sciences, 103 (33): 12564.

Bi, G., and M. Poo. 1998. Synaptic modifications in cultured hippocampal neurons: Dependence on spike timing, synaptic strength, and postsynaptic cell type. Journal of Neuroscience, 18 (24): 10464.

Blakeslee, Sandra. 2000. A decade of discovery yields a shock about the brain. New York Timess, Jan. 4.

Boatman, D., J. Freeman, E. Vining, M. Pulsifer, D. Miglioretti, R. Minahan, B. Carson, J. Brandt, and G. McKhann. 1999. Language recovery after left hemispherectomy in children with late-onset seizures. Annals of Neurology, 46(4): 579-586.

Bock, D. D., W. C. A. Lee, A. M. Kerlin, M. L. Andermann, G. Hood, A. W. Wetzel, S. Yurgenson, E. R. Soucy, H. S. Kim, and R. C. Reid. 2011. Network anatomy and in vivo physiology of visual cortical neurons. Nature, 471 (7337): 177-182.

Bock, O., and G. Kommerell. 1986. Visual localization after strabismus surgery is compatible with the "outflow" theory. Vision Research, 26 (11): 1825.

Bosch, F., and L. Rosich. 2008. The contributions of Paul Ehrlich to pharmacology: A tribute on the occasion of the centenary of his Nobel prize. Pharmacology, 82 (3): 171-179.

Bosl, W., A. Tierney, H. Tager-Flusberg, and C. Nelson. 2011. EEG complexity as a biomarker for autism spectrum disorder risk. BMC Medicine, 9: 18.

Bostrom, N. 2003. Are you living in a computer simulation? Philosophical Quarterly, 53 (211): 243-255.

Bouchard, T. J., Jr., D. T. Lykken, M. McGue, N. L. Segal, and A. Tellegen. 1990. Sources of human psychological differences: The Minnesota Study of Twins Reared Apart. Science, 250: 223-228.

Boyke, J., J. Driemeyer, C. Gaser, C. Buchel, and A. May. 2008. Training-induced brain structure changes in the elderly. Journal of Neuroscience, 28 (28): 7031.

Bradley, G. D. 1920. The story of the Pony Express, 4th ed. Chicago: McClurg.

Braitenberg, V., and A. Schuz. 1998. Cortex: Statistics and geometry of neuronal connectivity. Berlin: Springer.

Briggman, K. L., M. Helmstaedter, and W. Denk. 2011. Wiring specificity in the direction-selectivity circuit of the retina. Nature, 471 (7337): 183-188.

Brodmann, K. 1909. Vergleichende Lokalisationslehre der Großhirnrinde in ihren Prinzipien dargestellt auf Grund des Zellenbaues. Leipzig: Barth. English trans. available as Garey, L. J. 2006. Brodmann's localisation in the cerebral cortex: The principles of comparative localisation in the cerebral cortex based on cytoarchitectonics. New York: Springer.

Bruer, J. T. 1999. The myth of the first three years: A new understanding of early brain development and lifelong learning. New York: Free Press.

Brundin, P., J. Karlsson, M. Emgard, G. S. Kaminski Schierle, O. Hansson, A Petersn, and R. F. Castilho. 2000. Improving the survival of grafted dopaminergic neurons: A review over current approaches. Cell Transplantation, 9 (2): 179-196.

Bullock, T. H., M. V. L. Bennett, D. Johnston, R. Josephson, E. Marder, and R. D. Fields. 2005. The neuron doctrine, redux. Science, 310 (5749): 791.

Buonomano, D. V., and M. M. Merzenich. 1998. Cortical plasticity: From synapses to maps. Annual Review of Neuroscience, 21 (1): 149-186.

Burrell, Brian. 2004. Postcards from the brain museum: The improbable search for meaning in the matter of famous minds. New York: Broadway Books.

Buss, R. R., W. Sun, and R. W. Oppenheim. 2006. Adaptive roles of programmed cell death during nervous system development. Annual Review of Neuroscience, 29: 1.

Cardno, A. G., and I. I. Gottesman. 2000. Twin studies of schizophrenia: From bow-and-arrow concordances to star wars Mx and functional genomics. American Journal of Medical Genetics, C, Seminars in Medical Genetics, 97(1): 12-17.

Carmichael, S. T. 2006. Cellular and molecular mechanisms of neural repair after stroke: Making waves. Annals of Neurology, 59 (5): 735-42.

Carper, R. A., P. Moses, Z. D. Tigue, and E. Courchesne. 2002. Cerebral lobes in autism: Early hyperplasia and abnormal age effects. Neuroimage, 16 (4): 1038-1051.

Catani, M., and D. H. ffytche. 2005. The rises and falls of disconnection syndromes. Brain, 128: 2224-2239.

Chadwick, J. 1960. The decipherment of Linear B. Cambridge, Eng.: Cambridge University Press.

Chalfie, M., J. E. Sulston, J. G. White, E. Southgate, J. N. Thomson, and S. Brenner. 1985. The neural circuit for touch sensitivity in Caenorhabditis elegans. Journal of Neuroscience, 5 (4): 956.

Changeux, Jean-Pierre. 1985. Neuronal man: The biology of mind. New York: Pantheon.

Chen, B. L., D. H. Hall, and D. B. Chklovskii. 2006. Wiring optimization can relate neuronal structure and function. Proceedings of the National Academy of Sciences, 103 (12): 4723.

Chklovskii, D. B., and A. A. Koulakov. 2004. Maps in the brain: What can we learn from them? Annual Review of Neuroscience, 27: 369-392.

Clarke, Arthur C. 1973. Profiles of the future: An inquiry into the limits of the possible, rev. ed. New York: Harper & Row.

CMS Collaboration. 2008. The CMS experiment at the CERN LHC. Journal of Instrumentation, 3: S08004.

Cohen, L. G., P. Celnik, A. Pascual-Leone, B. Corwell, L. Faiz, J. Dambrosia, M. Honda, N. Sadato, C. Gerloff, M. D. Catalá, et al. 1997. Functional relevance of cross-modal plasticity in blind humans. Nature, 389 (6647): 180-183.

Coleman, M. 2005. Axon degeneration mechanisms: Commonality amid diversity. Nature Reviews Neuroscience, 6 (11): 889-898.

Conel, J. L. 1939-967. Postnatal development of the human cerebral cortex. 8 vols. Cambridge, Mass.: Harvard University Press.

Conforti, L., R. Adalbert, and M. P. Coleman. 2007. Neuronal death: Where does the end begin? Trends in Neurosciences, 30 (4): 159-166.

Connors, B. W., and M. J. Gutnick. 1990. Intrinsic firing patterns of diverse neocortical neurons. Trends in Neurosciences, 13 (3): 99-104.

Corkin, S. 2002. What's new with the amnesic patient HM? Nature Reviews Neuroscience, 3 (2): 153-160.

Courchesne, E., and K. Pierce. 2005. Why the frontal cortex in autism might be talking only to itself: Local over-connectivity but long-distance disconnection. Current Opinion in Neurobiology, 15 (2): 225-230.

Courchesne, E., K. Pierce, C. M. Schumann, E. Redcay, J. A. Buckwalter, D. P. Kennedy, and J. Morgan. 2007. Mapping early brain development in autism. Neuron, 56 (2): 399-413.

Cowan, W. M., J. W. Fawcett, D. D. O'Leary, and B. B. Stanfi eld. 1984. Regressive events in neurogenesis. Science, 225 (4668): 1258.

Cramer, S. C. 2008. Repairing the human brain after stroke: I. Mechanisms of spontaneous recovery. Annals of Neurology, 63 (3): 272-287.

Davis, Kenneth C. 2005. Don't know much about mythology: Everything you need to know about the greatest stories in human history but never learned. New York: HarperCollins.

Davis, N. Z. 1983. The Return of Martin Guerre. Cambridge, Mass.: Harvard University Press.

_____. 1988. On the lame. American Historical Review, 93 (3): 572-603.

DeFelipe, J. 2010. Cajal's butterflies of the soul: Science and art. New York: Oxford University Press.

DeFelipe, J., and E. G. Jones. 1988. Cajal on the cerebral cortex. New York: Oxford University Press.

Denk, W., and H. Horstmann. 2004. Serial block-face scanning electron microscopy to reconstruct three-dimensional tissue nanostructure. PLoS Biology, 2 (11):

e329.

Dennett, Daniel Clement. 1978. Brainstorms: Philosophical essays on mind and psychology. Montgomery, Vt.: Bradford Books.

Desimone, R., T. D. Albright, C. G. Gross, and C. Bruce. 1984. Stimulus-selective properties of inferior temporal neurons in the macaque. Journal of Neuroscience, 4 (8): 2051.

Devlin, K. 2010. The unfinished game: Pascal, Fermat, and the seventeenth-century letter that made the world modern. New York: Basic Books.

Dobell, C. C. 1960. Antony van Leeuwenhoek and his "little animals." New York: Dover.

Dobson, J. 1953. Some eighteenth century experiments in embalming. Journal of the History of Medicine and Allied Sciences, 8 (Oct.): 431.

Doupe, A. J., and P. K. Kuhl. 1999. Birdsong and human speech: Common themes and mechanisms. Annual Review of Neuroscience, 22 (1): 567-631.

Draaisma, D. 2000. Metaphors of memory: A history of ideas about the mind. Cambridge, Eng.: Cambridge University Press.

Draganski, B., C. Gaser, V. Busch, G. Schuierer, U. Bogdahn, and A. May. 2004. Neuroplasticity: Changes in grey matter induced by training. Nature, 427(6972): 311-312.

Draganski, B., C. Gaser, G. Kempermann, H. G. Kuhn, J. Winkler, C. Buchel, and A. May. 2006. Temporal and spatial dynamics of brain structure changes during extensive learning. Journal of Neuroscience, 26 (23): 6314.

Drexler, K. E. 1986. Engines of creation: The coming era of nanotechnology. New York: Anchor.

Dronkers, N. F., O. Plaisant, M. T. Iba-Zizen, and E. A. Cabanis. 2007. Paul Broca's historic cases: High resolution MR imaging of the brains of Leborgne and Lelong. Brain, 130 (5): 1432.

Dudley, R. 2008. Suicide claims two men who shared one heart. islandpacket.com. Apr. 5.

Eccles, J. C. 1965. Possible ways in which synaptic mechanisms participate in learning, remembering and forgetting. Anatomy of Memory, 1: 12-87.

_____, 1976. From electrical to chemical transmission in the central nervous system.

Notes and Records of the Royal Society of London, 30 (2): 219.

Eccles, J. C., P. Fatt, and K. Koketsu. 1954. Cholinergic and inhibitory synapses in a pathway from motor-axon collaterals to motoneurones. Journal of Physiology, 126 (3): 524.

Edelman, Gerald M. 1987. Neural Darwinism: The theory of neuronal group selection. New York: Basic Books.

Eichenbaum, H. 2000. A cortical-hippocampal system for declarative memory. Nature Reviews Neuroscience, 1 (1): 41-50.

Elbert, T., and B. Rockstroh. 2004. Reorganization of human cerebral cortex: The range of changes following use and injury. Neuroscientist, 10 (2): 129.

Elbert, T., C. Pantev, C. Wienbruch, B. Rockstroh, and E. Taub. 1995. Increased cortical representation of the fi ngers of the left hand in string players. Science, 270 (5234): 305.

Eling, P., ed. 1994. Reader in the history of aphasia: From Franz Gall to Norman Geschwind. Amsterdam: John Benjamins.

Epsztein, J., M. Brecht, and A. K. Lee. 2011. Intracellular determinants of hippocampal CA1 place and silent cell activity in a novel environment. Neuron, 70 (1): 109-120.

Euler, T., P. B. Detwiler, and W. Denk. 2002. Directionally selective calcium signals in dendrites of starburst amacrine cells. Nature, 418 (6900): 845-852.

Fahy, G. M., B. Wowk, R. Pagotan, A. Chang, J. Phan, B. Thomson, and L. Phan. 2009. Physical and biological aspects of renal vitrification. Organogenesis, 5 (3): 167.

Fee, M. S., A. A. Kozhevnikov, and R. H. Hahnloser. 2004. Neural mechanisms of vocal sequence generation in the songbird. Annals of the New York Academy of Sciences, 1016: 153.

Feher, O., H. Wang, S. Saar, P. P. Mitra, and O. Tchernichovski. 2009. De novo establishment of wild-type song culture in the zebra finch. Nature, 459 (7246): 564-568.

Felleman, D. J., and D. C. Van Essen. 1991. Distributed hierarchical processing in the primate cerebral cortex. Cerebral Cortex, 1 (1): 1.

Fiala, J. C. 2005. Reconstruct: A free editor for serial section microscopy. Journal of

Microscopy, 218 (1): 52-61.

Fields, R. D. 2009. The other brain. New York: Simon & Schuster.

Fiete, I. R., W. Senn, C. Z. H. Wang, and R. H. R. Hahnloser. 2010. Spike-timede-pendent plasticity and heterosynaptic competition organize networks to pro-duce long scale-free sequences of neural activity. Neuron, 65 (4): 563-576.

Finger, S. 2005. Minds behind the brain: A history of the pioneers and their discover-ies. New York: Oxford University Press.

Finger, S., and M. P. Hustwit. 2003. Five early accounts of phantom limb in context: Pare, Descartes, Lemos, Bell, and Mitchell. Neurosurgery, 52 (3): 675.

Flatt, A. E. 2005. Webbed fingers. Proceedings (Baylor University Medical Center), 18 (1): 26.

Flechsig, P. 1901. Developmental (myelogenetic) localisation of the cerebral cortex in the human subject. Lancet, 158 (4077): 1027-1030.

Fombonne, E. 2009. Epidemiology of pervasive developmental disorders. Pediatric Research, 65 (6): 591-598.

Ford, B. J. 1985. Single lens: The story of the simple microscope. New York: Harper& Row.

Friederici, A. D. 2009. Pathways to language: Fiber tracts in the human brain. Trends in Cognitive Sciences, 13 (4): 175-181.

Friston, K. J. 1998. The disconnection hypothesis. Schizophrenia Research, 30 (2):115-125.

Frith, U. 1993. Autism. Scientific American, 268 (6): 108-114.

_____, 2008. Autism: A very short introduction. New York: Oxford University Press.

Frost, D. O., D. Boire, G. Gingras, and M. Ptito. 2000. Surgically created neural path-ways mediate visual pattern discrimination. Proceedings of the National Academy of Sciences, 97 (20): 11068.

Fukuchi-Shimogori, T., and E. A. Grove. 2001. Neocortex patterning by the secreted signaling molecule FGF8. Science, 294 (5544): 1071.

Fukunaga, T., M. Miyatani, M. Tachi, M. Kouzaki, Y. Kawakami, and H. Kanehisa. 2001. Muscle volume is a major determinant of joint torque in humans. Acta Physiologica Scandinavica, 172 (4): 249-255.

Gall, F. J. 1835. On the functions of the brain and of each of its parts: With observations on the possibility of determining the instincts, propensities, and talents, or the moral and intellectual dispositions of men and animals, by the configuration of the brain and head. Trans. W. Lewis. Boston: Marsh, Capen & Lyon.

Galton, F. 1889. On head growth in students at the University of Cambridge. Journal of Anthropological Institute of Great Britain and Ireland, 18: 155–156.

_____, 1908. Memories of my life. London: Methuen.

Gaser, C., and G. Schlaug. 2003. Brain structures differ between musicians and non-musicians. Journal of Neuroscience, 23 (27): 9240.

Gelbard-Sagiv, H., R. Mukamel, M. Harel, R. Malach, and I. Fried. 2008. Internally generated reactivation of single neurons in human hippocampus during free recall. Science, 322 (5898): 96.

Geschwind, D. H., and P. Levitt. 2007. Autism spectrum disorders: Developmental disconnection syndromes. Current Opinion in Neurobiology, 17 (1): 103–111.

Geschwind, N. 1965a. Disconnexion syndromes in animals and man, i. Brain, 88 (2): 237–294.

_____, 1965b. Disconnexion syndromes in animals and man, ii. Brain, 88 (3): 585–644.

Gilbert, M., R. Busund, A. Skagseth, P. A. Nilsen, and J. P. Solbø. 2000. Resuscitation from accidental hypothermia of 137°C with circulatory arrest. Lancet, 355 (9201): 375–376.

Glahn, D. C., J. D. Ragland, A. Abramoff , J. Barrett, A. R. Laird, C. E. Bearden, and D. I. Velligan. 2005. Beyond hypofrontality: A quantitative meta-analysis of functional neuroimaging studies of working memory in schizophrenia. Human Brain Mapping, 25 (1): 60–69.

Gould, E., A. J. Reeves, M. S. A. Graziano, and C. G. Gross. 1999. Neurogenesis in the neocortex of adult primates. Science, 286 (5439): 548–552.

Greenough, W. T., J. E. Black, and C. S. Wallace. 1987. Experience and brain development. Child Development, 58 (3): 539–559.

Gross, C. G. 2000. Neurogenesis in the adult brain: Death of a dogma. Nature Reviews Neuroscience, 1 (1): 67–73.

_____, 2002. Genealogy of the "grandmother cell." Neuroscientist, 8 (5): 512.

Guerrini, R., and E. Parrini. 2010. Neuronal migration disorders. Neurobiology of

Disease, 38 (2): 154-166.

Guillery, R. W. 2005. Observations of synaptic structures: Origins of the neuron doctrine and its current status. Philosophical Transactions B, 360 (1458):1281.

Hahnloser, R. H. R., A. A. Kozhevnikov, and M. S. Fee. 2002. An ultra-sparse code underlies the generation of neural sequences in a songbird. Nature, 419(6902): 65-70.

Hajszan, T., N. J. MacLusky, and C. Leranth. 2005. Short-term treatment with the antidepressant fluoxetine triggers pyramidal dendritic spine synapse formation in rat hippocampus. European Journal of Neuroscience, 21 (5): 1299-1303.

Hall, D. H., and Z. F. Altun. 2008. C. elegans atlas. Cold Spring Harbor, N.Y.: Cold Spring Harbor Laboratory Press.

Hall, D. H., and R. L. Russell. 1991. The posterior nervous system of the nematode Caenorhabditis elegans: Serial reconstruction of identified neurons and complete pattern of synaptic interactions. Journal of Neuroscience, 11 (1): 1.

Hallmayer, J., S. Cleveland, A. Torres, J. Phillips, B. Cohen, T. Torigoe, J. Miller, A. Fedele, J. Collins, K. Smith, et al. 2011. Genetic heritability and shared environmental factors among twin pairs with autism. Archives of General Psychiatry. doi: 10.1001/archgenpsychiatry.2011.76

Harris, J. C. 2003. Pinel orders the chains removed from the insane at Bicêtre. Archives of General Psychiatry, 60 (5): 442.

Hüusser, M., N. Spruston, and G. J. Stuart. 2000. Diversity and dynamics of dendritic signaling. Science, 290 (5492): 739.

He, H. Y., W. Hodos, and E. M. Quinlan. 2006. Visual deprivation reactivates rapid ocular dominance plasticity in adult visual cortex. Journal of Neuroscience, 26 (11): 2951-2955.

Hebb, D. O. 1949. The organization of behavior: A neuropsychological theory. New York: Wiley.

Hell, S. W. 2007. Far-field optical nanoscopy. Science, 316 (5828): 1153-1158.

Helmstaedter, M., K. L. Briggman, and W. Denk. 2008. 3D structural imaging of the brain with photons and electrons. Current Opinion in Neurobiology, 18 (6): 633-641.

_____, High-accuracy neurite reconstruction for high-throughput neuroanatomy.

Nature Neuroscience, 14 (8): 1081-1088.

Hickok, G., and D. Poeppel. 2007. The cortical organization of speech processing. Nature Reviews Neuroscience, 8 (5): 393-402.

Hopfield, J. J. 1982. Neural networks and physical systems with emergent collective computational abilities. Proceedings of the National Academy of Sciences, 79 (8): 2554.

Hopfield, J. J., and D. W. Tank. 1986. Computing with neural circuits: A model. Science, 233 (4764): 625.

Howland, D. 1996. Borders of Chinese civilization: Geography and history at empire's end. Durham, N.C.: Duke University Press.

Hutchinson, S., L. H. L. Lee, N. Gaab, and G. Schlaug. 2003. Cerebellar volume of musicians. Cerebral Cortex, 13 (9): 943.

Huttenlocher, P. R. 1990. Morphometric study of human cerebral cortex development. Neuropsychologia, 28 (6): 517.

Huttenlocher, P. R., and A. S. Dabholkar. 1997. Regional differences in synaptogenesis in human cerebral cortex. Journal of Comparative Neurology, 387 (2): 167-178.

Huttenlocher, P. R., C. de Courten, L. J. Garey, and H. Van der Loos. 1982. Synaptogenesis in human visual cortex-evidence for synapse elimination during normal development. Neuroscience Letters, 33 (3): 247-252.

Illingworth, C. M. 1974. Trapped fingers and amputated finger tips in children. Journal of Pediatric Surgery, 9 (6): 853-858.

Jain, V., H. S. Seung, and S. C. Turaga. 2010. Machines that learn to segment images: A crucial technology for connectomics. Current Opinion in Neurobiology, 20 (5): 653-666.

Jarvis, E. D., O. Güntürkün, L. Bruce, A. Csillag, H. Karten, W. Kuenzel, L. Medina, G. Paxinos, D. J. Perkel, T. Shimizu, et al. 2005. Avian brains and a new understanding of vertebrate brain evolution. Nature Reviews Neuroscience, 6 (2): 151-159.

Johansen-Berg, H., and M. F. S. Rushworth. 2009. Using diffusion imaging to study human connectional anatomy. Annual Review of Neuroscience, 32: 75-94.

Johnson, L., and S. Baldyga. 2009. Frozen: My journey into the world of cryonics, deception, and death. New York: Vanguard.

Jones, P. E. 1995. Contradictions and unanswered questions in the Genie case: A fresh look at the linguistic evidence. Language and Communication, 15 (3): 261-280.

Jun, J. K., and D. Z. Jin. 2007. Development of neural circuitry for precise temporal sequences through spontaneous activity, axon remodeling, and synaptic plasticity. PLoS One, 2 (8): e273.

Jung, R. E., and R. J. Haier. 2007. The parieto-frontal integration theory (P-FIT) of intelligence: Converging neuroimaging evidence. Behavioral and Brain Sciences, 30 (2): 135-154.

Kahn, D. 1967. The codebreakers: The story of secret writing. New York: Macmillan.

Kaiser, M. D., C. M. Hudac, S. Shultz, S. M. Lee, C. Cheung, A. M. Berken, B. Deen, N. B. Pitskel, D. R. Sugrue, A. C. Voos, et al. 2010. Neural signatures of autism. Proceedings of the National Academy of Sciences, 107 (49): 21223-21228.

Kalil, R. E., and G. E. Schneider. 1975. Abnormal synaptic connections of the optic tract in the thalamus after midbrain lesions in newborn hamsters. Brain Research, 100 (3): 690.

Kalimo, H., J. H. Garcia, Y. Kamijyo, J. Tanaka, and B. F. Trump. 1977. The ultrastructure of "brain death." II. Electron microscopy of feline cortex after complete ischemia. Virchows Archiv B Cell Pathology, 25 (1): 207-220.

Kanner, L. 1943. Autistic disturbances of affective contact. Nervous Child, 2 (2): 217-230.

Karten, H. J. 1997. Evolutionary developmental biology meets the brain: The origins of mammalian cortex. Proceedings of the National Academy of Sciences, 94 (7): 2800-2804.

Keith, A. 1927. The brain of Anatole France. British Medical Journal, 2 (3491): 1048.

Keller, M. B., J. P. McCullough, D. N. Klein, B. Arnow, D. L. Dunner, A. J. Gelenberg, J. C. Markowitz, C. B. Nemeroff, J. M. Russell, M. E. Thase, et al. 2000. A comparison of nefazodone, the cognitive behavioral-analysis system of psychotherapy, and their combination for the treatment of chronic depression. New England Journal of Medicine, 342 (20): 1462-1470.

Keller, S. S., T. Crow, A. Foundas, K. Amunts, and N. Roberts. 2009. Broca's area:

Nomenclature, anatomy, typology, and asymmetry. Brain and Language, 109 (1): 29-48.

Kelly, Kevin. 1994. Out of control: The rise of neo-biological civilization. Reading, Mass.: Addison-Wesley.

Kempermann, G. 2002. Why new neurons? Possible functions for adult hippocampal neurogenesis. Journal of Neuroscience, 22 (3): 635.

Kessler, R. C., O. Demler, R. G. Frank, M. Olfson, H. A. Pincus, E. E. Walters, P. Wang, K. B. Wells, and A. M. Zaslavsky. 2005. Prevalence and treatment of mental disorders, 1990 to 2003. New England Journal of Medicine, 352 (24): 2515.

Kim, I. J., Y. Zhang, M. Yamagata, M. Meister, and J. R. Sanes. 2008. Molecular identification of a retinal cell type that responds to upward motion. Nature, 452 (7186): 478-482.

Knott, G., H. Marchman, D. Wall, and B. Lich. 2008. Serial section scanning electron microscopy of adult brain tissue using focused ion beam milling. Journal of Neuroscience, 28 (12): 2959.

Knudsen, E. I., and P. F. Knudsen. 1990. Sensitive and critical periods for visual calibration of sound localization by barn owls. Journal of Neuroscience, 10 (1): 222.

Kola, I., and J. Landis. 2004. Can the pharmaceutical industry reduce attrition rates- Nature Reviews Drug Discovery, 3 (8): 711-716.

Kolb, B., and R. Gibb. 2007. Brain plasticity and recovery from early cortical injury. Developmental Psychobiology, 49 (2): 107-118.

Kolodkin, A. L., and M. Tessier-Lavigne. 2011. Mechanisms and molecules of neuronal wiring: A primer. Cold Spring Harbor Perspectives in Biology, 3: a001727.

Kolodzey, J. 1981. Cray-1 computer technology. IEEE Transactions on Components, Hybrids, and Manufacturing Technology, 4 (2): 181-186.

Kornack, D. R., and P. Rakic. 1999. Continuation of neurogenesis in the hippocampus of the adult macaque monkey. Proceedings of the National Academy of Sciences, 96 (10): 5768.

_____ , 2001. Cell proliferation without neurogenesis in adult primate neocortex. Science, 294 (5549): 2127.

Kostovic, I., and P. Rakic. 1980. Cytology and time of origin of interstitial neurons in the white matter in infant and adult human and monkey telencephalon. Journal of Neurocytology 9 (2): 219.

Kozel, F. A., K. A. Johnson, Q. Mu, E. L. Grenesko, S. J. Laken, and M. S. George. 2005. Detecting deception using functional magnetic resonance imaging. Biological Psychiatry, 58 (8): 605-613.

Kubicki, M., H. Park, C. F. Westin, P. G. Nestor, R. V. Mulkern, S. E. Maier, M. Niznikiewicz, E. E. Connor, J. J. Levitt, M. Frumin, et al. 2005. DTI and MTR abnormalities in schizophrenia: Analysis of white matter integrity. Neuroimage, 26 (4): 1109-1118.

Kullmann, D. M. 2010. Neurological channelopathies. Annual Review of Neuroscience, 33: 151-172.

Lander, E. S. 2011. Initial impact of the sequencing of the human genome. Nature, 470 (7333): 187-197.

Langleben, D. D., L. Schroeder, J. A. Maldjian, R. C. Gur, S. McDonald, J. D. Ragland, C. P. O'Brien, and A. R. Childress. 2002. Brain activity during simulated deception: An event-related functional magnetic resonance study. Neuroimage, 15 (3): 727-732.

Lashley, K. S. 1929. Brain mechanisms and intelligence: A quantitative study of injuries to the brain. Chicago: University of Chicago Press.

Lashley, K. S., and G. Clark. 1946. The cytoarchitecture of the cerebral cortex of Ateles: A critical examination of architectonic studies. Journal of Comparative Neurology, 85 (2): 223-305.

Lassek, A. M., and G. L. Rasmussen. 1940. A comparative fiber and numerical analysis of the pyramidal tract. Journal of Comparative Neurology, 72 (2): 417-428.

Laureys, S. 2005. Death, unconsciousness, and the brain. Nature Reviews Neuroscience, 6 (11): 899-809.

Lederberg, J., and A. T. McCray. 2001. 'Ome sweet 'omics: A genealogical treasury of words. Scientist, 15 (7): 8.

Leeuwenhoek, A. van. 1674. More Observations from Mr. Leewenhook, in a Letter of Sept. 7. 1674. Sent to the publisher. Philosophical Transactions, 9 (108): 178-182.

Legrand, N., A. Ploss, R. Balling, P. D. Becker, C. Borsotti, N. Brezillon, and J. Debarry. 2009. Humanized mice for modeling human infectious disease: Challenges, progress, and outlook. Cell Host and Microbe, 6 (1): 5-9.

Leroi, A. 2006. What makes us human? Telegraph, Aug. 1.

Leucht, S., C. Corves, D. Arbter, R. R. Engel, C. Li, and J. M. Davis. 2009. Secondgeneration versus first-generation antipsychotic drugs for schizophrenia: A meta-analysis. Lancet, 373 (9657): 31-41.

Lewis, D. A., and P. Levitt. 2002. Schizophrenia as a disorder of neurodevelopment. Annual Review of Neuroscience, 25: 409.

Lichtman, J. W., and H. Colman. 2000. Synapse elimination review and indelible memory. Neuron, 25: 269-278.

Lichtman, J. W., J. R. Sanes, and J. Livet. A technicolour approach to the connectome. Nature Reviews Neuroscience, 9 (6): 417-422.

Lieberman, P. 2002. On the nature and evolution of the neural bases of human language. American Journal of Physical Anthropology, 119 (S35): 36-62.

Lindbeck, A. 1995. The prize in economic science in memory of Alfred Nobel. Journal of Economic Literature, 23 (1): 37-56.

Linkenhoker, B. A., and E. I. Knudsen. 2002. Incremental training increases the plasticity of the auditory space map in adult barn owls. Nature, 419 (6904): 293-296.

Lipton, P. 1999. Ischemic cell death in brain neurons. Physiological Reviews, 79 (4): 1431-1568.

Livet, J., T. A. Weissman, H. Kang, J. Lu, R. A. Bennis, J. R. Sanes, and J. W. Lichtman.2007. Transgenic strategies for combinatorial expression of fl uorescent proteins in the nervous system. Nature, 450 (7166): 56-62.

Lledo, P. M., M. Alonso, and M. S. Grubb. 2006. Adult neurogenesis and functional plasticity in neuronal circuits. Nature Reviews Neuroscience, 7 (3): 179-193.

Llinas, R., Y. Yarom, and M. Sugimori. 1981. Isolated mammalian brain in vitro: New technique for analysis of electrical activity of neuronal circuit function. Federation Proceedings, 40: 2240.

Lloyd, Seth. 2006. Programming the universe: A quantum computer scientist takes on the cosmos. New York: Knopf.

Lockery, S. R., and M. B. Goodman. 2009. The quest for action potentials in C. elegans neurons hits a plateau. Nature Neuroscience, 12 (4): 377-378.

Lopez-Munoz, F., and C. Alamo. 2009. Monoaminergic neurotransmission: The history of the discovery of antidepressants from 1950s until today. Current Pharmaceutical Design, 15 (14): 1563-1586.

Lotze, M., H. Flor, W. Grodd, W. Larbig, and N. Birbaumer. 2001. Phantom movements and pain: An fMRI study in upper limb amputees. Brain, 124 (11): 2268.

Machin, Geoff rey. 2009. Non-identical monozygotic twins, intermediate twin types, zygosity testing, and the non-random nature of monozygotic twinning: A review. American Journal of Medical Genetics, C, Seminars in Medical Genetics, 151C (2): 110-127.

Maguire, E. A., D. G. Gadian, I. S. Johnsrude, C. D. Good, J. Ashburner, R. S. J. Frackowiak, and C. D. Frith. 2000. Navigation-related structural change in the hippocampi of taxi drivers. Proceedings of the National Academy of Sciences, 97 (8): 4398.

Markoff , J. 2007. Already, Apple sells refurbished iPhones. New York Times, Aug. 22.

Markou, A., C. Chiamulera, M. A. Geyer, M. Tricklebank, and T. Steckler. 2008. Removing obstacles in neuroscience drug discovery: The future path for animal models. Neuropsychopharmacology, 34 (1): 74-89.

Markram, H., J. Lubke, M. Frotscher, and B. Sakmann. 1997. Regulation of synaptic efficacy by coincidence of postsynaptic APs and EPSPs. Science, 275 (5297): 213.

Marr, D. 1971. Simple memory: A theory for archicortex. Philosophical Transactions of the Royal Society of London. Series B, Biological Sciences, 262 (841): 23-81.

Martin, G. M. 1971. Brief proposal on immortality: An interim solution. Perspectives in Biology and Medicine, 14 (2): 339.

Mashour, G. A., E. E. Walker, and R. L. Martuza. 2005. Psychosurgery: Past, present, and future. Brain Research Reviews, 48 (3): 409-419.

Masland, R. H. 2001. Neuronal diversity in the retina. Current Opinion in Neurobiology, 11 (4): 431-436.

Mathern, G. W. 2010. Cerebral hemispherectomy. Neurology, 75 (18): 1578.

Maughan, R. J., J. S. Watson, and J. Weir. 1983. Strength and cross-sectional area of human skeletal muscle. Journal of Physiology, 338 (1): 37.

Matzelle, T. R., H. Gnaegi, A. Ricker, and R. Reichelt. 2003. Characterization of the cutting edge of glass and diamond knives for ultramicrotomy by scanning force microscopy using cantilevers with a defi ned tip geometry: Part 2. Journal of Microscopy, 209 (2): 113-117.

Mazur, P. 1988. Stopping biological time. Annals of the New York Academy of Sciences, 541 (1): 514-531.

Mazur, P., W. F. Rall, and N. Rigopoulos. 1981. Relative contributions of the fraction of unfrozen water and of salt concentration to the survival of slowly frozen human erythrocytes. Biophysical Journal, 36 (3): 653-675.

McClelland, J. L., and D. E. Rumelhart. 1981. An interactive activation model of context effects in letter perception: I. An account of basic findings. Psychological Review, 88 (5): 375.

McDaniel, M. A. 2005. Big-brained people are smarter: A meta-analysis of the relationship between in vivo brain volume and intelligence. Intelligence, 33 (4): 337-346.

Mechelli, A., J. T. Crinion, U. Noppeney, J. O'Doherty, J. Ashburner, R. S. Frackowiak, and C. J. Price. 2004. Neurolinguistics: Structural plasticity in the bilingual brain. Nature, 431 (7010): 757.

Mendez, I., A. Vinuela, A. Astradsson, K. Mukhida, P. Hallett, H. Robertson, T. Tierney, R. Holness, A. Dagher, J. Q. Trojanowski, et al. 2008. Dopamine neurons implanted into people with Parkinson's disease survive without pathology for 14 years. Nature Medicine, 14 (5): 507-509.

Merkle, R. C. 1992. The technical feasibility of cryonics. Medical Hypotheses, 39 (1): 6-16.

Mesulam, M. M. 1998. From sensation to cognition. Brain, 121 (6): 1013.

Meyer, M. P., and S. J. Smith. 2006. Evidence from in vivo imaging that synaptogenesis guides the growth and branching of axonal arbors by two distinct mechanisms. Journal of Neuroscience, 26 (13): 3604.

Mezard, M., G. Parisi, and M. A. Virasoro. 1987. Spin glass theory and beyond. Singapore: World Scientific.

Micale, M. S. 1985. The Salpêtriére in the age of Charcot: An institutional perspective on medical history in the late nineteenth century. Journal of Contemporary History, 20 (4): 703-731.

Middleton, F. A., and P. L. Strick. 2000. Basal ganglia output and cognition: Evidence from anatomical, behavioral, and clinical studies. Brain and Cognition, 42 (2): 183-200.

Miles, M., and D. Beer. 1996. Pakistan's microcephalic chuas of Shah Daulah: Cursed, clamped, or cherished. History of Psychiatry, 7 (28, pt. 4): 571.

Miller, K. D. 1996. Synaptic economics: Competition and cooperation in correlation-based synaptic plasticity. Neuron, 17: 371-374.

Minsky, M. 2006. The emotion machine. New York: Simon & Schuster.

Mochida, G. H., and C. A. Walsh. 2001. Molecular genetics of human microcephaly. Current Opinion in Neurology, 14 (2): 151.

_____ , 2004. Genetic basis of developmental malformations of the cerebral cortex. Archives of Neurology, 61 (5): 637.

Mochizuki, H. 2009. Parkin gene therapy. Parkinsonism and Related Disorders, 15: S43-S45.

Mohr, J. P. 1976. Broca's area and Broca's aphasia. In Haiganoosh Whitaker and Harry A. Whitaker, eds., Studies in neurolinguistics, vol. 1, Perspectives in neurolinguistics and psycholinguistics, pp. 201-235. New York: Academic Press.

Mooney, R., and J. F. Prather. 2005. The HVC microcircuit: The synaptic basis for interactions between song motor and vocal plasticity pathways. Journal of Neuroscience, 25 (8): 1952-1964.

Morgan, S., P. Grootendorst, J. Lexchin, C. Cunningham, and D. Greyson. 2011. The cost of drug development: A systematic review. Health Policy, 100 (1): 4-17.

Murphy, B. P., Y. C. Chung, T. W. Park, and P. D. McGorry. 2006. Pharmacological treatment of primary negative symptoms in schizophrenia: A systematic review. Schizophrenia Research, 88 (1-3): 5-25.

Murphy, T. H., and D. Corbett. 2009. Plasticity during stroke recovery: From synapse to behaviour. Nature Reviews Neuroscience, 10 (12): 861-872.

Myrdal, G. 1997. The Nobel Prize in economic science. Challenge, 20 (1): 50-52.

Nehlig, A. 2010. Is caffeine a cognitive enhancer? Journal of Alzheimer's Disease, 20 (Supp): S85-S94.

Nelson, S. B., K. Sugino, and C. M. Hempel. 2006. The problem of neuronal cell types: A physiological genomics approach. Trends in Neurosciences, 29 (6): 339-345.

Nestler, E. J., and S. E. Hyman. 2010. Animal models of neuropsychiatric disorders. Nature Neuroscience, 13 (10): 1161-1169.

Newhouse, P. A., A. Potter, and A. Singh. 2004. Effects of nicotinic stimulation on cognitive performance. Current Opinion in Pharmacology, 4 (1): 36-46.

Nicolelis, M. 2007. Living with Ghostly Limbs. Scientific American Mind, 18 (6): 52-59.

O'Connell, M. R. 1997. Blaise Pascal: Reasons of the heart. Grand Rapids, Mich.: Wm. B. Eerdmans.

Oddo, S., A. Caccamo, J. D. Shepherd, M. P. Murphy, T. E. Golde, R. Kayed, R. Metherate, M. P. Mattson, Y. Akbari, and F. M. LaFerla. 2003. Triple-transgenic model of Alzheimer's disease with plaques and tangles: Intracellular Aß and synaptic dysfunction. Neuron, 39 (3): 409-421.

Olanow, C. W., C. G. Goetz, J. H. Kordower, A. J. Stoessl, V. Sossi, M. F. Brin, K. M. Shannon, G. M. Nauert, D. P. Perl, J. Godbold, et al. 2003. A double-blind controlled trial of bilateral fetal nigral transplantation in Parkinson's disease. Annals of Neurology, 54 (3): 403-414.

Olshausen, B. A., C. H. Anderson, and D. C. Van Essen. 1993. A neurobiological model of visual attention and invariant pattern recognition based on dynamic routing of information. Journal of Neuroscience, 13 (11): 4700-4719.

Olson, C. B. 1988. A possible cure for death. Medical Hypotheses, 26 (1): 77-84.

Pakkenberg, B., and H. J. Gundersen. 1997. Neocortical neuron number in humans: Effect of sex and age. Journal of Comparative Neurology, 384 (2): 312.

Passingham, R. E., K. E. Stephan, and R. Kotter. 2002. The anatomical basis of functional localization in the cortex. Nature Reviews Neuroscience, 3 (8): 606-616.

Paterniti, Michael. 2000. Driving Mr. Albert: A trip across America with Einstein's brain. New York: Dial.

Paul, L. K., W. S. Brown, R. Adolphs, J. M. Tyszka, L. J. Richards, P. Mukherjee, and E. H. Sherr. 2007. Agenesis of the corpus callosum: Genetic, developmental and functional aspects of connectivity. Nature Reviews Neuroscience, 8 (4):

287-299.

Pearson, K. 1906. On the relationship of intelligence to size and shape of head, and to other physical and mental characters. Biometrika, 5 (1-2): 105.

_____, 1924. The life, letters and labours of Francis Galton. Vol. 2, Researches of middle life. London: Cambridge University Press.

Peck, D. T. 1998. Anatomy of an historical fantasy: The Ponce de Leon fountain of youth legend. Revista de Historia de Améerica, 123: 63-87.

Penfield, W., and E. Boldrey. 1937. Somatic motor and sensory representation in the cerebral cortex of man as studied by electrical stimulation. Brain, 60 (4):389.

Penfield, W., and T. Rasmussen. 1952. The cerebral cortex of man. New York: Macmillan.

Petrie, W. M. F. 1883. The pyramids and temples of Gizeh. London: Field & Tuer.

Pew Forum on Religion. 2010. Religion among the millennials. Technical report, Pew Research Center, Feb.

Plum, F. 1972. Prospects for research on schizophrenia, 3. Neurophysiology. Neuropathological findings. Neurosciences Research Program Bulletin, 10 (4): 384.

Poeppel, D., and G. Hickok. 2004. Towards a new functional anatomy of language. Cognition, 92 (1-2): 1-12.

Pohl, Frederik. 1956. Alternating currents. New York: Ballantine.

Porter, K. R., and J. Blum. 1953. A study in microtomy for electron microscopy. Anatomical Record, 117 (4): 685-709.

President's Council on Bioethics. 2008. Controversies in the determination of death. Washington, D.C.

Purves, D. 1990. Body and brain: A trophic theory of neural connections. Cambridge, Mass.: Harvard University Press.

Purves, D., L. E. White, and D. R. Riddle. 1996. Is neural development Darwinian? Trends in Neurosciences, 19 (11): 460-464.

Purves, Dale, and Jeff W. Lichtman. 1985. Principles of neural development. Sunderland, Mass.: Sinauer Associates.

Quiroga, R. Q., L. Reddy, G. Kreiman, C. Koch, and I. Fried. 2005. Invariant visual representation by single neurons in the human brain. Nature, 435 (7045):

1102–1107.

Rakic, P. 1985. Limits of neurogenesis in primates. Science, 227 (4690): 1054.

Rakic, P., J. P. Bourgeois, M. F. Eckenhoff , N. Zecevic, and P. S. Goldman-Rakic. 1986. Concurrent overproduction of synapses in diverse regions of the primate cerebral cortex. Science, 232 (4747): 232–235.

Ramachandran, V. S., and S. Blakeslee. 1999. Phantoms in the brain: Probing the mysteries of the human mind. New York: Harper Perennial.

Ramachandran, V. S., M. Stewart, and D. C. Rogers-Ramachandran. 1992. Perceptual correlates of massive cortical reorganization. Neuroreport, 3 (7): 583.

Ramon y Cajal, Santiago. 1921. Textura de la corteza visual del gato. Archivos de Neurobiologia, 2: 338–362. Trans. in DeFelipe and Jones 1988.

_____, 1989. Recollections of my life. Cambridge, Mass.: MIT Press.

Rapoport, J. L., A. M. Addington, S. Frangou, and MRC Psych. 2005. The neurodevelopmental model of schizophrenia: Update 2005. Molecular Psychiatry, 10 (5): 434–449.

Rasmussen, T., and B. Milner. 1977. The role of early left-brain injury in determining lateralization of cerebral speech functions. Annals of the New York Academy of Sciences, 299: 355–369.

Redcay, E., and E. Courchesne. 2005. When is the brain enlarged in autism? A meta-analysis of all brain size reports. Biological Psychiatry, 58 (1): 1–9.

Rees, S. 1976. A quantitative electron microscopic study of the ageing human cerebral cortex. Acta Neuropathologica, 36 (4): 347–362.

Reilly, K. T., and A. Sirigu. 2008. The motor cortex and its role in phantom limb phenomena. Neuroscientist, 14 (2): 195.

Rilling, J. K. 2008. Neuroscientific approaches and applications within anthropology. American Journal of Physical Anthropology, 137 (S47): 2–32.

Rilling, J. K., and T. R. Insel. 1998. Evolution of the cerebellum in primates: Differences in relative volume among monkeys, apes and humans. Brain, Behavior, and Evolution, 52 (6): 308.

_____, 1999. The primate neocortex in comparative perspective using magnetic resonance imaging. Journal of Human Evolution, 37 (2): 191–223.

Robinson, A. 2002. Lost languages: The enigma of the world's undeciphered scripts.

New York: McGraw-Hill.

Rosenzweig, M. R. 1996. Aspects of the search for neural mechanisms of memory. Annual Review of Psychology, 47 (1): 1–32.

Ruestow, E. G. 1983. Images and ideas: Leeuwenhoek's perception of the spermatozoa. Journal of the History of Biology, 16 (2): 185–224.

_____, 1996. The microscope in the Dutch Republic: The shaping of discovery. New York: Cambridge University Press.

Rumelhart, David E., and James L. McClelland. 1986. Parallel distributed processing: Explorations in the microstructure of cognition. Cambridge, Mass.: MIT Press.

Russell, R. M. 1978. The CRAY-1 computer system. Communications of the ACM, 21 (1): 63–72.

Ruthazer, E.S., J. Li, and H. T. Cline. 2006. Stabilization of axon branch dynamics by synaptic maturation. Journal of Neuroscience, 26 (13): 3594.

Rymer, R. 1994. Genie: A scientific tragedy. New York: HarperPerennial.

Sadato, N., A. Pascual-Leone, J. Grafman, V. Ibanez, M. P. Deiber, G. Dold, and M. Hallett. 1996. Activation of the primary visual cortex by Braille reading in blind subjects. Nature, 380 (6574): 526–528.

Sahay, A., and R. Hen. 2007. Adult hippocampal neurogenesis in depression. Nature Neuroscience, 10 (9): 1110–1115.

Sale, A., J. F. M. Vetencourt, P. Medini, M. C. Cenni, L. Baroncelli, R. De Pasquale, and L. Maffei. 2007. Environmental enrichment in adulthood promotes amblyopia recovery through a reduction of intracortical inhibition. Nature Neuroscience, 10 (6): 679–681.

Schildkraut, J. J. 1965. The catecholamine hypothesis of affective disorders: A review of supporting evidence. American Journal of Psychiatry, 122 (5): 509–522.

Schiller, F. 1963. Leborgne ?in memoriam. Medical History, 7 (1): 79.

_____, 1992. Paul Broca: Founder of French anthropology, explorer of the brain. New York: Oxford University Press.

Schmahmann, J. D. 2010. The role of the cerebellum in cognition and emotion: Personal reflections since 1982 on the dysmetria of thought hypothesis, and its historical evolution from theory to therapy. Neuropsychology Review, 20 (3): 236–260.

Schneider, G. E. 1973. Early lesions of superior colliculus: Factors affecting the formation of abnormal retinal projections. Brain, Behavior and Evolution, 8 (1): 73.

_____ , 1979. Is it really better to have your brain lesion early? A revision of the "Kennard principle." Neuropsychologia, 17 (6): 557.

Schuz, A., D. Chaimow, D. Liewald, and M. Dortenman. 2006. Quantitative aspects of corticocortical connections: A tracer study in the mouse. Cerebral Cortex, 16 (10): 1474.

Selfridge, O. G. Pattern recognition and modern computers. 1955. In Proceedings of the March 1?, 1955, Western Joint Computer Conference, pp. 91-93. ACM.

Seligman, M. 2011. Flourish: A visionary new understanding of happiness and well-being. New York: Free Press.

Selkoe, D. J. 2002. Alzheimer's disease is a synaptic failure. Science, 298 (5594): 789.

Seung, H. S. 2009. Reading the book of memory: Sparse sampling versus dense mapping of connectomes. Neuron, 62 (1): 17-29.

Shen, W. W. 1999. A history of antipsychotic drug development. Comprehensive Psychiatry, 40 (6): 407-414.

Shendure, J., R. D. Mitra, C. Varma, and G. M. Church. 2004. Advanced sequencing technologies: Methods and goals. Nature Reviews Genetics, 5 (5): 335-344.

Sherrington, C. S. 1924. Problems of muscular receptivity. Nature, 113 (2851): 894-894.

Shoemaker, Stephen J. 2002. Ancient traditions of the Virgin Mary's dormition and assumption. Oxford: Oxford University Press.

Sizer, Nelson. 1888. Forty years in phrenology. New York: Fowler & Wells.

Soldner, F., D. Hockemeyer, C. Beard, Q. Gao, G. W. Bell, E. G. Cook, G. Hargus, A. Blak, O. Cooper, M. Mitalipova, et al. 2009. Parkinson's disease patient-derived induced pluripotent stem cells free of viral reprogramming factors. Cell, 136 (5): 964-977.

Song, S., P. J. Sjostrom, M. Reigl, S. Nelson, and D. B. Chklovskii. 2005. Highly non-random features of synaptic connectivity in local cortical circuits. PLoS Biol, 3 (3): e68.

Sporns, O., J. P. Changeux, D. Purves, L. White, and D. Riddle. 1997. Variation and selection in neural function: Authors' reply. Trends in Neurosciences, 20 (7):

291-293.

Sporns, O., G. Tononi, and R. Kotter. 2005. The human connectome: A structural description of the human brain. PLoS Comput Biol, 1 (4): e42.

Spurzheim, J. G. 1833. A view of the elementary principles of education: Founded on the study of the nature of man. Boston: Marsh, Capen & Lyon.

Steen, R. G., C. Mull, R. Mcclure, R. M. Hamer, and J. A. Lieberman. 2006. Brain volume in first-episode schizophrenia: Systematic review and meta-analysis of magnetic resonance imaging studies. British Journal of Psychiatry, 188 (6): 510.

Steffenburg, S., C. Gillberg, L. Hellgren, L. Andersson, I. C. Gillberg, G. Jakobsson, and M. Bohman. 1989. A twin study of autism in Denmark, Finland, Iceland, Norway, and Sweden. Journal of Child Psychology and Psychiatry, 30 (3): 405-416.

Stent, G. S. 1973. A physiological mechanism for Hebb's postulate of learning. Proceedings of the National Academy of Sciences, 70 (4): 997.

Sterr, A., M. M. Muller, T. Elbert, B. Rockstroh, C. Pantev, and E. Taub. 1998. Perceptual correlates of changes in cortical representation of fingers in blind multifinger Braille readers. Journal of Neuroscience, 18 (11): 4417.

Stevens, C. F. 1998. Neuronal diversity: Too many cell types for comfort? Current Biology, 8 (20): R708-R710.

Stratton, G. M. 1897a. Vision without inversion of the retinal image: Part 1. Psychological Review, 4 (4): 341-360.

_____ , 1897b. Vision without inversion of the retinal image: Part 2. Psychological Review, 4 (5): 463-481.

Strebhardt, K., and A. Ullrich. 2008. Paul Ehrlich's magic bullet concept: 100 years of progress. Nature Reviews Cancer, 8 (6): 473-480.

Strick, P. L., R. P. Dum, and J. A. Fiez. 2009. Cerebellum and nonmotor function. Annual Review of Neuroscience, 32: 413-434.

Stuart, Greg, Nelson Spruston, and Michael Hausser. 2007. Dendrites. Oxford: Oxford University Press.

Sur, M., P. E. Garraghty, and A. W. Roe. 1988. Experimentally induced visual projections into auditory thalamus and cortex. Science, 242 (4884): 1437.

Swanson, L. W. 2000. What is the brain? Trends in Neurosciences, 23 (11): 519-527.

???. 2012. Brain architecture: Understanding the basic plan, 2nd ed. New York: Oxford University Press.

Tang, Y., J. R. Nyengaard, D. M. G. De Groot, and H. J. G. Gundersen. 2001. Total regional and global number of synapses in the human brain neocortex. Synapse, 41 (3): 258-73.

Taub, R. 2004. Liver regeneration: From myth to mechanism. Nature Reviews Molecular Cell Biology, 5 (10): 836-847.

Tegmark, M. 2000. Why the brain is probably not a quantum computer. Information Sciences, 128 (3-4): 155-179.

Tipler, Frank J. 1994. The physics of immortality: Modern cosmology, God, and the resurrection of the dead. New York: Doubleday.

Tomasch, J. 1954. Size, distribution, and number of fibres in the human corpus callosum. Anatomical Record, 119 (1): 119-135.

Towbin, A. 1973. The respirator brain death syndrome. Human Pathology, 4 (4): 583-594.

Treffert, D. A. 2009. The savant syndrome, an extraordinary condition: A synopsis, past, present, future. Philosophical Transactions of the Royal Society B: Biological Sciences, 364 (1522): 1351.

Turing, A. M. 1950. Computer machinery and intelligence. Mind, 59 (236): 433-460.

Turkheimer, E. 2000. Three laws of behavior genetics and what they mean. Current Directions in Psychological Science, 9 (5): 160.

Utter, A. A., and M. A. Basso. 2008. The basal ganglia: An overview of circuits and function. Neuroscience and Biobehavioral Reviews, 32 (3): 333-342.

Varshney, L. R., B. L. Chen, E. Paniagua, D. H. Hall, and D. B. Chklovskii. 2011. Structural properties of the Caenorhabditis elegans neuronal network. PLoS Computational Biology, 7 (2): e1001066.

Vein, A. A., and M. L. C. Maat-Schieman. 2008. Famous Russian brains: Historical attempts to understand intelligence. Brain, 131 (2): 583.

Vetencourt, J. F. M., A. Sale, A. Viegi, L. Baroncelli, R. De Pasquale, O. F. O'Leary, E. Castrén, and L. Maffei. 2008. The antidepressant fluoxetine restores plasticity in the adult visual cortex. Science, 320 (5874): 385-388.

Vining, E. P. J., J. M. Freeman, D. J. Pillas, S. Uematsu, B. S. Carson, J. Brandt, D.

Boatman, M. B. Pulsifer, and A. Zuckerberg. 1997. Why would you remove half a brain? The outcome of 58 children after hemispherectomy. Pediatrics, 100 (2): 163.

Vita, A., L. De Peri, C. Silenzi, and M. Dieci. 2006. Brain morphology in first-episode schizophrenia: A meta-analysis of quantitative magnetic resonance imaging studies. Schizophrenia Research, 82 (1): 75-88.

Voigt, J., and H. Pakkenberg. 1983. Brain weight of Danish children: A forensic material. Acta Anatomica, 116 (4): 290.

Wang, J. W., D. J. David, J. E. Monckton, F. Battaglia, and R. Hen. 2008. Chronic fluoxetine stimulates maturation and synaptic plasticity of adult-born hippocampal granule cells. Journal of Neuroscience, 28 (6): 1374-1384.

West, M. J., and A. P. King. 1990. Mozart's starling. American Scientist, 78 (2): 106-114.

White, J. G., E. Southgate, J. N. Thomson, and S. Brenner. 1986. The structure of the nervous system of the nematode Caenorhabditis elegans. Philosophical Transactions of the Royal Society of London. B, Biological Sciences, 314(1165): 1.

Wigmore, B. 2008. How tyrant wife 'drove two of her five husbands to suicide' -after one was transplanted with heart of the other. Daily Mail, Sept. 1.

Wilkes, A. L., and N. J. Wade. 1997. Bain on neural networks. Brain and Cognition, 33 (3): 295-305.

Witelson, S. F., D. L. Kigar, and T. Harvey. 1999. The exceptional brain of Albert Einstein. Lancet, 353 (9170): 2149-2153.

Woods, E. J., J. D. Benson, Y. Agca, and J. K. Critser. 2004. Fundamental cryobiology of reproductive cells and tissues. Cryobiology, 48 (2): 146-156.

Yamada, M., Y. Mizuno, and H. Mochizuki. 2005. Parkin gene therapy for a-synucleinopathy: A rat model of Parkinson's disease. Human Gene Therapy, 16 (2): 262-270.

Yamahachi, H., S. A. Marik, J.N.J. McManus, W. Denk, and C. D. Gilbert. 2009. Rapid axonal sprouting and pruning accompany functional reorganization in primary visual cortex. Neuron, 64 (5): 719-729.

Yang, G., F. Pan, and W. B. Gan. 2009. Stably maintained dendritic spines are associated with lifelong memories. Nature, 462 (7275): 920–924.

Yates, F. 1966. The art of memory. Chicago: University of Chicago Press.

Yuste, Rafael. 2010. Dendritic spines. Cambridge, Mass.: MIT Press.

Zhang, R. L., Z. G. Zhang, and M. Chopp. 2005. Neurogenesis in the adult ischemic brain: Generation, migration, survival, and restorative therapy. Neuroscientist, 11 (5): 408.

Ziegler, D. A., O. Piquet, D. H. Salat, K. Prince, E. Connally, and S. Corkin. 2010. Cognition in healthy aging is related to regional white matter integrity, but not cortical thickness. Neurobiology of Aging, 31 (11): 1912–1926.

Zilles, Karl, and Katrin Amunts. 2010. Centenary of Brodmann's map — conception and fate. Nature Reviews Neuroscience, 11 (2): 139–145.

Photo Credits

그림 1: Ramón y Cajal 1921; DeFelipe and Jones 1988. Digitized by Javier DeFelipe from the original drawing in the Museo Cajal. Copyright ⓒ the heirs of Santiago Ramón y Cajal.

그림 2: David H. Hall and Zeynep Altun 2008. Introduction. In Worm Atlas. http ://www.wormatlas.org/hermaphrodite/introduction/introframeset.html.

그림 3: Copyright ⓒ Dmitri Chklovskii, reproduced with permission. C. elegans wiring diagram described in Varshney, L. R., B. L. Chen, E. Paniagua, D. H. Hall, and D. B. Chklovskii. Structural properties of the C. elegans neuronal net-work, PLoS Computational Biology, 7 (2): e1001066. doi:10.1371/journal.pcbi. 1001066 and http://www.hhmi.org/research/groupleaders/chklovskii.html.

그림 5: Assembled by Hye-Vin Kim using images from the Benjamin R. Tucker papers, Manuscripts and Archives Division, the New York Public Library, Astor, Lenox and Tilden Foundations.

그림 6: Courtesy of David Ziegler and Suzanne Corkin, and part of a study reported in Ziegler et al. 2010.

그림 7~8: Rob Duckwall/Dragonfly Media Group.

그림 9: Sizer 1888.

그림 10: Dronkers, N. F, O. Plaisant, M. T. Iba-Zizen, and E. A. Cabanis. 2007. Paul Broca's historic cases: High resolution MR imaging of the brains of Leborgne and Lelong. Brain, 130 (5): 1432-1441. By permission of Oxford University Press.

그림 11: Brodmann 1909.

그림 12: Penfield and Rasmussen 1954.

그림 13, left: David Phillips/Photo Researchers;
right: Alex K. Shalek, Jacob T. Robinson, and Hongkun Park.

그림 14: Constantino Sotelo. See also DeFelipe 2010.

그림 15: Ben Mills.

그림 16: left: Lawrence Livermore National Laboratory;
right: copyright ⓒ 2009 Andrew Back (Flickr: carrierdetect).

그림 17: Albert Lee, Jérême Epsztein, and Michael Brecht.

그림 18: Hye-Vin Kim.

그림 23: Yang, G., F. Pan, and W. B. Gan. 2009. Stably maintained dendritic spines are associated with lifelong memories. Nature, 462 (7275): 920-924.

그림 25: Assembled by Hye-Vin Kim from drawings in Conel 1939-1967.

그림 26: Kathy Rockland.

그림 27: Hye-Vin Kim.

그림 28: Created by Winfried Denk based on an image from Kristen M. Harris, PI, and Josef Spacek. Copyright ⓒ SynapseWeb 1999-Present. Available at synapses.clm.utexas.edu.

그림 29: Courtesy of Kim Peluso, Beaver-Visitec International, Inc.(formerly BD Medical-Ophthalmic Systems).

그림 30: Ken Hayworth.

그림 31: Richard Schalek.

그림 32~33: TEM cross-section of the adult nematode, C. elegans, published on www.wormimage.org by David H. Hall, with permission from John White, MRC/LMB, Cambridge, England.

그림 34: Daniel Berger, based on data of Narayanan Kasthuri, Ken Hayworth, Juan Carlos Tapia, Richard Schalek, and Jeff Lichtman.

그림 35: Hye-Vin Kim.

그림 37: Aleksandar Zlateski.

그림 38: Modified from an image provided by Richard Masland.

그림 39: Felleman, D. J., and D. C. Van Essen. 1991. Distributed Hierarchical Processing in the Primate Cerebral Cortex. Cerebral Cortex, 1 (1): 1-47. By permission of Oxford University Press.

그림 40: left: Hye-Vin Kim;
right: Kathy Rockland.

그림 41: Ramón y Cajal 1921; DeFelipe and Jones 1988. Digitized by Javier DeFelipe from the original drawing in the Museo Cajal. Copyright ⓒ the heirs of Santiago

Ramón y Cajal.

그림 42: Hye-Vin Kim, based on White et al. 1986.

그림 43: Hye-Vin Kim.

그림 44: Dr. Wolfgang Forstmeier, Max Planck Institute for Ornithology.

그림 45: Redrawn from an image created by Michale Fee.

그림 48: Rob Duckwall/Dragonfly Media Group.

그림 49: Hye-Vin Kim.

그림 50: Kristen M. Harris, PI, and Josef Spacek. Copyright © SynapseWeb 1999-Present. Available at synapses.clm.utexas.edu.

그림 51: Felleman, D. J., and D. C. Van Essen. 1991. Distributed Hierarchical Processing in the Primate Cerebral Cortex. Cerebral Cortex, 1 (1): 216-276. By permission of Oxford University Press.

그림 52: Hye-Vin Kim.

그림 53, left: Daniel Berger;
    right: Anders Leth Damgaard-www.amber-inclusions.dk.

찾아보기